工业和信息化普通高等教育“十二五”规划教材立项项目

21 世纪高等学校计算机规划教材

21st Century University Planned Textbooks of Computer Science

大学计算机应用基础（第2版）

Fundamentals of Computers (2nd Edition)

丁晓峰 程庆 谭波 主编

人 民 邮 电 出 版 社

北 京

图书在版编目（CIP）数据

大学计算机应用基础 / 丁晓峰，程庆，谭波主编
. -- 2版. -- 北京 : 人民邮电出版社，2013.8(2017.8 重印)
21世纪高等学校计算机规划教材
ISBN 978-7-115-32439-9

Ⅰ. ①大… Ⅱ. ①丁… ②程… ③谭… Ⅲ. ①电子计算机－高等学校－教材 Ⅳ. ①TP3

中国版本图书馆CIP数据核字(2013)第186110号

内容提要

本书参照全国等级考试（一级）大纲，紧密结合职业技能培养特点和普通高等院校的教学实际编写，突出对学生实际应用能力的培养。

本书采用任务驱动式案例教学法编写，主要内容包括计算机基础知识、Windows 7、Word 2010、Excel 2010、PowerPoint 2010、计算机网络基础、信息安全及常用工具软件的使用等，内容涵盖了高等院校各专业计算机公共基础课的教学要求和基本需要。全书概念清楚、逻辑清晰、内容全面、语言简练、通俗易懂。本书配备“实践教程”，以方便读者边学边练习。

本书的最大特点是内容新颖、实用性和可操作性强，可作为高等院校非计算机专业大学计算机基础课程教材，同时也可作为培训和各类考试的参考用书。

◆ 主　　编　丁晓峰　程　庆　谭　波
责任编辑　刘　博
责任印制　彭志环　焦志炜
◆ 人民邮电出版社出版发行　　北京市丰台区成寿寺路 11 号
邮编　100164　　电子邮件　315@ptpress.com.cn
网址　http://www.ptpress.com.cn
北京九州迅驰传媒文化有限公司印刷
◆ 开本：787×1092　1/16
印张：16.25　　2013 年 8 月第 2 版
字数：423 千字　　2017 年 8 月北京第 4 次印刷

定价：39.00 元

读者服务热线：(010)81055256　印装质量热线：(010)81055316
反盗版热线：(010)81055315
广告经营许可证：京东工商广登字 20170147 号

编审委员会

前言

计算机技术的飞速发展，特别是计算机网络的渗透应用，将人类社会文明推进到了一个新的高度。计算机作为信息处理的工具，正极大地改变和影响着我们的生活，掌握计算机的基础知识和操作技能，使用计算机来获取和处理信息，是每一个现代人所必须具备的基本素质。

为了帮助读者更好地掌握计算机的基础理论知识，从而快速掌握计算机的使用技能，基于学以致用的理念，2011 年我们结合当时的教学需求，编写了本教材的第 1 版。结合广大师生的反馈意见以及新的教学和应用开发经验，我们制订了全新的修订方案，重新编写了本教材的第 2 版。全书内容包括：计算机基础知识、Windows 7、Word 2010、Excel 2010、PowerPoint 2010、计算机网络基础、信息安全及常用工具软件的使用等。

经过重新修订，本教材具有以下特点。

（1）内容新颖：目前，计算机软硬件技术更新较快，本书紧跟行业技术发展动向，注重向读者介绍最新的行业相关成果，使读者能学到最新的知识。例如，在介绍计算机发展时，把虚拟化、云计算、嵌入式系统等概念纳入教学内容；在介绍计算机网络技术时，把 IPv6、Wi-Fi、蓝牙、GPS 和 3G 通信等纳入教学内容。当然，最主要的是用 Windows 7 和 Office 2010 替代了传统的 Windows XP 和 Office 2003。

（2）内容全面：第 1 版介绍计算机应用时强调基础操作，忽视了 Windows 7、Word 2010、Excel 2010 和 PowerPoint 2010 的高级操作，而后者正是在实际运用时必须具备的技能。为此，在第 2 版中我们增加了大量的高级应用功能的介绍，例如 Windows 7 的设备管理、磁盘管理、性能管理、事件查看、远程桌面连接，Word 文档的版面设计、水印背景、限制编辑与保护，Excel 公式审核、数据导入和导出、数据模拟分析、有效性控制、透视表和透视图，PowerPoint 幻灯片的发布、视频和讲义的创建等。

（3）实用性强：本教材采用任务驱动式案例教学模式设计教学内容，案例丰富，操作步骤清晰，特别适合目前普遍采用多媒体手段的教学环境。

（4）操作性强：第 2 版将内容分成上、下两册，其中上册提供了教学内容；下册提供习题和上机练习，分为“知识要点解析与习题篇”和“操作演示与上机篇”，从而更加突出实践环节，让学生边学习边练习以强化技能训练。为了培养独立解决问题的能力，所有习题和实验均未给出答案。

本教材基础知识内容参照全国等级考试（一级）大纲编写，因此学完本教材的学生可参加计算机等级考试的一级考试。本教材很多内容完全是从计算机办公应用的实际出发，从实际办公应用经验的角度编写的，因此学完本教材的学生将具备解决计算机办公中实际问题的应用能力。

本书共 7 章，第 1、2、6、7 章由罗福强副教授编写、第 3、4、5 章由杨剑副教授编写。本书由丁晓峰、程庆、谭波担任主编工作，负责全书编写大纲的制定、统稿、定稿和审校工作。

本书在编写过程中也得到电子科技大学成都学院各级领导的帮助和支持，并对本书提出了不少有益的建议，在此表示衷心感谢。

本书虽然经多次讨论并反复修改，但由于时间仓促，书中难免有不妥甚至错误之处，欢迎广大读者提出宝贵意见。使用本书的学校或教师可与出版社联系或者直接与编者联系（E-mail：lfq501@sohu.com）。

编　者

2013 年 6 月

目 录

第1章 计算机基础知识

随着计算机技术的飞速发展，计算机的应用已渗透到社会生活的各个领域，而且这种渗透趋势还会越来越强。现代社会是信息的社会，而一切信息的处理都离不开计算机。为了更好地使用计算机，很有必要了解计算机的发展和应用、计算机的数制和信息的表示、计算机的构成和基本原理等计算机基础知识，为以后学习和使用计算机打下很好的基础。

1.1 计算机概述

所谓计算机就是用于信息处理的机器。它的产生和迅速发展是当代科学技术最伟大的成就之一。在半个多世纪的时间里，计算机的发展取得了令人瞩目的成就。计算机的出现有力地推动了其他科学技术的发展和应用。计算机在科学研究、工农业生产、国防建设以及社会生活各个领域都得到了广泛的应用。

1.1.1 计算机的发展

在谈到计算机的发展问题时，公认的第一台电子计算机是1946年由美国宾夕法尼亚大学研发的ENIAC，并将随后的发展划分为四代，涵盖的时间范围是上世纪40年代到90年代。事实上，计算机并不是在1946年突然发明的，在此之前还经历了相当漫长的发展过程。客观地说，计算机的发展历程可分为以下两个阶段。

1. 机械式计算机阶段

机械式计算机最早可以追溯到1642年。其中，最重要的代表人物有法国物理学家帕斯卡、德国数学家莱布尼兹、英国数学家查尔斯·巴贝奇、美国数学家霍华德·艾肯等。

帕斯卡于1642年发明了机械式加减法器。莱布尼兹于1673年在帕斯卡的基础之上增加乘除运算功能，制造了一台能进行四则运算的机械式计算器。

后来，人们在莱布尼兹的基础之上设计了机械式逻辑器，以及机械式输入和输出装置，为完整的机械式计算机出现打下了基础。

查尔斯·巴贝奇于1822年开始设计差分机，希望能够进行6次多项式的计算，并在随后获得成功。1834年，他又开始设计更完善的以齿轮为元件、以蒸汽为动力的分析机，该计算机具有5个基本部分，包括输入装置、处理装置、存储装置、控制装置和输出装置。遗憾的是直到巴贝奇逝世也没有完成他的差分机。

霍华德·艾肯于1936年在巴贝奇的思想基础之上，提出了用机电方法实现分析机的想法。

1944年，由他设计、IBM公司制造的机电计算机Mark Ⅰ在哈佛大学正式投入运行。Mark Ⅰ的特点是：用大量的继电器作开关元件、用十进制计数齿轮组作存储器、用穿孔纸带进行程序控制。艾肯让巴贝奇的梦想变成了现实。

2. 现代电子计算机阶段

所谓现代电子计算机是指采用了先进的电子技术来替代陈旧落后的机械或继电器技术的计算机。笨重的齿轮、继电器依次被电子管、晶体管、集成电路和超大规模集成电路所取代。

现代电子计算机以1946年为起点，历经了60多年的发展。其中最重要的代表人物有：英国科学家艾伦·图灵、美籍匈牙利科学家冯·诺依曼等。

艾伦·图灵是20世纪著名的数学家之一，他1931年进入剑桥大学，开始研究量子力学、概率论和逻辑学。1936年，他提出了著名的“图灵机”的设想，这一思想奠定了现代计算机的基础。1966年，美国计算机协会以他的名字命名计算机领域的最高奖——“图灵奖”，以纪念这位计算机科学理论的奠基人。

图灵对现代计算机的贡献主要有两个。

① 建立了图灵机的理论模型，发展了可计算性理论，对数学计算机的一般结构、可实现性和局限性都产生了意义深远的影响；

② 提出了定义机器智能的图灵测试，奠定了人工智能的基础。

冯·诺依曼对计算机的最大贡献是他确定了现代计算机的基本结构，因此被称为冯·诺依曼结构。冯·诺依曼的贡献可归纳为两点。

① 计算机硬件由5部分组成，包括存储器、运算器、控制器、输入设备和输出设备；

② 使用二进制代码表示数据和指令信息，使用存储程序、自动控制的工作方式。

根据构成计算机的主要元器件，现代电子计算机通常划分为以下4代。

（1）第1代电子计算机。

第1代电子计算机（1946～1958年），称为电子管计算机。其中著名的有ENIAC、EDVAC、EDSAC和UNIVAC等。

ENIAC（the Electronic Numerical Integrated and Computer，电子数值积分计算机）是真正意义上的第一台现代电子计算机，诞生于1946年。它从1943年4月立项，由美国陆军阿伯丁弹道实验室出经费，由宾西法尼亚大学的莫奇莱教授和埃克特博士设计制造。由于当时的技术限制，只能使用电子管来制造，因此它的体积庞大得惊人，重达30吨，占地170平方米（如图1-1所示）。

图1-1　第一台计算机ENIAC

EDVAC（the Electronic Discrete Variable Computer，电子离散变量计算机）是在ENIAC研制过程中，由冯·诺依曼提出的一种改进方案，其主要改进有两点：

① 为了充分发挥电子元件的高速性能而采用二进制，而ENIAC使用的是十进制；

② 把指令和数据都一起存储起来，让机器能自动连续地执行程序，而ENIAC还不能存储程序。

EDVAC于1952年投入运行。

EDSAC（the Electronic Delay Storage Automatic Calculator，电子延迟存储自动计算器）是在

ENIAC 之后由英国剑桥大学威尔克斯教授设计制造的。它是存储程序的计算机，它的设计虽然比 EDVAC 晚一些，但它于 1949 年投入运行，因此它是事实上的第一台存储程序计算机。

UNIVAC（the Universal Automatic Computer，通用自动计算机）是由 ENIAC 的主要研制者莫奇莱和埃克特设计的。这两人在完成 ENIAC 后，于 1947 年离开了宾夕法尼亚大学，创建了埃克特-莫奇莱计算机公司。1951 年第一台 UNIVAC 交付美国人口统计局使用。这就意味着计算机不再是实验室的实验品，不再是单纯军事用途的工具，而是公众都能使用的商品。这标志着人类进入了计算机时代。

（2）第 2 代电子计算机。

第 2 代电子计算机（1959 ~ 1964 年），称为晶体管计算机，典型代表有：UNIVAC-Ⅱ、贝尔的 TRADIC、IBM 的 70 × × 系列（如 7090、7094、7040、7044）等。它们通常具有以下特点。

① 用晶体管替代了电子管。晶体管拥有更多的优点：体积小、重量轻、耗电省、发热少、速度快、寿命长、价格低和功能强等。使用晶体管作计算机元器件，使计算机的性能与结构都发生了新的飞跃。

② 采用磁芯存储器作内存，并采用磁盘和磁带作外存。这就使存储容量增大，可靠性提高，为系统软件的发展创建了条件。

③ 计算机体系结构中许多意义深远的特性出现。例如，出现变址寄存器、浮点数据表示、中断和输入输出处理等。

④ 汇编语言取代机器语言，开始出现了 FORTRAN、COBOL 等高级语言。

⑤ 计算机的应用范围进一步扩大，开始进入过程控制等领域。

（3）第 3 代电子计算机。

第 3 代电子计算机（1965 ~ 1970 年），称为集成电路计算机，典型代表有：IBM 360 系列、Honeywell 6000 系列、富士通的 F230 等。它们通常具有以下特点。

① 用集成电路取代了晶体管。它的体积更小、耗电更省、功能更强、寿命更长。

② 用半导体存储器替代了磁芯存储器。存储器也进入集成电路时代，内存容量的大幅度增加为建立存储体系与存储管理创建了条件。

③ 由于普遍采用微程序技术，第 3 代电子计算机开始走向系列化、通用化、标准化，为确立富有继承性的体系结构发挥了重要作用。

④ 系统软件和应用软件都有了很大的发展。操作系统在规模和复杂性方面都取得了进展。为提高软件质量，出现了结构化、模块化的程序设计方法。

（4）第 4 代电子计算机。

第 4 代电子计算机从 1971 年到现在，称为大规模和超大规模集成电路计算机，典型代表有：IBM 4300 系列、3080 系列、3090 系列和 9000 系列、Intel x86 系列。

第 4 代电子计算机通常具有以下特点。

① 用超大规模集成电路 VLSI 取代中小规模集成电路。

② 计算机体系结构方面，扩展和延伸了第 3 代电子计算机。

③ 在存储器技术方面，出现了光学存储技术。

④ 计算机网络技术和多媒体技术的出现、发展和完善，使计算机应用到各个领域。

⑤ 并行处理技术与多处理器技术的出现和发展，为未来的技术突破准备着条件。例如，计算机开始深入到人工智能、机器人、超级计算机等领域。

⑥ 微处理器出现并快速发展，彻底使计算机成为公众的家用产品。

表 1-1 列出计算机不同阶段的主要特点和应用。

表 1-1　　计算机发展阶段

时　代	年　份	器　件	软　件	应　用
一	1946～1958 年	电子管	机器语言、汇编语言	科学计算
二	1959～1964 年	晶体管	高级语言	数据处理、工业控制
三	1965～1970 年	集成电路	操作系统	文字处理、图形处理
四	1971 年至今	（超）大规模集成电路	数据库、网络等	各个领域

3. 微型计算机阶段

（1）微型计算机的发展

自 1971 年第一个微处理器芯片 Intel 4004 出现以来，微型计算机飞速发展，以字长和典型的微处理器芯片作为标志，通常将微型计算机的发展划分为 5 个阶段。

第 1 个阶段（1971～1973 年）主要是字长为 4 位或 8 位的低档微型机。其典型微处理器有：Intel 4004、4040、8008 等。其中，Intel 4004 及其改进版 Intel 4040 都是 4 位微处理器。而 Intel 8008 是 8 位的微处理器芯片，它采用 PMOS 工艺，基本指令 48 条，基本指令周期为 20～50μs，时钟频率为 500kHz，集成度约为 3500 晶体管/片。

第 2 个阶段（1973～1978 年）主要是字长为 8 位的中、高档微型机。其典型的微处理器芯片有：Intel 公司的 8080/8085、Motorola 公司的 M6800、Zilog 公司的 Z80 等。以 Intel 8080 为例，它采用 NMOS 工艺，基本指令 70 多条，基本指令周期为 2～10μs，时钟频率高于 1MHz，集成度约为 6000 晶体管/片。

第 3 个阶段（1978～1985 年）主要是字长为 16 位的微型机。其典型的微处理器芯片有：Intel 公司的 8086/8088/80286、Motorola 公司的 M68000、Zilog 公司的 Z8000 等。以 Intel 8086 为例，它采用 HMOS 工艺，基本指令周期为 0.5μs，集成度约为 2.9 万晶体管/片。

比较著名的微型机有：IBM 公司的 PC 机系列和 Apple 公司的 Macintosh 系列等。

1981 年，IBM 公司使用 Intel 8088 生产了 IBM PC，并配备了微软公司的 MS-DOS 操作系统。虽然它是最低档的个人电脑，内存容量很小，而且没有硬盘，但它标志着面向商业和公众销售的计算机时代的到来。1982 年 IBM 推出的扩展型 IBM PC/XT，扩充了内存容量，并且新增了一个 10MB 的硬盘。1984 年，IBM 选用 Intel 80286 作为 CPU，推出了新一代增强型个人计算机 IBM PC/AT。与此同时，1984 年 Apple 公司推出了使用 M68000 作 CPU 的 Macintosh 机，该机使用图形用户界面，并初步具备了多媒体功能。

第 4 个阶段（1985～2000 年）主要是字长为 32 位的微型机。其典型的微处理器芯片有：Intel 80386、80486、Pentium、Pentium Ⅱ、Pentium Ⅲ、Pentium Ⅳ等。以 Intel 80386 为例，其集成度达到 27.5 万晶体管/片，每秒钟可完成 500 万条指令。

第 4 代微型机采用通用微处理器，无论是 Intel 公司的 80386、80486、Pentium、Pentium Ⅱ、Pentium Ⅲ、Pentium Ⅳ，还是 AMD 公司的 K5、K6、Duron、Athon 等芯片，它们的共同特点是，都采用 IA-32（Intel Architecture-32）指令架构，并逐步增加了面向多媒体数据处理和网络应用的扩展指令，如 Intel 的 MMX、SSE 等指令集和 AMD 的 3Dnow！等。一般将自 8086 以来一直延续的这种指令体系通称为 x86 指令体系。

第 5 个阶段（2000 年至今）出现了字长为 64 位的微处理器芯片。刚开始的时候仅面向服务器和工作站等一些高端应用场合，如今已经在市场上普及。2000 年 Intel 推出的微处理器 Itanium

（安腾）采用全新 IA-64 指令架构。而 AMD 公司的 64 位微处理器 Athlon 64 则仍沿用了 x86 指令体系，它能够很好地兼容原来的 IA-32 结构的个人微机系统，具有一定的普及性。

目前，微处理器和微计算机已嵌入机电设备、电子设备、通信设备、仪器仪表和家用电器中，使这些产品向智能化方向发展。随着技术的进一步发展，微型计算机在集成度、性能等方面将会有更快、更惊人的发展。

（2）微型计算机的发展趋势

计算机在其诞生后的几十年的发展过程中，可以用以下 3 点来概括其发展历程。

① 性能迅速提高。

将今天的任何一台 PC 和当初的 ENIAC 比较一下就不难看出计算机的性能在这几十年当中是如何飞速发展的，现在的一台 PC 只需花 1 秒钟处理的任务，在当初可能需要许多大型机一起处理几天。

② 体积迅速缩小。

在性能迅速提高的同时，计算机的体积却在不断地缩小，于是出现了个人计算机（PC）、笔记本计算机、手持计算机等。体积的缩小使得计算机可以运用到许多以前不可能运用到的领域。此外，人们甚至把计算机缩小为一个芯片，然后将其应用到其他的一些机器设备中，例如现在许多家用电器都特别注明采用“微电脑控制”。

③ 价格迅速降低。

在性能迅速提高、体积迅速减小的同时，计算机的价格却在迅速下降。几千元的价格使它迅速地进入了寻常百姓家。仅仅在十年以前，我们还需要一两万元才能买一台 386，而现在只要三四千元就可以买一台超级本了，而且显示器还可能是液晶的，内存、硬盘容量都是 386 时代的几百倍。

4. 计算机发展趋势

计算机发展趋势是向巨型化、微型化、网络化、虚拟化和智能化等方向发展。

巨型化：天文、军事、气象、仿真等领域需要进行超大规模的计算，要求计算机有更高的运算速度，更大的存储量。这就需要研制功能更强的巨型计算机，甚至超级计算机。例如，2010 年 11 月 14 日，由我国国防科学技术大学研制的天河一号超级计算机（见图 1-2）的运算速度可达到每秒 2507 万亿次，成为当时全世界运算速度最快的计算机。

图 1-2　我国天河一号超级计算机

微型化：微型机已经大量进入办公室和家庭，专用微型机已经大量嵌入到仪器、仪表、电器设备中。人们需要体积更小、更轻便、易于携带的微型机，以便出门在外或在旅途中使用，为此应运而生的膝上型（笔记本）、掌上型（PDA）、可穿戴型等各种微型机正在不断涌现，迅速普及。目前，多功能一体机大量出现，它集手机、相机、影视播放、数据处理、网上冲浪、游戏等功能于一身，尤其以苹果的 iPhone 系列为代表，如图 1-3 所示。

网络化：将地理位置分散的计算机通过网络技术相连接，就组成了计算机网络。网络可以使分散的各种资源得到共享。有线网络技术和无线网络技术目前已经实现了各种计算机的互联。因特网（Internet）就是一个覆盖全球的超级计算机网络。未来的网络还要进一步实现计算机、手机、电视机以及其他传感器设备的互联，构造覆盖全球的物联网（Internet of things）。

虚拟化：就是将原本运行在真实环境上的计算机系统运行在虚拟出来的环境中，它实现了计算机资源的逻辑抽象和统一表示。其主要目标是基础设施虚拟化、系统虚拟化和软件虚拟化等。特别是，在因特网平台上，虚拟化使人们能够在任何时间、任何地点通过任何上网设备分享各种信息服务。

智能化：目前功能专用的机器人已经成功开发，能够部分地代替人的脑力劳动，大量应用于人无法达到的领域，例如深海探测。未来，具有更多的类似人（例如具有听说、图形识别、自行学习）的机器人会进一步得到研究和实现。例如，图 1-4（左）展示了由日本研制的能够与人同台演出的仿真机器人。

图 1-3　苹果 iPhone 多功能手机

图 1-4　日本研制的仿真机器人（左）

1.1.2　计算机的特点

计算机之所以能在现代社会各领域获得广泛应用，是与其自身特点分不开的，计算机的特点可概括如下。

1. 运算速度快

计算机运算部件采用的是电子元件，具有很高的运算速度，现在有的机型的运算速度已达到每秒上百亿次的速度。随着科学技术的不断发展和人们对计算机要求的不断提高，其运算速度还将更快。

2. 计算精度高

计算机内用于表示数的位数越多，其计算的精确度就越高，有效位数可为十几位、几十位甚至达到几百位。

3. 超强的记忆能力

计算机中拥有容量很大的存储装置，可以存储所需要的原始数据信息、处理的中间结果与最后结果，还可以存储指挥计算机工作的程序。计算机不仅能保存大量的文字、图像、声音等信息资料，还能对这些信息加以处理、分析和重新组合，以满足各种应用中对这些信息的需求。

4. 判断能力强

计算机具有逻辑推理和判断能力，可以代替人脑的一部分劳动，如参与管理、指挥生产等。随着计算机的不断发展，这种判断能力还在增强，人工智能型的计算机将具有思维和学习能力。

5. 工作自动化

计算机可以不需要人工干预而自动、协调地完成各种运算或操作。这是因为人们将需要计算机完成的工作预先编成程序，并存储在计算机中，使计算机能够在程序控制下自动完成工作。

1.1.3　计算机的分类

计算机的分类比较复杂，缺乏严格的标准。结合用途、费用、大小和性能等综合因素，计算机一般分为巨型机（Supercomputers）、大中型计算机、小型计算机、个人计算机（Personal Computers，PC）、工作站（Workstation）、嵌入式计算机等。注意，这种分类只能限定于某个特定年代，因为计算机的发展太快了，我们现在所用的笔记本计算机的性能就远远强过以前的大型机甚至巨型机。

1. 巨型计算机

巨型计算机具有运算速度最快、处理的信息流量最大、容纳的用户最多、价格最高等特点，因此能处理其他计算机无法处理的复杂的、高强度的运算问题。高强度的运算意味着必须用高度复杂的数学模型来进行大规模的数据处理。例如，分子状态演算、宇宙起源模拟运算、实时天气预报、模拟核爆炸、实现卫星及飞船的空间导航、龙卷风席卷的尘埃运动追踪等都需要对海量数据进行操作、处理和分析。

巨型计算机的运行速度可以达到4000MIPS（每秒执行40亿条指令），其中，MIPS（即Millions of Instruction Per Second）表示百万条指令/秒。通常一台巨型机能容纳几百个用户同时工作，同时完成多项任务。

2. 大中型计算机

大中型计算机的运行速度低于巨型计算机，典型的大中型计算机的速度一般在50～100MIPS之间。它通常用于商业领域或政府机构，提供数据集中存储、处理和管理功能。在可靠性、安全性、集中控制要求较高的环境中，大中型计算机为我们提供了一种不错的选择。

3. 小型计算机

小型计算机是指运行速度不到 10MIPS（每秒执行指令条数为一千万），同时容纳的用户在32～64个之间，价格比较便宜，容量要比大型机小一些的计算机。这种机型适用于一些中小型企业、高等院校及政府部门进行科学研究及行政管理工作。

4. 个人计算机

个人计算机（PC）是一种基于微处理器的为解决个人需求而设计的计算机。它提供多种多样的应用功能，例如文字处理、照片编辑、电子邮件。根据尺寸，个人计算机分为桌面计算机和便携式计算机。便携式计算机又分为笔记本、平板电脑等。笔记本又称膝上型电脑，过去它是移动办公的首选，如今更加轻薄的平板电脑提供了一种更好的选择。

从目前计算机发展的趋势来看，个人计算机与小型计算机的差别在逐渐缩小，并且大有用微型计算机替代小型计算机的发展趋势。

5. 工作站

工作站是一种速度更高、存储容量更大的个人计算机（即高档PC机），它介于小型机和普通PC机之间，工作站通常配有高分辨率的大屏幕显示器、很大容量的内存储器和外存储器，具有较强的信息处理功能、高性能的图形图像功能和网络功能，特别适合于三维建模、图像处理、动画设计和办公自动化等。

注意，这里讲的工作站和网络系统中的工作站有些区别。

网络系统中的工作站是指在网络中扮演客户端的计算机，简称客户机，与之对应的就是服务器。服务器在计算机网络中提供各种网络服务。例如，一台网站服务器就为能够我们提供网页浏览服务。因此，服务器不是指一种特定类型的计算机硬件，任何个人计算机、工作站、大型计算机和巨型计算机都可以配置成一台服务器。

6. 嵌入式计算机

嵌入式计算机是一种使用单片机技术或嵌入式芯片技术构建的专用计算机系统，包括 POS 机（电子收款机系统）、ATM 机（自动柜员机）、工业控制系统、各种自动监控系统等。典型的单片机或嵌入式芯片有 Intel 8051 系列、Z80 系列、ARM 系列、Power PC 系列等。嵌入技术的应用使各种机电设备具有智能化的特点。例如，在手机中集成嵌入式 ARM 芯片，利用安卓（Android）软件系统，就使得手机具有了上网、摄影、播放 MP3 等各种功能。由于嵌入式芯片性能飞速提升，其应用领域越来越广泛，如今它集文字处理、电子表格、移动存储、电子邮件、Web 访问、个人财务管理、移动通信、数码相机、数码音乐和视频播放、全球定位系统（GPS）、电子地图等功能于一身，因而使得微型计算机与嵌入式计算机之间的差别越来越小。

1.1.4 计算机的应用

计算机是 20 世纪科学技术发展的最卓越的成就之一，已经广泛应用于工业、农业、国防、科研、文教、交通运输、商业、通信以及日常生活等各个领域。计算机的应用可以归纳为以下几个主要方面。

1. 科学计算

早期的计算机主要用于科学计算。目前，科学计算仍然是计算机应用的一个重要领域。随着计算机技术的发展，计算机的计算能力越来越强，计算速度越来越快，计算的精度也越来越高。利用计算机进行数值计算，可以节省大量的时间、人力和物力。

2. 信息管理

信息管理是目前计算机应用最广泛的一个领域，它是指利用计算机对数据进行及时的记录、整理、计算并加工成人们所需要的形式，如企业管理、物资管理、报表统计、财务管理、信息情报检索等。

3. 过程检测与控制

利用计算机进行控制，可以节省劳动力，减轻劳动强度，提高劳动生产效率，并且还可以节省生产原料，减少能源消耗，降低生产成本。

利用计算机对工业生产过程中的某些信号自动进行检测，并把检测到的数据存入计算机，再根据需要对这些数据进行处理，这样的系统称为计算机检测系统。在实际应用中，检测和控制往往并存。

4. 计算机辅助工程

计算机作为辅助工具，目前被广泛应用于各个领域，主要有：计算机辅助设计（CAD）、计算机辅助制造（CAM）、计算机辅助测试（CAT）、计算机辅助教学（CAI）。

5. 人工智能方面的研究和应用

人工智能（AI）是指计算机模拟人类某些智力行为的理论、技术和应用。

人工智能是计算机应用的一个新的领域，这方面的研究和应用正处于发展阶段。机器人是计算机人工智能模拟的典型例子。

6. 多媒体技术应用

随着电子技术特别是通信和计算机技术的发展，人们已经有能力把文本、音频、视频、动画、图形和图像等各种媒体综合起来，构成一种全新的概念——“多媒体”（Multimedia）。在医疗、教育、商业、银行、保险、行政管理、军事、工业、广播和出版等领域中，多媒体的应用最为普遍。

7. 云计算

首先，在因特网中“云”是计算机网络系统的图形化表示。使用“云”来描绘网络，其目的是强调用户对网络的运用，使用户不再关注网络的组成与实现细节。云计算是分布式计算、并行计算、网络存储、虚拟化、负载均衡等传统计算机和网络技术发展融合的产物。它由一系列可以动态升级和被虚拟化的资源组成，通过因特网这些资源（包括计算、储存、网络、软件等）以服务的方式提供给用户。发展云计算的好处在于各种底层资源的异构性被屏蔽，边界被打破，可以被统一管理和使用，从而让用户可以自由地、无障碍地分享这些服务，即使用户不懂计算机技术。

1.2 计算机中数据的表示及编码

1.2.1 计算机中的数制及其转换

1. 数制

数制是一种表示及计算数的方法，日常生活中我们习惯用十进制记数。有时也采用别的进制记数，如计算时间用六十进制，一个星期 7 天，为七进制数；一年为 12 个月，为十二进制。在计算机中处理和表示数据常用二进制、八进制、十六进制。

（1）十进制数。

十进制是我们最熟悉的一种进位计数制，其主要特点如下所示。

① 它由 0、1、2、3、4、5、6、7、8、9 十个不同的基本数码符号构成，基数为 10；

② 进位规则是逢十进位，一般在数的后面加字母 D 表示十进制数。

所谓基数，在数学中指计数制中所用到的数码的个数。对于十进制数来说，因为它使用 0 ~ 9 共十个数码表示任意一个数，因此其基数为 10。

十进制数计数规则是：做加法运算时，“逢十进一”，当它的某位计满 10 时，就要向它邻近的高位进一；做减法运算时，“借一当十”，当它的某位不够减时，就向它的邻近高位借位，借一当十使用。

任何一个十进制数都可以展开成幂级数形式。

例如，$154.69=1\times10^2+5\times10^1+4\times10^0+6\times10^{-1}+9\times10^{-2}$

其中，10^2、10^1、10^0、10^{-1}、10^{-2} 称为十进制数各数位的“权”。

（2）二进制数。

二进制是计算机内的基本数制，其主要特点如下所示。

① 任何二进制数都只由 0 和 1 两个数码组成，其基数是 2；

② 进位规则是“逢二进一”。一般在数的后面用字母 B 表示这个数是二进制数。

任何一个二进制数都可以展开成幂级数形式。

例如，$(101.11)_B=1\times2^2+0\times2^1+1\times2^0+1\times2^{-1}+1\times2^{-2}$

其中，2^2、2^1、2^0、2^{-1}、2^{-2} 称为二进制数各数位的“权”，基数为 2。

（3）八进制数。

八进制数的主要特点是：

① 八进制数由 8 个数码组成：0、1、2、3、4、5、6、7；

② 进位规则是“逢八进一”。书写时，一般在数的后面用字母 O 表示这个数是八进制数。

任何一个八进制数都可以展开成幂级数形式。

例如，$(101.11)_O = 1 \times 8^2+0 \times 8^1+1 \times 8^0+1 \times 8^{-1}+1 \times 8^{-2}$

其中，8^2、8^1、8^0、8^{-1}、8^{-2} 为二进制数各数位的“权”，基数为 8。

（4）十六进制数

十六进制是微型计算机软件编程时常采用的一种数制，其主要特点如下所示。

① 十六进制数由 16 个数码组成——0、1、2、…、9、A、B、C、D、E、F，其中 A、B、C、D、E、F 分别代表十进制数的 10、11、12、13、14、15，其基数是 16；

② 进位规则是“逢十六进一”。一般在数的后面加一个字母 H 表示是十六进制数。

任何一个十六进制数都可以展开成幂级数形式。

例如，$(111.01)_H=1 \times 16^2+1 \times 16^1+1 \times 16^0+0 \times 16^{-1}+1 \times 16^{-2}$

其中，16^2、16^1、16^0、16^{-1}、16^{-2} 为十六进制数各数位的“权”，基数为 16。

由于一个 4 位二进制数只需用一位十六进制数表示，特别在二进制数位较长时，使用十六进制的优点更加明显。因而目前的计算机也普遍采用十六进制来表示数据。

2．数制间的转换

微型计算机内部采用二进制数操作，软件编程时通常采用八进制或十六进制数，而人们日常习惯使用十进制数，因而要求计算机能对不同数制的数进行转换。当然，软件编程人员也必须熟悉这些数制间的转换方法。表 1-2 所示为常用计数制的对照表。

表 1-2　计算机常用计数制的表示

十　进　制	二　进　制	八　进　制	十 六 进 制
0	0000	0	0
1	0001	1	1
2	0010	2	2
3	0011	3	3
4	0100	4	4
5	0101	5	5
6	0110	6	6
7	0111	7	7
8	1000	10	8
9	1001	11	9
10	1010	12	A
11	1011	13	B
12	1100	14	C
13	1101	15	D
14	1110	16	E
15	1111	17	F
16	10000	20	10

（1）二进制、八进制、十六进制数转换为十进制数。

二进制、八进制和十六进制数转换为等值的十进制数，只要把它们以幂级数形式展开并进行计算，所得的结果就是十进制数。

例如：

$(101.01)_B=1\times2^2+0\times2^1+1\times2^0+0\times2^{-1}+1\times2^{-2}=(5.25)_D$

$(2576.2)_O=2\times8^3+5\times8^2+7\times8^1+6\times8^0+2\times8^{-1}=(1406.25)_D$

$(1A4D)_H=1\times163+10\times162+4\times161+13\times160=(6733)_D$

（2）十进制数转换为二进制、八进制、十六进制数。

十进制数转换为等值的二进 、八进制和十六进制数，需要对整数部分和小数部分分别进行转换。其整数部分用连续除以基数 *R* 取余数的方法来完成，小数部分用连续乘以基数 *R* 取整数的方法来实现。

例如：将十进制数 29.25 转化成二进制数。

整数部分 29 的转换方法是：除 2 取余，将 29 反复除以 2，直到商为 0 为止，然后从后往前写出所得余数即为整数 29 所对应的二进制，演算过程如图 1-5（a）所示。

而小数部分 0.25 的转换方法是：乘 2 取整，将 0.25 连续乘以 2，选取进位整数，直到乘积为 0 或满足精度为止，然后从前往后写出所选取的整数即为 0.25 所对应的二进制，演算过程如图 1-5（b）所示。

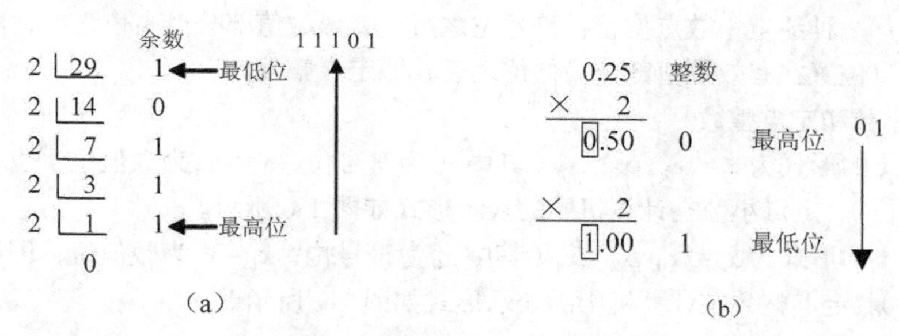

图 1-5　十进制转换为二进制演算过程

因此，$(29.25)_D=(11101.01)_B$

（3）二进制数与八进制数、十六进制数的转换。

由于一个八进制数码对应 3 位二进制数，因此将八进制数转换为二进制时，只需将八进制数的每一位直接转换对应的 3 位二进制数即可。

例如：

$(35.04)_O=(\underset{3}{\underline{011}}\,\underset{5}{\underline{101}}.\underset{0}{\underline{000}}\,\underset{4}{\underline{100}})_B=(11101.0001)_B$

反过来，二进制数转换为八进制数的方法是，以小数点为界，整数部分从右往左，每 3 位数划分为一组，不足 3 位在左边添 0，小数部分从左往右，每 3 位数划分为一组，不足 3 位在右边添 0，然后将每一组转换成对应的八进制数码。

例如：

$(10000101.1101)_B=(\underset{2}{\underline{010}}\,\underset{0}{\underline{000}}\,\underset{5}{\underline{101}}.\underset{6}{\underline{110}}\,\underset{4}{\underline{100}})_B=(205.64)_O$

同理，将十六进制数转换成二进制时，只需把十六进制数的每一位直接转换成对应的 4 位二进制数即可。反过来，二进制数转换成十六进制数的方法则如下：

以小数点为界，整数部分从右往左，每 4 位数划分为一组，不足 4 位在左边添 0，小数部分从左往右，每 4 位数划分为一组，不足 4 位在右边添 0，然后将每一组转换成对应的十六进制数码。

例如：

$(E1.A8)_H = (\underline{1110}\ \underline{0001}.\underline{1010}\ \underline{1000})_B = (11100001.10101)_B$

E　1　A　8

$(101011.1001011)_B = (\underline{0010}\ \underline{1011}.\underline{1001}\ \underline{0110})_B = (2B.96)_H$

2　B　9　6

1.2.2　计算机中的定点数

计算机中的数据有两种表示格式：定点格式和浮点格式。若数的小数点位置固定不变则称为定点数；反之，若数的小数点位置不固定则称之为浮点数。

在日常书写中，我们用正号“+”或负号“−”加绝对值来表示数值，如$(+56)_D$，$(-23)_D$，$(+11011)_B$，$(-10110)_B$等，这种形式的数值被称为真值。在机器内部，定点数用“0”表示“+”，用“1”表示“−”，规定最高位为符号位并且数据的小数点位置固定不变。通常，小数点的位置只有两种约定：一种约定小数点位置在符号位之后、有效数值部分最高位之前，即定点小数；另一种约定小数点位置在有效数值部分最低位之后，即定点整数。

1．定点小数和定点整数

定点小数 x 的形式为 $x = x_0.x_1x_2\ldots x_n$（其中 x_0 为符号位，$x_1 \sim x_n$ 为数值位，也称为尾数，x_1 为数值最高有效位）。定点小数在计算机中的表示形式如图 1-6 所示。

定点整数 x 的形式为 $x = x_0x_1x_2\ldots x_n$（其中 x_0 为符号位，$x_1 \sim x_n$ 为数值位，即尾数，x_n 为数值位最低有效位）。定点整数在计算机中的表示形式如图 1-7 所示。

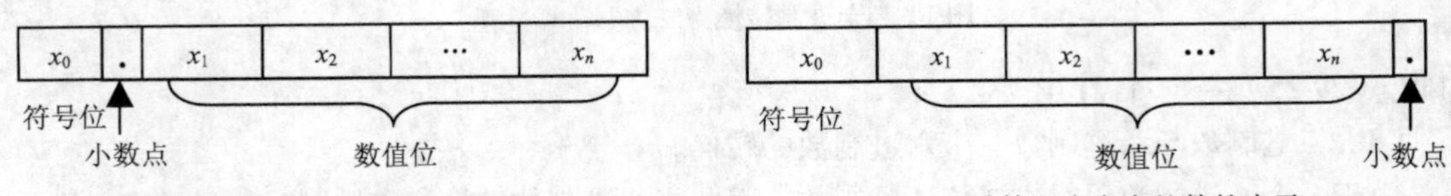

图 1-6　计算机中定点小数的表示　　　　图 1-7　计算机中定点整数的表示

在定点数中，不管是定点小数还是定点整数，计算机所处理的数必须在该定点数所能表示的范围之内，否则会发生溢出。若数据小于定点数所能表示的最小值时，计算机将其作“0”处理，称为下溢；若数据大于定点数能表示的最大值时，计算机将无法表示，称为上溢，将上溢和下溢统称为溢出。当有溢出发生时，CPU 中的状态寄存器 PSW 中的溢出标志位将置位，并进行溢出处理。

定点数的小数点实际上在机器中并不存在，没有专门的硬件设备进行表示，只是一种人为的约定，所以对于计算机而言，处理定点小数和处理定点整数在硬件构造上并无差别。

2．定点数的编码形式

在计算机内部，定点数又称机器数。根据数值位的表示方法不同，一个机器数有以下三种编码形式：原码、反码和补码。

（1）原码。

原码表示法中，数值位用绝对值表示；符号位用“0”表示正号，用“1”表示负号。换句话说，即数字化的符号位加上数的绝对值。

例如：

若 X_1=+0.1101，X_2=−0.1101，则$[X_1]_原$=0.1101，$[X_2]_原$=1.1101。

若 X_1=+1101，X_2=−1101，则 5 位数的$[X_1]_原$=01101，$[X_2]_原$=11101；而 8 位数的$[X_1]_原$=00001101，$[X_2]_原$=10001101。

可见，原码有以下特点：

① 最高位为符号位，正数为 0，负数为 1，数值位与真值一样，保持不变。

② “0”的原码表示有两种不同的表示形式，以整数（8 位）为例：

$[+0]_原$=00000000，$[-0]_原$=10000000。

（2）反码。

反码表示法中，符号位用“0”表示正号，用“1”表示负号；正数的反码数值位与真值的数值位相同，负数的反码数值位是将真值各位按位取反（“0”变成“1”，“1”变成“0”）得到。

例如：

若 X_1=+0.1101，X_2=−0.1101，则$[X_1]_反$=0.1101，$[X_2]_反$=1.0010。

若 X_1=+1101，X_2=−1101，则 5 位数的$[X_1]_反$=01101，$[X_2]_反$=10010；8 位数的$[X_1]_反$=00001101，$[X_2]_反$=11110010。

0 的反码表示也有两种不同的表示形式，以整数（8 位）为例：

$[+0]_反$=00000000，$[-0]_反$=11111111。

（3）补码。

补码表示法中，符号位用“0”表示正号，用“1”表示负号；正数补码的数值位与真值的数值位相同，负数补码的数值位是将真值各位按位取反（“0”变成“1”，“1”变成“0”）后，最低位加 1 得到。

例如：

若 X_1=+0.1101，X_2=−0.1101，则$[X_1]_补$=0.1101，$[X_2]_补$=1.0011。

若 X_1=+1101，X_2=−1101，则 5 位数的$[X_1]_补$=01101，$[X_2]_补$=10011；8 位数的$[X_1]_补$=00001101，$[X_2]_补$=11110011。

0 的补码表示与原码和反码不同，是唯一的$[0]_补$=0。

1.2.3　计算机中的浮点数

定点数的表示较为单一，数值的表示范围小，且运算的时候易发生溢出，所以在计算机中，采用类似于科学计数法的方式来表示实数，即浮点数表示。如数值 1110.011 可表示为：M=1110.011=0.1110011 × 2^{+4}。

根据以上形式可写出二进制所表示的浮点数的一般形式：$M=S\times 2^P$，其中纯小数 S 是数 M 的尾数，表示数的精度；整数 P 是数 M 的阶码，确定了小数点的位置，表示数的范围；2^P 为比例因子。因为小数点的位置可以随比例因子的不同而在一定范围内自由浮动，所以这种表示方法被称为浮点表示法。与定点数相比，用浮点数表示数的范围要大得多，精度也高。计算机中浮点数的格式如图 1-8 所示。

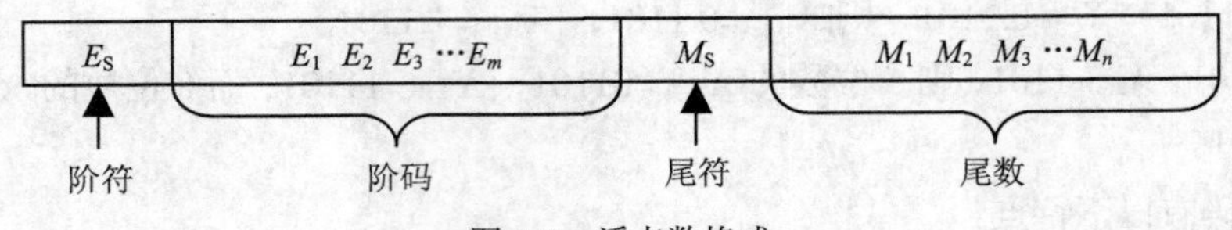

图 1-8　浮点数格式

E_S 为阶码的符号位，表示阶的正负；M_S 为尾数的符号位，表示数的正负。

为了充分利用尾数的二进制位数来表示更多的有效数字，我们通常采用规格化形式表示浮点数，即将尾数的绝对值限定在以下范围以内：

$$\frac{1}{2} \leqslant |M| < 1$$

在规格化数中，若尾数用补码表示，当 $M \geqslant 0$ 时，尾数格式为：M=0.1××…×；当 M<0 时，尾数格式应为：M=1.0××…×，由上可看出，若尾数的符号位与数值最高位不一致，即为规格化数。

1.2.4　信息单位

在计算机内部，数据都是以二进制的形式存储和运算的。计算机数据的表示经常使用到以下几个单位。

1．位

位（bit）音译为比特，是计算机中表示信息的最小单位，是二进制数据中的一个位，一个二进制位只能表示 0 或 1 两种状态，要表示更多的信息，就得把多个位组合成一个整体，每增加一位，所能表示的信息量就增加一倍。

2．字节

字节（byte）简记为 B，规定一个字节为 8 位，即 1B=8bit。字节是计算机数据处理的基本单位。除此之外，经常使用的度量单位还有千字节 KB（KiloByte）、兆字节 MB（MegaBye）、吉字节 GB（GigaByte）、太字节 TB（TeraByte）和皮字节 PB（PetaByte）。它们之间的关系是：

1KB=2^{10}B=1024B

1MB=2^{20}B=1024KB=1024 × 1024B

1GB=2^{30}B =1024MB=1024 × 1024KB=1024 × 1024 × 1024B

1TB=2^{40}B=1024GB=1024 × 1024MB=1024 × 1024 × 1024KB

1PB=2^{50}B=1024TB=1024 × 1024GB=1024 × 1024 × 1024MB

例如，一台内存标注为 4GB、硬盘标注为 1.5TB 的微机，其实际的存储容量分别为：

内存容量=4 × 1024 × 1024 × 1024B

硬盘容量=1.5 × 1024 × 1024 × 1024 × 1024B

3．字

字（Word）是计算机进行数据处理时，一次存取、加工和传送的数据长度。一个字通常由一个或若干个字节组成，由于字长是计算机一次所能处理信息的实际位数，所以，它决定了计算机数据处理的速度，是衡量计算机性能的一个重要指标。

计算机型号不同，其字长是不同的，常用的字长有 8、16、32 和 64 位，例如 APPLE-Ⅱ微机的字长为 8 位，IBM-PC/XT 的字长为 16 位，386/486 微机的字长为 32 位，AMD Athlon 64 的字长则是 64 位。

1.2.5 计算机中的字符与编码

1. 英文字符与 ASCII 码

人们习惯用键盘上的数字（十进制数）、字母（26 个英文字母）和符号与计算机之间进行数据和信息的交换，而计算机只能识别二进制数。因此，必须事先为这些数字、字母和符号进行二进制编码（用二进制数表示），以便计算机对它们加以识别和处理。目前，广泛应用于微型计算机中的国际通用标准编码是 ASCII 码。ASCII 码（American Standard Coded for Information Interchange）是"美国信息交换标准代码"的简称。基本 ASCII 码只收录了 128 个基本字符，包括 96 个图形字符和 32 个控制字符，使用 7 位二进制数进行编码，详细情况见表 1-3。例如，大写字母 C 的 ASCII 码，在表中对应于字符 C 的位置，找出其对应的列 $a_6a_5a_4$ 和行 $a_3a_2a_1a_0$ 的值，并按 $a_6a_5a_4a_3a_2a_1a_0$ 排列，即可得 C 的 ASCII 码为 01000011，对应的十进制数表示为（67）$_D$，十六进制数为（43）$_H$。

由于基本 ASCII 字符集字符数目有限，在实际应用中往往无法满足要求。为此，国际标准化组织又制定了 ISO2022 标准，即扩展 ASCII 码。在保持与基本 ASCII 码兼容的前提下，它使用 8 位二进制数进行编码，因此将基本 ASCII 字符集扩充到 256 个字符。

表 1-3 七位 ASCII 码字符表

低 4 位 $a_3a_2a_1a_0$	高 3 位 $a_6a_5a_4$							
	000	001	010	011	100	101	110	111
0000	NUL	DLE	SP	0	@	P	、	p
0001	SOH	DC1	!	1	A	Q	a	q
0010	STX	DC2	"	2	B	R	b	r
0011	ETX	DC3	#	3	C	S	c	s
0100	EOT	DC4	$	4	D	T	d	t
0101	ENQ	NAK	%	5	E	U	e	u
0110	ACK	SYN	&	6	F	V	f	v
0111	BEL	ETB	'	7	G	W	g	w
1000	BS	CAN	(	8	H	S	h	x
1001	HT	EM	)	9	I	Y	i	y
1010	LF	SUB	*	:	J	Z	g	z
1011	VT	E\C	+	;	K	[	k	{
1100	FF	FS	,	<	L	\	l	|
1101	CR	GS	-	=	M	]	m	}
1110	SO	RS	.	>	N	^	n	~
1111	SI	US	/	?	O	_	o	DEL

2. 汉字与中文编码

（1）汉字的存储。

在计算机中存储汉字和存储英文在原理上是相同的。为了正确识别存储汉字，同样需要事先为汉字进行二进制编码。汉字的这种编码是由我国国家标准局在 1980 年颁布的，故称为国标码，代号为 GB2312-80。国标码中收录了 7445 个字符，包括汉字 6763 个、图形符号 682 个。其中，汉字分为两级，一级汉字 3755 个，属常用汉字，按汉字拼音顺序排序；二级汉字 3008 个，属于不常用汉字，按部首排序。国标码使用 2 个字节的二进制编码表示。

由于计算机以字节为单位识别处理信息，如果在机器内部直接使用代表汉字编号的国标码来存储汉字，必然引成汉字识别和英文识别相互冲突，因此为了有效地区分英文字符和中文字符，需要将国标码中每个字节的最高位设置为 1，而 ASCII 码的最高位保持为 0。这种经过变换的国际码，通常称为机内码。

例如，通过查阅国标码表可知，汉字“菠”的机内码为 1010 0100 1011 0010。其中，前一字节编码 1010 0100 与英文字符“$”的 ASCII 码 0010 0100 区分开来，后一字节编码 10110010 与英文字符“2”的 ASCII 码 00110010 区分开来。

有关国标码表的详细信息，感兴趣的读者可参阅相关资料。

（2）汉字的输入和输出。

由于不能制作出与英文键盘类似的汉字键盘，因此在解决汉字的输入问题时，我们通过现有英文键盘上字母或数字组合实现汉字的输入，如汉字的全拼输入法和五笔字型输入法就是通过英文字母的组合实现汉字输入。实现汉字输入所使用的字母或数字组合称为汉字的输入码。

汉字输入计算机后，系统自动将输入码转换成机内码，将汉字保存起来。

需要显示或打印汉字时，系统自动将代表汉字序号的国标码转换成代表汉字形状的字型码，实现显示和打印。

汉字在计算机内部的转换过程如图 1-9 所示。

目前普遍使用的汉字字型码是用点阵方式表示的，称为“点阵字型码”，这种用点阵形式存储的汉字字型信息的集合称为汉字字模库，简称汉字字库。计算机显示一个汉字的过程首先是根据其机内码找到该汉字字库中的字型码，然后依据该汉字的点阵字型在屏幕上输出。

例如，汉字“中”如果使用 16 × 16 点阵汉字字型码来表示，则其编码大小为 16 × 16 ÷ 8=32 字节，如图 1-10 所示。

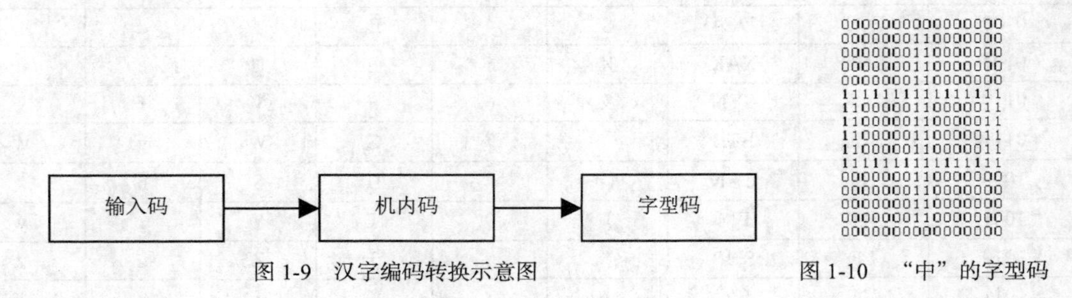

图 1-9　汉字编码转换示意图　　　　图 1-10　“中”的字型码

3. Unicode 编码

Unicode 是国际组织制定的可以容纳世界上所有文字和符号的字符编码方案。Unicode 用数字 0 ~ 0x10FFFF 来映射这些字符，最多可以容纳 1114112 个字符。Unicode 字符集即 Unicode Character Set（缩写为 UCS）。早期的 Unicode 标准有 UCS-2、UCS-4 的说法。UCS-2 用两个字节编码，UCS-4 用 4 字节编码。

在 Unicode 中，已收录的汉字个数达 20902，包括简繁中文、日文、韩文中的几乎所有汉字字符，因此 Unicode 的汉字编码在 Windows 系统中又称为 CJK 编码（中、日、韩统一编码）。

Unicode 编码可以通过 UTF-8、UTF-16、UTF-32 等转换成程序中的字符编码。其中，UTF 是 UCS Transformation Format 的缩写。对于 UTF-8、UTF-16、UTF-32，可以简单理解成分别用 Byte、Word、DWord 为单位的字符编码。

1.3　计算机系统组成

一个完整的计算机系统是由硬件系统和软件系统组成。本节将对软硬件相关知识进行详细介绍。

1.3.1　冯 · 诺依曼原理

1. 存储程序与自动控制

计算机的基本工作原理是存储程序和程序控制。预先把指挥计算机如何进行操作的指令序列（称为程序）和原始数据输入到计算机内存中。每一条指令明确规定了计算机从哪个地址取数，进行什么操作，然后送到什么地方去等步骤。计算机在运行时，先从内存中取出第 1 条指令，通过控制器的译码器按照指令的要求，从存储器中取出数据进行指定的运算和逻辑操作等加工，然后再按地址把结果送到内存中去，接下来，取出第 2 条指令，在控制器的指挥下完成规定操作，依此进行下去，直到遇到停止指令。其工作原理如图 1-11 所示。

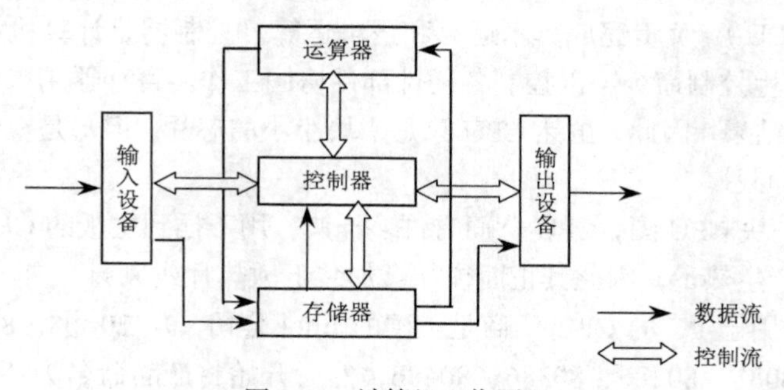

图 1-11　计算机工作原理

程序与数据一样存储，按照程序编排的顺序，一步一步地取出指令，自动地完成指令规定的操作是计算机最基本的工作原理。这一原理最初是由美籍匈牙利数学家冯 · 诺依曼于 1945 提出来的，故称为冯 · 诺依曼原理。60 多年来，虽然现在的计算机系统从性能指标、运算速度、工作方式、应用领域和价格等方面与当时的计算机有很大差别，但基本结构没有改变，都属于冯 · 诺依曼计算机。

2. 五大部件及功能

计算机的组成部件按功能可分为 5 部分：运算器、控制器、存储器、输入设备和输出设备。它们的功能如下所示。

① 存储器：保存程序和数据以及运算的结果；

② 控制器：从程序中取出指令，执行指令，发出控制信号，控制相关电路协调工作，完成指令的功能；

③ 输入设备：将程序和数据输入到存储器中；

④ 运算器：完成数据的算术和逻辑运算；

⑤ 输出设备：输出运算的结果。

1.3.2 硬件系统

硬件系统是组成计算机的物理部件，分为主机和外设两大部分。

1．主机

主机是由主板、CPU、内存、机箱和电源构成的。主机设备安装在主机箱内，在主机箱内有主板、硬盘驱动器、CD-ROM 驱动器、电源和显示适配器（显卡）等。主机从外观上分为卧式和立式两种。有的主机箱正面上除了电源开关（Power）之外，还有一个复位（Reset）按钮。复位按钮用来重新启动计算机，在主机箱的正面还有一个光盘驱动器，用来读取光盘上的信息。

（1）主板。

如图 1-12 所示，主板是位于主机箱内一块大型多层印刷线路板，在它上面集成了 CPU 插槽、内存插槽、PCI 扩展槽、AGP 扩展槽、IDE 接口、并行接口、串行接口、USB（Universal Serial Bus，通用串行总线）接口、键盘接口、PS/2 接口等。主板上还集成了 AGP 总线、PCI 总线等，连接在主板上的所有设备之间通过总线进行数据交换。主板是微机内最大的一块集成电路板，也是最主要的部件。它决定着计算机的品质和质量，是计算机的核心部件。

（2）CPU。

CPU 是英语“Central Processing Unit”的缩写，我们一般将其翻译为“中央处理器”。它采用超大规模集成电路工艺，主要由运算器、控制器以及寄存器等逻辑部件组成。其中，运算器，又称算术逻辑单元（ALU），负责完成算术运算和逻辑运算。控制器是计算机系统的指挥中心，负责执行程序指令并产生控制命令，以控制各硬件部件协同工作。寄存器用来保存正在执行的程序指令、数据以及运算结果。因此，虽然 CPU 只是一块小小的芯片，但却是整台计算机的计算和控制核心，是计算机的心脏。

图 1-13 所示为一块 CPU 图，CPU 背面有许多插脚，用于插到主板的 CPU 插槽中。此外，由于 CPU 在运行时会产生热量，因此其正面往往会加装上散热片或风扇。

世界上最著名的用于 PC 的 CPU 厂商是美国的 Intel 公司，从 20 世纪 80 年代起，Intel 公司相继推出了 8086、8088、80286、80386、80486，然后开始将产品命名为“Pentium”（通常译为“奔腾”）系列，并陆续推出了奔腾 II、奔腾 III、奔腾 4、酷睿系列等。

除了 Intel 之外，目前比较著名的 CPU 厂商还有 AMD 公司，其著名产品包括“雷鸟”系列、“毒龙”系列、“速龙”系列、“羿龙”系列等。

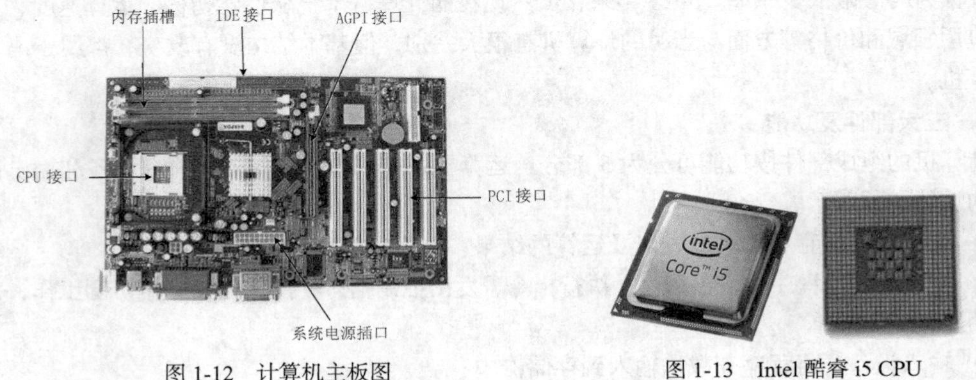

图 1-12　计算机主板图　　图 1-13　Intel 酷睿 i5 CPU

（3）内存。

内存储器简称内存，是程序运行时存储程序和数据的地方。内存属于内部存储器。相对于硬盘等外部存储器来说，内存的读写速度快，但存储量较小。内存由半导体器件构成，从功能上分为 RAM（Random Access Memory）和 ROM（Read-Only Memory）。

① RAM：随机存取存储器，可以读和写，断电后存储的内容将丢失。RAM 通常是一块条状电路板（俗称“内存条”），如图 1-14 所示，上面有许多内存芯片，在使用时需将内存条插入到主板的内存插槽中。

图 1-14　计算机内存条

② ROM：只读存储器，只能读出原有内容，不能写入新内容。原有内容采用掩膜技术由厂家一次性写入，并永久保存。一般用于存放固定数据或程序。如微机主板上的 BIOS（基本输入/输出系统）就是固化在 ROM 里的程序，主要完成系统的初始化，并引导操作系统。

还有一种存储器称为高速缓冲存储器（Cache），它位于内存和 CPU 之间，特性类似于 RAM，但存取速度高于 RAM，主要解决 RAM 和 CPU 速度不匹配问题。原来的 Cache 分为两种，一种是集成在 CPU 内部，称为 L1 Cache（一级）；另一种在 CPU 外部，称为 L2 Cache（二级）。由于生产成本的降低，现在的 Cache 全部集成到 CPU 内部。例如，Intel 酷睿 i7 980X 的 CPU 包括 3 级 Cache，L1 Cache 为 6 × 64KB，L2 Cache 为 6 × 512KB，L3 Cache 为 6 × 2MB。

（4）总线。

计算机各硬件部件（包括 CPU、主存储器、辅存储器、输入设备和输出设备等）必须在电路上相互连接，才能组成一个完整的硬件系统，才能相互交换信息，协调一致地工作，实现计算机的基本功能。总线就是计算机硬件之间的公共连线，它从电路上将 CPU、存储器、输入设备和输出设备等硬件设备连接成一个整体，以便这些硬件之间进行信息交换。

根据在系统中所处的位置，总线可分为系统总线与扩展总线。系统总线，又称内总线或板级总线，用于连接主机中各功能部件。按功能，系统总线可分为地址总线、数据总线和控制总线，它们分别用来传送地址、数据和控制信息。扩展总线，又称外部总线或扩充总线，用于扩展连接其他外围硬件，使主板上的扩展槽实现相应的物理连接。

（5）接口。

计算机主机内部本身由许多部件组成。为了扩展计算机的功能（例如连上打印机来打印文稿），我们还经常需要在计算机上连接一些其他的设备（通常称为外部设备，或简称外设）。在计算机组成部件之间以及外部设备与计算机主板之间通常通过各种形式的接口来连接。

接口通常由一个控制器和若干个寄存器组成。寄存器保存了主机与外设相互通信的信息，包括主机的命令字，外设的状态字以及输入/输出数据等。广义上的微机包括单片机和通用微机。单片机常常把主机和输入/输出接口电路集成在一个电路芯片之中。而通用微机的 CPU、内存和接口是分离设计的，用户在主机上能直接观察到接口，如图 1-15 所示。

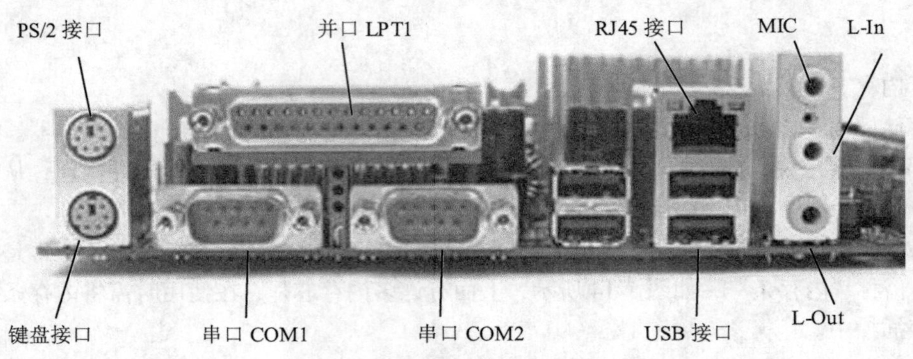

图 1-15　主板外部接口

① 串行口：串行口表示通过这个接口传送的数据是串行发送的，即数据是一位接着一位陆续发送。可以接在串行口上的外部设备很多，最常用的如外置的 Modem（调制解调器）。每个主板上都有两个串行口，一般标记为 COM1 和 COM2。

② 并行口：并行口表示通过这个接口传送的数据是并行发送的，即可以同时发送多位数据，一般用于连接打印机。正常情况下每个主板上都有一个并行口，一般标记为 LPT1。

③ USB 接口：USB 接口是相对较新的一种接口，其最大的特点是即插即用。如果设备的连接插口是串行口或并行口，通常必须在计算机关闭的状态下将设备连接好，然后再开机使用。而对于 USB 接口的设备来说，可以在开机状态下直接将设备连接到计算机，并可立即使用，不用时也可以在开机状态下将其拔下。由于使用方便，采用 USB 接口的设备越来越得到大家的青睐。

④ 显示卡接口：显示器后面有两条线，分别是电源线和数据线，电源线可以直接插到插线板上或主机箱背部的电源插口，而数据线则必须插入到显示卡接口中。

⑤ RJ45 接口：有些主板集成了网卡，提供了能够直接连接带连接头的网络电缆线的接口——RJ45 接口。其中连接头称为 RJ-45 接头，使用 RJ-45 接口的网络电缆线一般叫作双绞线。

计算机主机箱背部的插口虽然多，但一般并不容易插错，因为不同类型的接口的插头和插座不能匹配，所以只要能将某个插头顺利地插入某个插座中，一般就是正确的连接。

2. 外设

（1）外存。

外存，又称辅存，用于永久保存程序和数据。常见的外存有：硬盘、光盘和 U 盘等。

① 硬盘：硬盘是最重要的外部存储器，通常固定在主机箱中，不便拆卸。其特点是存储量极大，现在的硬盘存储量已达 TB（1TB=1024GB）级。其读写速度介于内存和光盘的读写速度之间。图 1-16 所示的是硬盘图片。

图 1-16　计算机硬盘

硬盘由硬盘驱动器以及盘片等物理部件组成。硬盘驱动器的主要部件是磁头、旋转电机和步进电机。其中，磁头负责读写磁盘数据。旋转电机驱动盘片旋转，磁盘旋转一圈，磁头则相对盘片旋转一圈，划出一个圆形的轨道（称为磁道）。步进电机驱动磁头由外向内地移动，这就可以形成一系列磁道。磁头从某个磁道中一次性读写数据的区域是一个扇形区域（称为扇区），其字节数是固定的，通常为 512B。因此，硬盘的存储容量由

盘片的面数、磁道数和扇区数决定的，即

磁盘容量=面数 × 每面磁道数 × 每道扇区数 × 每扇区的字节数

注意，平常说的硬盘分区是指把硬盘片按功能划分为若干个逻辑驱动器，目的是为了方便存储和查找磁盘文件。而磁盘格式化分为低级格式化和逻辑格式化。其中，低级格式化按照生产参数对硬盘进行初始化，实现物理磁道和扇区定位和数据读写。逻辑格式化是针对逻辑驱动器划分逻辑磁道和扇区。

② 光盘：光盘是另一种便于携带的移动存储设备，其盘体（即碟片）与驱动器是分开的。目前光盘分为两种：CD 盘和 DVD 盘。其中 CD 盘的容量在 680MB 左右，DVD 盘的容量为 4～8GB。光盘碟片与一般的激光唱片一样，光盘驱动器（通常简称为“光驱”）的使用也与激光唱机类似，按驱动器面板上的按键可弹出光盘托架，然后可将光盘放在托架上并收回托架。图 1-17 所示为光盘驱动器。

一般的光盘（CD-ROM 和 DVD-ROM）不具备“写”的能力，也就是说，我们不能将数据保存到光盘上，只能读取其中原有的数据。

不过也有可以“写”的光盘驱动器，这种驱动器通常称为光盘刻录机，价格当然比一般的 CD-ROM 驱动器高一些。光盘刻录机分为 CD-RW 和 DVD-RW 两种。

③ U 盘：U 盘（USB Flash Disk，又称“优盘”、“闪存盘”）是采用 USB 接口和闪存（Flash Memory）技术结合的方便携带、外观精美时尚的移动存储器，能实现在不同计算机之间进行文件交流。U 盘以 Flash Memory 为介质，具有可多次擦写、速度快而且防磁、防震、防潮的优点。标准的 U 盘（如图 1-18 所示）由闪存（Flash Memory）、控制芯片和外壳组成，体积小、重量很轻，便于携带，不用驱动器，无需外接电源，即插即用，存储容量从 1～256GB 不等，可满足不同的需求。另外，市面上销售的 MP3 随声听、数码相机、数码摄像机、智能手机卡等数码设备也可当作 U 盘使用。

图 1-17　华硕的 DVD 光驱

图 1-18　金士顿 DataTraveler 300 系列（256GB）U 盘

（2）输入设备。

输入设备用来将程序、数据、声音、图像、视频等信息输入计算机或者向计算机发出操作控制指令。常用的输入设备有：键盘、鼠标、光笔、扫描仪、数码相机、数码摄像头、数码摄像机等。

① 键盘：一个典型的 PC 键盘如图 1-19 所示。键盘是最重要的输入工具，用户在操作计算机时绝大部分的输入工作都是通过键盘来完成的。

② 鼠标：鼠标是最主要的控制工具之一，通常可以用鼠标来完成各种应用软件中绝大多数的功能操作。在一般的 Windows 应用程序中，用单击、双击、拖动等方法完成一些操作。图 1-20 所示为鼠标图片。

图 1-19　键盘

图 1-20　鼠标

③ 扫描仪：随着数字时代的发展，扫描仪已越来越成为家庭计算机环境中常见的设备。它能够将照片和原图扫描进计算机，通过计算机对照片进行编辑和网上传送，如图 1-21 所示。

扫描仪可以分为以下几种类型：平板式、单页进纸式和手持式。

其中，目前最流行的家用扫描仪类型是平板式扫描仪。平板式扫描仪看起来有点像小型复印机，带有一个玻璃板，可以将纸张、书籍或者希望扫描的其他任何物体放在上面。

单页进纸扫描仪也比较常见，它非常适合于扫描大批量松散的单页纸，但不能处理装订的文档。

手持扫描仪一次能够扫描 2 ~ 5 英寸。尽管对于扫描小图像或小段文本很有帮助，但扫描整页时却很难操作。

扫描仪之间的另一个重要区别是它们与计算机的连接方式。扫描仪可以有 3 种连接方式：USB、并行或 SCSI 接口。其中，USB 和并行接口扫描仪安装比较方便。不过，SCSI 接口的扫描仪扫描速度比 USB 和并行接口的扫描仪快 3 ~ 10 倍。

④ 光笔：光笔的出现就是为了输入中文，使用者不需要再学习其他的输入法就可以很轻松地输入中文，当然这还需要专门的手写识别软件。同时光笔还具有鼠标的作用，可以代替鼠标操作 Windows，甚至可以作为绘画工具。

光笔一般都由两部分组成，一部分是与电脑相连的写字板，另一部分是在写字板上写字的笔。手写板上有连接线，接在电脑的串口，有些还要使用键盘孔获得电源，即将其上面的键盘口的一头接键盘，另一头接电脑的 PS/2 输入口。图 1-22 所示为 USB 接口的光笔。

图 1-21　扫描仪

图 1-22　光笔和手写板

手写板分为电阻式和感应式两种，电阻式的手写板必须充分接触才能写出字，这在某种程度上限制了光笔代替鼠标的功能；感应式手写板又分“有压感”和“无压感”两种，其中有压感的输入板能感应笔画的粗细，着色的浓淡，在 Photoshop 中画图时，会有不同的作用，但感应式手写板容易受一些电器设备的干扰。

目前还有直接用手指来输入文字的手写系统，采用的是新型的电容式触摸板，书写面板的尺寸大体有以下几种：3.0 英寸 × 2.0 英寸（1 英寸=2.54cm）、3.0 英寸 × 4.5 英寸、4.0 英寸 × 5.0 英寸和 4.5 英寸 × 6.0 英寸。手写板区域越大，书写的回旋余地越大，运笔也就更加灵活方便。

（3）输出设备。

输出设备将计算机运行结果输出。常见的输出设备有显示器、打印机、绘图仪、音箱等。

① 显示器：显示器是微型机不可缺少的输出设备，用户通过它可以很方便地查看送入计算机的程序、数据和图形等信息以及经过计算机处理后的中间结果和最后结果。它是人机对话的主要工具。显示器主要有阴极显像管（CRT）显示器和液晶显示器。图 1-23 所示为显示器图片。目前市场主流的显示器是液晶显示器，CRT 显示器由于功耗大、体积大、较重等缺点逐步退出市场。

图 1-23　CRT 显示器和液晶显示器

② 打印机：打印机与显示器一样，也是一种常用的输出设备，它用于把文字或图形在纸上输出，供阅读和保存。打印机按工作原理可分为两类：击打式打印机和非击打式打印机。其中点阵打印机属于击打式打印机。非击打式的喷墨打印机和激光打印机，应用更加广泛。图 1-24（a）所示为一打印机图片。

（a）打印机

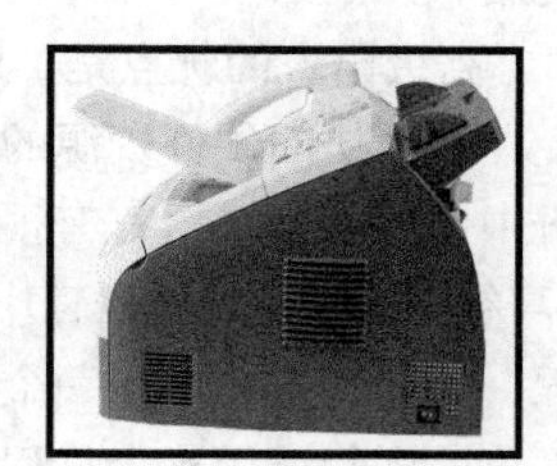

（b）多功能一体机

图 1-24　打印机

注意

目前对于家用和办公需求，市场主流的设备是多功能一体机，如图 1-24（b）所示，可以完成打印、扫描、复印、传真等多种功能，方便适用，性价比较高。

1.3.3　软件系统

只有硬件的计算机叫裸机，裸机不能完成数据处理任务，只有安装上软件系统才能发挥其作用。软件是由计算机程序、与程序相关的文档以及计算机运行时所必需的数据组成。计算机的软件系统通常分为两大类：系统软件和应用软件。

1. 系统软件

系统软件是管理、监控和维护计算机资源的软件，是用于提高计算机的工作效率、方便用户使用计算机的软件。系统软件可分为操作系统、语言处理系统、数据库管理系统和工具软件。

（1）操作系统。

操作系统是最基本的系统软件，负责管理计算机软硬件资源、为用户提供使用计算机的操作命令。计算机必须安装操作系统，没有操作系统，人们几乎无法使用计算机。比较著名的操作系统有：Unix、Windows、Linux、DOS、OS/2 等。

（2）语言处理系统。

语言系统主要分为 3 类：机器语言、汇编语言和高级语言。

机器语言（Machine Language）的所有指令编码都由 0、1 组成，它可以被计算机直接识别和执行。用机器语言编写的程序称为机器语言程序。用机器语言编写程序太难，不便于阅读、记忆和修改。通常不用机器语言直接书写程序。

汇编语言（Assemble Language）是一种用助记符表示的面向机器的程序设计语言。汇编语言的每条指令对应一条机器语言指令代码，不同类型的计算机系统通常具有不同的汇编语言。用汇编语言编写的程序称为汇编语言程序。编写汇编语言程序比编写机器语言程序要容易得多，而且阅读程序也更容易。但是，用汇编语言编写的程序，计算机不能直接执行，需要用“汇编程序”将其翻译成二进制指令代码。汇编语言程序的执行过程如图 1-25 所示。

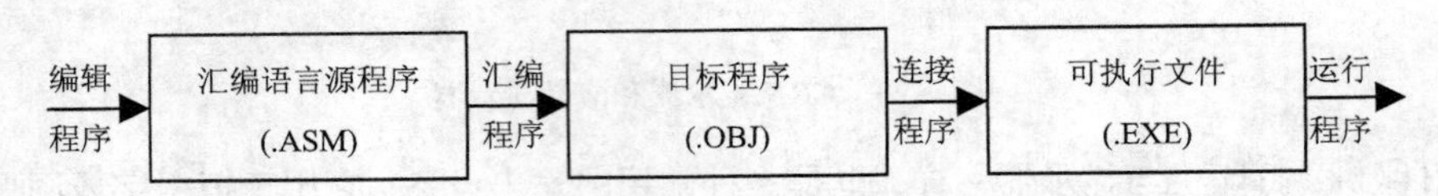

图 1-25　汇编语言程序的执行过程

汇编语言是机器语言的替代，必须对硬件了解得很清楚才可以编写程序，该语言与硬件密切相关，一般人很难使用。为了摆脱对硬件的依赖性，人们设计了许多类似于自然语言的计算机语言，称之为高级语言。高级语言的优点是：描述问题能力强，通用性、可读性和可维护性都较好；缺点是执行速度较慢，编制访问硬件资源的系统软件较难。

目前，在计算机中使用的高级语言有很多种，通常可归结为以下 3 类。

① 面向过程的高级语言：在这种语言中，执行某个完整功能的一个或多个相关的语句块组成一个程序模块或过程，每一个过程都有一个名字。如果在程序的其他地方需要执行同样的操作序列，可以使用一个简单的语句调用这个过程。实质上，一个过程就是一个小型程序（有些语言把过程称为“函数”）。一个大程序可以通过将执行不同任务的过程组合在一起而构成。过程语言使程序变得比较短，而且更易于被计算机读取，但是要求程序员将每个过程都设计得足够通用，能用于不同的情况。常用的面向过程的高级语言有：BASIC、FORTRAN、PASCAL、C 语言等。

② 面向对象的高级语言：在这种语言中，将用来编写程序的代码和程序处理的数据组合成一个对象。具有同样数据结构和行为的对象进一步抽象成类，在类中定义对象的属性和方法。对象的属性包含了程序需要的数据，对象的方法对数据执行某个操作，然后将值返回给计算机。计算机通过引用对象的属性或调用某个方法来使用这个对象。类也可更进一步组合，例如从一个类（称为父类）派生出另一个类（称为子类）。子类继承了父类的属性和方法，也可以定义新的属性和方法。面向对象的高级语言很好地解决了代码的复用问题，但因为比较复杂而不易于初学者理解。常用的面向对象的高级语言有：C++、Java、C#、Delphi、Visual Basic 等。

③ 函数式的高级语言：这种语言像对待数学函数一样对待过程，并允许像处理程序中的任何其他数据一样处理它们。这就使程序构造在更高、更严密的水平上得以实现。函数式语言也允许使用变量——在程序运行过程中可以被用户指定和更改的数据符号——只被赋值一次。这样减少了语句执行顺序与变量之间的依赖性，从而简化了编程，因为一个变量没有必要每次在一个程序语句中用到，都重新定义或重新赋值。函数式语言（如 ML、Haskell 等）长期适用于学术研究状态，不适用于专业开发，但微软推出的函数式语言 F#将借助.NET 平台而改变这种状态，大大促

进函数式语言在专业领域中的应用。

使用高级语言编写的程序，计算机不能直接执行，而必须翻译成机器指令才能执行。通常用编译和解释两种方式。编译方式通过编译程序把源程序整个编译成等价的、独立的目标程序，然后通过链接程序将目标程序连接成可执行程序。解释方式将源程序逐句翻译，翻译一句执行一句，不产生目标程序。两种方式的比较如图 1-26 所示。

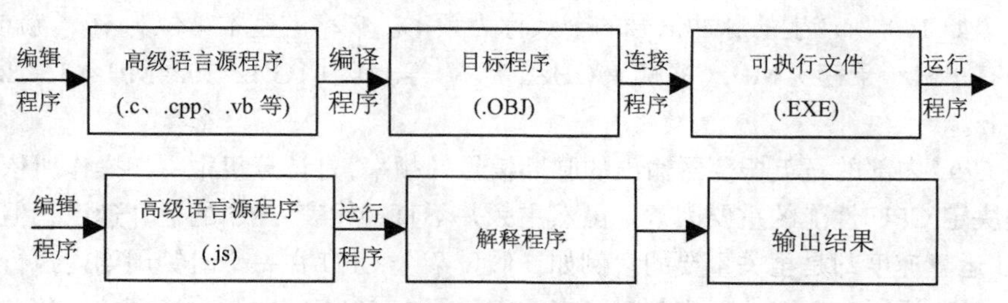

图 1-26 高级语言程序的执行过程

（3）数据库管理系统（DBMS）。

由于数据越来越多，数据的管理越来越重要，因此人们专门设计了数据库管理系统用于数据的管理工作。数据库成为计算机的一个专业方向，专门研究数据的管理以及如何从众多的数据中找到我们需要的信息。著名的数据库管理系统有 Oracle、DB2、Sybase、SQL Server、MySQL、Access、FoxPro 等。

（4）工具软件。

为了维护计算机正常工作，保证计算机的安全，人们开发了许多工具软件，如杀毒软件、磁盘维护软件等。

2. 应用软件

针对各种具体应用开发的软件称为应用软件。应用软件必须在系统软件的支持下才能运行和编写，也就是说，只有开机进行入操作系统的支持环境才能运行应用程序。常用的应用软件有：Microsoft Office（包括 Word、Excel、PowerPoint、FrontPage）、WPS Office、财务软件、银行业务软件、学籍管理软件等。

完整的计算机系统组成可使用图 1-27 来表示。

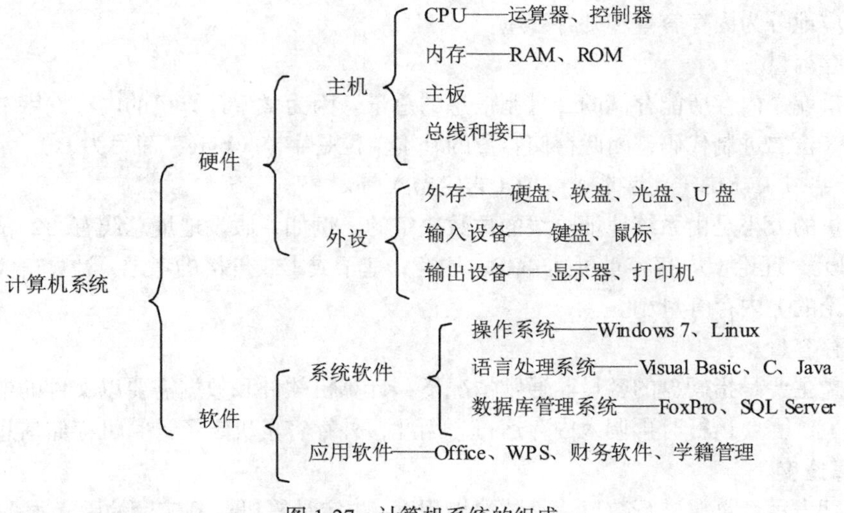

图 1-27 计算机系统的组成

1.3.4 性能指标

要全面衡量一台计算机的性能，必须从系统的观点来综合考虑，通常参考以下指标。

1. 主频

现代数字计算机使用脉冲信号来表示二进制的信息。脉冲信号之间的时间间隔称为周期，而单位时间内（如 1s）所产生的脉冲信号的个数称为频率。频率的基本单位为 Hz（赫或赫兹），常用的单位还有：kHz（千赫）、MHz（兆赫）、GHz（吉赫）等。其中 1GHz=1024MHz，1MHz=1024kHz，1kHz=1024Hz。

主频是 CPU 内部的石英振荡器输出的脉冲信号的频率，是计算机中一切操作所依据的时间基准信号，是决定 CPU 性能的重要因素。虽然主频并不直接代表 CPU 的运算速度，但提高主频对于提高 CPU 运算速度却是至关重要的。例如，假设某个 CPU 在一个时钟周期内执行一条运算指令，那么当 CPU 运行在 100MHz 主频时，将比它运行在 50MHz 主频时速度快一倍。

因此，提高 CPU 的主频是微型计算机发展的主要动力。1974 年 Intel 推出了 8080 微处理器的主频仅为 2MHz，1978 年 Intel 推出的 8086 的时钟频率为 4.77MHz，1985 年 Intel 推出的 80386 的时钟频率提高到 33MHz，而如今市面上最新的 Intel 酷睿 i7 995X 的主频为 3600MHz。

2. 字长

字长是指 CPU 一次性能传送或处理的二进制代码的位数。在一次运算中，操作数和运算结果通过数据总线在寄存器和运算部件之间传送。字长反映了寄存器、运算部件和数据总线的位数。字长越大，要求寄存器的位数就越大，那么操作数的位数就越多，因此，字长决定了定点算术运算的计算精度。

字长还决定计算机的运算速度。例如，对一个字长为 8 位的计算机来说，原则上操作数只能为 8 位。如果操作数超过 8 位，则必须分次计算，因此理论上 8 位机的运算速度自然没有更高位机的运算速度快。

因此，增加 CPU 的字长也是微型计算机发展的主要动力。Intel 8080 的字长仅为 8 位，Intel 8086 的字长为 16 位，Intel 80386 的字长为 32 位，而如今的 Intel 酷睿系列的字长已达 64 位。

3. 存储容量

存储容量用来衡量计算机的存储能力。由于计算机的存储器分为内存储器和外存储器，因此存储容量相应地分为内存容量和外存容量。

（1）内存容量。

内存容量就是内存所能存储的二进制信息的总量。因为微型计算机的内存按字节编址，每个编址单元为 8 位二进制代码，因此存储容量的基本单位是字节（byte，简写为 B），常用的单位还有：KB（千字节）、MB（兆字节）、GB（吉字节）等。

内存容量的大小是由系统地址总线的位数决定的，例如，假设地址总线有 32 位，内存就有 2^{32} 个存储单元，理论上内存容量可达 4GB。注意，基于成本或价格的考虑，计算机实际内存容量可能要比理论的上内存容量小。

（2）外存容量。

外存容量主要是指硬盘的容量。通常情况下，计算机软件和数据需要以文件的形式先安装或存放到硬盘上，需要运行时再调入内存运行。因此，外存容量决定了计算机存储信息的能力。

4. 运算速度

运算速度表示计算机进行数值运算的快慢程度。决定计算机运算速度的因素很多，包括主频、字长、缓存、内存容量等。

运算速度通常有两种表示方法，一种是把计算机在 1 秒钟内完成定点加法的次数记为该机的运算速度，称为“定点加法速度”，单位为“次/秒”；另一种是把计算机在 1 秒内平均执行的指令条数记为该机的运算速度，称为“每秒平均执行的指令条数”，单位为 IPS 或 MIPS，其中 MIPS 为百万条指令/秒。在微处理器中，几乎所有的机器指令都是简单指令，因此更适合使用 MIPS 来衡量其运算速度。例如，Intel 80486 的运算速度达到 20MIPS 以上，而目前 Intel 酷睿 i7 Extreme 965EE 的运算速度达到 76383 MIPS。

5. 数据传输率

数据传输率主要用来衡量计算机总线的数据传送能力。

数据传输率是指数据总线每秒钟传送的数据量，也称数据总线的带宽。它与总线数据通路宽度和总线时钟频率有关，即

数据传输率=总线数据通路宽度 × 总线时钟频率/8（byte/s）

例如，PCI 总线宽度为 32 位，总线频率为 33MHz，则总线带宽为 132MB/s。

1.4 多媒体技术基础

1.4.1 多媒体的概念

1. 基本概念

一般来说，媒体通常被认为是信息的载体。国际电信联盟定义了下列 5 种类型的媒体。

（1）感觉媒体。

能直接作用于人的感觉器官、使人产生直接感觉的媒体，如图像、文字、动画、音乐等均属于感觉媒体。

（2）显示媒体。

在通信中使电信号和感觉媒体之间产生转换用的媒体，如键盘、鼠标、显示器、打印机等均属于显示媒体。

（3）表示媒体。

为了传送感觉媒体而研究出来的媒体。如电报码、语言编码等均属于表示媒体。

（4）存储媒体。

用于存储信号的媒体，如磁盘、光盘、磁带等均属于存储媒体。

（5）传输媒体。

用于传输信号的媒体，如光缆、电缆等均属于传输媒体。

“多媒体”译自英文的“Multimedia”，它是 20 世纪 20 年代初新出现的一个英文名词，当人们还来不及对它进行系统的分析和总结时，它已经对人类表达、获取和使用信息的方式产生巨大的影响。由于人们所处的角度和理解上的不同，对多媒体的描述也不尽相同，常见的描述方法有如下几种。

① 多媒体就是能同时获取、处理、编辑、存储和展示两个以上不同的类型信息媒体的技术。上述信息媒体包括：图像、动画、活动影像、图形、文字、声音等。

② 多媒体就是把多种媒体如文字、音乐、声音、图形、图像、动画、视频等综合集成在一起，

产生一种传播和表现信息的全新媒体。

③ 多媒体的深刻含义是在计算机控制下，信息可以综合使用文字、声音、图形、图像、动画、影视等媒体来表示。

④ 多媒体实际上是多种技术通过交互式表达而实现的一种组合，这些技术包括声音、图像、影像、动画、文字等处理技术。

⑤ 多媒体是以计算机为中心把处理多种媒体信息的技术集成在一起，它是用来扩展人与计算机交互方式的多种技术的综合。

相信随着多媒体技术的不断发展，人们对它的描述会更加系统而准确。目前，人们普遍认为多媒体就是指将文字、声音、图形、图像等多种媒体集成应用，并与计算机技术相结合融会到数字环境中的应用。

2. 基本特征

报刊、杂志、无线电和电视等属于大众信息传媒，与上述传统媒体相比，多媒体具有下列 4 个基本特征。

（1）集成性。

传统的信息处理设备具有封闭、独立和不完整性。而多媒体技术综合利用了多种设备（如计算机、照相机、录像机、扫描仪、光盘刻录机、网络等）对各种信息进行表现和集成。

（2）多维性。

传统的信息传播媒体只能传播文字、声音、图像等一种或两种媒体信息，给人的感官刺激是单一的。而多媒体综合利用了视频处理技术、音频处理技术、图形处理技术、图像处理技术、网络通信技术，扩大了人类处理信息的自由度，多媒体作品带给人的感官刺激是多维的。

（3）交互性。

人们在与传统的信息传播媒体打交道时，总是处于被动状态。多媒体是以计算机为中心的，它具有很强的交互性。借助于键盘、鼠标、声音、触摸屏等，通过计算机程序人们就可以控制各种媒体的播放。因此，在信息处理和应用过程中，人具有很大的主动性，这样可以增强人对信息的理解力和注意力，延长信息在人脑中的保留时间，并从根本上改变了以往人类所处的被动状态。

（4）数字化。

与传统的信息传播媒体相比，多媒体系统对各种媒体信息的处理、存储过程是全数字化的。数字技术的优越性使多媒体系统可以高质量地实现图像与声音的再现、编辑和特技处理，使真实的图像和声音、三维动画以及特技处理实现完美的结合。

1.4.2 多媒体的关键技术

多媒体技术是处理文字、声音、图形、图像等媒体的综合技术。在多媒体技术领域内主要涉及以下几种关键技术：数据压缩与编码技术、数据压缩传输技术以及以它们为基础的数字图像技术、数字音频技术、数字视频技术、多媒体网络技术和超媒体技术等。

1. 数据压缩与编码技术

多媒体系统要处理文字、声音、图形、图像、动画、活动视频等多种媒体信息。高质量的多媒体系统要处理三维图形、高保真立体声音、真彩色全屏幕运动画面。为了得到理想视听效果，还要实时处理大量的数字视频、音频信息。因此，多媒体系统的数据量大得令人难以想象。这样的数据量对系统的处理、存储和传输能力都是严峻的考验，甚至是无法承受的。因此，对多媒体信息进行压缩是十分必要的。

目前，最流行的压缩标准有 3 种：JPEG（Joint Photographic Experts Group）、MPEG（Moving Picture Experts Group）、JPEG 2000。

（1）JPEG。

JPEG 是用于静态图像压缩的标准算法，可用于灰度图像和彩色图像压缩。JPEG 有两种基本的压缩算法，一种是采用以预测技术为基础的无损压缩算法；一种是采用以离散余弦变换为基础的有损压缩算法。JPEG 算法广泛地应用于彩色图像传真、多媒体 CD-ROM、图文档案管理等领域。JPEG 算法可用硬件、软件或两者结合的方法实现。

（2）MPEG。

MPEG 是用于动态图像压缩的标准算法，它主要由以下 3 部分组成。

① MPEG-Video：它是关于影视图像数据的压缩编码技术；

② MPEG-Audio：它是关于声音数据的压缩编码技术；

③ MPEG-System：它是关于图像、声音同步播放以及多路复合的技术。

MPEG 是针对 CD-ROM 式有线电视（Cable-TV）传播的全动态影像，它严格规定了分辨率、数据传输率和格式，其平均压缩比为 50：1。MPEG-1 用于数据传输速度为 1.5Mbit/s 的数字存储媒体，其质量比 VHS（Video Home System，家用录像系统）的质量高。MPEG-2 影视图像的质量是广播级的，它的设计目标是在同一线路上传输更多的 Cable-TV 信号，因此它采用了更高的数据传输速率。MPEG-4 制定了低数据传输速率的电视节目标准。

（3）JPEG 2000。

JPEG 2000 与传统 JPEG 最大的不同在于，它放弃了 JPEG 所采用的以离散余弦变换（Discrete Cosine Transform）为主的区块编码方式，而改采以小波变换（Wavelet transform）为主的多解析编码方式。小波转换的主要目的是要将影像的频率成分抽取出来。

JPEG 2000 的优点有以下 4 点。

① JPEG 2000 作为 JPEG 升级版，高压缩（低比特速率）是其目标，其压缩率比 JPEG 高约 30%。

② JPEG 2000 同时支持有损和无损压缩，而 JPEG 只能支持有损压缩。无损压缩对保存一些重要图片十分有用。

③ JPEG 2000 能实现渐进传输，也就是我们对 GIF 格式影像常说的“渐现”特性。它先传输图像的轮廓，然后逐步传输数据，不断提高图像质量，让图像由朦胧到清晰显示，而不必像现在的 JPEG 一样，由上到下慢慢显示。

④ JPEG 2000 支持所谓的“感兴趣区域”特性，可以任意指定影像上感兴趣区域的压缩质量，还可以选择指定的部分先解压缩。以便突出重点。

JPEG 2000 既可应用于传统 JPEG 的领域，如打印机、扫描器等，也可应用于新兴领域，如网路传输、无线通信、医疗影像等。JPEG 2000 由于和 JPEG 相比优势明显，且向下兼容，可以预见未来它将取代传统的 JPEG 格式。

2. 数字图像技术

数字图像技术亦称计算机图像技术。在图、文、声三种形式媒体中图像所含的信息量是最大的。人的知识绝大部分是通过视觉获得的，而图像的特点是只能通过人的视觉感受，并且非常依赖于人的视觉器官。计算机图像技术就是用计算机对图像进行处理，使其更适合人眼或仪器的分辨，从而提取其中的重要信息。

计算机图像处理的过程包括输入、数字化处理和输出。输入即图像采集和数字化，就是要对模拟图像抽样、量化后得到数字图像，并存储到计算机中以待进一步处理。数字化处理是按一定要求对数字图像进行诸如滤波、锐化、复原、重现、矫正等处理，以提取图像中的主要信息。输出则是将处理后的数字图像显示、打印或以其他方式表现出来。

3. 数字音频技术

多媒体技术中的数字音频技术包括三个方面的内容：声音采集与回放技术、声音识别技术以及声音合成技术。

这些技术在计算机的硬件上都是通过“声效卡”（简称声卡）实现的。声卡具有将模拟的声音信号数字化的功能；数字化后的信号可作为计算机文件进行存储或处理。同时声卡还具有将数字化音频信号转换成模拟音频信号回放出来的功能。而数字声音处理、声音识别、声音合成则是通过计算机软件来实现的。

（1）声音采集及回放技术。

无论是语音还是音乐，在运行计算机录音程序并通过声卡录制后，都以扩展名为“wav”的文件放到磁盘上，再运行相应的程序对它们进行数字化音频处理；同时也可将它们通过声卡回放。这些文件的大小取决于录制它们时所选取的性能参数。

（2）声音识别技术。

声音识别技术的主要研究是语音识别。

个人计算机正在朝着微型化的方向飞速发展。当个人计算机微型化到一定程度，如：仅有手表或戒指大小时，键盘、鼠标之类的输入设备将被新的输入方式取替。代之而起的应是语言输入设备，形成语言操作系统，用语言命令代替键盘和图标命令。

人类使用的文字大致可分为两类：拼音文字和象形文字。拼音文字在学习、拼写、阅读、自动化控制（如计算机）等方面有着绝对的优势。计算机技术发展到今天的水平，拼音文字起着关键性的作用。汉字作为一种象形文字，伴随着计算机技术的发展，其发音方式在计算机的语音识别中却有着突出的优点。同英语相比，汉语语音有着明显的音节，这就使汉语在计算机语音命令处理中成为最优秀的语言。

目前，汉语语音识别的听写系统的平均最高识别率可达 95%以上，而汉字录入速度可达 150 汉字/分种；基本跟上了正常的说话速度。

（3）声音合成技术。

声音合成技术主要用于语音合成和音乐合成（MIDI 音乐）。

语音合成技术的作用刚好与语音识别作用相反。语音识别是将语音转换成为文本（文字）或代码。而语音合成则是将是文本（文字）或代码转换成相应的发音。语音识别可以在你讲演的同时自动地形成了讲话记录稿。而语音合成将在你输入讲稿时，实时地播出演讲发音。

MIDI 音乐应属于合成音乐。它的工作原理是：在声卡上安放有大容量的存储器，其中固化了各种乐器不同情况下的发声波形采样数据，并且每组数据都对应有一定的代码；这称为硬件“波表”（Wave Table，WT）。当使用 MIDI 音乐编辑软件作曲时，便形成了 MIDI 音乐文件（扩展名为“mid”），该文件实际上是上述代码组成的序列。播放该文件，声卡将根据其中代码取出各种波形数据合成为音乐。

4. 数字视频技术

数字视频技术与数字音频技术相似。只是视频的带宽更高，大于 6MHz。而音频带宽只有 20kHz。数字视频技术一般应包括：视频采集回放、视频编辑和三维动画视频制作。

视频采集及回放与音频采集及回放类似，需要有图像采集卡和相应软件支持。所不同的是在视频采集时要考虑制式（NTSC 制、PAL 制等）问题和每秒帧数（NTSC 制，30 帧/秒；PAL 制，25 帧/秒等）问题。视频采集数据在磁盘上存放时的文件格式多为“avi”和“mpg”。其中，mpg 文件的存储量大约为 avi 文件的 1/5 至 1/10。

视频编辑是对磁盘上的视频文件进行剪辑、逐帧编辑、加入特技等处理。

三维动画视频制作是运用相应软件，将静止图像转换成为动画视频图像。

视频编辑和三维动画视频制作可以在没有图像采集卡的环境下完成。

5. 多媒体网络技术

可运行多种媒体的计算机网络称为多媒体网络，数字化的多媒体网络将多媒体信息的获取、处理、编辑、存储融为一体，并在网络上运行，这样的多媒体系统不受时空的限制，多个用户可以共享网上的多媒体信息，此外，多个用户还可以同时对同一个文件进行编辑。

在进行多媒体网络通信时，有时需要实时同步传送音频和视频信号；有时传送非实时的多媒体信息。前者称为同步通信，后者称为异步通信。目前较成熟的网络有 ANSI 的 FDDI 局域网和 CCITT 的 B-ISDN 公用网，其中 FDDI（Fiber Distributed Data Interface）是一组提供分布式应用和图像传输所需宽带的光纤局域网络标准。B-ISDN（Broad band ISDN）采用 ATM 技术，具有宽带和多媒体通信能力，可提供先进的智能网络服务功能。

6. 超媒体技术

超媒体是收集、存储、浏览离散信息并建立和表示信息之间关系的技术，它可以理解为将多媒体链接而组成的网，媒体之间的链接是错综复杂的。用户可以对该网进行查询、浏览等操作。这种非线性网络结构由节点和链组成，其中节点是存储信息的单元，而链代表不同节点中所存信息之间的联系。在任意两个节点之间可以有许多不同的路径，用户可以根据需要选择使用。

1.4.3　多媒体计算机系统

多媒体计算机（MPC）由多媒体硬件设备和多媒体软件组成。

1. 多媒体计算机的硬件系统

一台计算机的硬件档次决定了计算机系统的性能，也影响着软件的运行速度。在选购计算机时，CPU、内存、硬盘、显卡、显示器等都是最基本的配置。目前，主流微型计算机的硬件配置如下所示。

CPU：Intel 酷睿 i3、i5、i7 系列或 AMD 羿龙 II、速龙 II 系列；

RAM：4GB DDR3 1333 ~ 2400MHz

主板：微星、华硕、映泰、技嘉等；

显卡：NVIDIA GeForce GTx 系列；

硬盘：7200 转每分的容量为 500GB ~ 2TB 的 SATA2 或 SATA3 硬盘；

显示器：液晶显示屏；

光驱：DVD 或 DRW 光驱。

在基本配置的计算机上安装声卡、网卡、音箱，就组成了一台简单的多媒体计算机，我们可以用它听音乐、看电影，不过，目前市面上销售的计算机主板大都集成了声卡和网卡，因此只需要配置音箱即可。另外，如果希望计算机还能对录像、视频进行处理，还需要安装数码摄像头、麦克风、视频采集卡等设备。

对于办公用的多媒体计算机，通常还需要配备扫描仪、打印机、绘图仪、光笔或多功能一体机等，以便将文稿中的图像和文字输入到计算机中或将计算机中的内容打印出来。

2. 多媒体计算机的软件系统

多媒体计算机光有硬件设备还不够，还必须安装适用的多媒体软件才能组成完整的多媒体计算机系统。多媒体计算机软件可分为三大类，即操作系统软件、媒体制作工具软件、多媒体创作工具软件。

（1）操作系统软件。

目前，广泛使用的 Windows 系列就是一款提供了多媒体功能的操作系统。系统提供程序包括：写字板、记事本、录音机、画笔、Media Center、Media Player、DVD Maker 等可完成文本的录入及编辑、声音的采集及编辑、图像的创作及处理、多媒体的播放、DVD 光盘制作等操作，非常方便。利用 Windows 操作系统提供的网络功能可将计算机接入局域网或因特网，实现设备和媒体资源的共享，实现多媒体创作团队的分工与合作。

（2）多媒体制作工具软件。

多媒体制作工具软件用于完成文本、图像、声音、动画、活动影像的创作和处理工作。文本处理可使用操作系统提供的写字板、记事本完成基本的录入及编辑工作。

图像创作与处理软件分为矢量图处理软件和位图处理软件。处理矢量图形时可使用 Coreldraw 系列，该软件可完成矢量图形的创作和编辑，并可与位图进行转换。位图的创作和处理可使用 Photoshop 系列，该软件可完成图形的选择、裁剪、校正、增加特殊效果、多层图像叠加、添加文字等功能。

动画制作软件可分为二维动画制作软件和三维动画制作软件。二维动画制作可使用 Animator Studio 和 Flash；三维动画制作可使用 3DSMax。

声音媒体可分为 Midi 文件和 Wave 文件，Midi 文件的制作可使用专业软件，如 Cakewalk。

简单的视频编辑可通过视频采集卡自带的软件完成。进行复杂的编辑时可选用 Premiere。利用它可以在 PC 机平台上完成视频、音频、动画、图片、声音等素材的录制、非线性编辑、播放功能。

（3）多媒体创作工具软件。

所有的媒体素材准备好以后，便可利用多媒体创作工具完成多种媒体的集成工作。目前常用的多媒体创作工具有 PowerPoint、Director、Toolbook、Authorware、方正奥思等。

PowerPoint 易学易用，可在短时间内完成图文并茂的多媒体作品，适合于制作多媒体演示作品。

Authorware 利用结构化的观点来设计多媒体应用程序，整个程序的组织由主流线和设计按钮组成。在主流线上可根据需要进行分支，设计按钮放在主流线和支流线的不同位置。

方正奥思多媒体创作工具是一个可视化、交互式多媒体创作工具，具有较为直观、简便、友好的用户界面。全中文的操作环境使奥思成为国产多媒体创作工具软件中的优秀产品。

1.4.4 多媒体技术的应用

目前，多媒体技术的应用已经十分普及，它不仅覆盖了计算机已有的绝大多数应用领域，还开拓了新的应用领域，例如，教育与培训、产品发布与展示、咨询服务、信息管理、广告宣传、电子出版、影视娱乐、游戏、可视电话、视频会议等。

利用多媒体技术和网络技术的结合，还可以提供百科全书、旅游指南系统、地图系统等电子工具和电子出版物。实时聊天、网上购物、电子地图、GPS 导航、数字景区、虚拟现实、在线股票交易等都是多媒体技术在信息领域中的典型应用。

此外，在多媒体技术基础之上发展起来的虚拟现实技术将传统的多媒体概念拓展到视觉、听觉、嗅觉、触觉、味觉、温觉、痛觉等领域，它利用计算机生成一个具有逼真人体知觉的模拟现实的环境，让人能够与这一虚拟的现实环境进行交互，而交互结果与在相应的真实环境中所体验的结果相似或相同。

例如，在教育方面，现代教育强调学生的实践动手能力，培养学生解决实际问题的能力和生产第一线进行现场技术指导及管理的能力。虚拟现实和仿真教学系统可以虚拟出真实环境中难以实现的环境，可使学生“真刀真枪”地参加生产实践，使其在计算机与网络上生成的模拟现实环境中直接得到技能训练。

总之，多媒体技术的应用还会进一步渗透到每一个信息领域，使传统的信息领域的面貌发生根本的变化。

本章小结

本章主要介绍了计算机的发展和应用、计算机的数制和信息的表示、计算机的构成和基本原理等基础知识。通过本章的学习，应掌握下面几方面的内容。

1. 计算机的发展、特点、分类和应用。

2. 计算机的不同数制及其转换方法，定点数和浮点数表示，信息单位及其换算，原码、反码、补码和字符编码。

3. 冯·诺依曼计算机的工作原理、计算机的系统组成（包括硬件系统和软件系统）以及计算机的性能指标。

4. 多媒体的概念、多媒体的关键技术、多媒体计算机系统、多媒体技术的应用。

第 2 章 Windows 操作系统

操作系统是计算机系统软件的核心，是计算机中所不可缺少的，其他所有的软件都是基于操作系统运行的，本章主要以 Windows 7 操作系统为例，介绍如何使用操作系统管理和控制计算机的软硬件资源。

2.1 操作系统的概念

2.1.1 操作系统的功能

操作系统（Operating System，OS）是一种管理计算机硬件与软件资源的程序，同时也是计算机系统的内核与基石。其作用介绍如下。

1. 操作系统管理和控制系统资源

计算机的硬件、软件、数据等都需要操作系统的管理。操作系统通过许多的数据结构对系统的信息进行记录，根据不同的系统要求对系统数据进行修改，达到对资源进行控制的目的。

2. 操作系统提供了方便用户使用计算机的用户界面

用户为了使用计算机进行数据处理，需要跟操作系统进行交互，让操作系统按照用户的意图去控制硬件的运行，从而实现相应的数据处理。因此，操作系统为用户提供直观、方便、简单的使用界面尤为重要，Windows 操作系统以窗口和图标的形式为用户提供方便的交互界面，从而得到了较好的发展和应用。

3. 操作系统优化系统功能的实现

由于计算机系统中配备了大量的硬件、软件，因而它们可以实现各种各样的功能，这些功能之间必然免不了发生冲突，导致系统性能的下降。操作系统要使计算机的资源得到最大的利用，使系统处于良好的运行状态，还要采用最优的实现功能的方式。

4. 操作系统协调计算机的各种动作

计算机的运行实际上是各种硬件的同时动作，是许多动态过程的组合，通过操作系统的介入，使各种动作和动态过程达到完美的配合和协调，以最终对用户提出的要求反馈满意的结果。如果没有操作系统的协调和指挥，计算机就会处于瘫痪状态，更谈不上完成用户所提出的任务。

因此，可以定义操作系统为：对计算机系统资源进行直接控制和管理，协调计算机的各种动作，为用户提供便于操作的人—机界面，是存在于计算机软件系统最底层核心位置的程序的集合。操作系统是一个庞大的管理控制程序，大致包括 5 个方面的管理功能：进程与处理机管理、作业管理、存储管理、设备管理、文件管理。

2.1.2 Windows 操作系统的发展

操作系统管理和控制计算机的软硬件资源，是方便用户操作计算机的一种系统软件。目前世界上有多种操作系统，微机上常见的操作系统有 DOS、OS/2、UNIX、XENIX、LINUX、Windows、Netware 等。Windows 是其中之一，由于易学易用、方便直观，Windows 目前风行于全世界。

Windows 系统，又称为视窗系统，是美国微软（Microsoft）公司自 1990 年以来推出的最重要的产品，在我国使用较为广泛，随着计算机软硬件技术的发展，其功能也在不断增强和完善，按照各版本的时间顺序，主要有 Windows 3.2、Windows 95、Windows 98、Windows ME、windows XP、Windows Vista，Windows 7 和 Windows 8。

2.1.3 Windows 7 操作系统的特点

针对全球不同区域客户的不同需求，Windows 7 包括简易版、家庭基础版、家庭高级版、专业版、企业版、旗舰版等功能不同的版本。与之前的 Windows 版本相比，Windows 7 具有以下特点。

1. 更易用

Windows 7 做了许多方便用户的设计，如快速最大化，窗口半屏显示，跳转列表（Jump List），系统故障快速修复等，这些新功能令 Windows 7 成为最易用的 Windows。

2. 更快速

Windows 7 大幅缩减了 Windows 的启动时间，据实测，在 2008 年的中低端配置的计算机下运行，系统加载时间一般不超过 20 秒，这比 Windows Vista 的 40 余秒相比，是一个很大的进步。

3. 更简单

Windows 7 让搜索和使用信息更加简单，包括本地、网络和互联网搜索功能，直观的用户体验将更加高级，还会整合自动化应用程序提交和交叉程序数据透明性。

4. 更安全

Windows 7 包括了改进了的安全和功能合法性，还会把数据保护和管理扩展到外围设备。Windows 7 改进了基于角色的计算机安全方案和用户账户管理，在数据保护和坚固协作的固有冲突之间搭建沟通桥梁，同时也会开启企业级的数据保护和权限许可。

5. 节约成本

Windows7 可以帮助企业优化它们的桌面基础设施，具有无缝操作系统、应用程序和数据移植功能，并简化 PC 供应和升级，进一步朝完整的应用程序更新和补丁方面努力。

2.2 Windows 7 的基本操作

2.2.1 启动与退出

1. 开机和启动 Windows 7

良好的开机习惯是先开外设（如显示器、音箱、打印机等）再开主机。这样操作的好处在于，开外设时产生的瞬间高电压不影响主机的稳定运行。开机启动的具体操作如下。

① 打开显示器开关，见到显示器指示灯变亮；

② 打开主机电源开关，见到主机电源指示灯变亮；

③ 等待，直到屏幕上出现如图 2-1 所示界面时，表示 Windows 7 已经启动成功。

图 2-1 所示的界面称作桌面，桌面是打开计算机并登录到 Windows 之后看到的主屏幕区域。就像实际的桌面一样，它是您工作的平台。打开程序或文件夹时，它们便会出现在桌面上。还可以将一些项目（如文件和文件夹）放在桌面上，并且随意排列它们。

桌面包括任务栏。任务栏位于屏幕的底部，显示正在运行的程序，可以在它们之间进行切换。它还包含“开始”按钮，使用该按钮可以访问程序、文件夹和计算机设置。

有的计算机如笔记本电脑、PDA、Tablet 等打开主机电源开关的同时也就打开了显示器开关。

图 2-1　Windows 7 启动桌面

2. 退出 Windows 7 与关机

用完计算机后将其正确关闭非常重要，不仅为节能，这样做还使计算机更安全，并确保数据得到保存。关闭计算机的方法有 3 种：按计算机的电源按钮；使用“开始”菜单上的“关机”按钮；如果是便携式计算机，可以直接合上其盖子。

若要使用“开始”菜单关闭计算机，请单击“开始”按钮，然后单击“开始”菜单右下角的“关机”。在单击“关机”时，计算机关闭所有打开的程序以及 Windows 本身，然后完全关闭计算机和显示器。关机不会保存你的文件，因此关机前必须要首先保存你的文件。

单击“关机”按钮旁的箭头可查看更多选项，如图 2-2 所示。

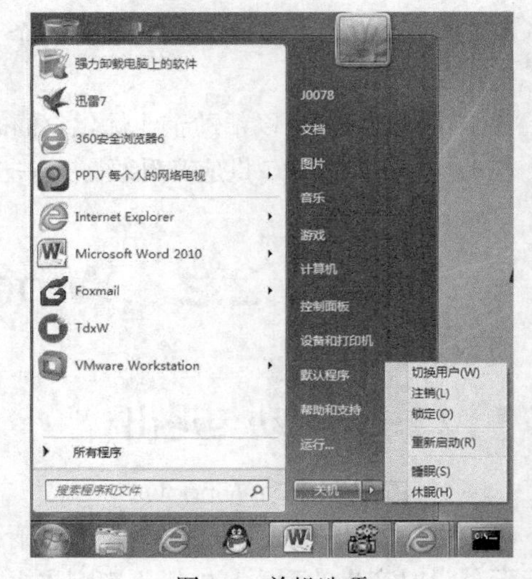

图 2-2　关机选项

“睡眠”是一种节能状态，当再次开始工作时，可使计算机快速恢复全功率工作（通常在几秒钟之内）。让计算机进入睡眠状态就像暂停 DVD 播放机一样，计算机会立即停止工作，并做好继续工作的准备。

“休眠”是一种主要为便携式计算机设计的电源节能状态。睡眠通常会将工作和设置保存在内存中并消耗少量的电量，而休眠则将打开的文档和程序保存到硬盘中，然后关闭计算机。在 Windows 使用的所有节能状态中，休眠使用的电量最少。对于便携式计算机，如果您知道将有很长一段时间不使用它，并且在那段时间不可能给电池充电，则您应使用休眠模式。

“混合睡眠”主要是为台式计算机设计的。混合睡眠是睡眠和休眠的组合，它将所有打开的文档和程序保存到内存和硬盘上，然后让计算机进入低耗能状态，以便可以快速恢复工作。这样，如果发生电源故障，Windows 可从硬盘中恢复您的工作。如果打开了混合睡眠，让计算机进入睡眠状态的同时，计算机也自动进入了混合睡眠状态。在台式计算机上，混合睡眠通常默认为打开状态。

尽管使计算机睡眠是最快的关闭方式，并且也是快速恢复工作的最佳选择，但是有些时候还是需要选择关闭。比如将要在计算机内添加或升级硬件时（例如安装内存、磁盘驱动器、声卡或视频卡）或添加打印机、监视器、外部驱动器或其他不连接到通用串行总线（USB）或 IEEE 1394 端口的硬件设备时。首先关闭计算机，然后再连接设备。

默认情况下，“关机”按钮将关闭计算机。可以持续按住主机“电源”按钮执行此操作。

默认情况下，Windows7 的关机选项是没有“休眠”的，要启用休眠可按以下步骤进行操作：首先选择“开始”→“所有程序”→“附件”→“命令提示符”；然后在“命令提示符”窗口中输入“powercfg -a”命令测试计算机是否支持休眠功能；最后再输入“powercfg -hibernate on”命令，即可启用休眠，如图 2-3 所示。

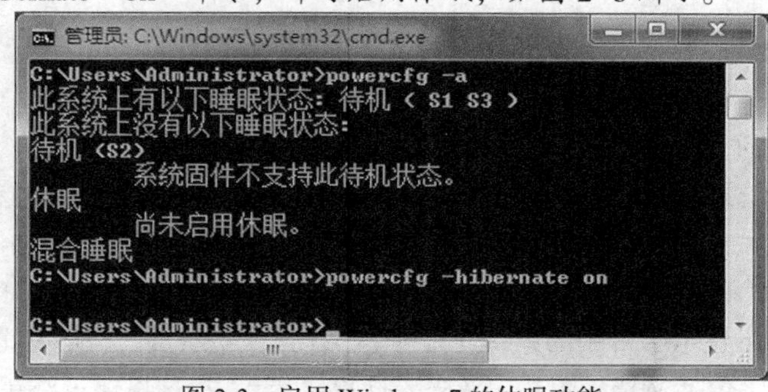

图 2-3　启用 Windows 7 的休眠功能

2.2.2　Windows 7 的桌面

1. 桌面

Windows 7 把整个屏幕称为“桌面”，而将程序、文件等以图标形式显示在桌面上，就好像放在办公桌面上的办公用品。用户可以用鼠标来选择、移动它们。Windows 7 的桌面主要由“计算机”、“回收站”等图标和位于屏幕最下方的“开始”按钮及“任务栏”组成。其中：

（1）“计算机”用来查看和管理本计算机中的资源；

（2）“回收站”用来暂时保存硬盘中被删除的文件和文件夹。

2. 图标

在 Windows 7 中，为了方便用户操作，每一个操作对象都使用一个小图形（即图标）来表示，它可以是应用程序、文档、文件夹、磁盘、打印机等。用户可以自己创建桌面图标。在桌面上，针对图标，用户可以进行诸如移动图标、排列图标等操作。

其中，移动图标的操作方法为：首先用鼠标指向操作对象（如“回收站”图标），然后按住鼠标左键不放手，同时拖动图标到目标位置（如桌面右下角），然后释放鼠标即可。

在 Windows 7 桌面上，图标有多种显示方式，包括大图标、中等图标、小图标等，用户可以更改显示方式，其操作方法如下：鼠标右键单击桌面空白处，在弹出的快捷菜单中选择“查看”→“大图标”、“中等图标”或“小图标”即可，如图 2-4 所示。

用户也可以将图标按名称、按大小、按类型、按日期重新排列，也可以自动排列、按组排列。排列桌面图标的操作方法如下：鼠标右键单击桌面空白处，在弹出的快捷菜单中选择“排列方式”→“项目类型”即可，如图 2-5 所示。

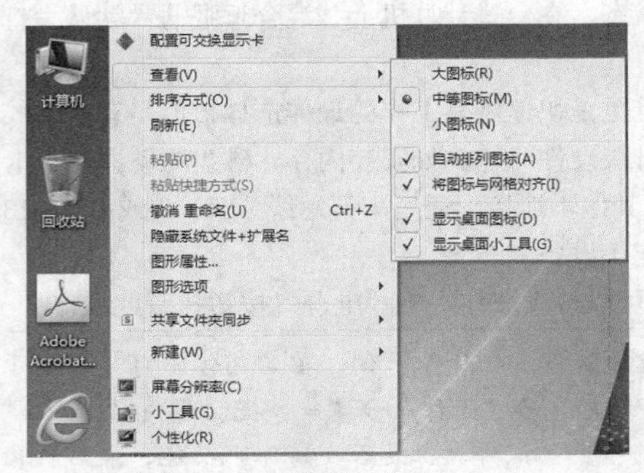

图 2-4　更改图标显示方式

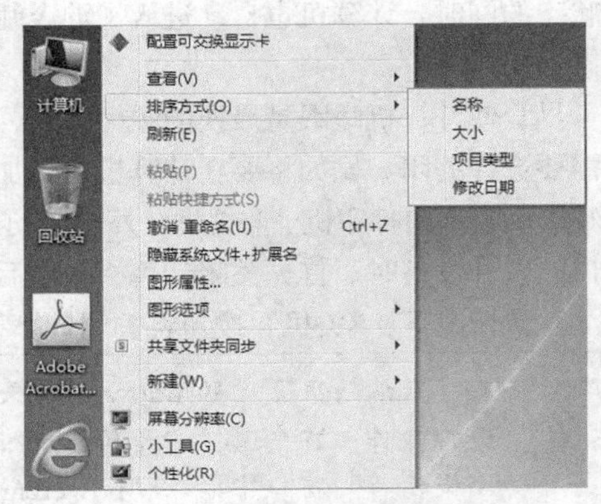

图 2-5　更改图标的排列方式

3. 开始菜单

Windows 7 中的操作几乎都可以通过选择菜单来完成。系统菜单，即开始菜单，用鼠标左键单击桌面左下角的“开始”按钮，即可打开开始菜单，如图 2-2 所示。

“开始”菜单分为以下 3 个基本部分。

（1）左边的大窗格显示计算机上经常使用的程序列表。

（2）左边窗格的底部是搜索框，通过键入搜索项可在计算机上查找程序和文件。

（3）右边窗格显示了常用的系统功能（包括控制面板、设备和打印机、默认程序、帮助和支持等）和文件夹（包括文档、图片、音乐、计算机等）。在这里还可注销 Windows 或关闭计算机。

通过<Ctrl>+<Esc>组合键或系统菜单控制键⊞，也可以打开系统菜单。关闭“开始”菜单还可以按<Alt>键或<Esc>键。

使用“开始”菜单可执行如下操作。

① 启动程序。

② 打开常用的文件夹。

③ 搜索文件、文件夹和程序。

④ 调整计算机设置。

⑤ 获取有关 Windows 操作系统的帮助信息。

⑥ 关闭计算机。

⑦ 注销 Windows 或切换到其他用户账户。

Windows 7 允许用户自定义“开始”菜单。操作方法如下：用鼠标右键单击“开始”按钮→选择“属性”命令→在“任务栏和[开始]菜单属性”对话框的“[开始]菜单”选项卡中单击“自定义按钮”→在“自定义[开始]菜单” 对话框中自定义“开始”菜单的大小以及各菜单项的外观、行为等，如图 2-6 所示。

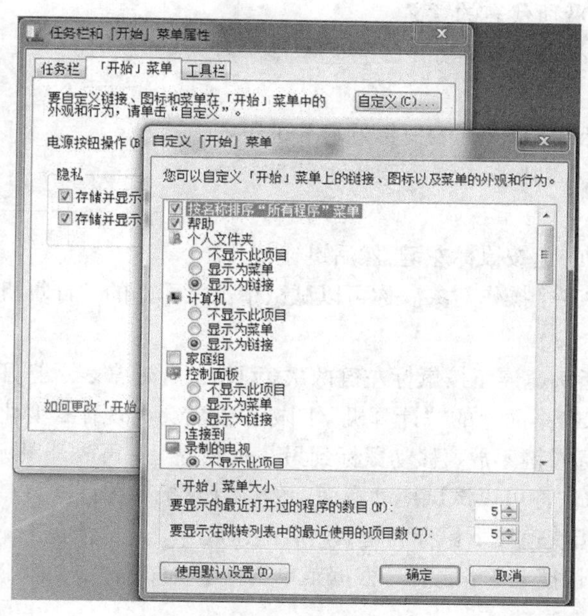

图 2-6　自定义“开始”菜单

4. 任务栏

任务栏通常位于桌面的底部，左端为“开始”按钮，右端通常包含“输入法”、“音量”、“时钟”等图标，如图 2-1 所示。通过这些图标可以选择或调整输入方法、音箱音量以及系统日期和时间。用户可以改变任务栏在桌面上的位置，也可以自动隐藏和改变任务栏的大小。任务栏的主要作用是放置代表已经启动了的应用程序的按钮，也就是说，只要用户启动一个应用程序，任务栏上就会出现一个代表该程序的按钮。

其中，改变任务栏的位置的操作方法如下：首先把鼠标指针指向任务栏的空白区域，拖动鼠标即可。这样用户可以自由地将任务栏重新定位在桌面的四边。

改变任务栏的大小的操作方法如下：首先把鼠标指针指向任务栏的上边缘，当指针变成双箭头时，拖动鼠标指针到合适位置即可。

自动隐藏任务栏的操作方法如下：鼠标右键单击任务栏空白区域，选择“属性”命令，弹出“任务栏和‘开始’菜单属性”对话框后，选择“自动隐藏任务栏”复选框，出现“√”标志，单击“确定”按钮。

锁定任务栏后，用户不能改变任务栏的位置和大小（在 Windows 7 中任务栏的默认状态是锁定状态）。鼠标右键单击任务栏空白区域，选择“锁定任务栏”命令，该命令前的“√”标志消失，任务栏就不再是锁定状态。如果想重新锁定任务栏，则再次选择“锁定任务栏”命令，出现“√”标志即可。

2.2.3 鼠标操作

鼠标是计算机的一种输入设备，至少有两个按键，其主要作用是控制鼠标指针。通常情况下鼠标指针呈箭头状，经常随鼠标位置和操作的不同有所变化。记住这些变化对于迅速、熟练掌握 Windows 的操作非常有用。图 2-7 所示为默认情况下最常见的几种鼠标指针形状所代表的意义。

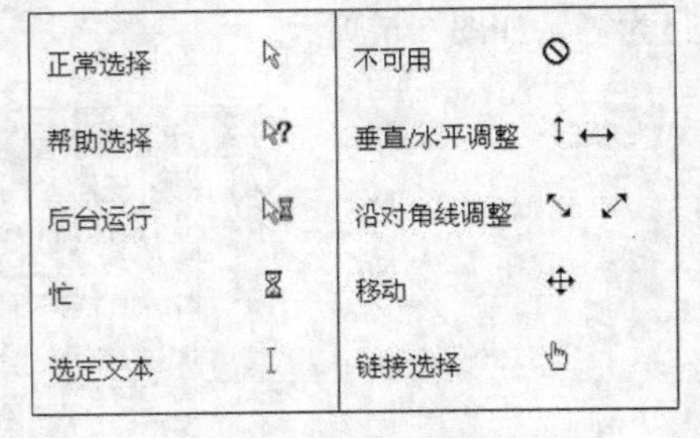

图 2-7 鼠标指针常见形状

使用鼠标操作 Windows 时，有如下 5 种基本操作需要掌握。

① 移动：移动鼠标，屏幕上代表鼠标的箭头也跟着移动。你可以有意识地移动鼠标指针到桌面上的某一个图标上。

② 单击：右手食指快速按鼠标左键，然后迅速放开。单击鼠标通常表示选中某个操作对象。你可以试试单击桌面上的“计算机”图标，看看会出现什么变化。

③ 双击：右手食指快速连续按鼠标左键两次。双击鼠标通常表示打开某个窗口或启动某个应用程序。你可以试试双击桌面上的“计算机”图标，看看会出现什么变化。

④ 拖动：按住鼠标左键不放，移动鼠标到另一个位置上，再放开鼠标左键。拖动鼠标通常用于移动某个选中的对象。你可以试试拖动桌面上的“计算机”图标。

⑤ 右击：右手中指快速按下鼠标右键，然后迅速放开。通常情况下，右击屏幕上的某个区域或某个对象时，会弹出快捷菜单，之后再根据菜单选择下一步操作。你可以试试右击桌面上的“计算机”图标。

2.2.4 菜单操作

1. 菜单的分类

在 Windows 7 系统中几乎所有的操作命令均由菜单形式提供。Windows 7 系统为用户提供了 4 种菜单：系统菜单（开始）菜单、控制菜单、快捷菜单和下拉菜单。其中，系统菜单在前面已经介绍。控制菜单位于窗口的左上角，如图 2-8 所示，主要包括还原、移动、大小最大化、最小化和关闭功能菜单项。快捷菜单是通过右击桌面上或窗口中的某个对象而弹出的菜单，它包含该对象的常用命令，如图 2-9 所示，快捷菜单所包含的命令依赖于所选定的对象，对象可以是磁盘、打印机、文件夹、文件，也可以是文字、表格、图片等。通过 Alt 键可以激活当前窗口的下拉菜单，图 2-10 所示为计算机窗口的常见下拉菜单。

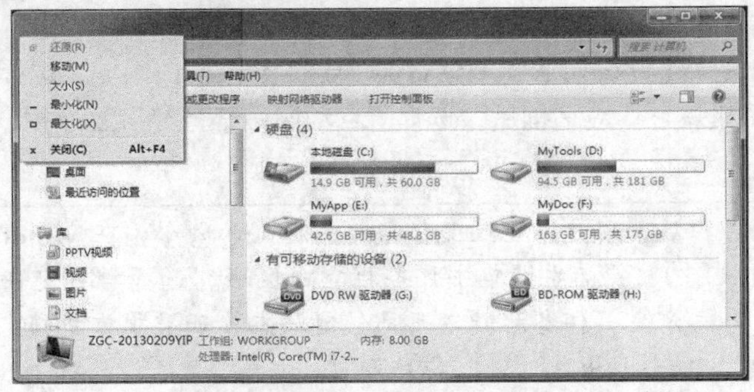

图 2-8 控制菜单

打开各种菜单的操作方法分别如下所示。

（1）用鼠标单击窗口菜单栏中的菜单名，即可打开下拉菜单；

（2）用鼠标单击窗口菜单栏上的菜单名以外的任务位置，即可关闭下拉菜单；

（3）打开菜单后，单击某个菜单命令，即可执行该菜单命令。

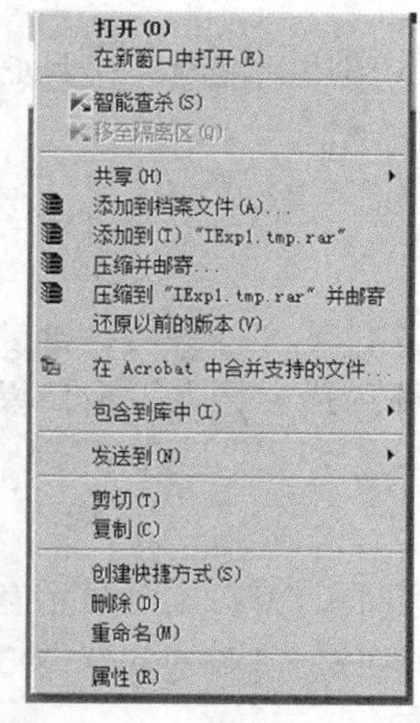

图 2-9　文件对象的快捷菜单

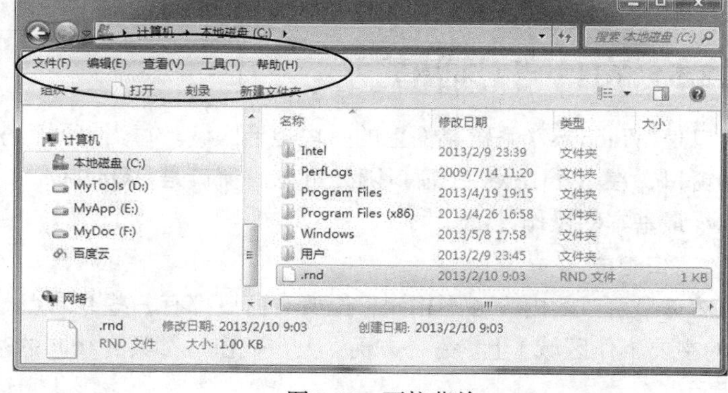

图 2-10　下拉菜单

提示

① 使用键盘打开下拉菜单的方法是：按<Alt>键+菜单名中带下画线的字母。例如，在"计算机"窗口中按<Alt>+<F>组合键，即可打开该窗口的"文件"菜单。

② 使用键盘执行菜单命令的方法是：打开菜单后，按菜单命令中的带下画线的字母；或者打开菜单后按键盘上的"↑"或"↓"键选择菜单，选定后按<Enter>键；或者直接按菜单命令后的组合键，替代菜单操作。

③ 使用键盘打开快捷菜单的方法是：选中对象后，按<Shift>+<F10>组合键。

2. 菜单的标志

不同的菜单命令有不同的标志，如图 2-11 中的"编辑"菜单所示。Windows 7 对菜单命令的约定如下所示。

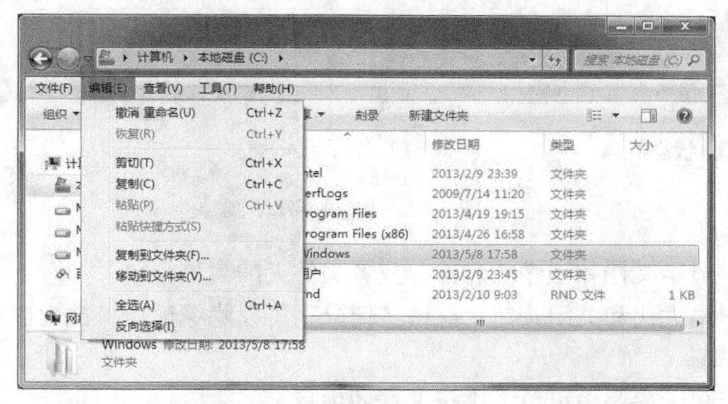

图 2-11　菜单命令的不同标志

（1）暗淡的菜单命令：表示当前暂时不能使用；

（2）带下画线的字母：当菜单打开后，键入该字母，即可执行相应的菜单命令；

（3）组合键：显示在菜单命令右边的一种快捷键（如<Ctrl>+<A>组合键），直接使用组合键以替代菜单选择，可加快计算机操作速度（故组合键有时又称为快捷键、热键）；

（4）省略号“…”：表示执行菜单命令后，弹出一个相应的对话框；

（5）三角形“▶”：表示该菜单选项包含下级子菜单，用户可做进一步选择；

（6）选中标记“✔”：表示该菜单正在起作用，再次选择该命令后，“✔”标记消失，该命令即不再起作用；

（7）选中标记“●”：表示被选中正起作用的菜单命令（在菜单命令组中只能有一个且必须有一个命令被选中）。

2.2.5 窗口与对话框

窗口是 Windows 7 系统桌面上的一块矩形区域。每当打开程序、文件或文件夹时，都会弹出对应的窗口，在 Windows 中窗口随处可见。窗口是 Windows 7 系统的最大特点，窗口操作是 Windows 最基本的操作。

1. 窗口组成

虽然每个窗口的内容各不相同，但所有窗口都有一些共同点。一方面，窗口始终显示在桌面（屏幕的主要工作区域）上。另一方面，大多数窗口都具有相同的基本部分。资源管理器窗口如图 2-12 所示。

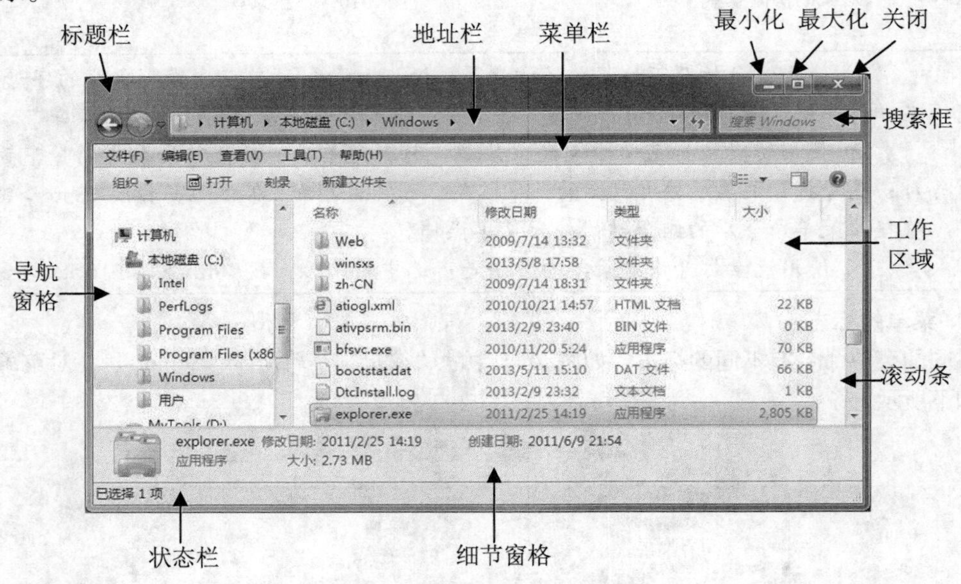

图 2-12　典型的窗口组成

（1）标题栏：显示文档和程序的名称，或者文件夹的名称。

（2）最小化、最大化和关闭按钮：这些按钮分别可以隐藏窗口、放大窗口使其填充整个屏幕以及关闭窗口。

（3）菜单栏：包含程序中可单击进行选择的项目。

（4）滚动条：可以滚动窗口的内容以查看当前视图之外的信息。

（5）地址栏：是一种特殊的工具栏，用于显示当前磁盘或文件夹的路径。在地址栏中如果直接输入网页地址（如 www.sohu.com）并按<Enter>键可以浏览网站主页，如果输入磁盘或文件夹名（如 C:\Windows）并按<Enter>键可以显示相应磁盘或文件夹中的所有文件或文件夹。

（6）状态栏：用于显示与当前操作、当前系统状态或当前已选择对象有关的信息。

（7）边框和角：可以用鼠标指针拖动这些边框和角以更改窗口的大小。

其他窗口可能具有其他的按钮、框或栏。但是它们通常也具有基本部分。

2. 窗口操作

（1）移动窗口。

若要移动窗口，用鼠标指向其标题栏。按住鼠标左键将窗口拖动到预期的位置，然后释放鼠标按钮。

（2）更改窗口的大小。

若要使窗口填满整个屏幕，单击其“最大化”按钮或双击该窗口的标题栏。

若要将最大化的窗口还原到以前大小，单击其“还原”按钮或者双击窗口的标题栏。

若要调整窗口的大小（使其变小或变大），鼠标指向窗口的任意边框或角，当鼠标指针变成双箭头时，拖动窗口的边框或角以调整其大小，已最大化的窗口无法调整大小。必须先将其还原为先前的大小。

（3）隐藏窗口。

隐藏窗口称为“最小化”窗口。如果要使窗口临时消失而不将其关闭，则可以将其最小化。单击其“最小化”按钮，窗口会从桌面中消失，只在任务栏（屏幕底部较长的水平栏）上显示为按钮。若要使最小化的窗口重新显示在桌面上，请单击其任务栏按钮。

（4）关闭窗口。

关闭窗口会将其从桌面和任务栏中删除。单击窗口“关闭”按钮即可关闭。

如果关闭的文档被修改过而未保存，则会显示一条消息，提示关闭前是否保存。

（5）在窗口间切换。

如果打开了多个程序或文档，桌面会快速布满杂乱的窗口。通常，不容易跟踪已打开了哪些窗口，因为一些窗口可能部分或完全覆盖了其他窗口。

任务栏提供了整理所有窗口的方式。每个窗口都在任务栏上具有相应的按钮。若要切换到其他窗口，只需单击其任务栏按钮，该窗口将出现在所有其他窗口的前面，成为活动窗口（即用户当前正在使用的窗口）。

若要轻松地识别窗口，请指向其任务栏按钮。指向任务栏按钮时，将看到一个缩略图大小的窗口预览，无论该窗口的内容是文档、照片，还是正在运行的视频。如果无法通过其标题识别窗口，则该预览特别有用。

（6）自动排列窗口。

为了有序管理打开的多个窗口，可以使用排列窗口。可以按以下 3 种方式之一使 Windows 自动排列窗口：层叠、纵向堆叠或并排。要排列多个窗口，先右键单击任务栏的空白区域，然后单击“层叠窗口”、“堆叠显示窗口”或“并排显示窗口”，如图 2-13 所示。

（7）使用“对齐”排列窗口。

“对齐”将在移动的同时自动调整窗口的大小，或将这些窗口与屏幕的边缘“对齐”。可以使用“对齐”并排排列窗口、垂直展开窗口或最大化窗口。

并排排列窗口的步骤：将窗口的标题栏拖动到屏幕的左侧或右侧，直到出现已展开窗口的轮廓。释放鼠标即可展开窗口。

垂直展开窗口的步骤：指向打开窗口的上边缘或下边缘，直到指针变为双头箭头。将窗口的边缘拖动到屏幕的顶部或底部，使窗口扩展至整个桌面的高度。窗口的宽度不变。

最大化窗口的步骤：将窗口的标题栏拖动到屏幕的顶部。该窗口的边框即扩展为全屏显示。释放窗口使其扩展为全屏显示。

3. 对话框

对话框是特殊类型的窗口，可以提出问题，允许您选择选项来执行任务或者提供信息。当程序或 Windows 需要您响应它才能继续时，经常会看到对话框。与常规窗口不同，对话框通常无法最大化、最小化或调整大小，但是它们可以被移动。图 2-14 所示为 Windows 的“文本服务与输入语言”对话框。

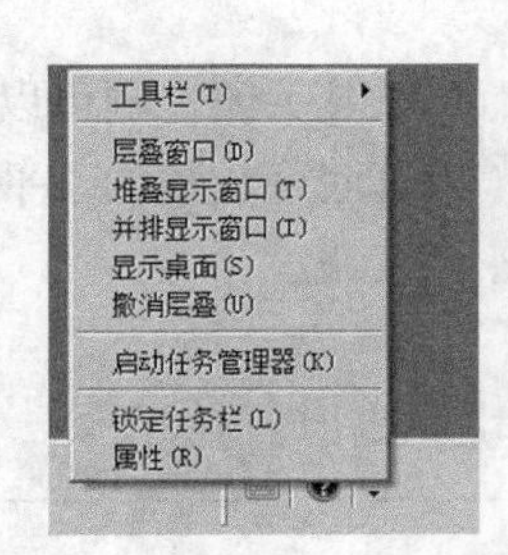

图 2-13　自动排列窗口选项图

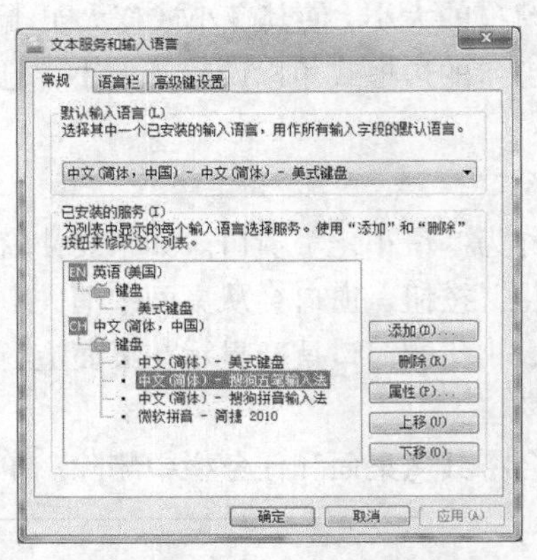

图 2-14　“文本服务与输入语言”对话框

2.2.6　汉字输入

1. 切换输入法

在使用 Windows 7 操作系统时，默认状态下的桌面任务栏的语言栏中显示的是英语输入状态 CH，为适应不同用户的需要，允许通过切换选择不同的输入法。

在 Windows 7 中，切换输入法操作方法如下。

首先在任务栏的右侧单击输入法图标，打开输入法菜单，如图 2-15 所示。然后选中相应的输入法选项，即切换到中文输入法状态下，如图 2-16 所示。

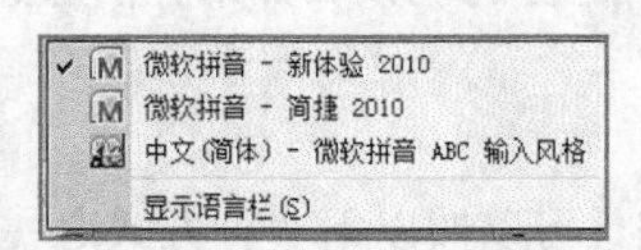

图 2-15　选择汉字输入法

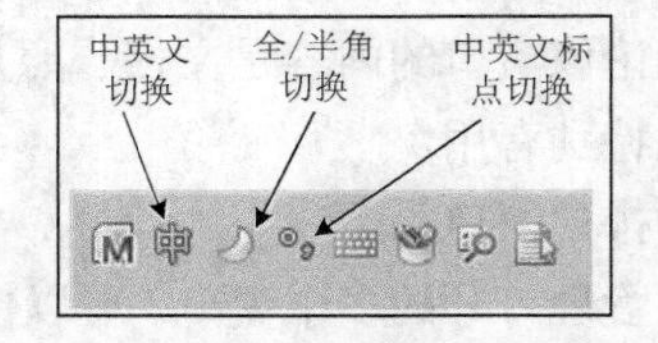

图 2-16　输入法状态及各种切换按钮

提示

① 使用<Ctrl>+<Space>（空格）键也可打开或关闭中文输入法；

② 使用<Ctrl>+<Shift>键，可切换选择各种输入法；

③ 使用<Ctrl> +<.>（句号）键，可切换中英文标点；

④ 使用<Shift>+<Space>（空格）键，可切换全角/或半角。

⑤ 使用<Shift>键，可切换中英文输入。

2. 设置输入法

在 Windows 操作系统中可以添加自己需要的但却没有安装的输入法，如微软、搜狗输入法等，只需要下载相应的输入法软件安装即可。在安装了多种输入法之后，我们可以添加或删除某种输入法，也可以调整输入法的切换顺序。具体操作步骤如下所示。

（1）鼠标右键单击任务栏右侧的输入法图标，在快捷菜单中选择“设置”命令，即可打开“文本服务和输入语言”对话框，如图 2-14 所示；

（2）在该对话框中，在输入法列表中选中一个输入法后，单击“删除”按钮即可删除该输入法，被删除的输入法将不会在输入法菜单中显示，若单击“上移”或“下移”按钮，则可可修改该输入法的切换顺序；

（3）当删除某个输入法后，若又想再次使用它，则可以先在“文本服务和输入语言”对话框中单击“添加”按钮，以打开“添加输入语言”对话框，然后勾选该输入法并单击“确定”按钮，如图 2-17 所示。

3. 设置输入法的选项

输入法功能菜单包括了输入法的功能设置、界面设置、检索字符集等。为了更加便于使用输入法，可以设置输入法的选项属性，具体操作方法如下。

（1）打开要设置的输入法，显示对应的输入法状态栏，单击功能菜单，在弹出的快捷菜单中选择“输入选项”命令。

（2）在“输入法设置”对话框中进行相应的选择，如图 2-18 所示。

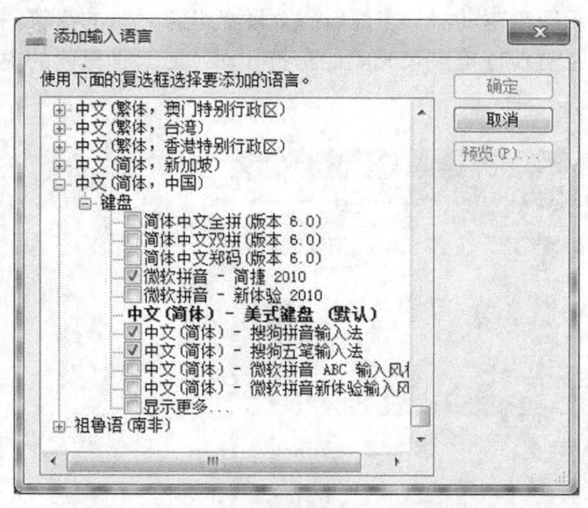

图 2-17　“添加输入语言”对话框

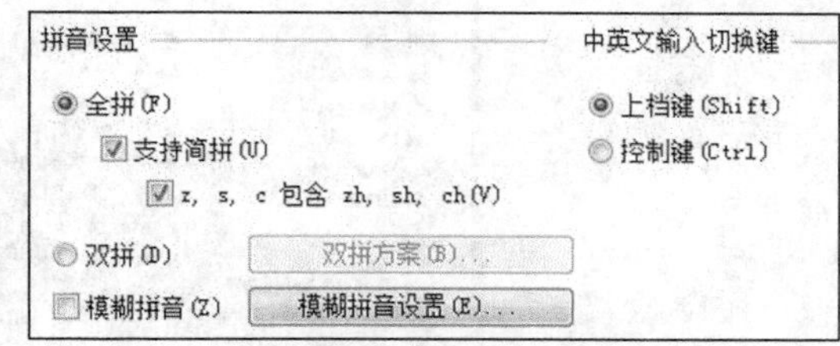

图 2-18　输入法的选项设置

4. 软键盘

在进行文本录入时，需要输入一些特殊符号、数字序号、制表符、数学符号等，这时可以使用软键盘进行输入，其操作步骤如下所示。

（1）打开中文输入法，激活输入法状态栏；

（2）选择软键盘，激活快捷菜单，如图 2-19 所示；

（3）选择所需要的符号种类，在软键盘中输入相应的符号。例如，在“数字序号”软键盘中可录入各种数字序号，如图 2-20 所示。

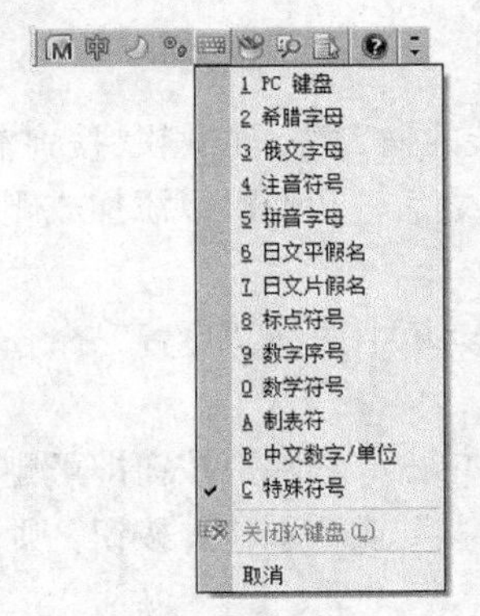

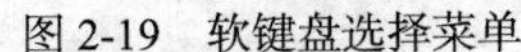
图 2-19　软键盘选择菜单

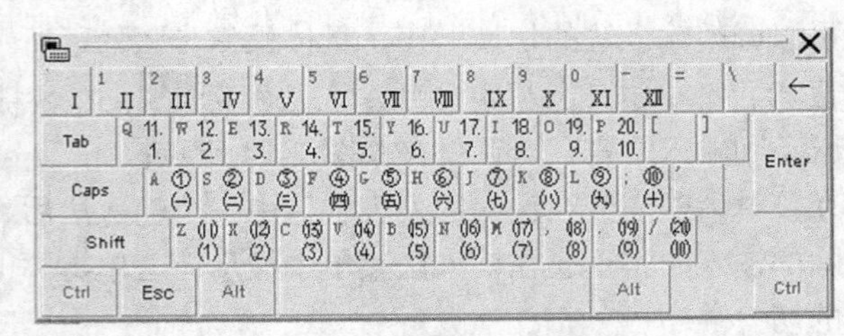

图 2-20　“数字序号”软键盘

2.3　Windows 7 文件管理

2.3.1　基本概念

1. 盘符

Windows 7 操作系统负责对计算机的存储设备进行管理，它对驱动器进行了编号，这些编号称为盘符，也称驱动器名。常用字母 C 开始表示硬盘驱动器，在最后一个硬盘盘符之后的盘符一般为 U 盘或光盘的盘符，如图 2-21 中的“G:”是 DVD 可刻录光驱的盘符，而“H:”是只读的虚拟光驱的盘符。

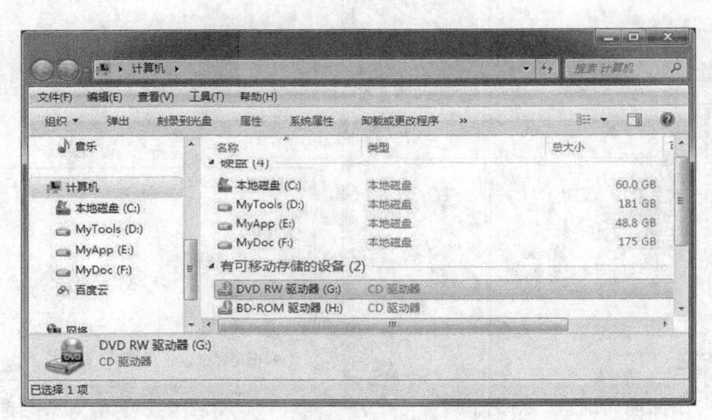

图 2-21　盘符

2. 文件与文件名

（1）文件的概念。

存储在外部存储介质（磁盘、光盘等）上的数据的集合称为文件。计算机处理的所有数据都是以文件的形式存放在磁盘上的，文件可以是一组数据、一个程序、一篇文章、一幅图片、一段音乐等。

（2）文件名。

每个文件都有自己的名字。文件的名字分为两部分：主文件名和扩展名，中间用小数点间隔。

文件名可以使用汉字、字母、数字、特殊符号（如!、~、@、$、#、%、&、_、,、空格等）混合组成，但不允许使用\、/、:、*、?、"、<、>、|等符号。在 Windows 7 中文件名最多使用 255 个字符。文件的扩展名用来说明文件的类型，其中常见的文件扩展名如表 2-1 所示。

表 2-1　　常见的文件扩展名

文件扩展名	文 件 类 型	文件扩展名	文 件 类 型
COM	应用程序	HTM	网页文件
EXE	应用程序	BMP	位图文件
BAT	批处理文件	JPG	图片文件
TXT	文本文档	MPG	电影文件
DOC	Word 文档	ZIP	压缩文件

（3）文件名中的“*”和“？”

“*”和“？”是对文件进行操作时允许使用的两个通配符，它们用来替代一个或多个字符。

① “*”代表从它所在位置起直到符号“.”或空格为止的所有字符。

② “？”代表所在位置上的一个任意字符。

③ “*.*”代表所有文件名。

④ “*.exe”表示以“exe”为扩展名的所有文件名。

⑤ “A*.*”代表以字母 A 开头的所有文件名。

⑥ “？.*”代表文件名为一个任意字符的所有文件名。

⑦ “???.??”表示文件标识符为 3 个任意字母、扩展名为两个任意字母的文件名。

通配符的使用方便用户对一批文件进行处理。

3. 文件夹

文件夹又叫目录，是操作系统为了方便对存储在磁盘上的文件进行组织和管理而采用的一种树型结构的分层次的管理方式。存储在磁盘上的文件夹类似于一本书的目录。一个磁盘的根文件夹下有若干个下一级文件夹（也叫子文件夹），每一个子文件夹下还可以有若干个下一级子文件夹和若干文件，依此类推，还可以继续分下去。磁盘的树状目录结构在资源管理器窗口的左侧的导航窗格中显示，如图 2-22 所示。

图 2-22　文件夹及树状结构

（1）处在树型目录最高层的目录称为根目录，用符号“\”表示。在根目录下可以存放若干个文件和子目录。

（2）除根目录外，每一级的子目录都有一个目录名，目录名的命名规则与文件名的命名规则相同，如图 2-22 所示紧跟文件夹图标后的名字表示目录名，即文件夹名。

（3）Windows 7 操作系统规定，处于不同层次的目录名和文件名可以同名。

Windows 系统与 Linux 系统的根目录是不相同的。Linux 只有一个根目录，并使用根目录统一管理各种软、硬件资源。在 Windows 系统中，每个磁盘分驱、光驱或 U 盘存储器都有一个根目录，通常用盘符和根目录符号来表示，例如“C:\”表示 C 盘根目录。

4．路径

路径是用来描述存放在磁盘上的文件的隶属关系，指明文件所在位置的途径。操作系统允许用两种方式来指明文件路径：绝对路径和相对路径。

（1）绝对路径：绝对路径是指从该文件所在磁盘根文件夹开始直到该文件所在文件夹为止的路线上的所有文件夹名，各文件夹名之间用“\”分隔。

例如，对于 C:盘上 Windows 文件夹中 System32 子文件中的 write.exe 文件来说，其绝对路径为：“C:\windows\System32\write.exe”。

（2）相对路径：相对路径是从文件所在磁盘的当前文件夹开始直到该文件所在文件夹为止的路线上的所有的文件夹名，各文件夹名之间用“\”分隔。

其中，所谓当前文件夹是指系统正在工作的文件夹。对当前目录下的文件或文件夹进行操作时，不必指出该文件或文件夹位置。

例如，若当前文件为 C:盘上 Windows 文件夹，则访问 write.exe 文件的相对路径为：“System32\write.exe”。

Windows 7 在存储程序和数据时，以文件为单位进行存储，文件按文件夹的方式以树型结构进行组织。文件夹树型结构的根为磁盘分区，一台计算机可以有多个磁盘分区。

2.3.2　磁盘操作

1．磁盘格式化

未经过格式化的磁盘分区是无法写入文件的。进行格式化操作的目的就是在磁盘分区上建立可以存储数据和文件的组织结构。

格式化的操作方法是：在“计算机”窗口中，用鼠标右键单击指定的磁盘驱动器图标，并在弹出的快捷菜单中执行“格式化”命令，则弹出“格式化”对话框，如图 2-23 所示。

由于在格式化操作中会删除磁盘中的所有数据，因此，在进行格式化操作时要特别小心，一般来说，在完成计算机系统的安装后，如果没有特殊的需要，用户轻易不应对硬盘进行格式化操作。

2．修改磁盘的卷标

卷标是用户为硬盘所指定的名字，有助于用户区分不同的磁盘。卷标可以在格式化磁盘时的“卷标”框中进行设置，也可以用鼠标右键单击指定的磁盘图标，在弹出的快捷菜单中执行“属性”命令，然后在“常规”选项卡中的文本框中进行修改。

3. **磁盘维护**

磁盘分区在经过长时间使用后，可能出现存取速度较慢等问题，这时可以通过磁盘维护功能对磁盘分区进行维护。选择待维护的磁盘，按鼠标右键激活快捷菜单，选择“属性”，在打开的属性对话框中选择“工具”标签，常见的磁盘维护方法有磁盘查错、碎片整理和磁盘备份，如图 2-24 所示。

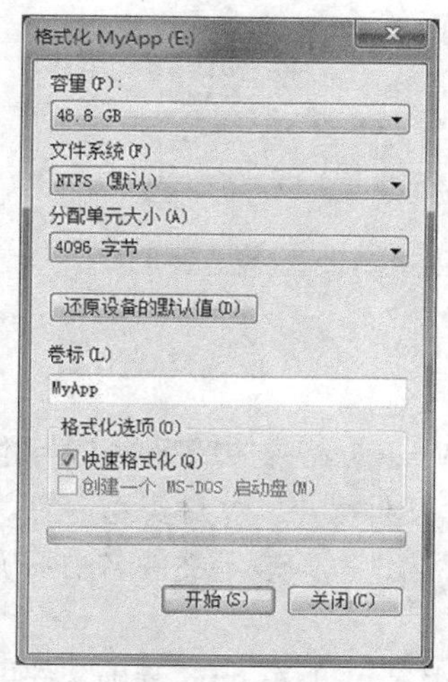

图 2-23　“格式化”对话框

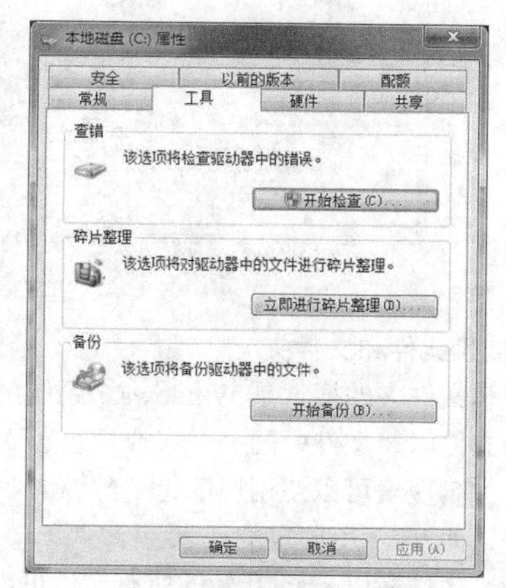

图 2-24　磁盘维护

2.3.3　文件管理

1. **打开文件夹和文件**

打开一个文件夹的目的是为了浏览其中的子文件夹和文件信息。一个文件夹被打开后，窗口的标题栏将显示该文件夹的名字，在地址栏中将显示该文件夹的路径，在文件夹框中该文件夹将以高亮度反白显示，在文件夹内容框中将显示该文件夹中所有文件和子文件夹图标，在状态栏中将显示该文件夹的相关信息。

实例 2-1　打开并浏览 C：盘的 Windows 文件夹，统计该文件夹中的文件和子文件夹总个数。

具体操作步骤如下所示。

（1）双击桌面“计算机”，打开计算机窗口；

（2）在左边导航窗格单击“计算机”、“本地磁盘（C:）”下属的“Windows”文件夹图标，即打开该文件夹；

（3）文件夹内容框中显示“Windows”文件夹中的所有文件和子文件夹图标，状态栏显示该文件夹含 99 个对象，如图 2-25 所示。

在如图 2-25 所示的窗口状态栏中，“99 个对象”是指“Windows”文件夹中共有 99 个文件和子文件夹，如果要查看某个对象（即文件或子文件夹）的详细信息，可以先右击该对象，再从快捷菜单中选择“属性”命令并在“属性”对话框即可查看。

在计算机窗口未显示细节窗格或导航窗格时，选择“组织”→“布局→“细节窗格或导航窗格”菜单命令即可；同样在未显示状态栏时，选择“查看”→勾选“状态栏”命令即可。

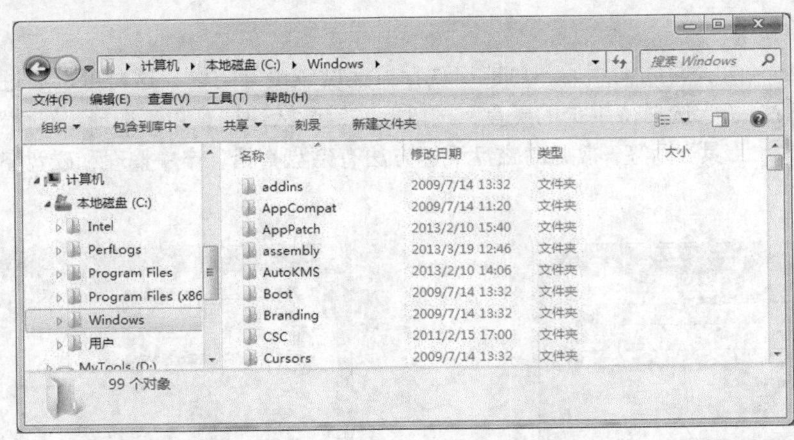

图 2-25　打开文件夹

2. 查找文件和文件夹

文件和文件夹的搜索是 Windows 7 系统的基本功能。Windows 7 支持多种搜索标准，包括全部或部分文件名、文件中的一个字或词组、文件修改时期、文件大小、文件类型等等。其中，根据部分文件名搜索可以使用通配符“*”和“?”来表示文件名，“*”表示文件名中不确定的任意多个字符，而?表示不确定的任意一个字符。

例如，文件名以 read 开始的所有文件可以表示为“read*.*”，所有 mp3 音乐文件可以表示为“*.mp3”，文件名只有两个字符且第 2 个字符为 a 的文本文件可以表示为“?a.txt”。

实例 2-2　一般搜索。

要求：在计算机中查找扩展名为 jpg 的文件，并记下其所在位置以及其大小。

具体操作步骤如下。

单击“开始”菜单，在弹出的搜索框中输入“*.jpg”并按<Enter>键（或者在图 2-12 所示的系统搜索框中输入），系统开始搜索并显示搜索结果，如图 2-26 所示。

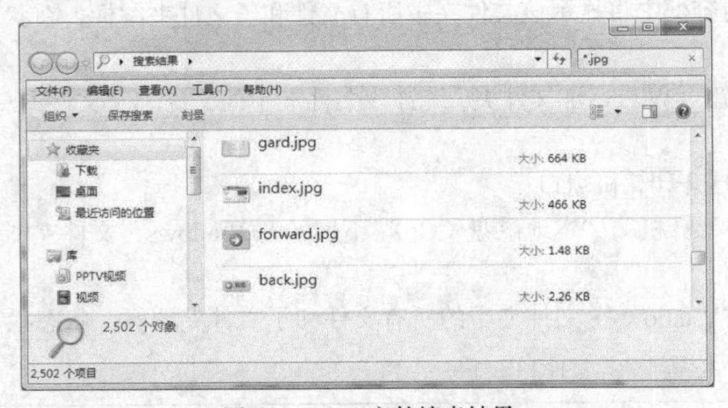

图 2-26　JPG 文件搜索结果

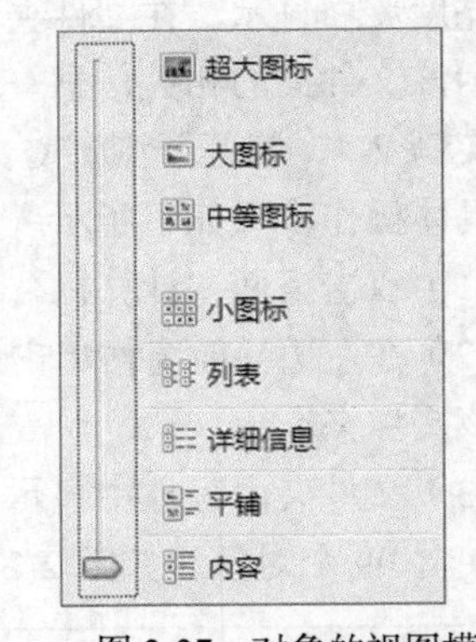

图 2-27　对象的视图模式

系统搜索到 2502 个对象，对象的名称在窗口右边的显示区域中列表显示，要显示对象的详细信息，可以单击视图模式按钮更改视图，系统提供 8 种对象视图模式，如图 2-27 所示，其中“详细信息”视图可获得较为详细的对象信息。

实例 2-3　高级搜索。

要求：在 C:盘中查找文件名以字母 b 打头的、扩展名为.jpg、大小至多 10kB 的所有图片文件，并记下这些文件的个数。

具体操作方法如下：打开“计算机”窗口→在导航窗格中选中“本地磁盘（C:）”→在窗口右上角的搜索框中输入搜索条件“b*.jpg”→从弹出的工具按钮中选择“大小”并选择“微小（0~0KB）”（如图 2-28 所示）→系统自动搜索，显示结果如图 2-29 所示。

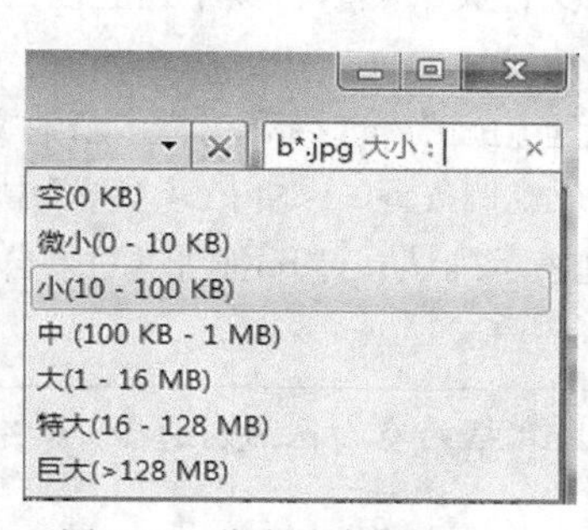

图 2-28　指定搜索条件

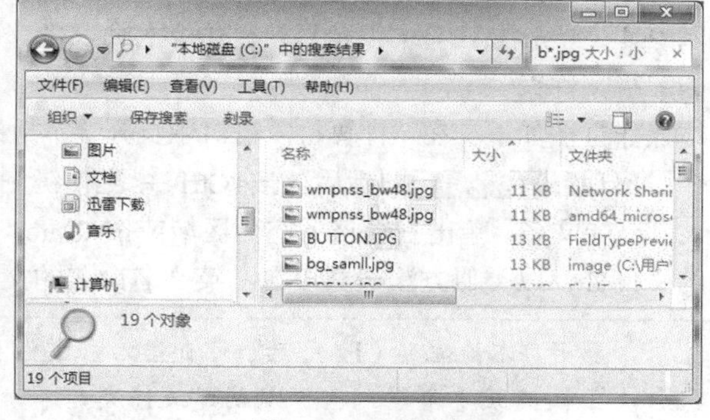

图 2-29　搜索结果

Windows 7 系统提供按大小、类型、修改日期、种类和名称几种高级搜索模式。

3. 选定文件和文件夹

在 Windows 7 系统中，进行任何操作前都需要选定操作对象。文件或文件夹被选定之后，呈深色反白显示或者带背景色显示效果。

（1）选定单个文件。

具体操作方法是，单击文件图标即可。

（2）选择多个连续的文件。

具体操作方法是，单击要选定的第一个文件，按下<Shift>键，单击要选定的最后一个文件，释放<Shift>键。

（3）选择多个不连续的文件。

具体操作方法是：按下<Ctrl>键，按要求单击每一个要选定的文件，释放<Ctrl>键。如图 2-30 所示，已选中的呈现为浅蓝色背景显示的 3 个文件就是不连续的。

图 2-30　不连续文件的选择

4. 创建文件和文件夹

Windows 7的文件系统结构是树型结构，我们把直接创建在磁盘根文件夹下的文件夹称为一级文件夹，而把建立在一级文件夹下的文件夹称为二级文件夹，依次类推就有三级文件夹、四级文件夹……

（1）创建新文件夹。

实例 2-4 首先在 E:盘中创建以自己中文名命名的一级文件夹，然后在其中建立以自己英文名命名的二级文件夹。

具体操作方法如下：在“计算机”窗口中打开“本地磁盘（E:）”，选择菜单栏“新建文件夹”菜单命令，出现 新建文件夹 图标后，按<Ctrl>+<空格键>打开或按<Ctrl>+<Shift>键选择中文输入法，输入自己中文名，单击右窗格的空白区域或按<Enter>键表示确认，打开刚创建的以自己中文名命名的文件夹，以类似方法建立以自己英文名命名的文件夹。

打开“本地磁盘（E:）”后，可直接右击文件夹内容框的空白区域，选择“新建→“文件夹”快捷菜单命令，也可以创建文件夹。

（2）创建新文件。

实例 2-5 在以自己中文名命名的文件夹中创建一个名为123.txt的文本文档。

具体操作方法如下：打开刚创建的以自己中文名命名的文件夹，右击打开快捷菜单选择“新建”→“文本文档”菜单命令，出现 新建 文本文档 图标后，输入文件名“123”，按<Enter>键确认输入。

创建结果如图2-31所示。

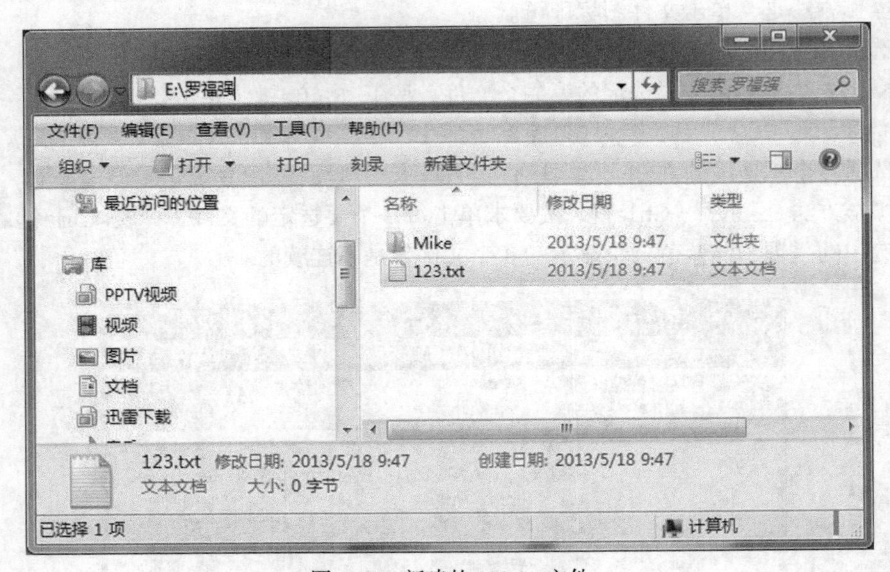

图2-31 新建的123.txt文件

① .txt表示文件的扩展名，输入文件名时不用输入“.txt”，系统自动产生。

② 所创建的123.txt文件是一个不包含任何内容的空文档。

5. 移动、复制文件和文件夹

移动是将目标换个位置存放，因此一个文件或文件夹被移动到目标位置后原位置就不复存在。

复制是在目标位置上生成与原对象相同的对象，因此一个文件或文件夹被复制后在原位置和目标位置上都存在，而且完全相同。

Windows 7 是利用剪贴板实现文件的移动或复制的。剪贴板是系统内存中的一块区域。当用户执行“剪切”或“复制”命令后，被剪切或复制的对象首先将临时存放到剪贴板中，然后用户再执行“粘贴”命令将其粘贴在目标位置中。剪贴板只能保存最后一次剪切或复制的对象。

（1）复制。

实例 2-6 将在实例 2-3 的搜索结果中的所有文件复制到在实例 2-5 中创建的自己的中文名文件夹下。

具体操作方法如下：在“搜索结果”窗口中按要求选定文件，选择“组织”→“复制”菜单命令，在“计算机”窗口中打开以自己中文名命名的文件夹，选择“组织”→“粘贴”菜单命令即可。

使用以下任一种方法均可复制文件。

① 拖动法：不同磁盘之间复制，使用鼠标直接拖动；同一磁盘内的复制，使用<Ctrl>键+拖动。

② 快捷菜单法：首先选中操作对象，按鼠标右键，打开快捷菜单，选择“复制”菜单命令，然后打开目标文件夹，右击窗口的空白区域，选择“粘贴”菜单命令，即可完成复制。

③ 快捷键法：首先选中操作对象，按<Ctrl>+<C>组合键复制，然后打开目标文件夹，按<Ctrl>+<V>组合键粘贴，即可完成复制。

（2）移动。

实例 2-7 将刚复制到自己中文名文件夹中的前 3 个的文件，移动到英文名文件夹中。

具体操作方法如下：打开以自己中文名命名的文件夹；在文件夹内容框中按要求选定文件，选择“组织”→“剪切”菜单命令；打开以自己英文名命名的文件夹，选择“组织”→“粘贴”菜单命令即可。

使用以下任一种方法均可移动文件。

① 拖动法：在不同盘之间移动文件，可使用<Shift>键+拖动实现，在同盘间移动，直接拖动。

② 快捷菜单法：首先选中操作对象，按鼠标右键，打开快捷菜单，选择“剪切”菜单命令，然后打开目标文件夹，右键单击窗口的空白区域，选择“粘贴”菜单命令，即可完成移动。

③ 快捷键法：首先选中操作对象，按<Ctrl>+<X>组合键进行剪切，然后打开目标文件夹，按<Ctrl>+<V>组合键进行粘贴，即可完成移动。

6. 删除文件和文件夹

（1）删除。

实例 2-8 将自己中文名文件夹中的文件名的前 2 个字母为“bg”的文件删除。

具体操作方法如下：打开以自己中文名命名的文件夹，在文件夹内容框中按要求选定文件；选择“组织”→“删除”菜单命令，弹出“删除多个项目”对话框后（如图 2-32 所示），单击“是”按钮。

图 2-32　确认删除

使用以下任一种方法均可删除文件。

① 选定要删除的文件后，单击“工具栏”上的✕删除按钮。

② 选定要删除的文件后，使用快捷菜单中的“删除”命令。

③ 选定要删除的文件后，按键盘上的<Delete>键。

④ 直接将要删除的文件拖到“回收站”中。

只能删除硬盘、未写保护的软盘和未写保护的 U 盘中的文件，不能删除只读光盘、写保护后的软盘和写保护后的 U 盘中的文件。硬盘中的文件被删除后放入回收站中，软件和 U 盘中的文件经删除后直接清除而不放入回收站。另外，在 Windows 7 系统中无法删除正在使用的文件。值得注意的是，硬盘中的文件也可以直接删除而不放入回收站，方式是先按住<Shift>键，再执行删除命令。

（2）回收站的使用。

回收站是 Windows 7 在硬盘中设置的一个系统文件夹，是 Windows 7 文件管理的一种安全机制，可以避免用户因误删除而造成文件丢失。在回收站中的文件只有经过还原后才能使用，且还原后恢复到硬盘原来的位置。回收站中的文件再次删除或清空后不可恢复。

在桌面上双击“回收站”图标，打开“回收站”窗口，可进行如下操作。

① 还原文件：在回收站中选定要还原的文件，选择“还原此项目”菜单命令即可，如图 2-33 所示。

② 清空回收站：选择“清空回收站”菜单命令即可。

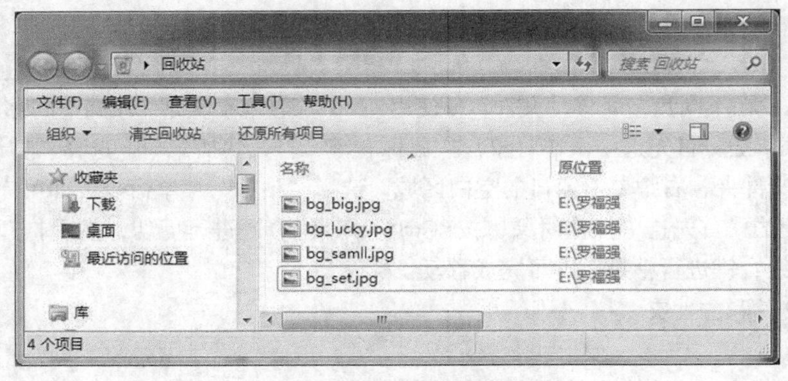

图 2-33　还原文件

7．重命名文件和文件夹

实例 2-9　将实例 2-5 中创建的“123.txt”文件重新命名为“简历.txt”。

具体操作方法如下：鼠标右键单击“123.txt”文件图标，选择“重命名”快捷菜单命令，按要求输入新的文件名即可。

注意 因为扩展名表示文件的类型，因此不要随意修改文件的扩展名。为了保证 Windows 7 系统的正常、稳定运行，也不要修改系统文件夹（如 Windows、Program files）的名称。

8. 创建快捷方式

快捷方式是一种特殊的文件，用于快速启动应用程序文件或打开文档。除了在桌面上创建快捷方式外，还可以在任务栏的快速启动区、文件夹中创建快捷方式。

实例 2-10 在桌面上建立计算器的快捷图标。

具体操作方法如下：选择“开始”→“所有程序”→“附件”菜单命令，鼠标右键单击“计算机”，选择“发送到”→“桌面快捷方式”菜单命令，如图 2-34 所示。之后，切换到桌面就可以看到新建的快捷方式的图标。

9. 设置文件和文件夹的属性

（1）设置只读和隐藏属性。

在 Windows 7 中，具有只读属性的文档文件可以正常打开，但不能修改，删除这类文件时系统会提示警告信息。具有隐藏属性的文件在默认情况下在浏览窗口中不显示其文件名。

实例 2-11 为自己的英文名文件夹设置隐藏属性，试试效果。

具体操作方法如下：打开自己的中文名文件夹，鼠标右键单击英文名文件夹，选择“属性”命令；单击“隐藏”复选框，出现“√”标志，单击“确定”命令按钮，如图 2-35 所示。

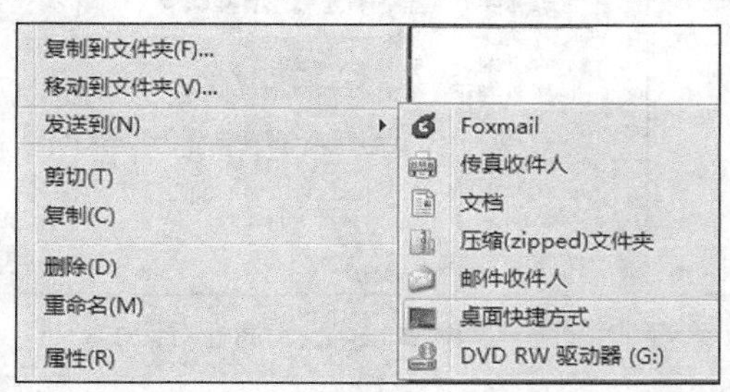

图 2-34 “发送到”子菜单

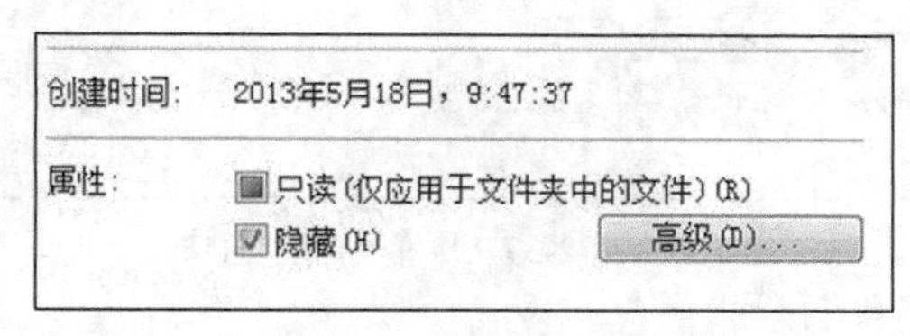

图 2-35 设置“隐藏”属性

提示 设置隐藏属性后，需要选择“查看”→“刷新”菜单命令，被隐藏的文件图标才真正从窗口中消失。

（2）显示隐藏文件或文件夹。

要显示隐藏文件或文件夹，有以下两种方法：①单击打开“文件夹选项”；②单击“视图”选项卡。

在资源管理器窗口的地址栏输入被隐藏文件或文件夹的完整路径，然后按<Enter>键；选择“组织”→“文件夹和搜索选项”菜单命令，弹出“文件夹选项”对话框后，选择“查看”选项卡，在“高级设置”列表框中单击“显示隐藏的文件、文件夹和驱动器”，然后单击“确定”，如图 2-36 所示。

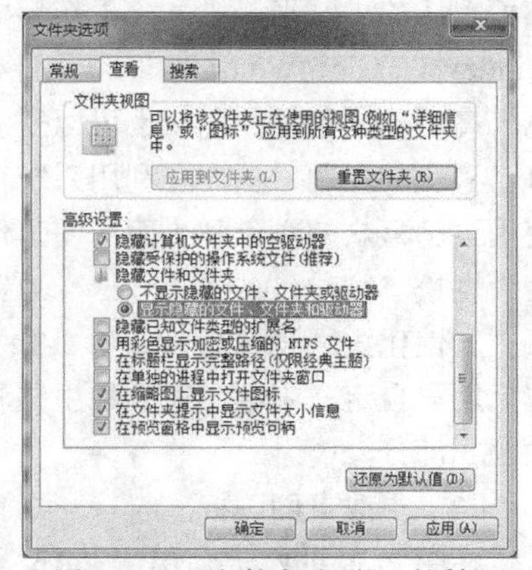

图 2-36 “文件夹选项”对话框

2.4 Windows 7 系统管理

2.4.1 显示设置

Windows 7 启动以后，使用默认的系统分辨率和桌面背景，桌面默认状态只有少量图标、任务栏等，用户可通过设置相应的“显示属性”定制个性化的桌面。

1. 分辨率设置

在桌面空白区域单击鼠标右键打开快捷菜单，这是进行系统桌面和显示属性设置的快捷菜单；选择屏幕分辨率，打开屏幕分辨率窗口，如图 2-37 所示，通过该窗口可以设置显示器类型、分辨率和方向。单击“高级设置”，还可以设置其他高级显示属性，如屏幕刷新频率、颜色等，如图 2-38 所示。

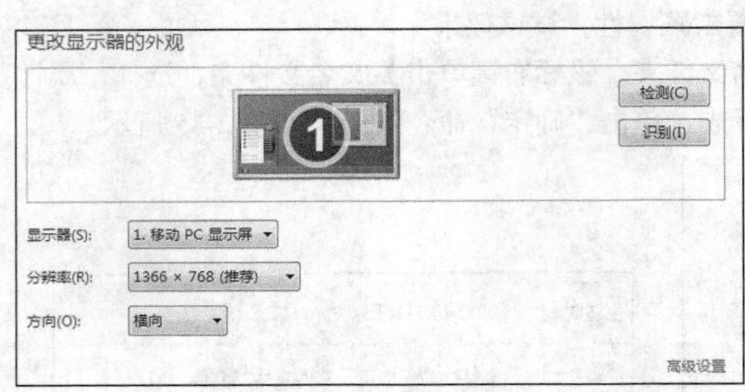

图 2-37 屏幕分辨率窗口

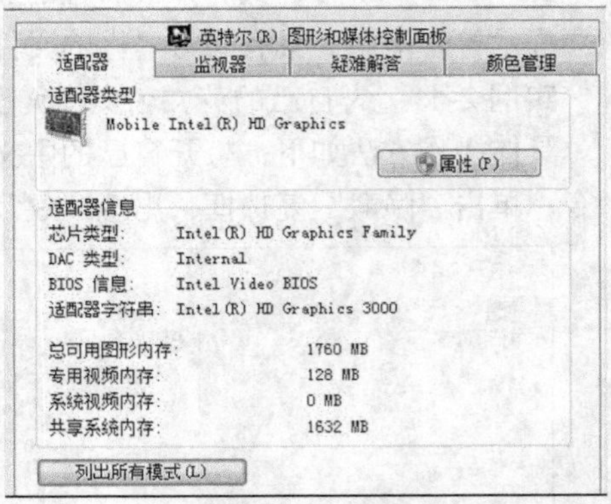

图 2-38 显示属性对话框

2. 个性化设置

（1）主题。

Windows 7 启动以后，使用默认的系统外观和桌面背景，如果想得到个性化的系统工作背景及外观，可从桌面快捷菜单中选择个性化菜单命令进行个性化工作界面设置。Windows 7 提供了几种默认的主题来提供系统工作界面，如 Windows Basic、Windows 经典、高对比白色、高对比黑色等。用户也可以安装其他自己喜欢的主题，从而在利用系统工作时使用自己喜欢的颜色和界面，使工作感觉较为轻松。

个性化主题设置窗口如图 2-39 所示。包括用户自定义主题、安装的主题和基本主题 3 部分。

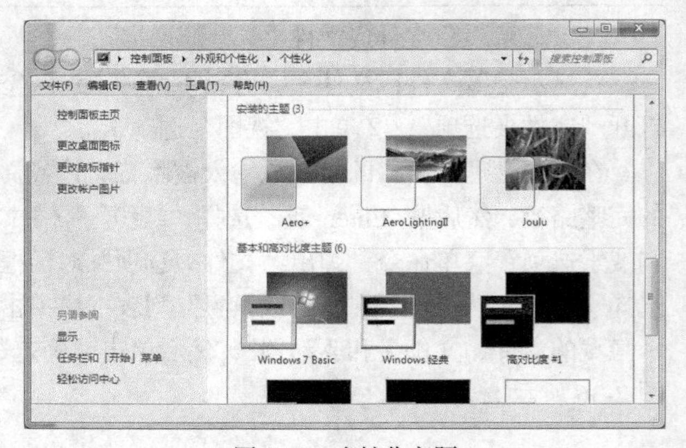

图 2-39 个性化主题

（2）更改桌面图标。

在图 2-39 的左上角单击“更改桌面图

标”，如图 2-40 所示，可以设置在桌面上出现的图标类型及相应的代表图片。

（3）更改鼠标。

在图 2-39 的左上角单击“更改鼠标指针”，如图 2-41 所示，可以设置个性化鼠标指针、个性化的鼠标按键响应速度等。

图 2-40　桌面图标

图 2-41　鼠标设置

其他的个性化设置将在后续内容中做介绍。

3. 小工具

Windows 7 启动以后，默认的桌面背景只包含系统图标，用户可以根据需要添加一些有用的小工具以丰富界面并可方便使用小工具进行工作，如日历、时钟、CPU 资源监视等工具，系统常见的小工具如图 2-42 所示。

图 2-42　系统小工具

2.4.2　系统设置

1. 查看系统信息

“系统”提供了有关计算机的基本详细信息的摘要视图，包括计算机上运行的 Windows 版本的信息，计算机的处理器类型、速度和数量（如果您的计算机使用多个处理器）、Windows 可以使用的内存数量、计算机名称、工作组或域信息和 Windows 激活状况（激活验证 Windows 是否是正版的，这有助于防止软件盗版）。鼠标右键单击桌面上的“计算机”→选择“属性”快捷菜单命令→打开系统属性窗口，即可查看系统信息，效果如图 2-43 所示。

图 2-43　系统属性

2. 更改系统设置

在系统属性窗口中单击导航窗格中的超链接“高级系统设置”或者右下角的“更改设置”可以打开“系统属性”对话框，如图 2-44 所示。

（1）修改计算机名。

选择“计算机名”选项卡，要重命名这台计算机，单击“更改”，输入新的计算机名即可，单击“网络 ID”，打开操作向导并根据提示即可将计算机加入网络域或工作组中。

（2）高级系统设置。

可进行 Windows 外观和性能设置，包括视觉效果、处理器计划、内存使用和虚拟内存设置等，还可更改用户配置文件和系统启动设置，包括监视程序和报告可能的安全攻击的数据保护措施。在“系统属性”对话框中单击“高级”选项卡，然后在“性能”操作区域单击“设置”按钮，打开“性能选项”对话框即可更改与性能有关的系统设置，如图 2-45 所示。

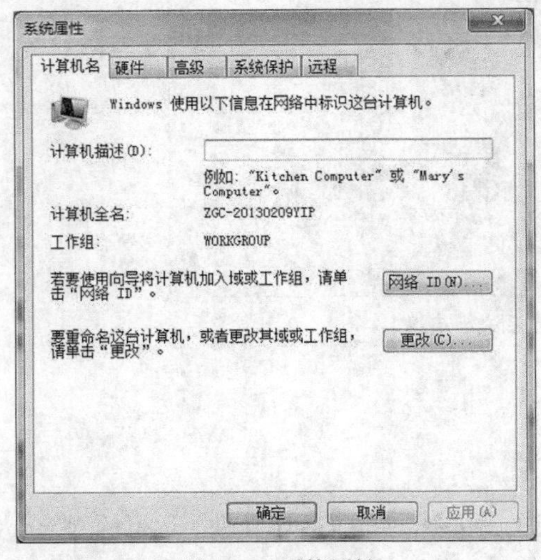

图 2-44　系统属性

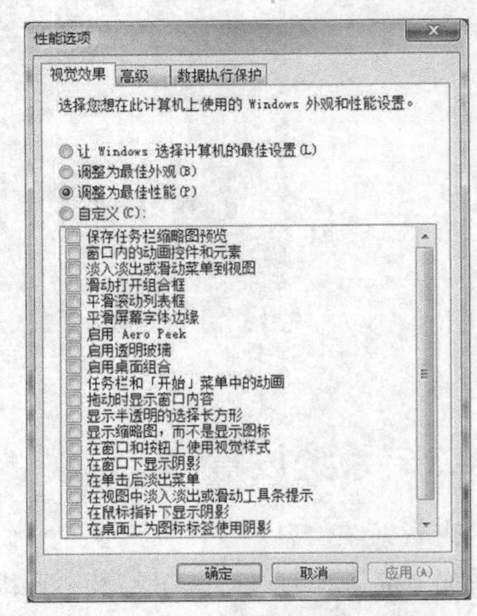

图 2-45　性能选项

（3）系统保护。

系统保护是定期创建和保存计算机系统文件和设置的相关信息的功能。系统保护也保存已修改文件的以前版本。它将这些文件保存在还原点中，在发生重大系统事件（例如安装程序或设备驱动程序）之前创建这些还原点。每 7 天内，如果在前面 7 天中未创建任何还原点，则会自动创建还原点，但可以随时手动创建还原点。安装 Windows 的驱动器将自动打开系统保护。其他的驱动器如果想使用系统保护，需要使用 NTFS 文件系统格式化驱动器，并在图 2-46 中打开对应驱动器的系统保护。

有两种方法可以利用系统保护。

① 如果计算机运行缓慢或者无法正常工作，可以使用“系统还原”将计算机的系统文件和设置还原到较早的时间点。

② 如果意外修改或删除了某个文件或文件夹，可以将其还原到保存为还原点的以前版本。

（4）远程协助设置。

更改可用于连接到远程计算机的“远程桌面”设置和可用于邀请其他人连接到您的计算机，以帮助解决计算机问题的“远程协助”设置。

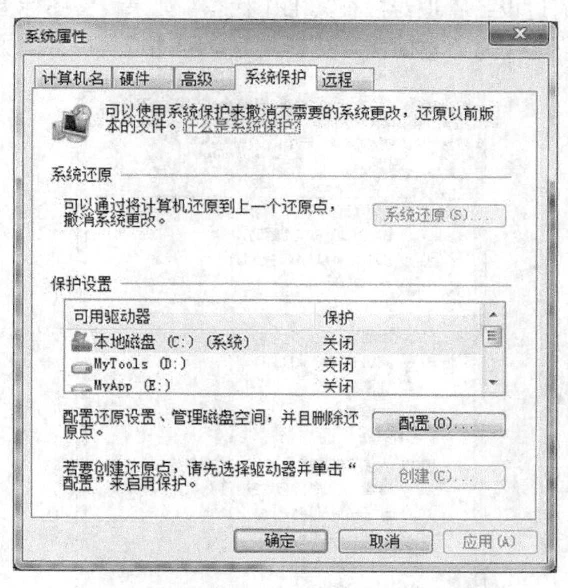

图 2-46　系统保护

2.4.3　计算机管理

通过计算机管理窗口，实现对计算机的整体控制和管理，鼠标右键单击桌面上的“计算机”，在快捷菜单中选择“管理”命令，打开“计算机管理”窗口。

1. 磁盘管理

物理硬盘在使用之前需要进行分区操作，可以使用“磁盘管理”中的“收缩”功能对您的硬盘进行重新分区。可以收缩现有的分区或卷来创建未分配的磁盘空间，从而可以创建新分区或卷，也可以对现有的分区进行重新分配驱动器符号、格式化、磁盘整理等操作。磁盘管理界面如图 2-47 所示。

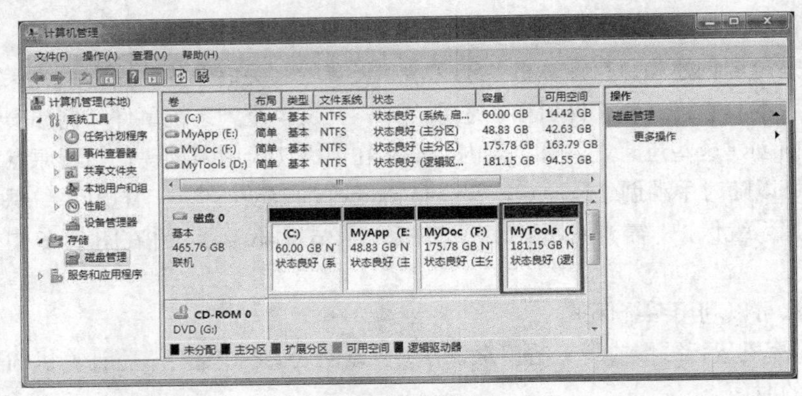

图 2-47　磁盘管理

2. 设备管理

在“计算机管理”窗口中单击“设备管理器”，打开“设备管理器”窗口，该窗口可以用来查看计算机的硬件组件设备信息、更改设备设置和更新设备驱动程序，如图 2-48 所示。如果设备不能正常工作，通常可以通过设备管理器检查其工作状态，如果设备图标上有“!”或红色“Q”标记通常表示设备工作状态不正常，这时需要更新其驱动程序或解决故障方能工作。

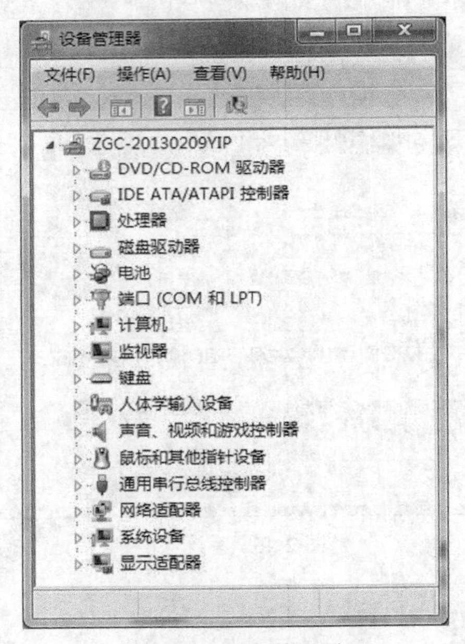

图 2-48　设备管理器

在系统属性窗口的导航窗格中单击“设备管理器”也可以打开“设备管理器”窗口，或者在“系统属性”对话框中选择“硬件”选项卡，然后单击“设备管理器”按钮，也可以打开“设备管理器”窗口。

3. 用户管理

用户账户是 Windows 允许用户访问哪些文件和文件夹，可以对计算机和个人首选项（如桌面背景或屏幕保护程序）进行哪些更改的信息集合。通过用户账户，用户可以在拥有自己的文件和设置的情况下与多个人共享计算机。每个人都可以使用用户名和密码访问其用户账户。每种类型账户为用户提供不同的计算机控制级别，Windows 7 有以下 3 类账户。

（1）标准账户：适用于日常计算。

（2）管理员账户（Administrator）：可以对计算机进行最高级别的控制，但应该只在必要时才使用。

（3）来宾账户（Guest）：不能用于本地登录，只能用于其他计算机通过网络登录并访问共享资源，默认情况下该账户被禁用。

在“计算机管理”窗口左边的导航窗格中展示“本地用户和组”，单击“用户”，即可对系统用户进行管理，如图 2-49 所示。首先，在账户列表中鼠标右键单击某个已存在的账户名，选择相应的快捷菜单命令即可修改其密码、对其重命令或者删除该账户。若要创建新用户，则选择“操作”菜单的“新用户”命令→打开“新用户”对话框→输入用户名和密码→单击“创建”按钮即可，如图 2-50 所示。

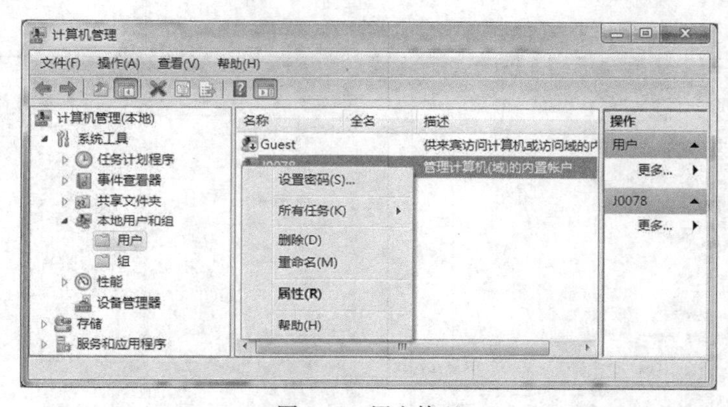

图 2-49　用户管理

提示

首先打开“控制面板”并选择“系统和安全”，然后在“系统和安全”窗口的导航窗格中单击“用户账户和家庭安全”，最后在“用户账户和家庭安全”窗口中也可完成“添加或删除用户账户”、“更改账户图片”以及“更改 Windows 密码”等操作，如图 2-51 所示。

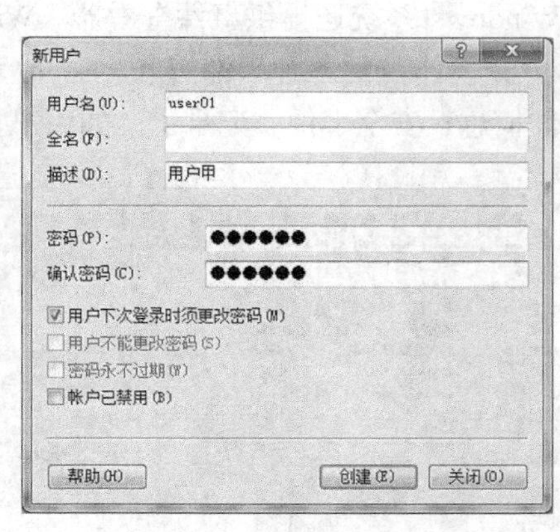

图 2-50　创新新用户

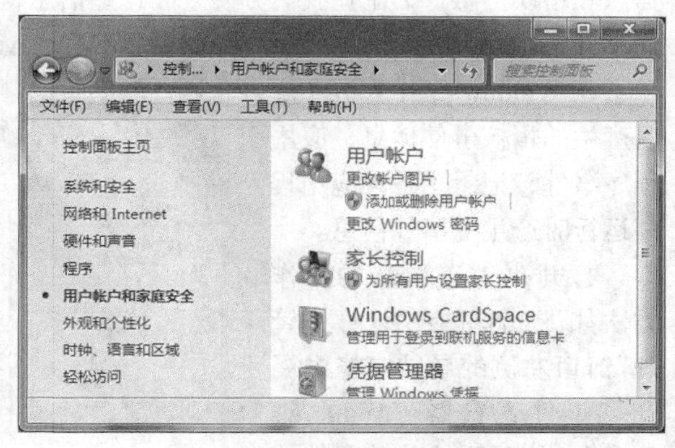

图 2-51　“用户账户与家庭安全”

4．性能监视

Windows 系统自带的性能监视器可以实时监视应用程序和硬件性能，也可以通过日志文件来收集性能数据，可以定义警报和自动操作的阈值，可以自定义要收集的目标数据项，可以自动生成报告并提供多种查看方式。

实时性能监视的操作步骤如下：首先在“计算机管理”窗口左侧的导航窗格中展开“性能→监视工具”，然后单击“性能监视器”以打开性能监视器窗口。然后，在性能监视器窗口中，单击“✚”添加按钮或鼠标右键单击窗口工作区并选择“添加计数器”快捷菜单命令（如图 2-52 所示）→在“添加计数器”对话框中选择监视目标（例如“Processor”即中央处理器）→单击“添加”按钮将监视目标添加到要监视的计时器列表中（可添加多个监视目标，如图 2-53 所示）→单击“确定”按钮。之后，系统将自动进行监视并显示性能变化曲线。

打开“控制面板”窗口→单击“系统与安全”→单击“系统工具”→双击“性能监视器”，即可打开性能监视器窗口。

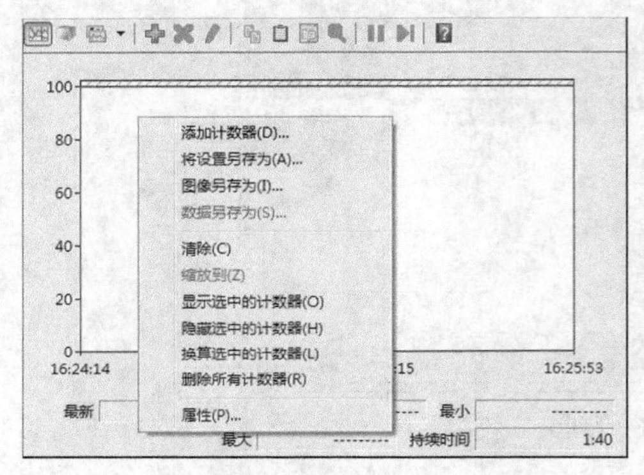

图 2-52　“添加计数器”命令

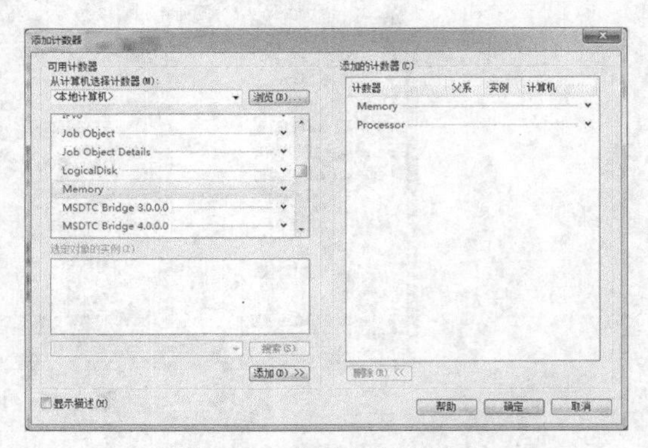

图 2-53　添加监视目标

5．事件查看

计算机系统在运行过程中，可能会因种种事件而造成运行异常。为了让我们能随时查看系统运行状态并且能及时解决相关问题，Windows 系统自动记录各种事件信息，包括普通信息、警告信息和错误信息。为了让我们方便查阅这些信息，Windows 系统还提供事件查看器。Windows 7 的事件信息分为 4 种：系统事件，记录了 Windows 7 系统本身的各种事件信息；Setup 事件，记录了在 Windows 7 中安装和配置软硬件时产生的事件信息；安全事件，记录了诸如用户登录系统时产生的审核事件信息；应用程序事件，记录了各种应用程序运行时产生的事件信息。

打开事件查看器的操作方法如下：首先在“计算机管理”窗口左侧的导航窗格中展开“事件查看器→Windows 日志”，然后选择某种事件信息，即可全面阅读，如图 2-54 所示。

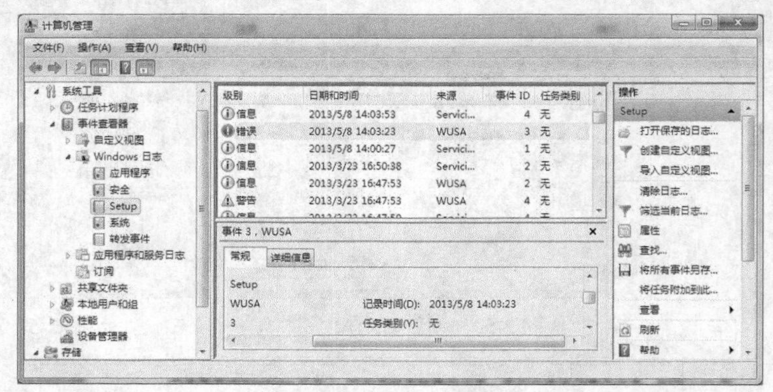

图 2-54　查看 Setup 事件

打开“控制面板”→单击“系统和安全”→单击“管理工具”→双击“事件查看器”，打开“事件查看器”窗口后也可以全面阅读各种事件信息。

6. 服务和应用程序

在 Windows 系统中，可以查看、开启、暂停或终止系统服务或应用程序的执行。如图 2-55 所示，要启动、暂停或终止某一服务，首先选中服务或应用程序，然后单击工具栏对应的工具按钮即可。

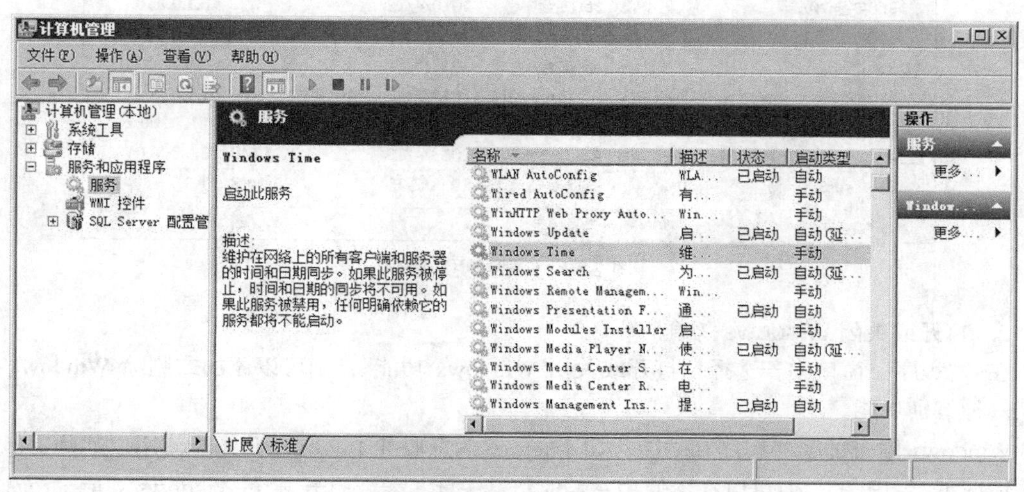

图 2-55　应用程序和服务管理

2.4.4　软件卸载

Windows 7 提供了一个卸载或更改应用程序的工具。该工具能自动对驱动器中的安装程序进行定位，还可简化用户安装。对于安装后在系统中注册的程序，该工具能彻底快捷地删除这些程序。

在 Windows 7 中，添加或删除一个程序，不能够简单地把它复制，一切资源都必须交给系统来管理。在“控制面板”窗口中单击“程序”图标，即可打开如图 2-56 所示的“程序”窗口。

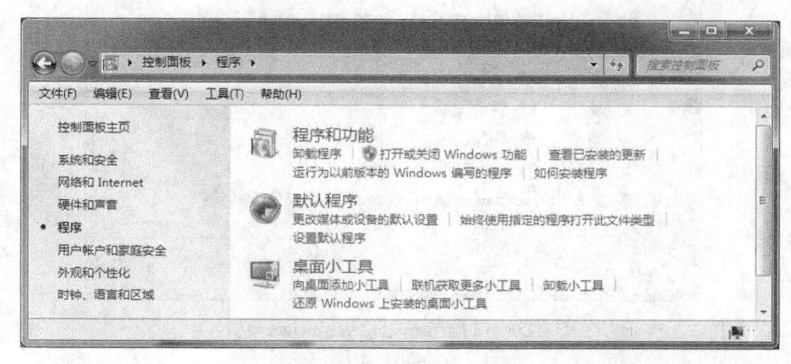

图 2-56　卸载或更改程序

1. 卸载与更改应用程序

卸载应用程序的操作方法如下：首先在图 2-56 中的“程序”窗口中选择“卸载程序”，以打开“程序和功能”窗口。然后，在程序列表选中某个程序，再单击“卸载”、“更改”或“修复”按钮，即可删除、更改或修改该程序，如图 2-57 所示。

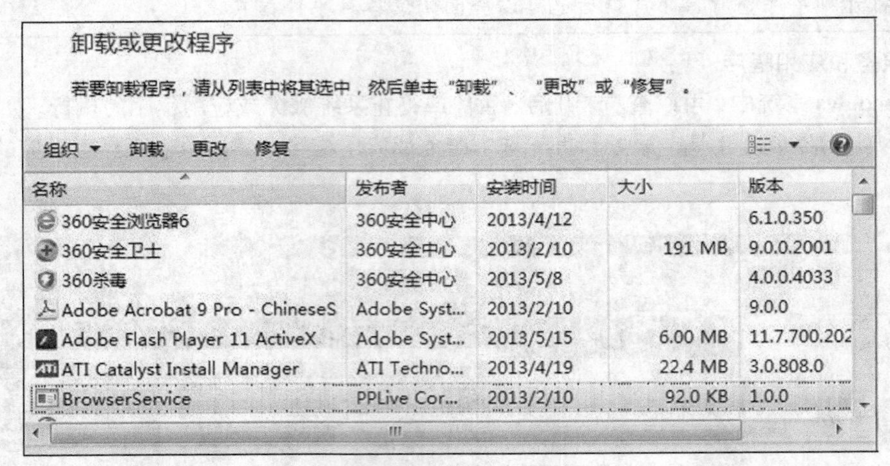

图 2-57　卸载或更改程序

2. 打开或关闭 Windows 功能

在 “程序”窗口中若选择“打开或关闭 Windows 功能”，则可以添加或删除 Windows 系统的某一种特别功能。

Windows 附带的某些程序和功能（如 Internet 信息服务）必须打开才能使用。某些其他功能默认情况下是打开的，但可以在不使用它们时将其关闭。若要打开某个 Windows 功能，请选择该功能旁边的复选框。若要关闭某个 Windows 功能，请清除该复选框，单击“确定”。Windows 功能对话框如图 2-58 所示。

图 2-58　打开或关闭 Windows 功能

2.4.5　设备和打印机管理

设备和打印机在使用之前，需要添加和安装其驱动程序，在添加之前，确认设备或打印机是否与计算机正确连接。单击“开始”按钮，选择“设备和打印机”菜单，打开“设备和打印机”管理窗口，如图 2-59 所示。

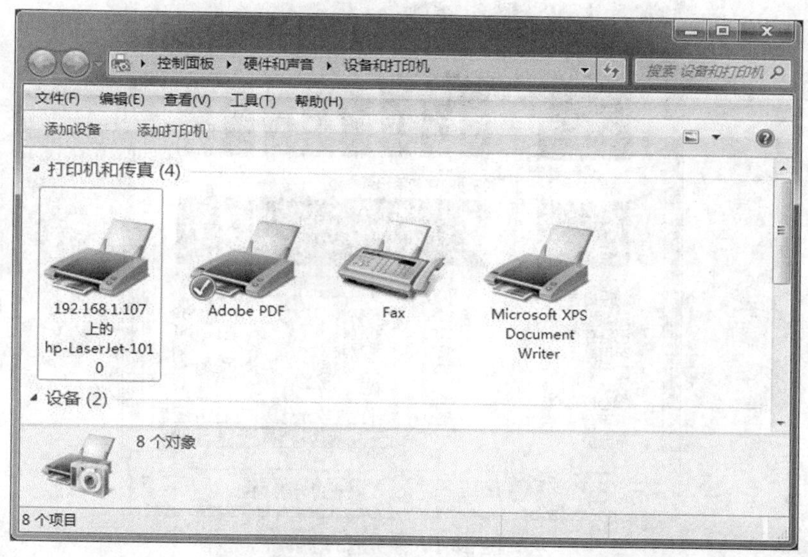

图 2-59　设备和打印机

如果要添加设备，选择“添加设备”菜单，系统会自动查找设备，找到设备后会查找设备的驱动程序，如果找不到，会提示用户指定驱动程序所在的路径。用户只需要按照提示操作即可。

如果要添加打印机，选择“添加打印机”菜单，根据系统提示选择本地打印机还是网络打印机，如图 2-60 所示。选择打印机类型后系统会自动搜索网络或与本机连接的打印机，然后安装其驱动程序，并打印测试页，若测试页打印成功，则打印机安装完成。

图 2-60　添加打印机

如果要删除设备或打印机，请选择删除对象，选择“删除设备”菜单，根据系统提示操作即可完成。

2.4.6　任务管理器

任务管理器显示计算机上当前正在运行的程序、进程和服务。可以使用任务管理器监视计算机的性能或者关闭没有响应的程序。如果与网络连接，还可以使用任务管理器查看网络状态以及查看您的网络是如何工作的。

可以通过鼠标右键单击任务栏上的空白区域打开快捷菜单，然后单击“任务管理器”，或者通过按<Ctrl>+<Shift>+<Esc>组合键来打开任务管理器，如图 2-61 所示。

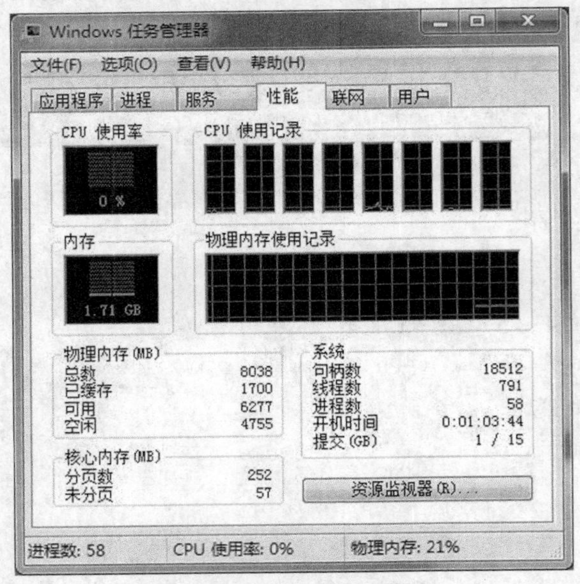

图 2-61　任务管理器

（1）性能：提供有关计算机如何使用系统资源（例如随机存取内存（RAM）和中央处理器（CPU））的详细信息。

（2）应用程序：显示正在运行的应用程序，选中应用程序，单击“结束任务”可以结束程序的运行，特别是“未响应”的应用程序。

（3）进程：显示系统中正在运行的进程，选中进程，单击“结束进程”可以结束进程的运行。

（4）服务：显示系统中服务的状态。

（5）联网：显示计算机的网络连接状况。

2.5　常用附件和系统工具

Windows 7 附件提供了许多方便快捷的小功能程序，可以帮助处理日常工作中的很多任务，常用的附件如图 2-62 所示。

2.5.1　计算器

Windows 7 提供的计算器是一个应用程序，窗口界面分为标准型和科学型。在标准型界面下只能完成加、减、乘、除、倒数、平方根等基本数学运算，标准型计算器没有优先级，运算次序完全与输入次序相同，且不能有括号。例如，输入 2+3*2 – 4/3，实际上表示计算：$[(2+3)\times 2-4]\div 3$，最终计算结果为 2。科学型计算器能够进行二进制、八进制、十进制、十六进制数转换，能够进行角度、弧度、梯度转换，能进行求幂、指数、对数、三角函数、阶乘、布尔代数等运算。

实例 2-12　使用计算器计算 sin(π/4)。

【操作】

① 选择“开始→所有程序→附件→计算器”菜单命令，即可打开“计算器”应用程序窗口，

如图 2-63 所示；

② 选择“查看→科学型”菜单命令，可切换到科学型操作界面；

③ 单击“弧度”单选按钮；

④ 按以下次序单击相应按钮：π→ / → 4 → = → sin；

⑤ 运算结果为 0.7071。

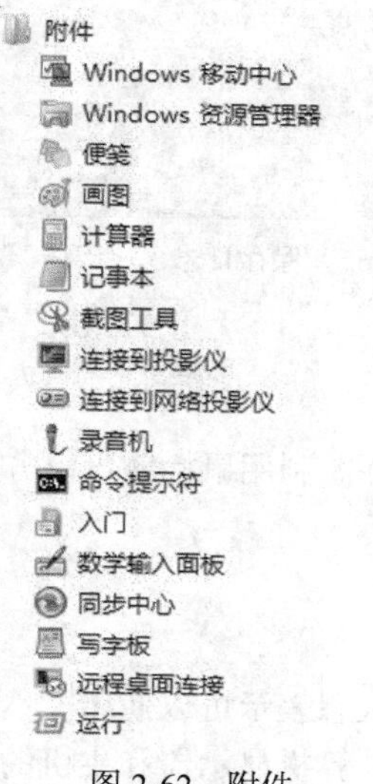

图 2-62　附件

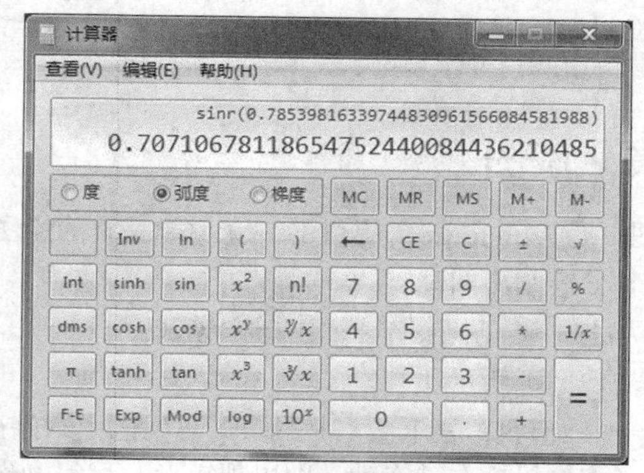

图 2-63　计算器

2.5.2　记事本

记事本是 Windows 7 自带的程序，可用来查看或编辑文本文件。文本文件是一种只包含文本编码的文件，即文本内容如果是英文，则保存 ASCII 码；如果是中文，则保存汉字的机内码。文本文件的长度等于字符编码字节数，其文件扩展名通常是.txt。不过，在计算机中有很多文件，包括网页文件（.html）、XML 文件（.xml）、系统配置文件（.ini）、程序源代码文件（.cs、.cpp、.vb、.js、.java）等，都是文本文件。因此，记事本可以用来编辑程序源代码、网页源代码等文件。除此之外，记事本还可用来编辑日志。例如，日常生活中，经常要速记一些东西，如便条、电话、会议安排、重要活动等。为了便于查找，我们可以使用 Windows 7 提供的记事本创建日志文件加以记录保存，提高我们的工作效率、避免工作出现差错。

实例 2-13　在桌面上创建名为“我的日志”的日志文件。

操作方法如下所示。

① 选择“开始→程序→附件→记事本”菜单命令，即可打开“记事本”应用程序窗口；

② 在记事本窗口工作区输入“.LOG”，并按<Enter>键；

③ 选择“编辑→日期/时间”菜单命令，插入初始日期和时间以及日志内容，如图 2-64 所示；

④ 选择“文件→保存”菜单命令；

⑤ 弹出“另存为”对话框后，在“保存在”组合框中选择“桌面”，在“文件名”文本框中输入“我的日志”（如图 2-65 所示），单击“保存”命令按钮；

⑥ 以后每次打开该文件，都会有新的时间和日期插入。

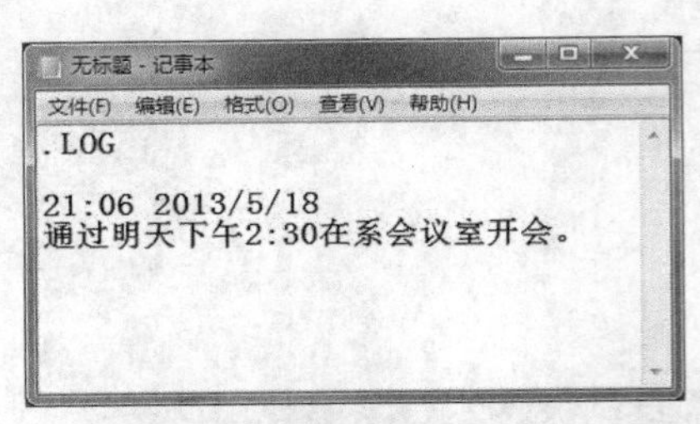

图 2-64 创建日志

图 2-65 保存日志

2.5.3 画图

“画图”是 Windows 7 提供的一套功能完整的绘图工具软件。利用鼠标就可以方便地操作各种绘图工具，绘制出图画。

实例 2-14 使用画图工具画一台计算机。

操作步骤如下所示。

① 单击“形状”栏上的“矩形”按钮，该按钮呈凹下状态表示可以使用。然后将鼠标移到画图区，按住鼠标左键拖动，即出现矩形。反复操作，画出计算机显示器和主机的轮廓。单击“形状”栏中的“多边形”按钮，绘制键盘轮廓。效果如图 2-66 所示。

② 将鼠标移至颜色选择，在黑色上单击鼠标左键，将其设置为前景色。单击“工具”栏的“用颜色填充”按钮，在显示器和主机的外框上分别单击鼠标左键，将其填充为黑色。用同样方法将显示器外框与屏幕之间的区域填充为浅灰色，将屏幕区域填充为黑色，将主机右边矩形区域填充为深灰色，将主机左边矩形区域填充为浅灰色。填充效果如图 2-67 所示。

③ 将鼠标移至“颜色”栏，在白色上单击鼠标左键，将其设置为前景色。选择“形状”栏上的“直线”工具并在“粗细”栏中选 2 号直线，拖动鼠标在主机右边矩形区域画出 3 道白色直线。同样在主机和显示器之间画 3 道颜色分别为深灰、黑色、深灰的直线。单击“刷子”栏的刷子按钮并在“粗细”栏中选 2 号圆点，拖动鼠标在键盘上均匀地打上小点代表键盘按键，如图 2-68 所示。

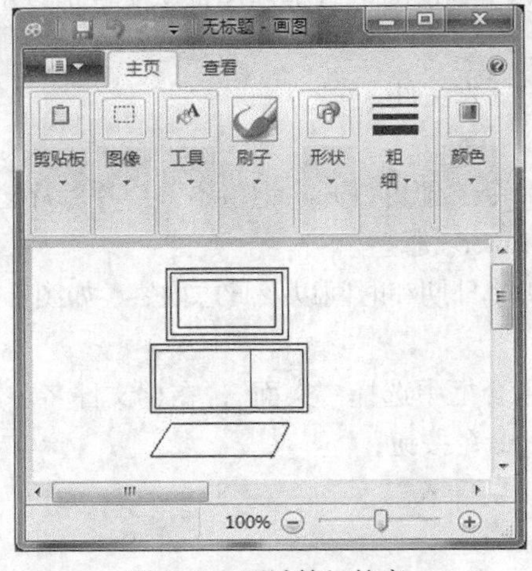

图 2-66 画计算机轮廓

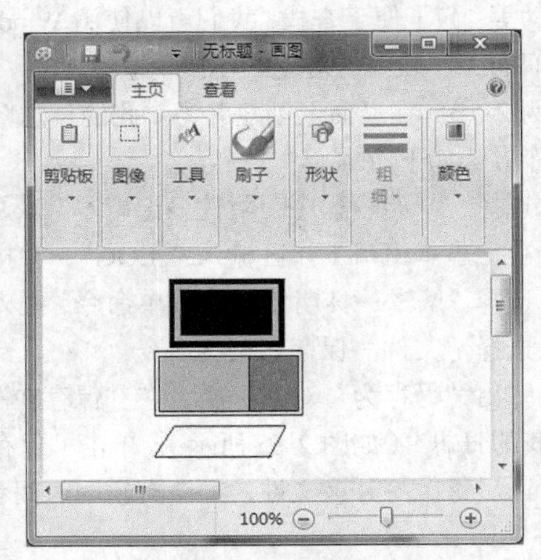

图 2-67 填充颜色

④ 绘画完成后，选择“文件→保存”菜单命令，保存绘画。

① 如果绘图区太小，可增大绘图区。方法是：可以拖动绘图区的右下角，也可以选择“图像”栏上的“重新调整大小”按钮，弹出相应对话框后直接输入绘图区的宽度和高度值。

② 绘画一旦出现错误，需要撤销错误操作。方法是单击绘图窗口左上角的撤销命令或按组合键<Ctrl>+<Z>。

③ 无法撤销时使用橡皮擦将错误的或不满意的部分擦除。

④ 如果要修改图画的细节，可选择“查看”选项卡中的“放大”命令，放大绘画。

⑤ 如果对目前颜料盒中的颜色不中意，可自定义颜色。操作方法如下：首先选择“颜色”栏上的“编辑颜色”命令，打开“编辑颜色”对话框，如图 2-69 所示；然后拖动颜色滑块以选取想要的颜色或直接输入红、绿、蓝、亮度、色调、饱和度的值；最后单击“添加到自定义颜色”按钮和“确定”按钮。

图 2-68 完成绘画

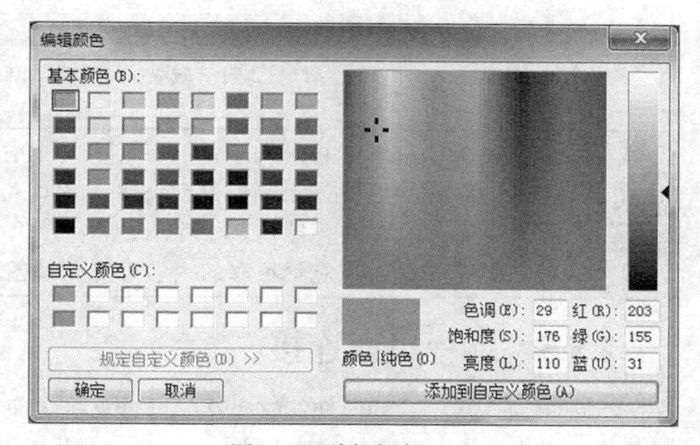

图 2-69 编辑颜色

使用记事本和画图时根据需要往往要打开文件或保存文件。打开文件的实质是将文件从磁盘读入内存，并显示到相关应用程序窗口中。保存文件的实质是将文档信息从内存写入磁盘，永久保存。因为计算机内存是临时保存信息，断电之后信息将全部丢失，因此用户在使用诸如记事本和画图之类的应用程序时要注意随时保存文件。

2.5.4 截图工具

Windows 7 提供了截图工具，该工具支持 4 种截图方式：任意格式截图、矩形截图、窗口截图和全屏幕截图，如图 2-70 所示，可用来截取屏幕上的对话框、窗口、桌面或任意感兴趣的画面。

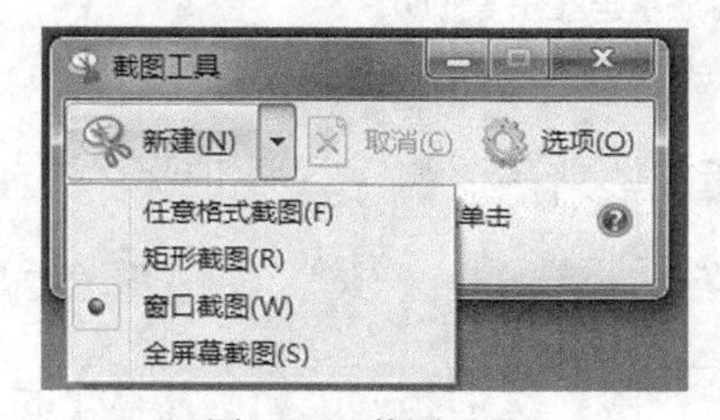

图 2-70 截图工具

实例 2-15 截取“计算机”窗口的菜单栏并保存为“计算机的菜单.jpg”。

操作方法如下所示。

首先，打开“计算机窗口”，然后，选择“开始→程序→附件→截图工具”菜单命令，以启动该截图工具。之后，在“截图工具”窗口选择“矩形截图”，用鼠标指向需要截图的左上角，按下鼠标左键并拖动鼠标，选中要截取的目标并释放鼠标。这样，截图工具就完成了截图，如图 2-71 所示。最后，选择“截图工具”的“文件→另存为”菜单命令，按要求输入文件名保存即可。

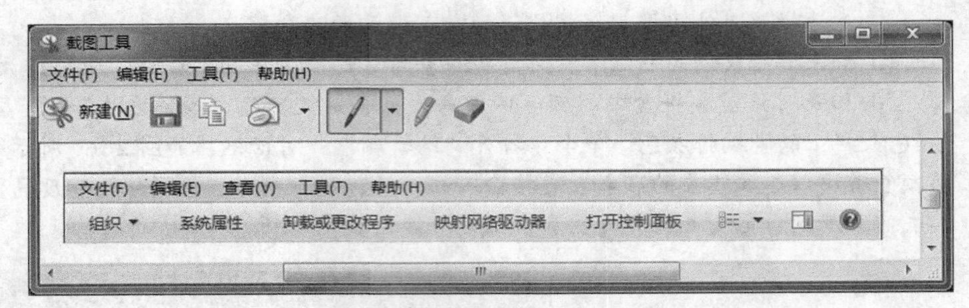

图 2-71 截取“计算机”窗口的菜单栏

使用<Alt>+<PrintScreen>组合键或<PrintScreen>键也可以实现截图。其中，<Alt>+<PrintScreen>组合键只能将当前窗口或对话框复制到剪贴板，<PrintScreen>键可将整个桌面复制到剪贴板。之后，还需要打开“画图”程序并选择“剪贴板”栏中的“粘贴”菜单命令，才能把截取的内容粘贴到绘图区。

2.5.5 远程桌面连接

远程桌面连接是一种使您能够坐在一台计算机（通常称为“客户端”计算机）前连接到其他计算机（通常称为“远程计算机”或“主机”）的技术。例如，可以从家中的计算机连接到办公室的计算机，并访问所有程序、文件和网络资源，就好像坐在办公室的计算机前一样。

注意，必须首先启动“远程计算机”的“远程桌面”功能，才能实现远程桌面连接。操作方法如下：鼠标右键单击桌面上的“计算机”图标→选择“属性”快捷菜单→在“系统”窗口中选择“远程设置”→在“系统属性”对话框中选中“仅允许运行使用网络级别身份验证的远程桌面的计算机连接”（如图 2-72 所示）→单击“选择用户”按钮，指定能访问该计算机的用户账户→单击“确定”按钮。

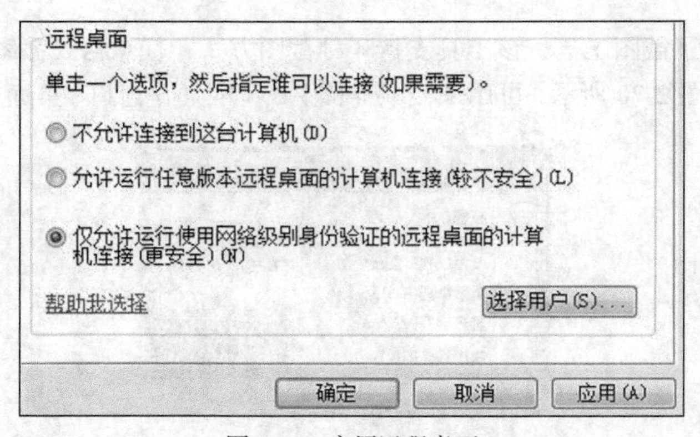

图 2-72 启用远程桌面

只要“远程计算机”启用了远程桌面功能，就可以使用远程桌面连接访问该“远程计算机”了。操作方法如下：首先选择“开始→程序→附件→远程桌面连接”菜单命令，打开“远程桌面连接”窗口，单击该窗口左下角的“选项”按钮可显示“远程桌面连接”的全部功能，如图 2-73 所示。然后，在“常规”选项卡中输入“远程计算机”的名字或 IP 地址以及登录该计算机的账户名。若还需要在客户端计算机和远程计算机之间复制文件，则可在“本地资源”选项卡中单击“详细信息”按钮，再根据需要选择本地磁盘驱动器，如图 2-74 所示。最后单击“连接”按钮就可打开“远程计算机”的桌面并对它进行操作了。

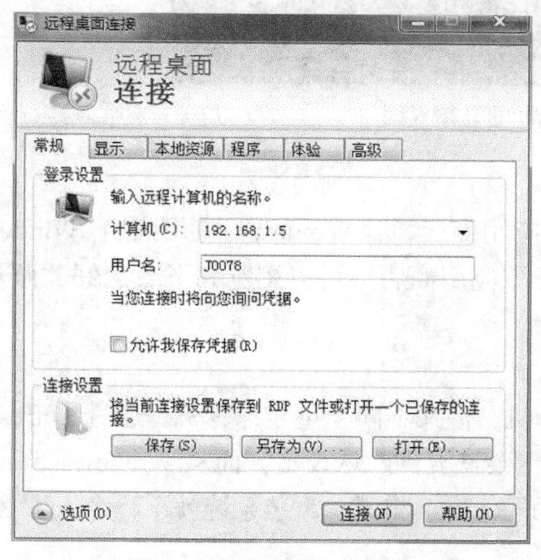

图 2-73　“常规”选项卡

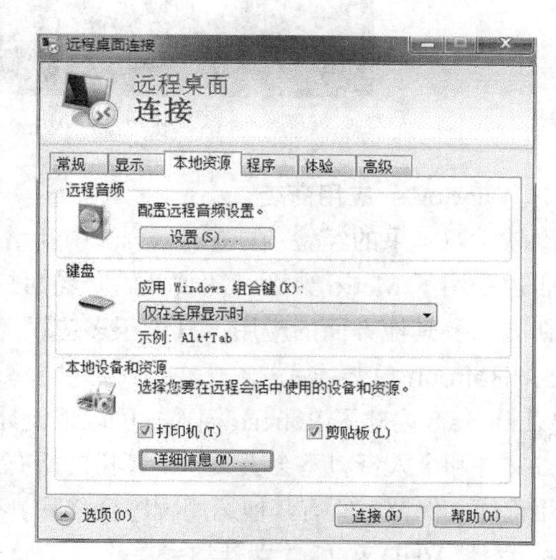

图 2-74　“本地资源”选项卡

2.6　Windows 8 体验和使用

2.6.1　Windows 8 操作系统的特点

Windows 8 于 2012 年 10 月 26 日正式发行。与 Windows 7 相比，Windows 8 具有以下特点。

1. 同时支持 x86 和 ARM 架构

过去，Windows 系列只支持 x86 架构，只能运行在 Intel 的 x86 架构的微型计算机中。但由于基于 ARM 的设备在移动领域发展迅速，Windows 8 开始同时支持 x86 和 ARM 架构。

2. 更好的性能和更少的资源消耗

Windows 8 比 Windows 7 的启动速度更快，应用切换速度更快，在运行同样多的程序时所耗用的内存更少。实际体验表明，Windows 8 能在 8 秒内完成开机启动操作。

3. 更好的用户体验

Windows 8 既支持 Windows 7 的操作界面，也支持 Metro 界面。Metro 界面具有更好的用户体验，它简洁直观，统一了桌面计算机、笔记本电脑、平板电脑和智能手机的操作界面。在全新 Metro 的开始界面中，代表应用程序的大“磁贴”（即图标）更加醒目。每个“磁贴”都与联系人、应用、网站、文件夹、播放列表或其他任何重要信息相联系，可以动态显示最新信息，如天气预报、新闻资讯等，如图 2-75 所示。

图 2-75　Windows 8 的开始界面

4. Windows 应用商店

微软学习苹果的经验，在 Windows 8 中新增了应用商店，即 Windows 应用商店。Windows 应用商店也采用了 Metro 界面。从“开始”界面打开“应用商店”可以浏览和下载烹饪、照片、运动、新闻以及其他方面的应用，其中很多应用免费。

5. Refresh 重装模式

Windows 8 内建了 Refresh 模式，可以重设计算机，但又不同于重装计算机。通过 Refresh 重设系统，文件和个人资料不会丢失，计算机的所有设定会恢复到默认设置。而从 Windows Store 下载的应用程序会保留，所有其他运用程序会移除。有了 Refresh 模式，重装系统就不再令人那么纠结。

6. 支持 VHD 和 ISO 文件格式

VHD 即虚拟磁盘。从 Windows 7 开始，Windows 就允许把系统安装在一个 VHD 中，并允许从 VHD 启动系统，Windows 8 增强了 VHD 的功能，允许直接双击挂载 VHD 文件。Windows 8 开始系统默认支持 ISO 虚拟光盘镜像文件。这样，未来在 Windows 计算机下的光驱将逐渐被淘汰，包括系统程序和应用软件都可以通过下载并使用虚拟光驱进行安装。

7. 改善的安全性和云服务

为提高系统的安全性，Windows 8 改进了防火墙、杀毒软件和对 Windows Defender 的支持。Windows 8 还深化了云服务，以 SkyDrive 为代表，当用户登录自己的 SkyDrive、Facebook 后，Live 的图片应用便会从网站中下载图片。图片应用原生支持 SkyDrive 云存储和远程存储，使用 Windows Phone 拍摄图片后可以自动上传到 SkyDrive 账户，这和 Google 与 Android 手机的结合有异曲同工之妙。

总地来说，微软升级 Windows 8 争取更多硬件的支持、推出自家桌面应用商店、推动自主云服务的整合、向 PC 和移动终端整合路线发展，正在向主流的 Android 和 mac os/ios 实践的方向追赶。

2.6.2 Windows 8 的基本操作

1. 开始屏幕的操作

与 Windows 系统之前的版本相比，Windows 8 最显著的变化就是在启动并登录之后不再显示桌面，而是显示“开始屏幕”，如图 2-75 所示。在“开始屏幕”上列出了一系列被称为“磁贴”的大号图标，它们代表应用程序的快捷方式。“磁贴”的左下角会显示该应用的名称。

鼠标右键单击“开始屏幕”中的某个“磁贴”，在“开始屏幕”下方的左边会弹出额外的“应用命令栏”，选择相应命令可以实现以下功能：从“开始屏幕”中删除该“磁贴”、卸载该“磁贴”代表的应用程序、缩小该“磁贴”的大小（以容纳更多磁贴），同时还可以选择从开始屏幕删除磁贴（应用仍在），或者是卸载该应用。根据应用的不同，“应用命令栏”还会显示其他可用命令，例如：“关闭动态磁贴”、“以管理员身份运行”等，如图 2-76 所示。

图 2-76 应用命令栏

若在平板电脑上操作，则只需用手指按住某个磁贴，稍向下移动一段距离然后松开，此时“磁贴”就会被选中并弹出下方的“应用命令栏”。

当删除了某个“磁贴”又需要重新显示该“磁贴”或者想添加一个新的“磁贴”时，可鼠标右键单击“开始屏幕”的空白区域，再单击右下角的“所有应用”命令（该命令可显示 Windows 8 系统已安装的所有应用程序）。此时，鼠标右键单击某个“磁贴”并在“应用命令栏”中单击“固定到‘开始’屏幕”命令就可将该“磁贴”固定到“开始”屏幕，如图 2-77 所示。

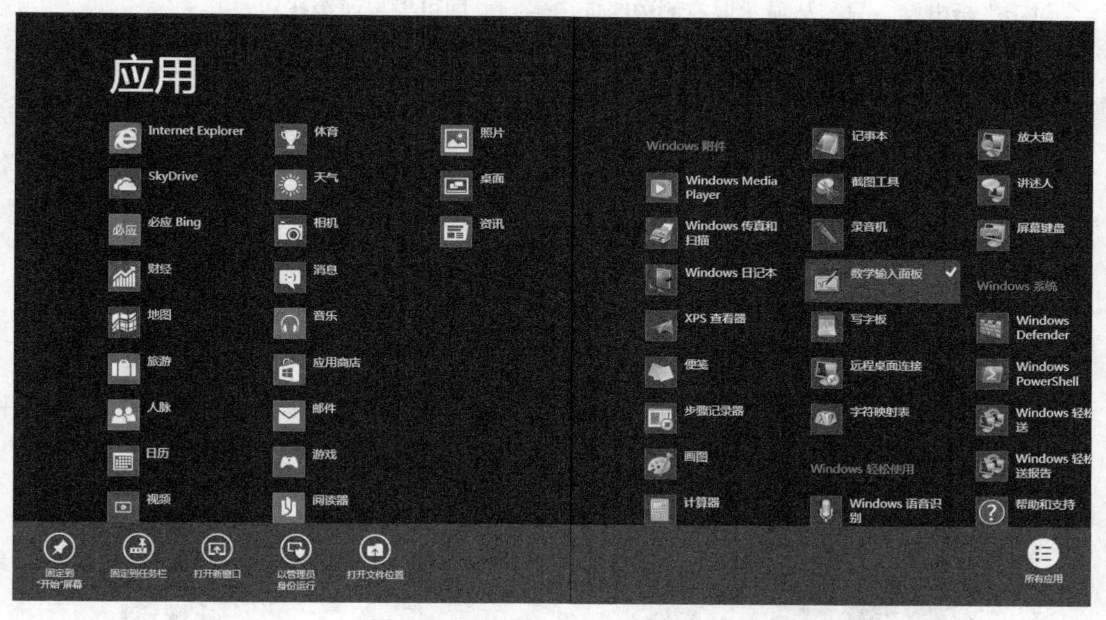

图 2-77 Windows 8 的“所有应用”

2. 开始屏幕与桌面的切换

Windows 8 提供了两种操作界面：全新的 Metro 界面和传统的桌面。“开始屏幕”属于 Metro 界面。Windows 8 允许用户在这种两种界面中自由切换。操作方法如下：在“开始屏幕”中单击左下角的“桌面”磁贴，或者在桌面中单击左下角“开始”按钮（注意，用鼠标指向桌面左下角，系统自动显示“开始”按钮）。也可以通过按快捷键<Ctrl>+<Esc>，或者按<Win>键（即⊞）来实现 Metro 和桌面之间的切换。

3. Windows 8 的“开始”菜单

Windows 8 的桌面看起来与 Windows 7 的桌面类似，但区别还是很大。主要体现在打开“开始”菜单的方式变了。

在 Windows 8 中显示“开始”菜单的方法如下：用鼠标指向桌面左下角，当系统显示“开始”按钮时鼠标右键单击该按钮即可打开“开始”菜单，如图 2-78 所示。

此外，为了方便操作，Windows 8 增加了一个称为“超级按钮”的设置来整合原来的系统功能设置命令。显示“超级按钮”的方法如下：首先把鼠标指针指向屏幕的右上角或右下角，并向下移动一些距离，系统即自动在屏幕右侧显示一条黑色背景的按钮栏，这就是超级按钮，如图 2-79 所示。

超级按钮整合了 5 大功能，从上至下依次是：

（1）搜索：搜索应用程序、系统设置、文件，还可以结合具体应用实现应用程序内的搜索。搜索命令还可以显示所有已安装程序和系统命令的功能。

（2）共享：用于分享系统资源，可以是图片、视频、文字或者是其他东西。

（3）开始：在桌面和 Metro 开始屏幕，或者是应用和 Metro 开始屏幕之间切换。

（4）设备：用于管理其他外置设备。

（5）设置：包含了系统所有的设置功能，包括控制面板、个性化设置、电脑信息、帮助、音量、电源等选项。注意，关机命令就在“电源”选项中。设置功能的快捷键是<Win>+<I>。

对于平板电脑，只需从显示屏右侧边缘向内轻扫，即可滑出超级按钮。

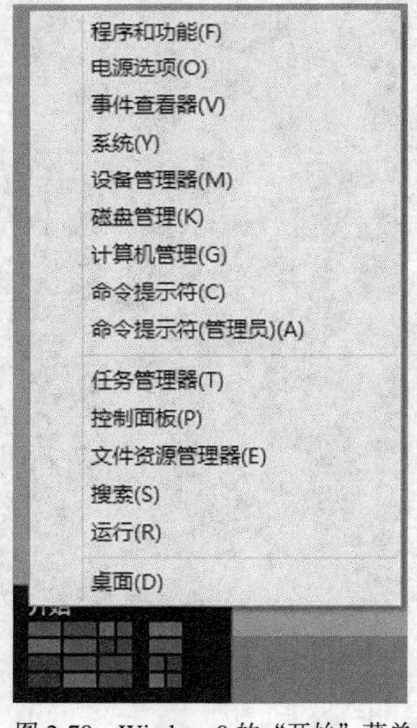

图 2-78　Windows8 的“开始”菜单

图 2-79　“超级按钮”

4. Windows 8 的桌面图标

Windows 8 的桌面默认不显示诸如“计算机”、“网络”、“回收站”、“控制面板”等图标，为了方便操作，可将这些图标添加到桌面之中。

操作方法如下：鼠标右键单击桌面空白区域→选择“个性化”菜单命令→在“个性化”窗口

中单击“更改桌面图标”→在“桌面图标设置”对话框中勾选想要添加的图标，如图 2-80 所示。

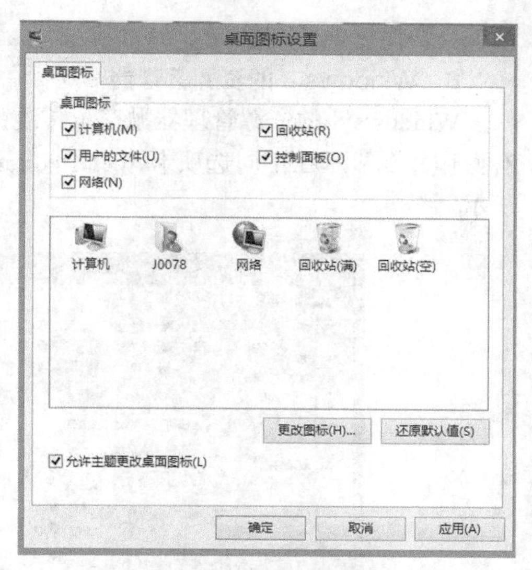

图 2-80　更改桌面图标

5. Windows 8 的 Metro 界面

（1）获取 Metro 应用。

Windows 8 和以往系统不一样的地方在于，它多了一种专门的 Metro 风格应用，有别于常见程序，这种应用需要专门开发，而且和传统程序分别工作在不同环境下。目前，除个别应用程序开发出兼容 Metro 和桌面的版本外，其他 Metro 风格的应用都需要进入 Windows 应用商店获取。需要注意的是，从“应用商店”获取应用，用户必须拥有微软账户（即 Windows Live 账号），如果你是以微软账户登录的 Windows8，就可以跳过验证；若是本地账户登录，在下载安装过程中会要求你输入微软账户和密码，如果没有则需要先注册。

进入 Metro 开始屏幕，单击“应用商店”磁贴登录商店，商店的界面布局类似 Metro 开始屏幕，横向卷动页面挑选你感兴趣的应用。选中后单击进入应用介绍页，确定需要后单击页面左侧的“安装”，Windows 8 就会自动开始下载和安装，全部完成之后新安装的应用会在开始屏幕上新建一个磁贴，单击就可以运行了。

（2）Metro 应用控制。

每一个 Metro 应用都呈现出一种全新的风格。它是全屏化的，而且只有全屏模式，操作控制方面除了需要输入文字的地方，其他只需鼠标或者直接触摸操作。同时为了便于触摸操作，控制按钮做得比较大，相互之间的间隔距离也比较远。每个应用都会有一个额外的“应用命令栏”，在应用程序的任意空白位置单击鼠标右键就可以显示“应用命令栏”。通过其中的操作命令可控制 Metro 应用程序的操作。

（3）关闭 Metro 应用。

与传统 Windows 程序不同，针对 Metro 应用，Windows 8 采用了全新处理机制，即当一个 Metro 应用程序在一段时间之内没有被使用，系统会自动暂停它直到用户重新激活它，若用户一直不再激活它，系统会自动关闭它。因此，Metro 应用程序通常没有关闭按钮。

若用户想要直接关闭 Metro 应用，则可按<Alt>+<F4>组合键。

关闭 Metro 应用也可以使用鼠标，方法如下：首先用鼠标指向屏幕顶端，待鼠标指针变成一个手掌形状后，按住鼠标左键不放并移动鼠标到屏幕下方，等应用界面缩小且只剩半个的时候，松开鼠标左键就能关闭当前应用了。

（4）Metro 应用切换。

Windows 8 保留了按<Alt>+<Tab>组合键的程序切换方式，可以在所有运行的桌面程序和 Metro 应用之间切换。同时，还专门为 Metro 应用单独设置了一个切换器，仅在所有的 Metro 应用间切换。

移动鼠标到屏幕左上角，会弹出一个缩略图，它是上一个使用的应用，单击就会回到上一个应用。如果不直接单击而是鼠标向下移动一段距离，会看到左侧屏幕出现一整条应用列表栏，所有打开的 Metro 应用（外加一个固定的桌面）都会以缩略图形式出现在这里，单击你想更换的应用就会切换过去了。

6. Windows 8 的资源管理器

Windows 8 的资源管理器抛弃了传统的菜单操作界面，而采用 Office 2007 的操作模式，所有操作命令显示在不同选项卡，因此单击选项卡上的命令按钮，可以完成指定的操作，如图 2-81 所示。

图 2-81 Windows 8 的资源管理器

本章小结

本章主要介绍了在 Windows 7 操作系统中进行文件管理、系统管理的操作方法，同时也介绍了 Windows 8 的一些基本操作技巧。通过本章的学习，应掌握下面几方面的内容。

1. 操作系统的功能、Windows 操作系统的发展以及 Windows 7 操作系统的特点。

2. Windows 7 的启动、退出、桌面操作、鼠标操作、菜单操作、窗口和对话框操作等。

3. 文件、文件夹和路径的概念，磁盘格式化和维护方法，文件夹和文件的打开、查找、创建、移动、复制、删除、重命名等操作方法。

4. Windows 7 的显示设置，系统设置，计算机磁盘管理、设备管理、用户管理、性能监视、服务和应用程序管理、软件卸载、设备和打印机管理、任务管理器的使用方法。

5. 常用附件（包括计算器、记事本、画图、截图工具、远程桌面连接）的使用方法。

6. Windows 8 的特点及其基本操作。

第 3 章 文字处理软件 Word 2010

Office 2010 是微软公司（Microsoft）的著名办公系统软件，拥有全球众多的用户，是常见的办公软件之一。Office 2010 中包括文字处理软件 Word 2010、电子表格软件 Excel 2010、多媒体演示软件 PowerPoint 2010、数据库软件 Access 2010 以及个人信息管理软件 Outlook 2010 等。Office 2010 在保留旧版本功能的基础上新增和改进了许多功能，更易于学习和使用。

Word 2010 主要用于日常办公、文字处理，可以制作公文、书信、报告等各种文档，文档中可以包括表格，并可插入图片、绘制图形，对文档中的文本和对象可以进行各种格式修饰。本章通过大量实例介绍 Word 的强大功能。

3.1 概述

在逐项地讲解 Word 2010 的各项功能之前，我们先来了解一下 Word 2010 的界面组成及一些基本操作。

3.1.1 Word 2010 的工作窗口

单击桌面左下角的“开始”按钮，选择“所有程序→Microsoft Office→ Microsoft Word 2010”可以启动 Word 2010，启动 Word 2010 后，屏幕上会弹出如图 3-1 所示的 Word 窗口界面。Word 2010 的窗口界面主要包含了以下几种页面元素 Microsoft Office 按钮、快速访问工具栏、功能区（由选项卡、选项组、命令组成）、文档编辑区域、状态栏等。

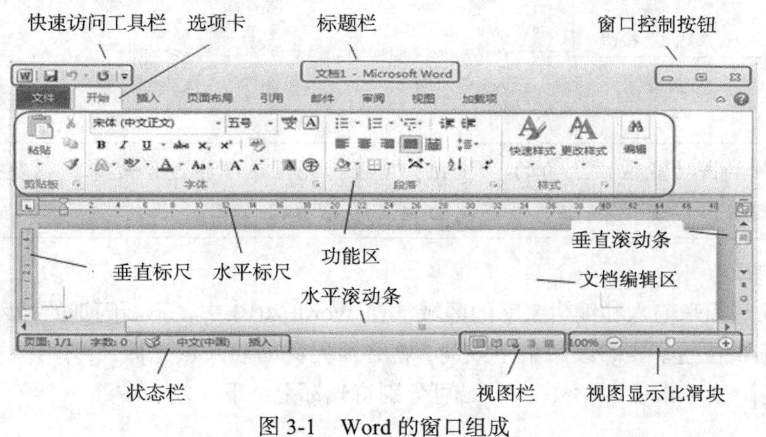

图 3-1　Word 的窗口组成

1. 快速访问工具栏

快速访问工具栏位于工作界面的顶部，如图3-2所示，用于快速执行某些操作。快速访问工具栏从左向右依次为“程序控制图标”、“‘保存’按钮”、“‘撤销’按钮”、“‘恢复/重复’按钮”。快速访问工具栏上的工具栏可以根据需要添加，单击右侧的▼按扭，在弹出的下拉菜单中选择需要添加的工具即可，如图3-3所示。

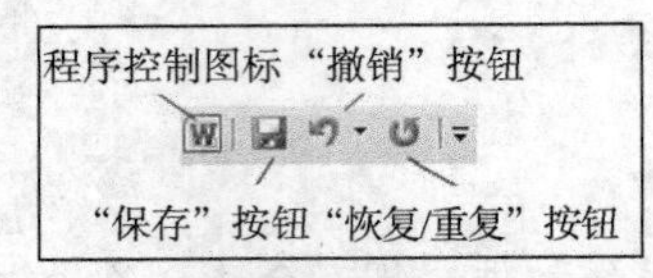

图3-2 快速访问工具栏

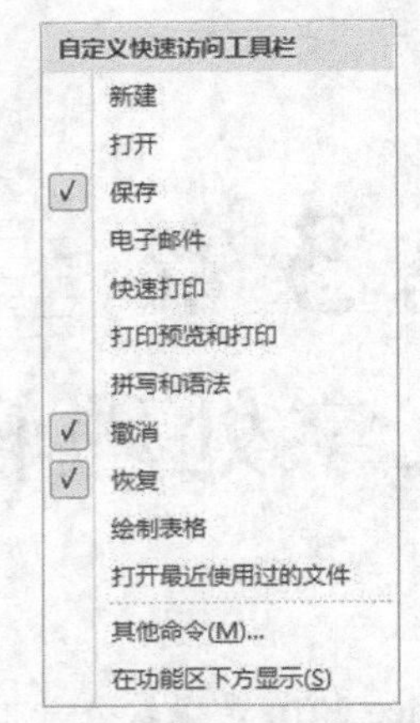

图3-3 自定义快速访问工具栏

2. 标题栏和窗口控制按钮

标题栏位于快速访问工具栏右侧，用于显示文档和程序的名称，窗口控制按钮位于工作界面的右上角，如图3-4所示，单击窗口控制按钮，可以最小化、最大化/恢复或关闭程序窗口。

3. 功能区

功能区位于标题栏下方，几乎包括了Word 2010所有的编辑功能，单击功能区上方的选项卡，下方显示与之对应的编辑工具。图3-5所示为文件选项卡对应的编辑工具，主要用于对文件进行管理，如打开、关闭、打印等，单击文件选项卡，可以在左侧列表中选择要进行的操作，其他选项卡的功能大都为对文档进行编辑操作，将在后面章节进行一一介绍。

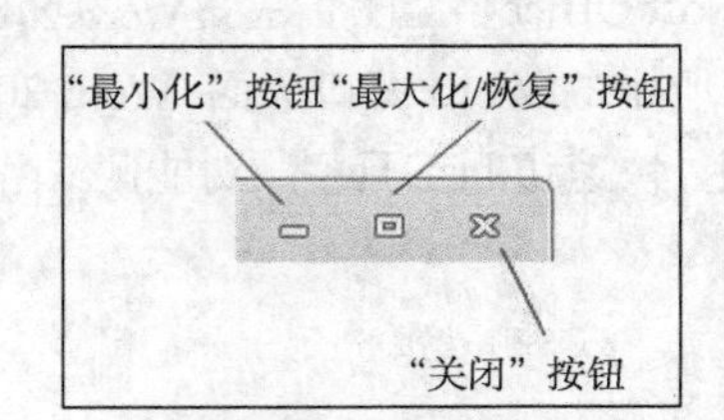

图3-4 窗口控制按钮

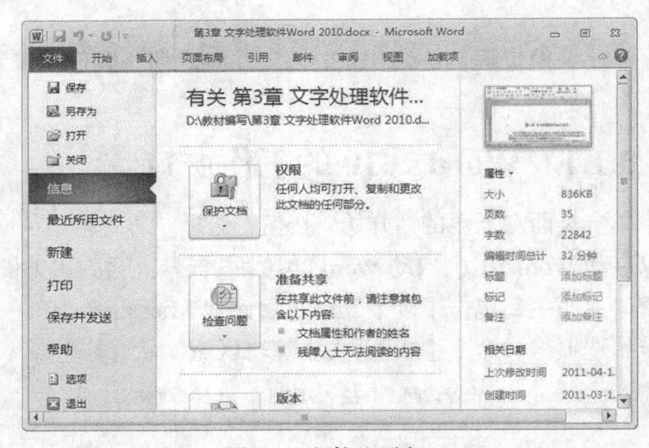

图3-5 文件选项卡

当单击功能区右上角的^按钮，可将功能区选项卡隐藏起来，以获得更大的编辑空间。之后，单击˅按钮则可恢复功能区的显示状态。

4. 文档编辑区

文档编辑区是用来输入和编辑文字的区域，在Word 2010中，不断闪烁的插入点光标“|”表示用户当前的编辑位置。要修改某个字或词，就必须先移动插入点光标，具体操作方法如下所示。

（1）按键<↑>、<↓>、<←>、<→>，可分别将光标上、下、左、右移一个字符；

（2）按键<PgUp>、<PgDn>可分别将光标上移、下移一页；

（3）按键<Home>、<End>可分别将光标移至当前行首、行末；

（4）按组合键<Ctrl>+<Home>、<Ctrl>+<End>可分别将光标移至文件头和文件末尾；

（5）按组合键<Ctrl>+<→>、<Ctrl>+<←>、<Ctrl>+<↑>、<Ctrl>+<↓>可分别使光标右移、左移、上移、下移一个字或一个单词。

5. 标尺

标尺包括水平标尺和垂直标尺两种，分别显示在文档编辑区的上端和左端，标尺上有刻度，用于对文本位置进行定位。利用标尺可以设置页边距、字符缩进和制表位。标尺中部白色部分表示版面的实际宽度，两端浅蓝色的部分表示版面与页面四边的空白宽度，用户可以在不需要的时候将标尺隐藏，也可以在需要的时候选择“视图”选项卡，在“显示”组中选中“标尺”复选框，将标尺显示在文档编辑区。

6. 滚动条

滚动条可以对文档进行定位，文档窗口有水平滚动条和垂直滚动条。单击滚动条两端的三角按钮或用鼠标拖动滚动条可使文档上下或左右滚动。

单击垂直滚动条上的前一页按钮或后一页按钮，可以翻页显示前一页或后一页文档。通过“选择浏览对象”按钮中的“定位”选项，可将光标直接定位到任意一页。

7. 状态栏

状态栏位于窗口左下角，用于显示文档页数、字数及校对信息等。

8. 视图栏和视图显示比滑块

视图栏和视图显示比例滑块位于窗口右下角，用于切换视图的显示方式以及调整视图的显示比例。

9. Word 2010 的视图方式

屏幕上显示文档的方式称为视图，Word 2010 提供了页面视图、阅读版式视图、Web 版式视图、大纲视图和草稿视图等多种视图，不同的视图方式分别从不同的角度、按不同的方式显示文档，并适应不同的工作需求。

（1）页面视图：按照文档的打印效果显示文档，具有“所见即所得”的效果，在页面视图中，可以直接看到文档的外观、图形、文字、页眉、页脚等在页面的位置，这样，在屏幕上就可以看到文档打印在纸上的样子，常用于对文本、段落、版面或者文档的外观进行修改。

（2）阅读版式视图：阅读版式视图是 Word 2010 新增的视图，适合用户查阅文档，用模拟书本阅读的方式让人感觉在翻阅书籍。

（3）Web 版式视图：编辑 Web 网页时使用的视图，以网页的形式来显示文档中内容，以“所见即所得”的方式显示正在编辑的网页。

（4）大纲视图：用于显示、修改或创建文档的大纲，它将所有的标题分级显示出来，层次分明，特别适合多层次文档，使得查看文档的结构变得很容易。

（5）草稿视图：草稿视图类似之前的 Word 2003 或 Word 2007 中的普通视图，该图只显示了字体、字号、字形、段落及行间距等最基本的格式，但是将页面的布局简化，适合于快速键入或编辑文字并编排文字的格式。

切换 Word 2010 视图方式可使用以下任意操作方法。

①选择“视图”选项卡，在“文档视图”组中单击需要的视图模式按钮，如图 3-6 所示；

②分别单击视图栏的视图快捷方式图标，即可选择相应的视图模式，如图 3-7 所示。

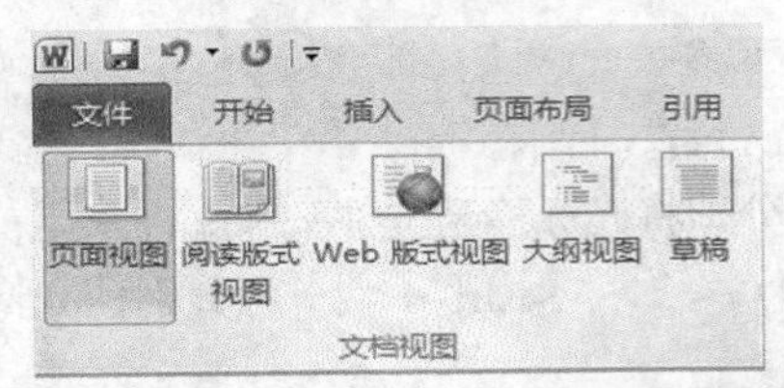

图 3-6 “视图”选项卡下“文档视图”组

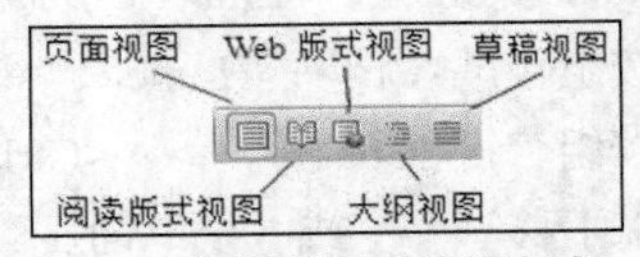

图 3-7 视图栏视图快捷方式

另外，Word 2010 还提供了一个导航窗格视图，该视图是一个独立的窗格，能显示文档的标题列表，使用导航视图可以方便用户对文档结构进行快速浏览。选择“视图”选项卡，在“显示”组中选中“导航窗格”复选框，将打开导航窗格视图，如图 3-8 所示。单击导航窗格中的标题后，Word 2010 就会跳转到文档中的相应的标题，并将显示在窗口的顶部，同时在导航窗格中突出显示该标题。

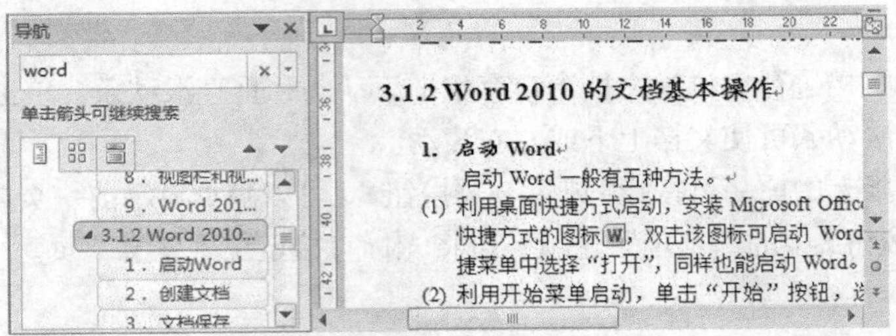

图 3-8 “导航窗格”视图

导航窗格视图默认显示的是文档标题，可以通过切换导航窗格中的选项卡浏览文档中的页面（缩略图）以及浏览当前的搜索结果。

3.1.2 Word 2010 的文档基本操作

1．启动 Word

启动 Word 一般有五种方法。

（1）利用桌面快捷方式启动，安装 Microsoft Office Word 后，在用户桌面一般会有一个快捷方式的图标，双击该图标可启动 Word。也可在该图标上单击鼠标右键，在弹出的快捷菜单中选择“打开”，同样也能启动 Word。

（2）利用开始菜单启动，单击“开始”按钮，选择“所有程序”→“Microsoft Office”→“Microsoft Word 2010”可以启动 Word 2010；也可在该图标上单击鼠标右键，在弹出的快捷菜单中选择“打开”。

（3）直接通过可执行程序打开。在 Word 的安装目录中（一般是：“C:\Program Files\Microsoft Office\Office14”），双击 WINWORD.EXE；也可在该图标上单击鼠标右键，在弹出的快捷菜单中选择“打开”。

（4）新建 Word 文档方式启动：在需要建立 Word 的磁盘中（如 D 盘）单击鼠标右键，在弹出的快捷菜单中选择“新建”→“Microsoft Word 文档”。双击新建的 Word 文档，或在该文档上单击鼠标右键，在弹出的快捷菜单中选择“打开”，都可启动 Word。

（5）直接双击已经存在的 Word 文档，也可以启动 Word 并打开相应的文档。

2．创建文档

当用户启动 Word 2010 后，系统将自动创建一个基于 Normal 模板的空白文档，并在标题栏上显示“文档 1-Microsoft Word”。用户可以直接在该文档中输入并编辑内容。如果用户已经打开一个或多个 Word 文档，需要再创建一个新的文档，可以采用以下方法新建文档。

（1）选择“文件”选项卡，单击“新建”按钮，在“新建”选项区中单击“空白文档”按钮，然后单击“创建”按钮，Word 2010 将会新建一个空白文档，如图 3-9 所示。

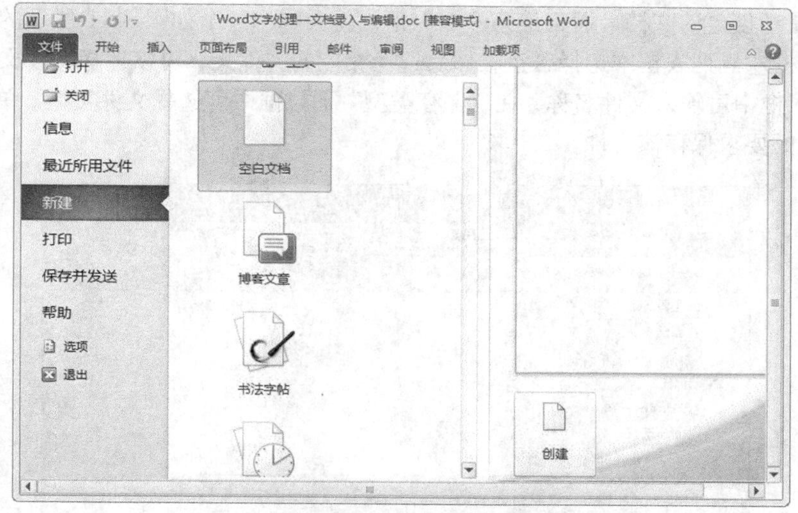

图 3-9　“新建空白文档”选项区

（2）如果用户要创建一些特殊文档，如报告、简历、传真等，在创建时，可以使用 Word 2010 提供的模板，在“可用模板”列表框中显示有 Word 2010 预设的模板，单击“样式模板”按钮，可以显示出电脑中已存在的模板样式，选择某一个模板，并在右侧选中“文档”单选按钮，将模板中的特定格式应用到新建文档，如图 3-10 所示。

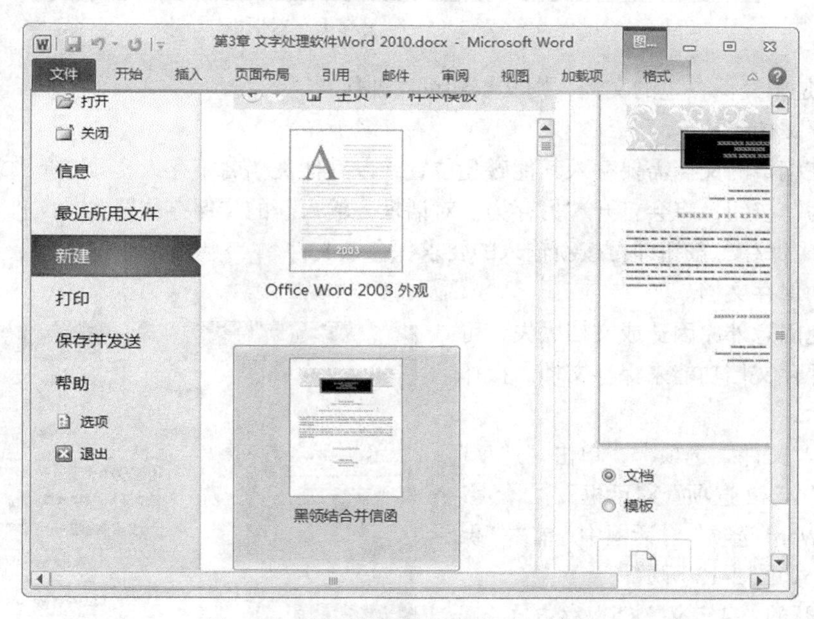

图 3-10　“使用模板创建新文档”选项区

除了电脑预设的样式模板外，Office 2010 的官方网站提供了在线模板下载，在 Office.com 选项区中单击某一个模板按钮，将显示该模板的相关组件，单击“下载”按钮，系统即可下载模板。

3. 文档保存

（1）保存文档。

选择“文件”选项卡，单击“保存”按钮或单击“快速启动”工具栏中的“ ”按钮，也可按<Ctrl>+<S>组合键，完成文档保存。

① 如果是新创建的文档，而且是第一次保存，就会弹出一个如图 3-11 所示的“另存为”对话框。在对话框左侧列表框中选择磁盘，然后选择相应的文件夹，可以选择保存文档的位置。在“文件名”输入框中可输入文件名称，在“保存类型”下拉框中可选择文件类型。单击“保存”按钮即可按输入的要求保存该文件。

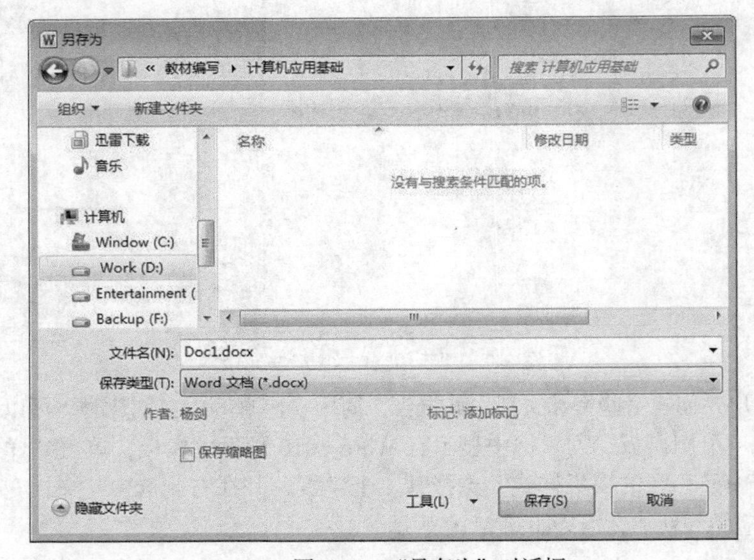

图 3-11 “另存为”对话框

② 如果是曾经保存过的文档，则文档即可立即保存。

（2）另存文档。

如果正在编辑的文档需要存入其他磁盘位置或以其他文档名字存入，可选择“文件”选项卡，单击“另存为”按钮，将会打开“另存为”对话框，输入新的“保存位置”、“文件名”和“保存类型”。单击“保存”按钮即可按新输入的要求保存该文件。

（3）自动保存文档。

为了避免因意外原因造成文档丢失，可以使用自动保存文档功能来保存文档。操作步骤如下所示。

① 选择“文件”选项卡，单击“选项”按钮，打开“Word 选项”对话框；

② 在“Word 选项”对话框中，单击“保存”选项卡，如图 3-12 所示；

③ 在打开的“自定义文档保存方式”选项区域中，选中“保存自动恢复信息时间间隔”复选框，设置自动保存的时间间隔值，

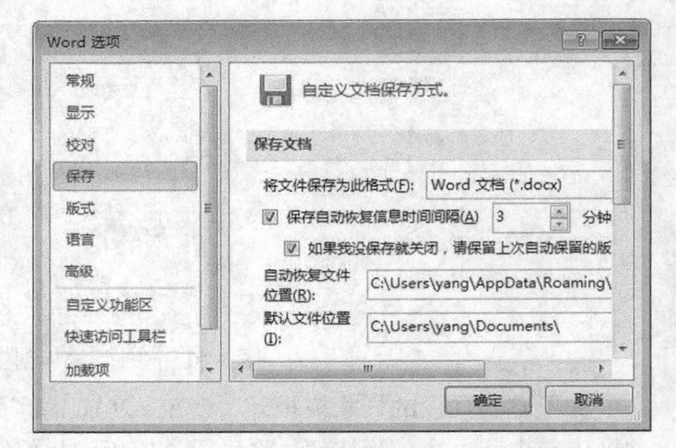

图 3-12 “自定义文档保存方式”对话框

如设为 3 分钟，则为每隔 3 分钟，系统自动保存一次；

④ 单击“确定”按钮，保存选项设置。

4. Word 的文档格式

从 Word 2007 开始，Word 的文件格式已更新为.docx，.docx 文件格式不仅加强了对 XML 的支持，更拥有增加文件效率、缩小文件大小等优点，但在早期版本的 Word 中无法打开.docx 文件，所以如果需要在早期版本的 Word 中打开文档，需要将文件保存成“Word 97-2003 文件”的.doc 格式。在保存文件时，可在“另存为”对话框的“保存类型”下拉框中设定要储存的格式，保存为“Word 97-2003 文件”格式后，在标题栏上除了会显示文件名称外，还会显示“[兼容模式]”。

将文件保存为.doc 格式后，将无法使用 Word 2010 的各项新功能，如“SmartArt 图形”。

5. 调整显示比例

为了在编辑文档时利于观察，Word 中可以改变文档页面的显示比例，用户可以以任意比例显示文档。改变文档页面显示比例最直观、方便的方法是调节文档下方状态栏右侧的视图显示比滑块 100% ，设置需要的显示比例即可。

也可以选择“视图”选项卡，在“显示比例”组中单击“显示比例”按钮，在弹出的“显示比例”对话框中的“显示比例”选项区中选择需要的比例，也可调节“百分比”数值框，完成后单击“确定”按钮，如图 3-13 所示。在视图显示比滑块中单击“放缩级别”按钮也可以打开该对话框。

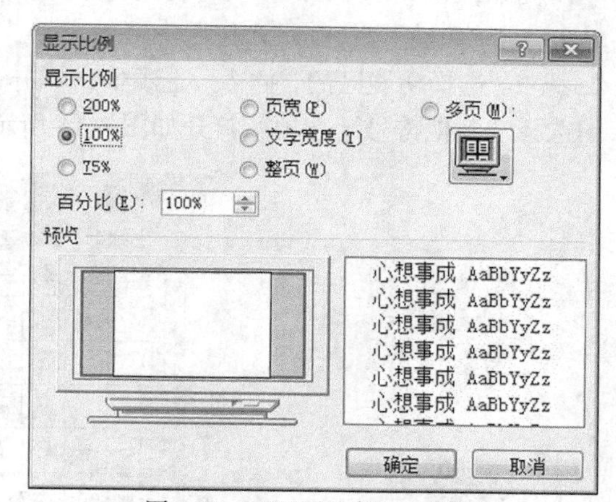

图 3-13　“显示比例”对话框

Word 2010 支持的最小显示比例为 10%，最大显示比例为 500%。

在调节文档显示比例时，还可以设置显示方式。选择“视图”选项卡，在“显示比例”组中单击“单页”、“双页”、“页宽”按钮，将分别以单页、双页和使文档宽度与页面宽度一致显示。

如果用户鼠标是三键鼠标，先按住<Ctrl>键再向上滚动鼠标中间的滚动键，即可放大视图的显示比例；反之向下滚动，则为缩小显示比例。

3.1.3　文字编辑

在启动 Word 2010 新建或打开一个文档后，即可在文档窗口中进行文本编辑，编辑操作包括录入、修改、删除、查找、替换等。

1. 文档录入

（1）确定插入点，插入点即光标所在位置，其形状为一闪烁的竖线“|”。在指定的位置进入文字的插入、修改或删除等操作时，要先将插入点移到该位置，然后才能进行相应的操作。输入时插入点自动后移，当输入内容到达右边界时，Word 自动换行。

（2）当输入完一个自然段后，必须按<Enter>键分段，系统自动生成自然段标志“↵”。

（3）当输入有错时，将插入点定位到错误的文本处，按<Delete>键可删除插入点右面的字符，按<Backspace>键可删除插入点左面的字符。

对于空白的 Word 文档，文字录入默认是从文档的左上角开始排列。实际上，Word 允许双击文档视图中任意空白点，以快速确定录入位置。

2. 录入特殊符号

如果要录入一些键盘上没有的符号，如希腊字母等，可以通过 Word 提供的“符号”对话框插入。

Word 2010 提供了强大的符号插入功能，可输入各种符号，包括标点符号、拼音、单位符号等中文特殊符号，特别是包含在 Webdings 和 Wingdings 这两种字体中的符号，输入法的软键盘是无法录入的。

例如，在文档中录入一个代表眼镜的符号“👓”。操作方法如下所示。

（1）将光标定位到录入位置；

（2）选择功能区的“插入”选项卡，单击“符号”按钮，在弹出的下拉面板（如图 3-14 所示）中选择“其他符号”选项，打开如图 3-15 所示的“符号”对话框；

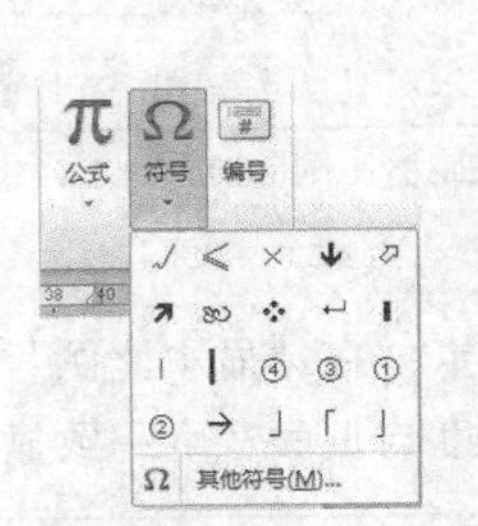

图 3-14 “符号”下拉面板

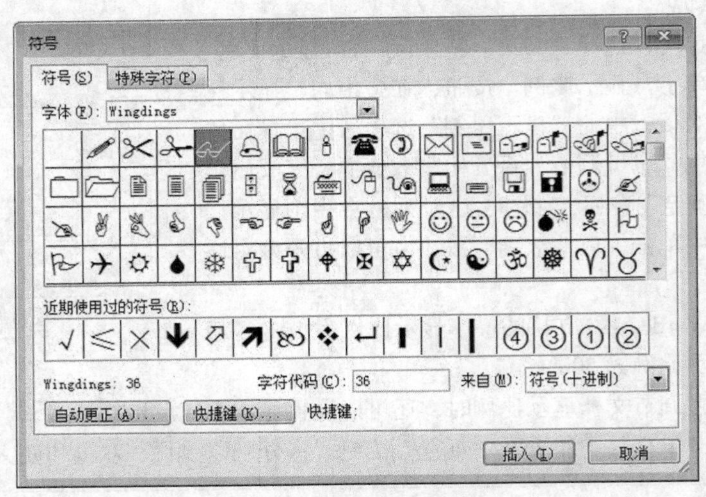

图 3-15 “符号”对话框

（3）在对话框的“字体”列表框中选择“Wingdings”字体选项；

（4）在符号列表中单击代表眼镜的符号“👓”；

（5）单击“插入”按钮。

3. 文本的插入与改写

Word 2010 有“插入”和“改写”两种录入状态。在“插入”状态下，输入的文本将插入到当前光标所在位置，光标后面的文字将按顺序后移；而“改写”状态下，输入的文本将把光标后的文字替换掉，其余的文字位置不改变。

例如，我们将光标定位在字符“软件”前面，在“插入”状态下键入字符“办公”，得到字符“办公软件”；在“改写”状态下键入字符“办公”，则只能得到字符“办公”，“软件”二字被输入的“办公”二字替换掉。

当前文档的录入状态显示在状态栏上，打开 Word 2010 文档窗口后，默认的文本输入状态为“插入”状态，用户可以根据需要在 Word 2010 文档窗口中切换“插入”和“改写”两种状态，操作步骤如下所述。

（1）选择“文件”选项卡，单击“选项”→“高级”按钮，在“编辑选项”区域选中“使用改写模式”复选框，并单击“确定”按钮即切换为“改写”模式。如果取消“使用改写模式”复选框并单击“确定”按钮即切换为“插入”模式，如图 3-16 所示。

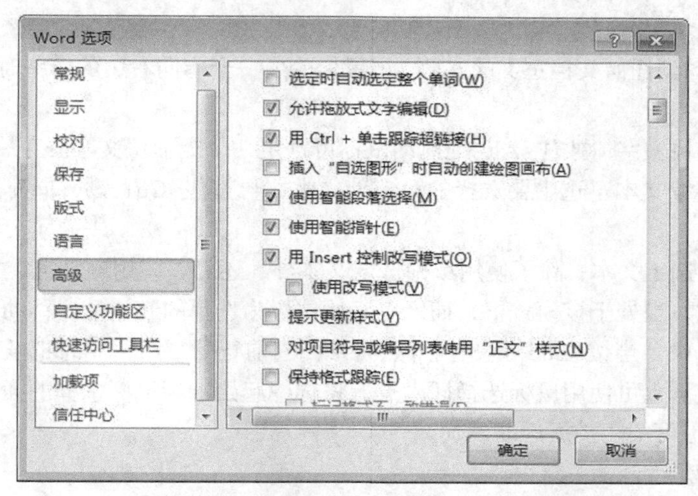

图 3-16　选中或取消“使用改写模式”复选框

（2）默认情况下，“Word 选项”对话框中的“使用 Insert 控制改写模式”复选框是选中状态，则可以按键盘上的 Insert 键切换“插入”和“改写”状态，还可以单击 Word 2010 文档窗口状态栏中的“插入”或“改写”按钮切换输入状态。

4．选取文本

在 Word 中，常常需要对文档某一部分进行编辑，如某个段落、某些句子等，这时必须首先选择要进行操作的部分，被选定的文本以黑底白字（反显）显示，选取文本后，用户所做的任何操作都只作用于选定的文本，如图 3-17 所示。

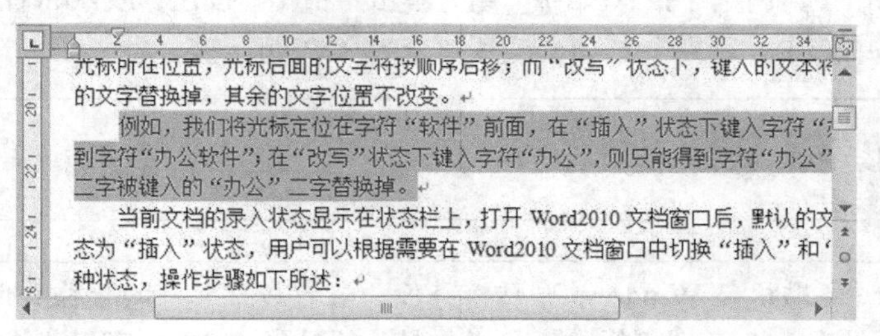

图 3-17　选定的文本

可以按下面的方法选取文本。

（1）选中英文单词或汉语词语：双击某个单词可选定该单词或词语。

（2）选中一行：将鼠标移动到某行的左侧，当鼠标变成指向右边的箭头时，单击可以选定该行。

（3）选中多行：将鼠标移动到某行的左侧，当鼠标变成一个指向右边的箭头时，向上或向下拖动鼠标可选定多行。

（4）选中一句：按<Ctrl>键，然后单击某句文本的任意位置可选定该句文本。

（5）选中段落可使用以下两种方法实现。

① 将鼠标移动到某段落的左侧，当鼠标变成指向右边的箭头时，双击可以选定该段；

② 在段落的任意位置三击（连续单击 3 次鼠标左键）可选定整个段落；

（6）选中全部文档可使用以下两种方法实现。

① 按<Ctrl>+<A>组合键；

② 将鼠标移动到任何文档正文的左侧，当鼠标变成一个指向右边的箭头时，三击可以选定整篇文档。

（7）选中矩形块文字：按住<Alt>键拖动鼠标可选定一个矩形块文字。

（8）选择不连续文本：选中要选择的第一处文本，再按住<Ctrl>键，同时拖动鼠标依次选中其他文本。

（9）使用键盘选定文本：除了使用鼠标选定文本外，还可以使用键盘选定文本，按<F8>键可切换扩展选取模式，当处于该模式下，插入点起始位置为选择的起始端，移动键盘的方向键可以把它经过的字符选中，当按<End>键，插入点将移到当前行的末尾，同时把插入点原来所在位置到行尾的文本选定。也可使用鼠标选择插入点，将选中起始端到鼠标选择的插入点之间的所有文本选定。按<Esc>键可关闭扩展选取模式。

5. 复制与移动

选定文本后，我们可以通过一些简单的方法将选定文本整块地移动或复制到文档中的另一个位置。移动是将所选的文本从一个位置搬到另一个位置；而复制是在保留所选文本的基础上，在其他的位置拷贝一份相同的文本。复制与移动可以通过 Office 剪贴板或鼠标拖动的方法来完成。

（1）复制操作方法

① 选定需复制的文本；

② 选择“开始”选项卡中的“剪贴板”组，单击“复制”按钮；或鼠标右键单击选定的文本，在弹出的快捷菜单中选中“复制”选项，或用<Ctrl>+<C>组合键。

③ 将光标定位到新的位置，注意新位置也可以是在另一个文档中；

④ 选择“开始”选项卡中的“剪贴板”组，单击“粘贴”按钮；或鼠标右键单击插入的位置，在弹出的快捷菜单中选中“粘贴”选项，或用<Ctrl>+<V>组合键。

复制后的对象可以多次粘贴。

Office 剪贴板与 Windows 剪贴板类似，是内存中开辟的一块存储区域。Windows 剪贴板只能保存最近一次“剪切”和“复制”的对象，Office 剪贴板却保存最近 24 次“剪切”和“复制”的对象。在“开始”选项卡的“剪贴板”组中单击右下角的扩展按钮，可打开剪贴板窗格，看到 Office 剪贴板的内容。在退出所有 Office 程序或“全部清空”Office 剪贴板前，剪切板中内容将一直保留。

（2）移动操作方法

① 选定需移动的文本；

② 选择“开始”选项卡中的“剪贴板”组，单击“剪切”按钮；或鼠标右键单击选定的文本，

在弹出的快捷菜单中选中“剪切”选项，或用<Ctrl>+<X>组合键。

③ 将光标定位到需要移动到的位置，注意移动到的位置也可以是在另一个文档中；

④ 选择“开始”选项卡中的“剪贴板”组，单击“粘贴”按钮；或鼠标右键单击插入的位置，在弹出的快捷菜单中选中“粘贴”选项，或用<Ctrl>+<V>组合键。

（3）另外，Word 2010 允许利用鼠标拖动的方法来移动和复制文本，操作方法如下所示。

① 选定需移动的文本；

② 按下鼠标左键将文本拖到目标位置，然后松开左键，即可将文本复制到该位置。

移动文本只需在拖动鼠标的同时按住<Ctrl>键直至指针移动到目标位置，然后松开鼠标左键和<Ctrl>键。

6. 撤销、恢复和重复操作

在编辑文档过程中经常会出现一些误操作，这时可以使用 Word 2010 提供的撤销和恢复功能来完成。

（1）撤销操作。

“撤销”功能可以撤销最近进行的操作，恢复到执行操作前的状态，用 Word 2010 进行处理时，Word 2010 会自动记录编辑过程中的所有操作，常用撤消有两种。

① 撤销最近一次操作：单击“快速访问工具栏”中的“撤销”按钮；如重复执行“撤销操作”命令，Word 2010 会按执行顺序从后向前连续撤销操作。

② 撤销多步操作：单击“快速访问工具栏”中的“撤销”按钮旁边的下拉箭头，打开一个列表框，在列表框中单击要撤销的操作。

撤销某操作的同时，也撤消了列表中所有位于它上面的操作。

（2）恢复操作。

如果使用“撤销”命令后，发现原有的操作是需要的，则可以单击“快速访问工具栏”中的“恢复”按钮，即还原用“撤销”命令撤销的操作。

（3）重复操作

单击“快速访问工具栏”中的“重复”按钮，可以重复上一步的操作。

7. 查找和替换

在对一篇较长的文档进行编辑的时候，往往要对文章进行检查校对以修正错误，Word 2010 提供了强大的查找和替换功能，帮助用户查找和替换文档中的文本、格式、段落标记、分页符等项目，还可以使用通配符和代码扩展搜索。

（1）查找操作。

Word 2010 中的查找功能与之前的版本有些区别，它是在导航窗格中进行搜索，如需要查找“Word”，具体操作方法如下所示。

① 选择要查找的范围，如果不选择查找范围，则将对整个文档进行查找。

② 选择“开始”选项卡下“编辑”组的“查找”按钮，或用<Ctrl>+<F>组合键。

③ 在导航窗格的搜索框中输入要查找的关键字“Word”，此时系统将自动在选中的文本中进行查找，并将找到的文本以高亮显示，同时，导航窗格包含搜索文本的标题也会高亮显示，如图 3-18 所示。

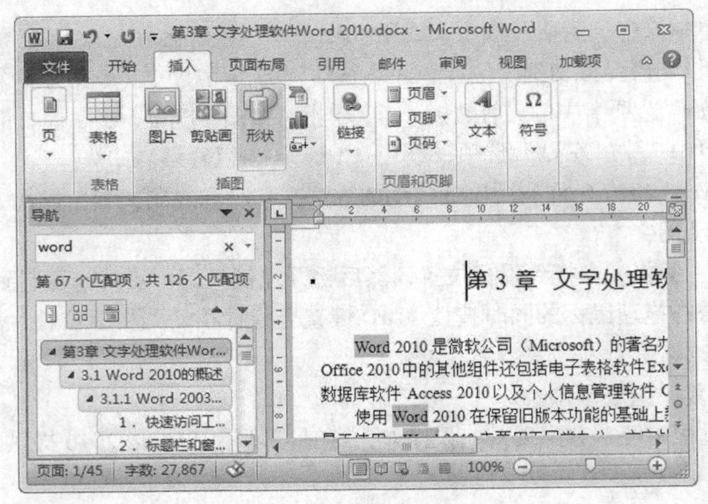

图 3-18 “查找功能”界面

如果要对查询进行设置和进行高级查找功能可以在导航窗格的搜索框中，单击“搜索”旁边的下拉按钮，弹出下拉菜单如图 3-19 所示，选择“选项”选项，打开“‘查找’选项”对话框，可以设置查找的相关选项，如图 3-20 所示。

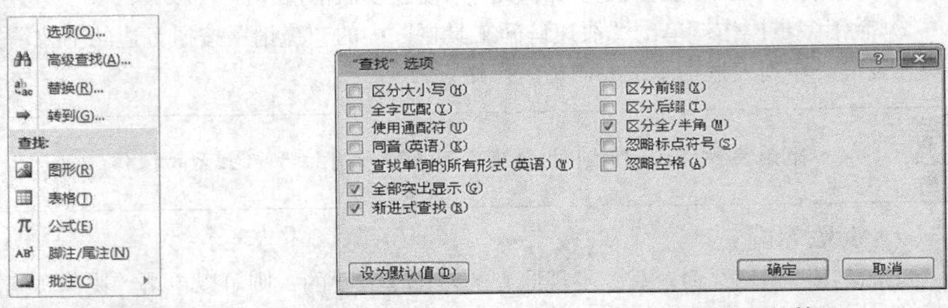

图 3-19 “查找选项和其他搜索命令”快捷菜单　　图 3-20 “‘查找’选项”对话框

在“查找选项和其他搜索命令”下拉菜单中还可以选择查找图形、表格、公式、脚注/尾注、批注等。

选择“查找选项和其他搜索命令”下拉菜单的“高级查找”选项或在“开始”选项卡下“编辑”组的“查找”按钮旁边的下拉菜单选择“高级查找”选项，将打开“查找和替换”对话框，并切换到“查找”选项卡，如图 3-21 所示，在对话框的“查找内容”文本框中输入需查找的字符串“Word”；单击“查找下一处”按钮，系统开始查找，找到第一个符合条件的字符串后，系统会暂时停止查找，并将查找到的字串反白显示；重复单击“查找下一处”按钮，可以查找其余字符串。

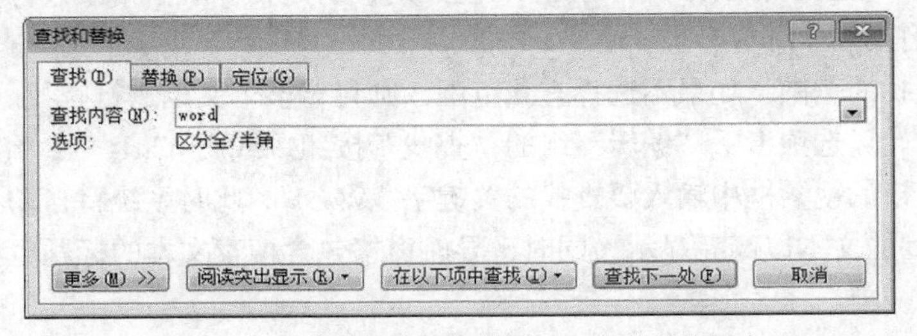

图 3-21 “查找和替换”对话框“查找”选项卡

（2）替换操作。

使用 Word 2010 的替换功能可以快速替换文档中的某个词，如在文档中查找字符串“电脑”，并将其替换为“计算机”，操作方法如下所示。

① 选择“开始”选项卡下“编辑”组的“替换”按钮，或用<Ctrl>+<H>组合键，系统弹出“查找和替换”对话框，并切换到“替换”选项卡，如图 3-22 所示；

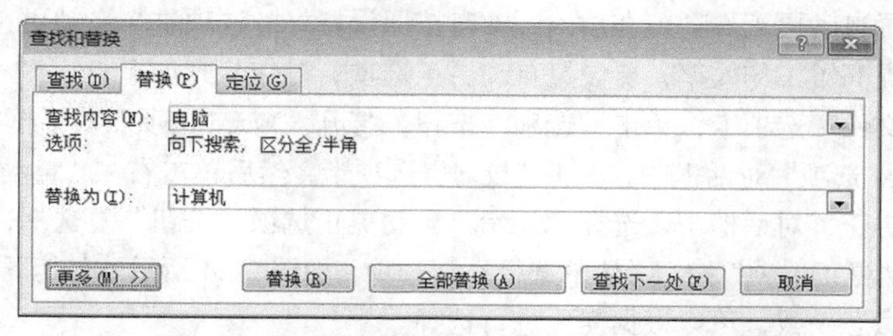

图 3-22　“查找和替换”对话框“替换”选项卡

② 在该对话框的“查找内容”文本框中输入需查找的字符串“电脑”；

③ 在该对话框的“替换为”文本框中输入替换的字符串“计算机”；

④ 单击“查找下一处”按钮，系统开始查找，找到第一个符合条件的字符串后，系统会暂时停止查找，并将查找到的字符串反白显示，然后可执行以下操作：

单击“查找下一处”按钮继续查找；

单击“替换”按钮将该字符串替换成“替换为”文本框中的内容，然后继续查找；

单击“全部替换”按钮，将所有找到的字符串替换为替换字符串。

Word 2010 的查找和替换功能是非常强大的。在“查找和替换”对话框中，单击“更多”按钮可以显示出一些高级选项（见图 3-23 下半部分），此时“更多”按钮变为“更少”按钮。在搜索选项组中可以设置“搜索范围”、“是否区分大小写”、“是否使用通配符”等选项，也可以单击“替换”组中的“格式”或“特殊格式”按钮进行指定格式和特殊格式的查找和替换。在“查找和替换”对话框的“查找”选项卡中也有类似的设置。

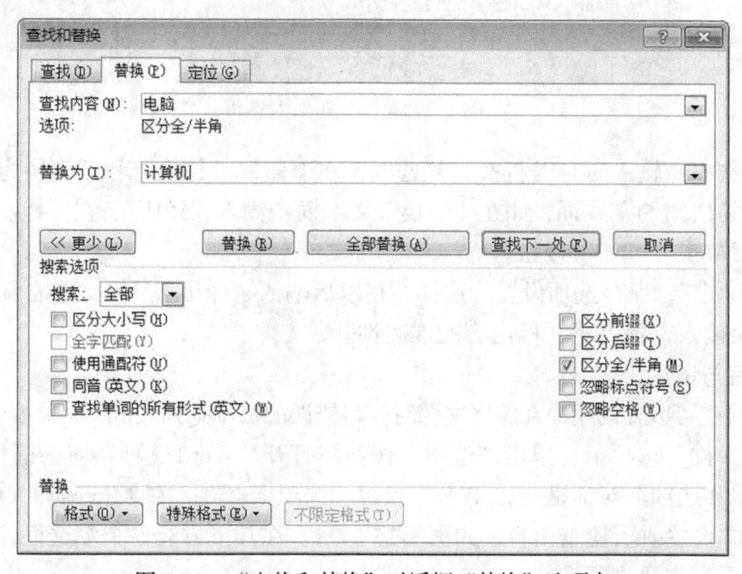

图 3-23　“查找和替换”对话框“替换”选项卡

3.1.4 自动更正和语法检查

在编辑文档时，Word 2010 提供了对使用的格式进行自动更正的功能，而且还可以对编辑的文本进行拼写和语法检查，最大程度地保证语句的正确性。

1. 设置自动更正选项

可以通过设置自动更正选项，在输入文本时按照设置好的选项进行自动更正，从而避免了人为更正的麻烦，提高了工作效率，要设置自动更正选项，操作步骤如下。

（1）选择“文件”选项卡，单击“选项”按钮，打开“Word 选项”对话框。

（2）在“Word 选项”对话框中，单击“校对”选项卡，然后单击右侧“自动更正选项”按钮，在弹出的“自动更正”对话框中，选择“显示‘自动更正选项’按钮”复选框，可以在需要自动更正时显示“自动更正选项”按钮，从中选择更正选项，如图 3-24 所示。在其下方有 5 个复选框，其含义与其字面意思一致，可以根据需要进行选择。

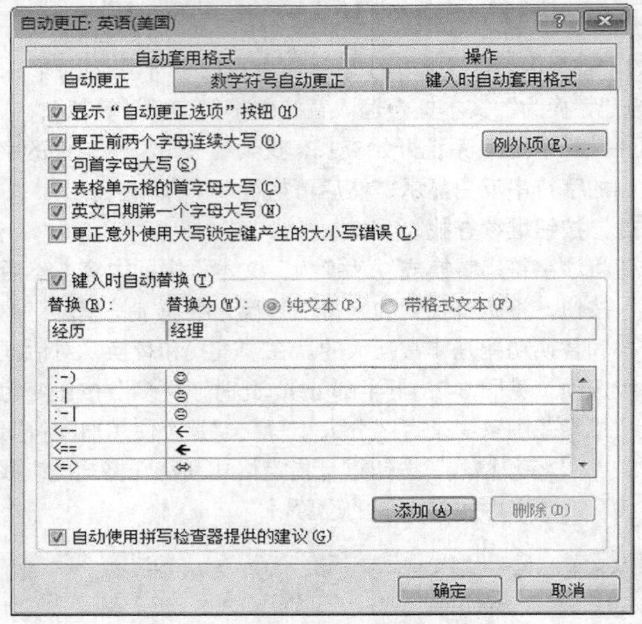

图 3-24 “自动更正”对话框

（3）还可以选中“输入时自动替换”复选框，在下面的“替换”和“替换为”文本框中输入在文档编辑中容易出错的字或词，如在“替换”文本框中输入“经历”，在“替换为”文本框中输入“经理”，然后单击“添加”按钮。

（4）单击“确定”，保存选项设置。这样，在以后输入“经历”，Word 会自动将其更正为“经理”，避免了错误输入，提高了文档内容的准确性。

2. 设置拼写与语法检查

拼写与语法检查可以辅助用户在编辑文档时，将错误的机率降到最低，具体操作方法如下所示。

（1）选择“文件”选项卡，单击“选项”按钮，打开“Word 选项”对话框；

（2）在“Word 选项”对话框中，单击“校对”选项卡，在“在 Microsoft Office 程序中更正拼写时”选项组中设置拼写检查内容，如图 3-25 所示。在其下方有 5 个复选框，其含义与其字面意思一致，可以根据需要进行选择。

（3）在“在 Word 中更正拼写和语法时”选项组中设置拼写检查的方式。如图 3-26 所示。在其下方有 5 个复选框，其含义与其字面意思一致，可以根据需要进行选择。

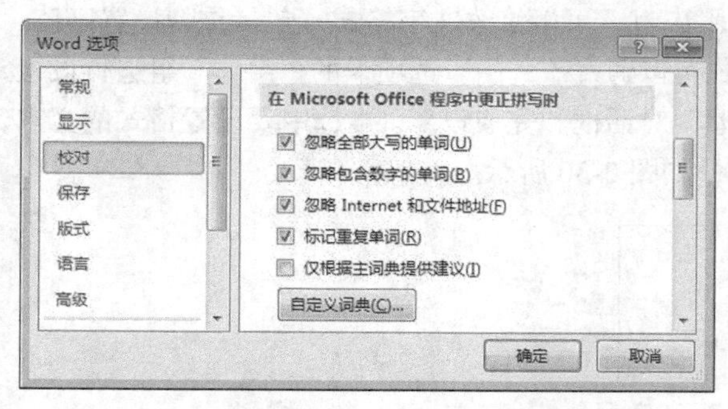

图 3-25　设置拼写检查的内容对话框

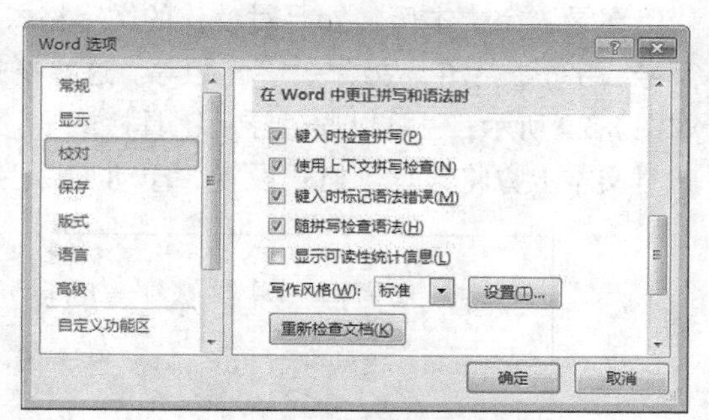

图 3-26　设置拼写检查的方式对话框

3.1.5　字数统计

当用户录入一篇文档后，可以对文档进行字数统计，在 Word 2010 中，可以使用如下两种方法进行字数统计。

（1）在 Word 状态栏的左侧，有一个实时的统计信息，该信息显示出该文档有多少页，当前位于哪个页面，文档中共有多少个字，如图 3-27 所示。

（2）选择“审阅”选项卡的“校对”组中的“字数统计”按钮，会弹出“字数统计”对话框，如图 3-28 所示，该对话框详细显示出该文档的页数、字数、不计空格的字符数、计空格的字符数、段落数、行数、非中文单词以及中文字符和朝鲜语单词等信息。如果选中“包括文本框、脚注和尾注”，统计信息则会包括文本框、脚注和尾注中的字数。

页面: 20/77 | 字数: 38,279

图 3-27　状态栏中的实时字数统计

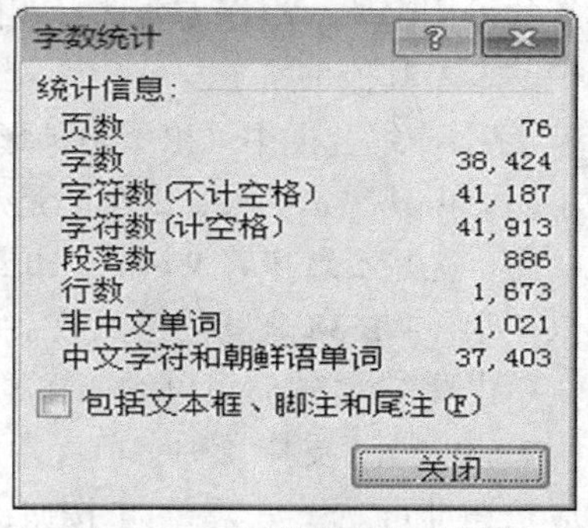

图 3-28　“字数统计”对话框

如果选定了一段文字之后，再单击“字数统计”，也会弹出“字数统计”对话框，不过它统计出来的只是选中内容的字数。

3.2　文本格式设计

将文档的文本内容编辑正确无误后，我们还需要对文本的格式进行设置。文本格式包括字符格式和段落格式，设置字符格式就是针对某个或某些字符的格式属性（如字体、字号、字形等）进行设置；设置段落格式则是针对某个或某些自然段落的格式属性（如段落的缩进、对齐方式等）进行设置。

3.2.1 设置字符格式

在录入完文本后，如果对默认的文字格式不满意，可以修改文字格式，包括重新设置字体、字号、字形、字色、效果、字间距等。这些格式可以通过“开始”选项卡的“字体”组进行设置，如图 3-29 所示；也可以通过浮动工具栏或“字体”对话框和完成设置。当选中要设置格式的文本，此时文本上方将显示“格式设置”浮动工具栏，如图 3-30 所示。

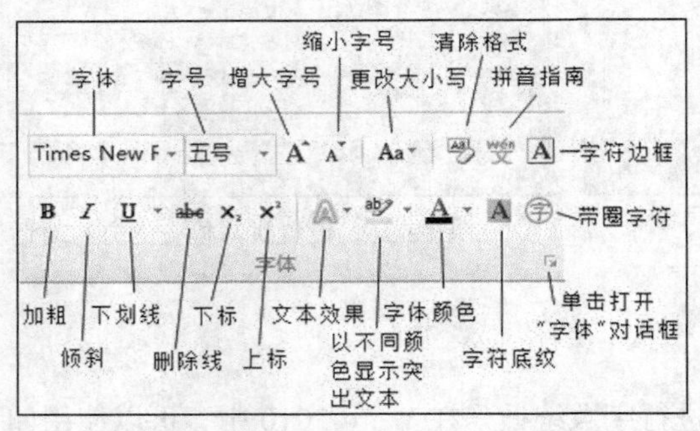

图 3-29 “开始”选项卡的“字体”组

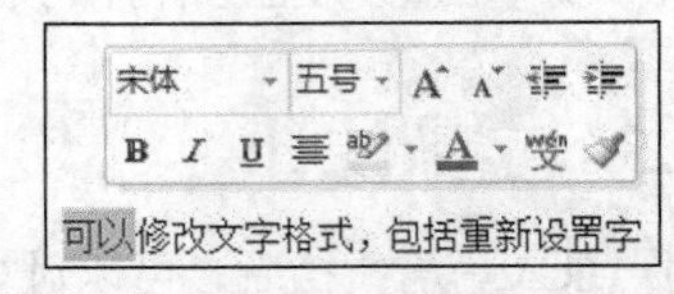

图 3-30 “格式设置”浮动工具栏

1. 字体、字号、字形设置

在“字体”组或“格式设置”浮动工具栏中，“字体”组合框中列出了当前 Windows 系统所具有的可用字体，根据需要选择字体即可。当然如果不能满足需要，则可以安装系统字库（相关知识请参考其他书籍）。

“字号”组合框中列出了两种形式的字号，一种是用汉字表示的字号，其中最大的初号，其次是小初，再其次是一号，最小的是八号；另一种是用阿拉伯数字表示的字号，从 5 到 72。值得注意的是，这并不意味着 Word 2010 最大只支持 72 号字，实际上用户可以在“字号”组合框中直接输入一个 1～1638 之间的任意数字。

单击 A、A 按钮可以增加和减少字号，每单击一次，将字号增加或减少一号。

Word 2010 支持 4 种字形：常规、加粗、倾斜和加粗倾斜。设置字形时单击“字体”组中的相应按钮即可。B、I 两个按钮，分别用于使文字加粗、倾斜。当按钮按下去时，表示设置有效，按钮弹起时，为常规状态。

2. 文字颜色设置

Word 2010 中的文字颜色可以任意设置。方法是：选定文本，选择“字体颜色”按钮 A 旁的下拉箭头，选择需要的字体颜色。

这样即可将选定文本改变为指定的颜色，如果对颜色列表中所有的颜色都不满意，可以单击“其他颜色”打开“颜色”对话框，然后可选择或自定义需要的颜色。

3. 效果

在 Word 2010 中，还可以为选定文字设置字符边框、删除线、上标、下标、字母大小写、以不同颜色突出显示文本、字符加底纹、给字符加圈、阴影、映像、反射等效果。

U 按钮用于给文字加下画线。单击该按钮的列表箭头，可以选择下画线类型。该按钮同样是一个开关按钮，当按钮按下去时，表示有下画线，否则没有下画线。

A、abc、X_2、X^2、Aa、ab、A、字按钮分别用于字符边框、删除线、下标、上标、字母大小写、以不同颜色突出显示文本、字符加底纹、给字符加圈等效果。

A· 为选取的文字设定特殊的样式，包括阴影、映像、反射等效果。单击该按钮的下拉箭头，可以选择不同的效果。如图 3-31 所示。

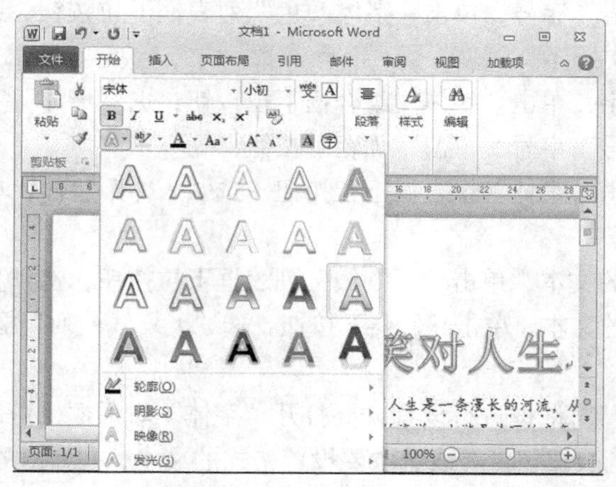

图 3-31　选择"文本效果"

表 3-1 是各种效果的示例：（灰色部分为选定的文本）

表 3-1　文本效果示例

按钮	作用	示例
B	加粗	笑对人生→笑对**人生**
I	倾斜	笑对人生→笑对*人生*
U	下划线	笑对人生→笑对人生
A	字符边框	笑对人生→笑对人生
abc	删除线	笑对人生→笑对人生
X_2	下标	笑对人生→笑对$_{人生}$
X^2	上标	笑对人生→笑对^{人生}
ab	以不同颜色突出显示文本	笑对人生→笑对人生
A	字符底纹	笑对人生→笑对人生
A^	增大字体	笑对人生→笑对人生
A˅	缩小字体	笑对人生→笑对人生

例如，将文本设置成如图 3-32 所示样式（大标题三号字、宋体、加粗、红色；小标题小四号字、楷体、加粗；正文五号字、宋体）。

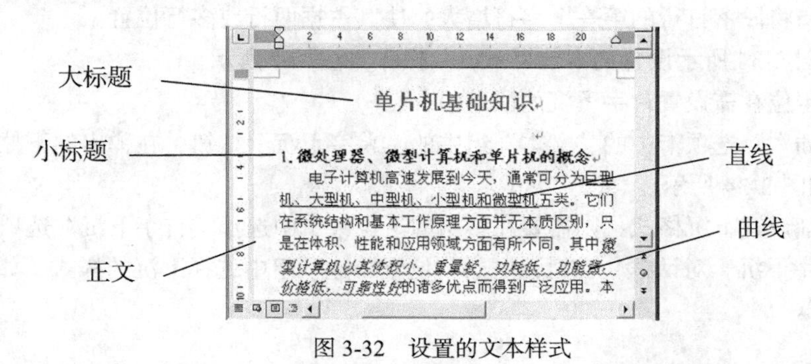

图 3-32　设置的文本样式

操作方法如下所示。

（1）选定大标题文字，单击“字体”组合框下拉按钮，选“宋体”字体，单击“字号”组合框下拉按钮，选“三号”字号，单击“字体颜色”列表框下拉按钮，选“红色”，单击“加粗”按钮；

（2）选定小标题文字，单击“字体”组合框下拉按钮，选“楷体”字体，单击“字号”组合框下拉按钮，选“小四号”字号，单击“加粗”按钮；

（3）选定正文，单击“字体”组合框下拉按钮，选“宋体”字体，单击“字号”组合框下拉按钮，选“五号”字号；

（4）选定想画直线的文本，单击“下划线”列表框下拉按钮，选“直线”线型；

（5）选定想画曲线的文本，单击“倾斜”按钮，选“下划线”列表框下拉按钮，选“波浪线”线型。

也可以使用“字体”对话框进行设置，要打开“字体”对话框，可以在“开始”选项卡中单击“字体”组右下角的扩展按钮，或选中要设置格式的文本，在弹出的快捷菜单中选择“字体”命令，可以打开“字体”对话框，如图 3-33 所示。

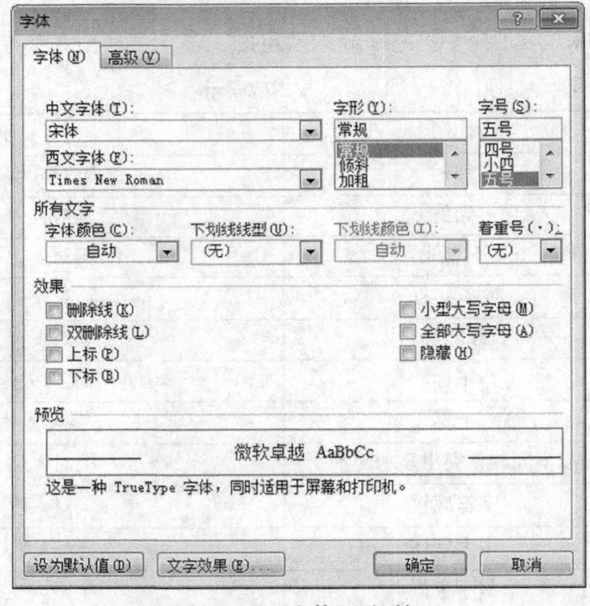

图 3-33 “字体”对话框

4. 首字下沉

首字下沉是指将段落首行的第一个字符增大，使其占据两行或多行位置。

例如，要按图 3-34 所示设置文本首字下沉，操作方法如下所示。

（1）将光标定位在需设置首字下沉的段落中；

（2）单击“插入”选项卡中的“文本”组中的“首字下沉”按钮，在弹出的下拉菜单中选择“下沉”选项，如图 3-34 所示；

（3）若想详细设置下沉格式，则需要在弹出的下拉菜单中选择“首字下沉”选项，打开如图 3-35 所示的“首字下沉”对话框，在对话框的“位置”选项组中选择下沉的样式（如选择“无”可取消首字下沉）。

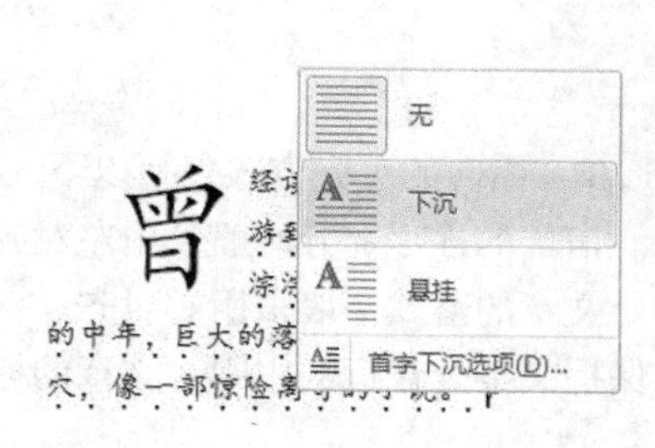

图 3-34　“首字下沉”样式

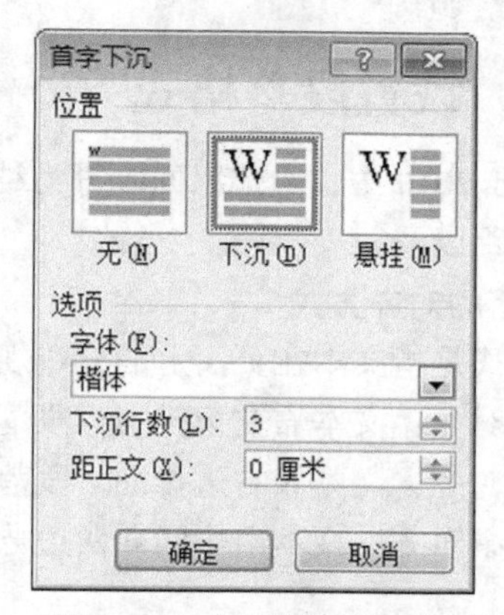

图 3-35　“首字下沉”对话框

（4）在“字体”列表框中选择下沉字的字体为楷体；

（5）在“下沉行数”数值框中输入下沉字占据的行数 3；

（6）在“距正文”数值框中输入下沉字距正文的距离为“0 厘米”；

（7）单击“确定”按钮。

5. **字符间距与字符缩放**

字符间距是指相邻字符间的距离，字符缩放是指字符的宽高比例，以百分数来表示，例如，100%表示字符的宽度与高度相等，200%表示字符的宽度为高度的 2 倍。它们的设置可以在“字体”对话框的“高级”选项卡下进行。

例如，设置文本缩放比例为 150%，字符间距为加宽 2 磅，位置提升 3 磅。

操作方法如下所示。

（1）选定需设置间距的字符；

（2）单击“字体”组右下角的扩展按钮，或选中要设置格式的文本，单击鼠标右键，在弹出的快捷菜单中选择“字体”命令，打开“字体”对话框；

（3）单击“高级”选项卡，如图 3-36 所示；

（4）在“缩放”列表框中选择需要的缩放比例“150%”；

（5）在“间距”列表框中选择需要的间距选项“加宽”，在“磅值”数值框中设置磅值为“2 磅”（选择“加宽”或“紧缩”项，则可以在后面的“磅值”数值框中输入具体的数值）；

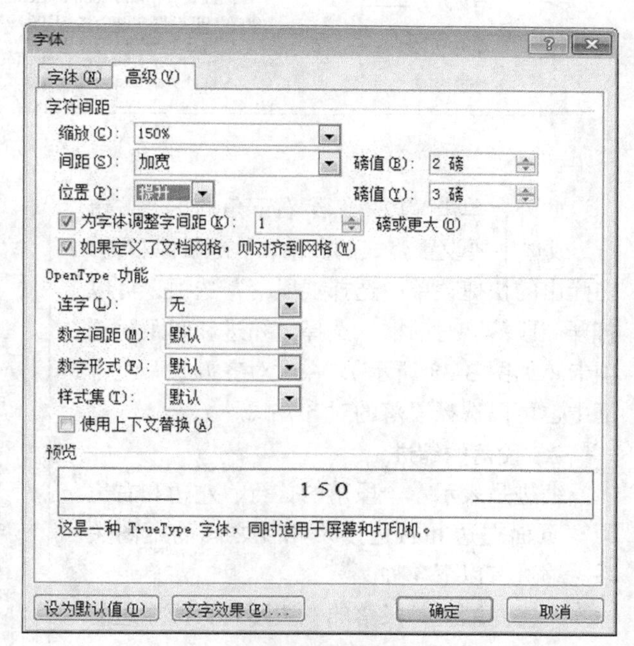

图 3-36　“字符间距”设置对话框

（6）在“位置”列表框中选择“提升”，设置“磅值”为“3 磅”；

（7）单击“确定”按钮。

3.2.2 设置段落格式

在 Word 2010 中，段落以回车符为结束标记。Word 2010 中的段落格式包括对齐、缩进、行间距、段间距以及制表位等。

1．段落的对齐方式

对齐方式是指文本在页面上的分布规则。Word 2010 横向的对齐方式包括以下 5 种。

（1）左对齐：文本靠左边排列，段落左边对齐。信件的称呼部分一般采用左对齐。

（2）右对齐：文本靠右边排列，段落右边对齐。文章的落款一般采用右对齐。

（3）居中对齐：文本由中间向两边分布，始终保持文本处在行的中间。文章的标题一般采用居中方式。

（4）两端对齐：段落中除最后一行以外的文本都均匀地排列在左右边距之间，段落左右两边都对齐。文章的正文部分一般采用两端对齐。

（5）分散对齐：将段落中的所有文本（包括最后一行）都均匀地排列在左右边距之间。

系统默认的对齐方式为“两端对齐”。设置对齐方式可以选择“开始”选项卡的“段落”组中的“左对齐”按钮、“居中”按钮、“右对齐”按钮、“两端对齐”按钮或“分散对齐”按钮进行对齐方式设置。对齐示例如图 3-37 所示。

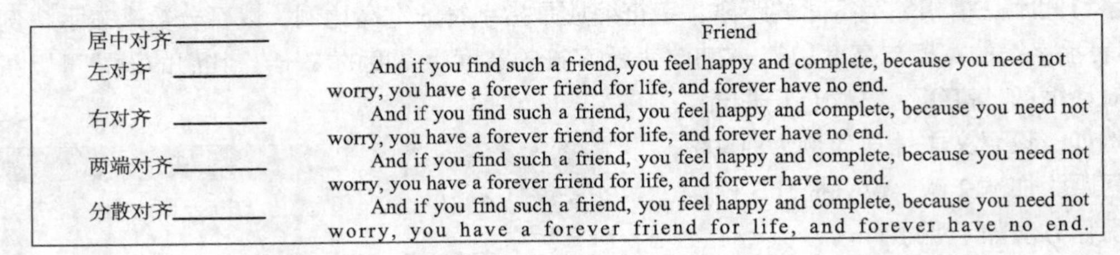

图 3-37　段落对齐示例

此外，单击“段落”组右下角的扩展按钮，或选中要设置格式的段落，单击鼠标右键，在弹出的快捷菜单中选择“段落”选项，可以打开“段落”对话框，选择“缩进和间距”选项卡（如图 3-38 所示），在“对齐方式”组合框中也可以选择段落的对齐方式。

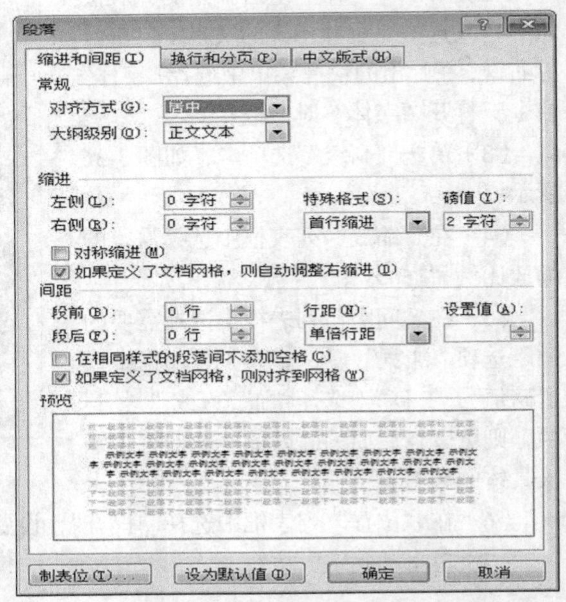

图 3-38　“段落”对话框“缩进和间距”选项卡

2．段落的缩进

缩进是表示一个段落的首行、左边和右边距离页面左边和右边以及相互之间的距离关系。缩进有以下 4 种。

（1）左缩进：段落的左边距离页面左边的距离；

（2）右缩进：段落的右边距离页面右边的距离；

（3）首行缩进：段落第一行由左缩进位置向内缩进的距离，中文习惯首行缩进一般两个汉字宽度；

（4）悬挂缩进：段落中除第一行以外的其余各行由左缩进位置向内缩进的距离。

在“段落”对话框中可以精确地设置缩进值。另外，使用标尺也可以设置缩进。如图 3-39 所示，对于横排文本，在水平标尺上有 4 个指针，分别指示着当前段落的首行缩进▽，悬挂缩进（左边的△）、左缩进□和右缩进（右边的△）位置。选定需设置缩进的段落，拖动这些指针，就可以很方便地改变段落的缩进值。

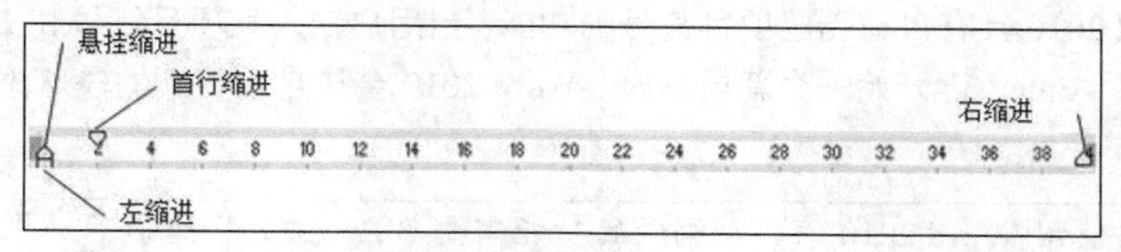

图 3-39　“缩进”指针示意图

在选定需设置缩进的段落后，使用“段落”组上的“减少缩进量”按钮 和“增加缩进量”按钮 也可逐级改变选定段落的左缩进幅度。

3. 段间距与行间距

行间距是指段落中相邻两行间的间隔距离。段间距是指相邻两段间的间隔距离，段间距包括段前间距和段后间距两种。段前间距是指段落上方的间距，段后间距是指段落下方的间距，因此两段间的段间距应该是前一个段落的段后间距与后一个段落的段前间距之和。选定需设置行距的段落，利用工具条中“行距” 列表框下拉按钮或“段落”对话框可以设置段间距和行间距。

例如，将文档中的段落按要求设置为：左、右缩进为 0，首行缩进 2 个字符，段前、段后间距为 1 行，行距为单倍行距。

操作方法如下所示。

（1）将光标定位到需设置间距的段落内，或选定多个需设置间距的段落；

（2）单击“段落”组右下角的按钮，打开“段落”对话框；

（3）单击对话框的“缩进和间距”选项卡；

（4）在“缩进”选项组中的“左”和“右”数值框中输入左缩进和右缩进值；

（5）在“特殊格式”列表框中选择采用首行缩进；

（6）在“度量值”数值框中输入 2 个字符；

（7）在“间距”选项组中的“段前”和“段后”数值框中分别输入 1；

（8）在“行距”列表框中选择单倍行距；

（9）单击“确定”按钮。

3.2.3　项目符号与编号

项目符号与编号都是相对段落而言的。为列表内容添加项目符号、编号和多级符号，使文章的层次更清楚。项目符号、编号和多级符号的示例如图 3-40 所示。

项目编号：

1. And if you find such a friend, your feel happy and complete, because you need not worry, you have a forever friend for life, and forever have no end.
2. A true friend is someone when reaches for your hand and touches your heart.
3. Remember, whatever happens, happens for a reason.

项目符号：

➢ And if you find such a friend, your feel happy and complete, because you need not worry, you have a forever friend for life, and forever have no end.

➢ A true friend is someone when reaches for your hand and touches your heart.

➢ Remember, whatever happens, happens for a reason.

多级符号：

1　计算机基本知识

　1.1　计算机概述

　　1.1.1　计算机的发展

　　1.1.2　计算机的特点

图 3-40　项目符号、编号和多级符号的示例

1. 创建项目符号或编号列表

有以下 3 种方法可以创建项目符号或编号列表。

（1）键入文本时自动创建项目符号与段落编号。

Word 2010 具有自动编号的功能，当用户输入编号和文字（如“1.Word 基础”）后，按下 Enter 键开始一个新段落时，Word 2010 会按上一段落的编号格式自动为新的段落编号（即“2.”），连续两次按下<Enter>键，即可中断段落编号。

同样，Word 2010 具有自动创建项目符号的功能，当用户输入某项目符号和文字（如“★Word 基础”）后，按下<Enter>键开始一个新段落时，Word 2010 会按自动为新的段落添加项目符号（即“★”）。

要使用 Word 2010 的自动编号的功能需要单击“文件”选项卡→“选项”→“校对”→“自动更正选项”，打开“自动更正”对话框的“键入时自动套用格式”，确保“自动项目符号列表”和“自动编号列表”的复选框处于选中状态

（2）使用“开始”选项卡中“段落”组设置项目符号与段落编号。

将光标定位到需要插入项目符号的位置，单击“开始”选项卡中“段落”组的“项目符号”☰▾按钮，即可插入项目符号，如需要选择更多的“项目符号”的样式，可以单击☰▾按钮的下拉按钮，在弹出的下拉面板中选择要插入的项目符号，如图 3-41 所示。

同样，要插入段落编号，将光标定位到需要插入段落编号的位置，单击“开始”选项卡中“段落”组的“编号”☰▾按钮，即可插入段落编号，如需要选择更多的“段落编号”的格式，可以单击☰▾按钮的下拉按钮，在弹出的下拉面板中选择要插入的段落编号，如图 3-42 所示。

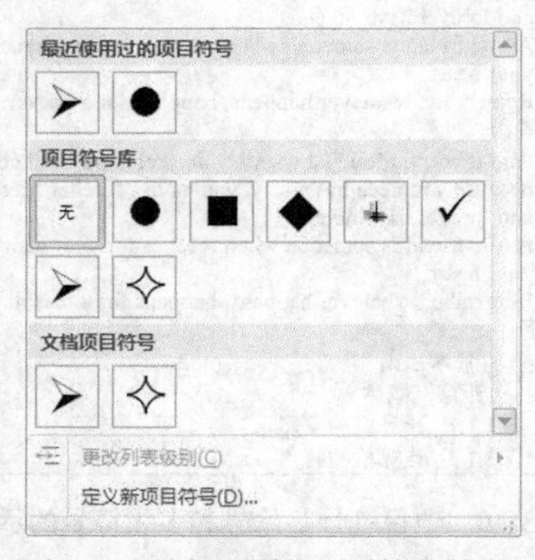

图 3-41　选择不同的项目符号样式

图 3-42　选择不同的编号格式

采用同样的方式，可以利用“开始”选项卡中“段落”组的“多级列表”按钮，插入多级列表。这时，可以使用“开始”选项卡中的“段落”组的“增加缩进量”按钮下降列表级别，使用“减少缩进量”按钮上升列表级别。

（3）使用右键快捷菜单设置项目符号与段落编号。

选中要加项目符号或段落编号的段落，单击鼠标右键，在弹出的快捷菜单中选择“项目符号”或“编号”选项，可以设置所需的项目符号与段落编号。

2. 自定义项目符号与段落编号

除了可以使用 Word 2010 自带的项目符号和编号样式外，用户还可以自定义项目符号和编号。要自定义项目符号，可以单击按钮的下拉按钮，在弹出的下拉面板中选择“定义新项目符号”，打开“定义新项目符号”对话框，单击相应的“符号”、“图片”按钮，可以定义新的项目符号，如图 3-43 所示。

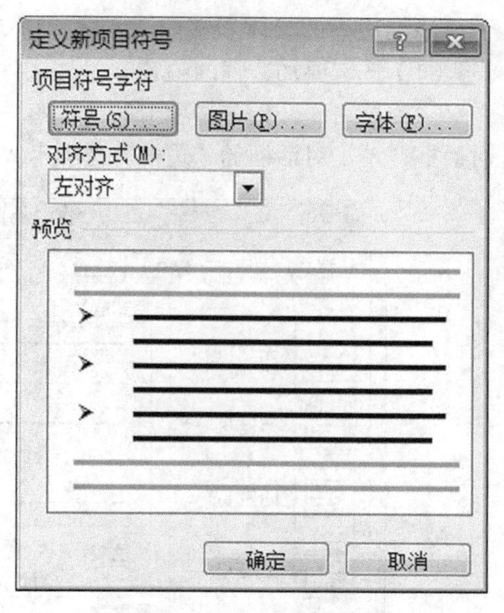

图 3-43　“定义新项目符号”对话框

要自定义编号样式，单击按钮的下拉按钮，在弹出的下拉面板中选择“定义新编号格式”，打开“定义新编号格式”对话框，在“编号样式”下拉列表中选择相应的“编号样式”，可以定义新的编号样式，如图 3-44 所示。

如图设定了段落编号，单击按钮的下拉按钮，在弹出的下拉面板中选择“设置编号值”，在弹出的对话框中，可以设置编号的起始值以及是否开始新列表或继续上一列表，如图 3-45 所示。

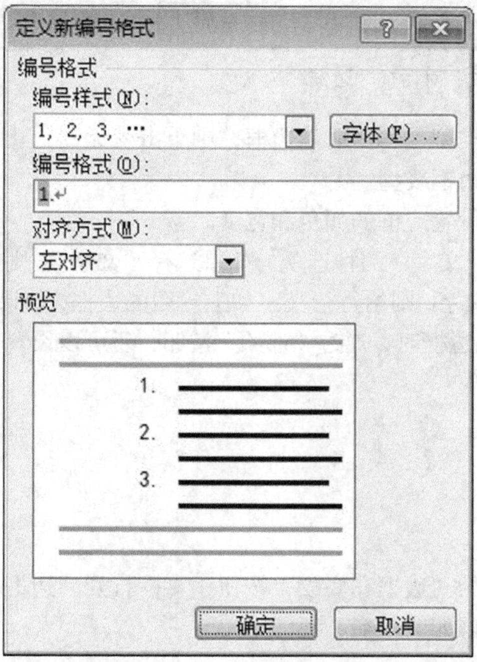

图 3-44　“定义新编号格式”对话框

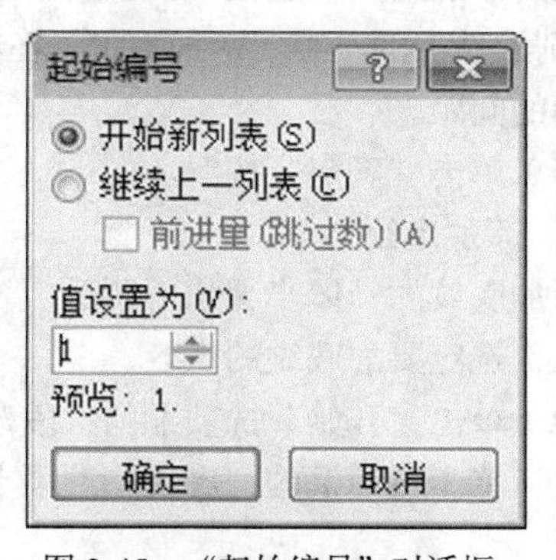

图 3-45　“起始编号”对话框

3.2.4 边框和底纹

在 Word 2010 中可以为页面、选定字符或段落设置各种线形、颜色的边框及各种颜色的底纹。

1. 添加边框

添加边框的具体步骤如下所示。

（1）选定要加边框的内容。

（2）单击“开始”选项卡的“段落”组中的“边框和底纹”按钮，打开“边框和底纹”对话框，单击对话框的“边框”选项卡，对话框如图 3-46 所示。

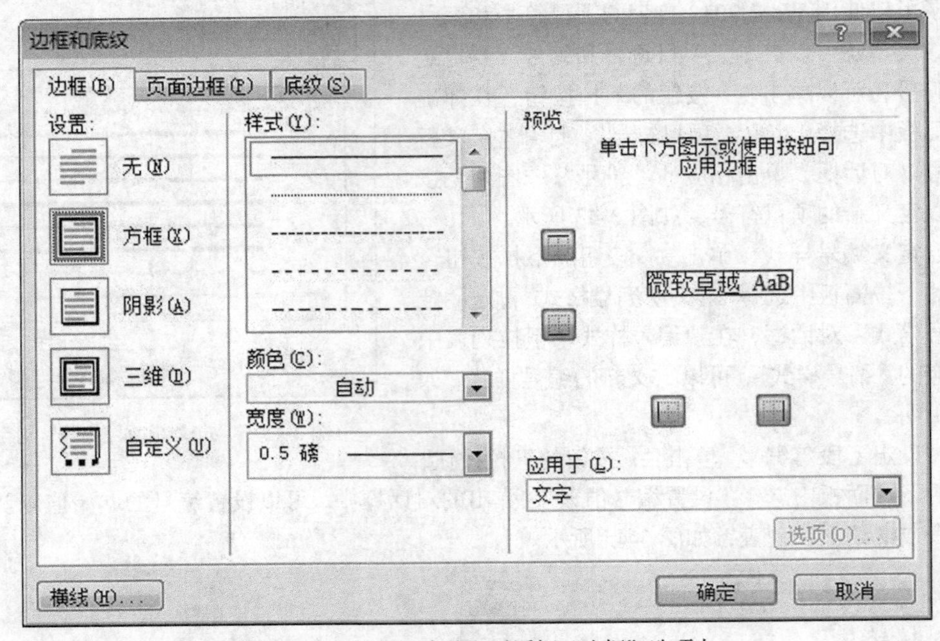

图 3-46 “边框和底纹”对话框“边框”选项卡

（3）在“设置”选项区中选择适当的边框类型，若要取消边框，则单击“无”。

（4）在“样式”列表框中，可选择需要的边框线型。

（5）在“颜色”和“宽度”列表框中，可设置边框的颜色和宽度。

（6）在“应用于”列表框中有“段落”和“文字”两种选项，如果选择“文字”，则在选中的文字四周添加封闭的边框，如果选中的是多行文字，则给每行文字加上封闭的边框；如果选择“段落”，则给选中的所有段落加边框，在给段落加边框时，通过“选项”按钮，还可以设置段落与边框之间的间距。

（7）单击“确定”按钮。

2. 添加底纹

添加底纹的具体步骤如下所示。

（1）选定要加底纹的内容；

（2）单击“开始”选项卡的“段落”组中的“边框和底纹”按钮，打开“边框和底纹”对话框，单击对话框的“底纹”选项卡，对话框如图 3-47 所示；

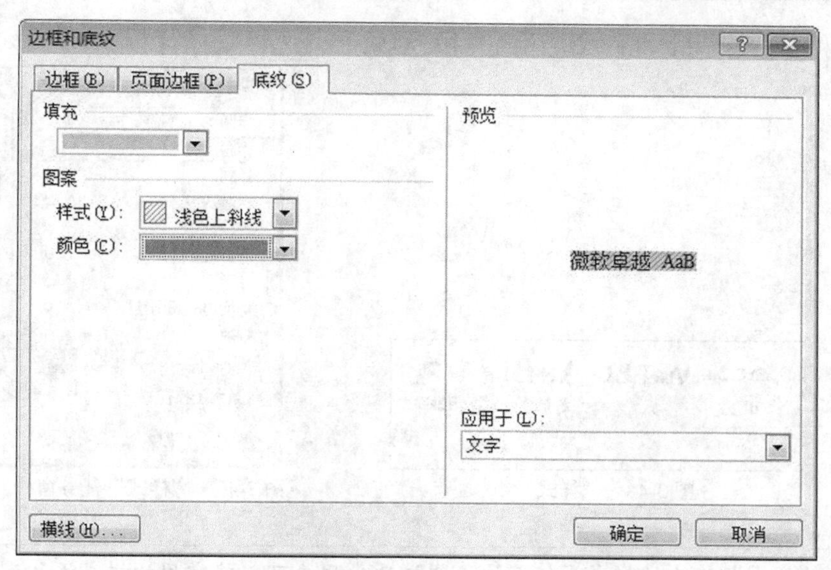

图 3-47　“边框和底纹”对话框“底纹”选项卡

（3）在“填充”列表框中选择适当的颜色作为背景填充，若要取消填充的底纹，则单击“无填充色”；

（4）在“样式”列表框中，可选择背景图案样式；

（5）在“颜色”列表框中，如选择了样式则可选择显示该样式的颜色；

（6）在“应用于”列表框中有“段落”和“文字”两种选项，含义与设置边框时相同；

（7）单击“确定”按钮。

除了以上方法外，我们也可以使用“开始”选项卡中的“段落”组中“边框和底纹”按钮旁边的下拉按钮和“底纹”按钮快速为选定的文本和段落设置边框和底纹。方法是选定设置边框和底纹的字符或段落，单击“边框和底纹”按钮旁边的下拉按钮，在弹出的下拉菜单中选择一种边框样式或单击“底纹”按钮，点旁边的下拉按钮，在弹出的下拉菜单中选择一种颜色，设置底纹颜色。

3.2.5　样式

样式是应用于文档的一系列格式的集合，样式规定了段落的外观，如文本对齐、行间距、边框等，也可规定文字的外观，如字体、字号、加粗及倾斜等。使用样式可以使文本格式统一。通过简单的操作即可将样式应用于整个文档或段落，从而极大提高工作效率。

1. 快速应用样式

用户可以通过“快速样式”面板或“样式”任务窗格来设置需要的样式，具体步骤如下所示。

①选定要应用样式的段落或字符；

②在“开始”选项卡中的“样式”组的“快速样式”面板中，选择要使用的样式，可将此样式应用到选中的对象上，如图 3-48 所示，也可以通过单击该面板右侧的下拉箭头，打开更多的样式列表。

也可以通过“样式”任务窗格来设置需要的样式。具体步骤如下所示。

（1）选定要应用样式的段落或字符；

（2）单击“样式”组右下角的扩展按钮，打开“样式”任务窗格，如图 3-49 所示，在窗格中选择要使用的样式，可将此样式应用到选中的对象上。

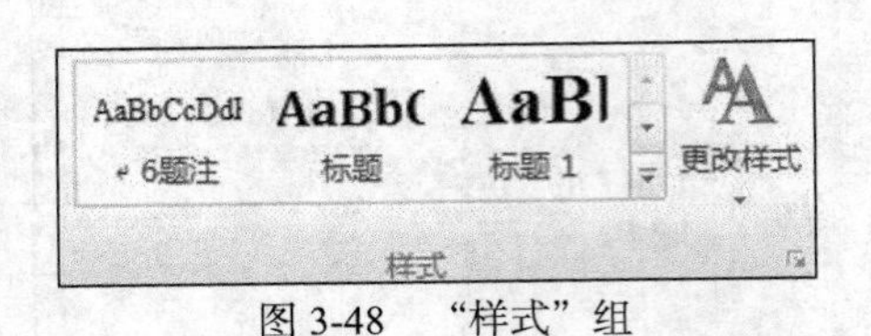

图 3-48 “样式”组

图 3-49 “样式”任务窗格

“样式”组中的样式面板是快速样式库，用户可以将常用的样式添加到快速样式库，使用时单击该样式即可应用到文档中。

2. 修改样式

如果对“样式”任务窗格中的样式不满意，用户可以根据需要对其进行修改，具体步骤如下所示。

（1）在“样式”任务窗格中选择要修改的样式右边的下拉按钮，在弹出的下拉菜单中选择“修改”选项，打开“修改样式”对话框，如图 3-50 所示；

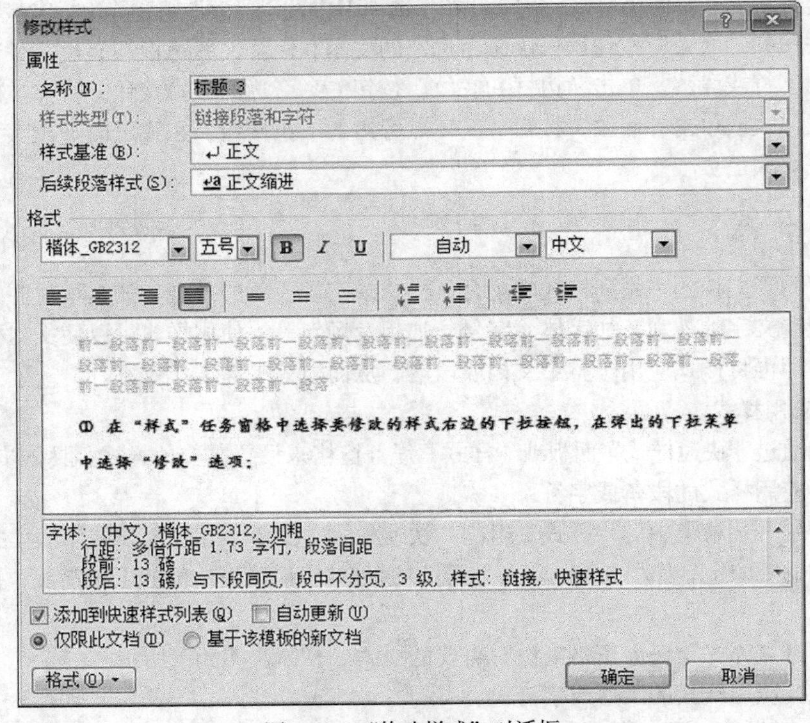

图 3-50 “修改样式”对话框

（2）在“修改样式”对话框中设置相应的样式属性，单击“确定”即可。

3. 新建样式

除了可以使用系统中的自带样式外，用户还可以自己定义样式，具体步骤如下所示。

（1）选中需要设置的文本，在“样式”任务窗格中单击“新建样式”按钮，打开“根据格式设置创建新样式”对话框，如图 3-51 所示；

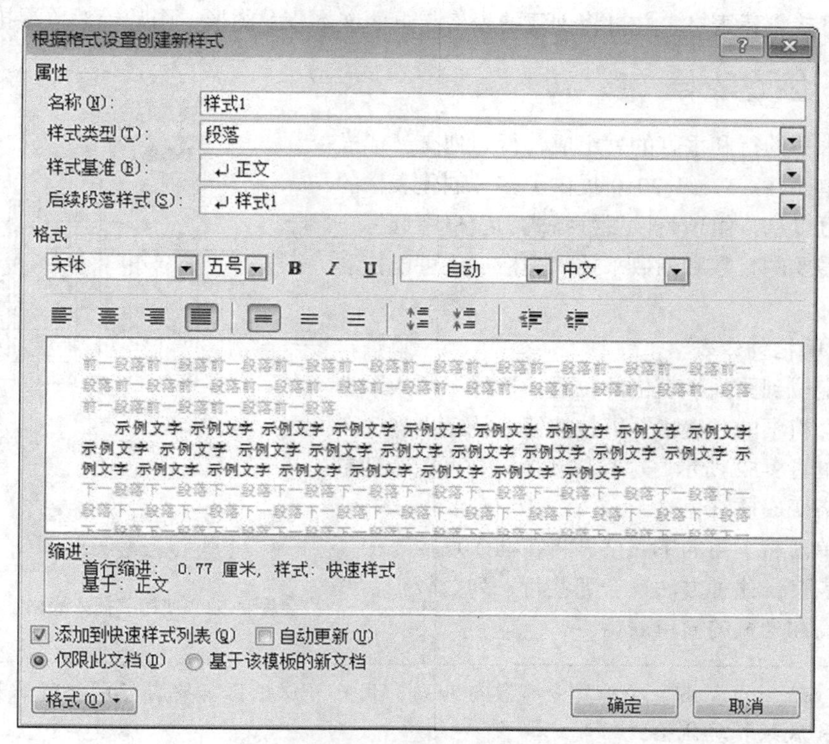

图 3-51　“根据格式设置创建新样式”对话框

（2）在“根据格式设置创建新样式”对话框中设置相应的样式属性，单击“确定”即可。

4. 清除和删除样式

如果在使用样式后，不想应用该样式，可以清除它。方法是：选定要清除样式的内容，单击“快速样式”面板右侧的下拉箭头，在弹出的下拉面板中选择“消除样式”选项，即可清除样式。

当文档中不再需要某个自定义样式时，可以删除它，方法是：在“样式”任务窗格中选择要删除的样式（如“标题 3”）右边的下拉按钮，在弹出的下拉菜单中选择“删除‘标题 3’”选项，在弹出的提示框中，单击“是”按钮，将删除样式。

3.2.6　格式刷

“开始”选项卡的“剪切板”组中的“格式刷”按钮可以方便地将现有字符或段落的格式复制到别的字符或段落。方法是：选定包含需复制格式的字符或段落→选择“格式刷”按钮使鼠标指针变为刷状→拖动鼠标选中需复制格式的字符或段落。

如果要连续地将格式复制到文档中的多处，则可以双击“格式刷”按钮；如果不需要格式刷功能，只需再单击格式刷按钮或按<Esc>键，停止设置格式刷。

3.3 表格的设计

在日常工作中常常会用到表格，如个人简历、各种报表，特别是预算报告、财务分析报告等文档中，表格具有很强的说服力，使用表格来说明或比较信息显得条理清楚、简明清晰。在 Word 文档中可以直接创建表格，并可将创建的表格与页面文本以及图形、图片等对象混排在一起。

3.3.1 创建表格

表格由水平的行和垂直的列组成，行与列交叉形成的方框称为单元格。Word 2010 提供了多种创建表格的方法，用户可以从一组预先设置好格式的表格中选择，或通过设置需要的行数和列数来插入表格，还可以拖动鼠标绘制表格。

1. 使用网格创建表格

将光标定位到要插入表格的位置，选择“插入”选项卡“表格”组中的“表格”下拉按钮，就会出现一个下拉面板。如图 3-52 所示，这时移动鼠标，可以看到鼠标拖过的方格变成橘红色格子，并在上方有“$m\times n$ 表格”字样，此时单击右下角的单元格，将在插入点插入一个 m 行 n 列的表格，这种方法适合那些行、列数较少，并且规则的行高和列宽的简单表格。

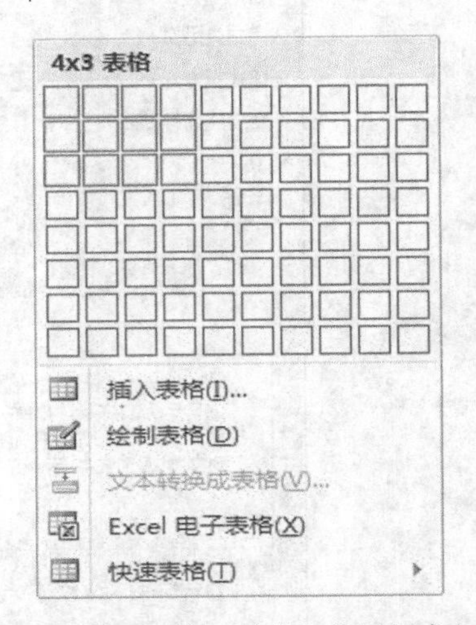

图 3-52　使用“插入表格”按钮创建表格

绘制的表格自动平均分布各行和列，用户可以根据需要自行调整行高和列宽以及边框和底纹等其他格式。

2. 使用“插入表格对话框”创建表格

将光标定位到要插入表格的位置，选择“插入”选项卡“表格”组中的“表格”下拉按钮，在弹出的下拉面板中选择“插入表格”选项，将打开如图 3-53 所示的“插入表格”对话框。在“列数”和“行数”数值框中分别输入想插入表格的列数和行数。

下面是“自动调整”操作栏中各选项的说明。

（1）固定列宽：如在微调框中选“自动”，则 Word 2010 会根据页面的宽度自动设置最大可能的列宽。也可手动调节每列的宽度。

（2）选中“根据内容调整表格”，列宽随每一列输入的内容多少而自动调整。

（3）选中“根据窗口调整表格”，将根据页面的宽度自动设置最大可能的列宽，在 Web 版式视图中表格随浏览器窗口大小会自动调整。

3. 手动绘制表格

除以上介绍的两种插入表格的方法外，用户还可以自己手动绘制表格，使用 Word 2010 提供的绘制工具就像用笔在纸上绘图一样，如果绘制错了还可以用橡皮擦除。

要绘制表格，选择“插入”选项卡“表格”组中的“表格”下拉按钮，在弹出的下拉面板中选择“绘制表格”选项，此时鼠标指针呈✎形状，在文档空白处按住鼠标左键，拖动鼠标，当光标变化的虚线框达到所需的表格尺寸时，松开鼠标，虚线即可变成实线，这是表格的外围边框。然后在矩形内绘制表格的行、列或对角线。如图 3-54 所示。

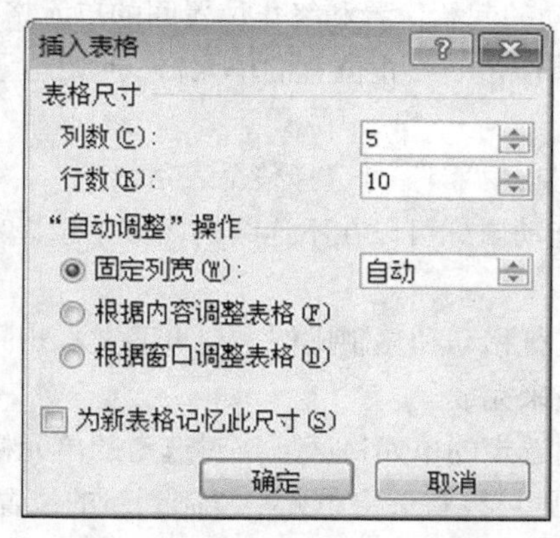

图 3-53　使"插入表格"对话框

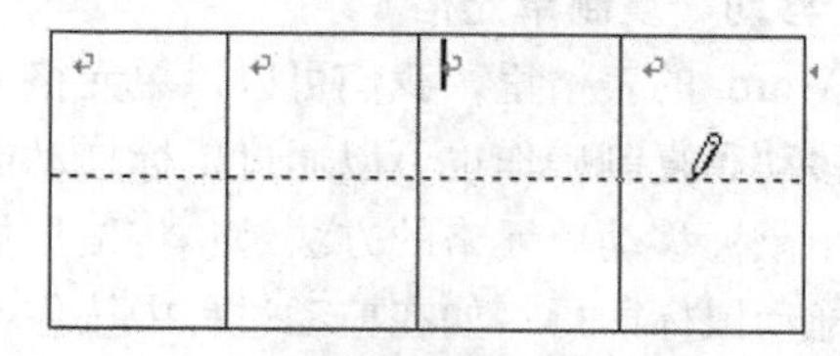

图 3-54　手动绘制表格

如果要清除表格中的多余的行列框线，可单击"设计"选项卡下"绘制边框"组中的"擦除"按钮，这时鼠标指针呈形状，将指针置于要擦除的线条上单击，即可将该条擦除。

4．插入快速表格

Word 2010 内置了多格式的表格，用户可以快速插入这些表格。要绘制表格，选择"插入"选项卡"表格"组中的"表格"下拉按钮，在弹出的下拉面板中选择"快速表格"选项，在弹出的子选项中选择合适的表格即可。

3.3.2　编辑表格

用户可以根据需要对表格进行编辑、调整，以达到设计要求。

1．选定表格的操作对象

在对表格对象进行操作之前，都需要选定单元格或行或列，甚至整个表格以指明操作的对象。

（1） 使用"选择"按钮选定表格对象。

当光标位于表格中时，选择"布局"选项卡中的"表"组下的"选择"按钮，在弹出的下拉菜单中选择"选择单元格"、"选择列"、"选择行"或"选择表格"可选择光标所在的单元格、列、行或表格，如图 3-55 所示。

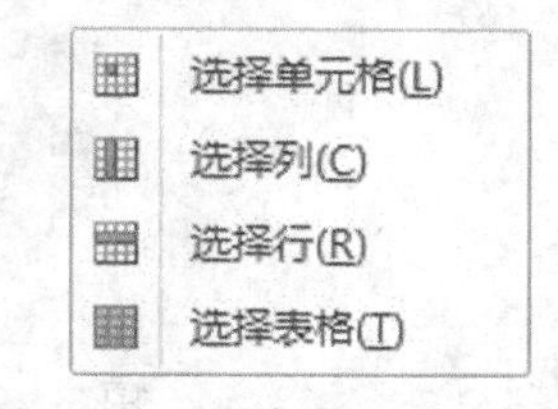

图 3-55　"选定表格"下拉菜单

也可以在光标位于表格中时，单击鼠标右键，在弹出的快捷菜单中选择"选择"→"单元格"、"列"、"行"或"表格"选项，可选择光标所在的单元格、列、行或表格。

（2） 使用鼠标快速选择表格对象。

使用鼠标可以选定某个单元格、某行单元格、某列单元格或是一个矩形范围内的单元格，方法如下所示。

① 选择单元格：将鼠标指针指向单元格的左边，当鼠标指针变为一个指向右上方的黑色箭头➚时，单击可以选定该单元格。

② 选择行：将鼠标指针指向行的左边，当鼠标指针变为一个指向右上方的白色箭头时，单击可以选定该行；如垂直拖动鼠标，则拖动过的行被选定。

③ 选择列：将鼠标指针指向列的上方，当鼠标指针变为一个指向下方的黑色箭头↓时，单击可以选定该列；如水平拖动鼠标，则拖动过的列被选定。

④ 选择连续单元格：在单元格上拖动鼠标，拖动的起始位置和终止位置间的单元格被选定；也可单击位于起始位置的单元格，然后按住 Shift 键单击位于终止位置的单元格，起始位置和终止位置间的单元格被选定。

⑤ 选择整个表格：单击表格左上角的表格移动控点“⊞”可选择整个表格。

⑥ 选择不连续单元格：在按住<Ctrl>键的同时拖动鼠标可以在不连续的区域中选择单元格。

2. 移动 / 复制单元格

在 Word 的表格里，我们可以以单元格为单位进行移动和复制操作。与页面文本相同，对单元格的移动和复制操作也可以通过鼠标拖动或剪贴板来完成。

使用鼠标移动单元格的方法是：将鼠标指针指向选定的单元格区域，对选定的单元格按下鼠标左键拖动鼠标即可；如在拖动过程中按住<Ctrl>键则可以将选定单元格复制到新的位置。

在移动或复制时，如果选定的内容仅是单元格内的文本而不包括单元格结束标记，则 Word 只将选定的文本移动或复制到新位置，并不改变新位置原有的文本；

如果选定的内容包括要移动或复制的文本和单元格结束标记，则 Word 会自动覆盖新位置上原有的文本和格式。

3. 插入单元格、行和列

创建了表格以后，表格的行列数并不是一定的，我们可以在表格中插入单元格、行和列。

（1） 插入单元格。

插入单元格的方法是：选定插入位置上的单元格→单击鼠标右键，在弹出的快捷菜单中选择“插入”→“插入单元格”选项，如图 3-56 所示，在弹出的“插入单元格”对话框的 4 个选项中选择一种插入位置，如图 3-57 所示。也可以选择“布局”选项卡中的“行和列”组的扩展按钮，这也将打开“插入单元格”对话框。

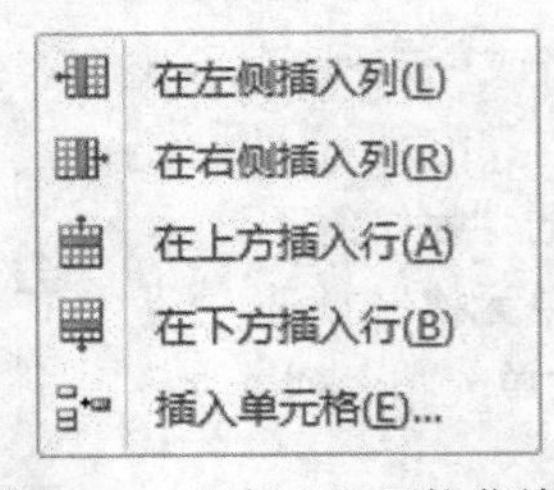

图 3-56 “插入”下拉菜单

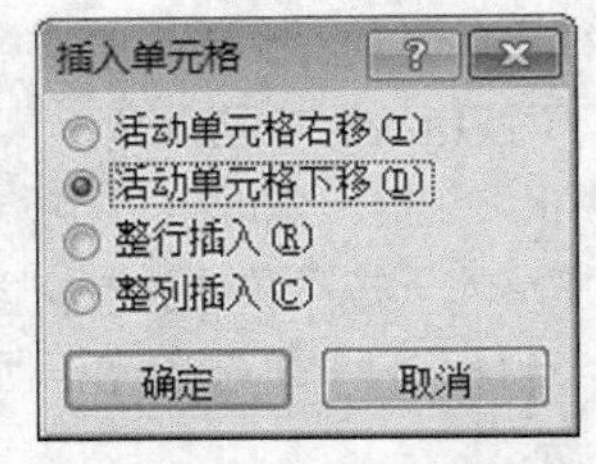

图 3-57 “插入单元格”对话框

（2）插入行和列。

插入行可以在选定行的上方或下方插入与选定行数相同的新行。具体的操作如下所示。

① 将光标放在需要插入行处或选定数行；

② 选择“布局”选项卡中的“行和列”组中的“在上方插入”或“在下方插入”按钮，如图 3-58 所示。

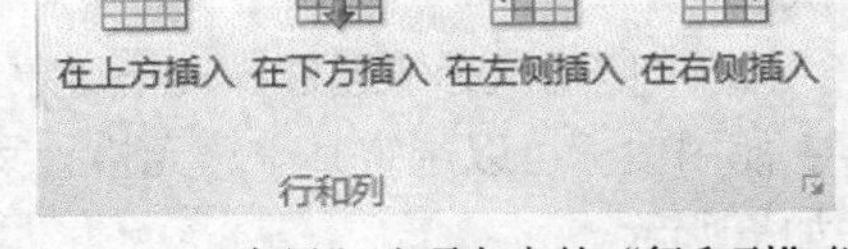

图 3-58 “布局”选项卡中的“行和列”组

③ 也可以在选定行后，单击鼠标右键，在弹出的快捷菜单中选择“插入”→“在上方插入行”或“在下方插入行”选项。

同理，可以在选定列的左侧或右侧插入与选定列数相同的列。

如果在表格的末尾添加一行，可先将光标定位到最后一行的最后一个单元格，然后按<Tab>键，或在最后一个单元格后按<Enter>键，从而快速添加一行。

4. 删除单元格、行、列和表格

不需要的行、列可以删除。删除行后，被删除行下方的行自动上移；删除列后，被删除列右侧的列自动左移。

要删除单元格、行、列和表格，需要首先选定要删除的对象，然后选择“布局”选项卡的“行和列”组中的“删除”下拉按钮，在弹出的下拉菜单中选择对应的删除命令。如图 3-59 所示。

删除单元格(D)...
删除列(C)
删除行(R)
删除表格(T)

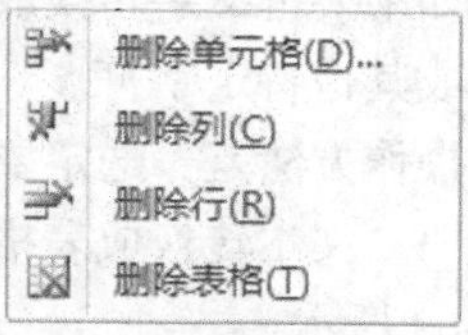

图 3-59　“删除”按钮的下拉菜单

此外，使用快捷菜单上的“删除行”、“删除列”、“删除单元格”和“删除表格”选项也可以删除行、列、单元格和表格。

5. 合并和拆分单元格

在结构稍微复杂一些的表格中，单元格的排列并不是完全规则的，每一行或列中的单元格数目可能并不相等，因此我们需要将某几个单元格合并为一个单元格或将表格中的单元格拆分成多个单元格。

（1）合并单元格。

合并单元格的操作步骤如下所示。

① 选定要合并的两个或多个单元格；

② 选择“布局”选项卡的“合并”组中的“合并单元格”按钮；或单击鼠标右键，在弹出的快捷菜单中选择“合并单元格”选项。

合并单元格也可以用“擦除”工具来擦除线条，但这样操作比较慢。

（2）拆分单元格。

拆分单元格的操作步骤如下所示。

① 选定要拆分的一个或多个单元格。

② 选择“布局”选项卡的“合并”组中的“拆分单元格”按钮；或单击鼠标右键，在弹出的快捷菜单中选择“拆分单元格”选项（但这仅适用于只拆分一个单元格的情况）。打开“拆分单元格”对话框，如图 3-60 所示。

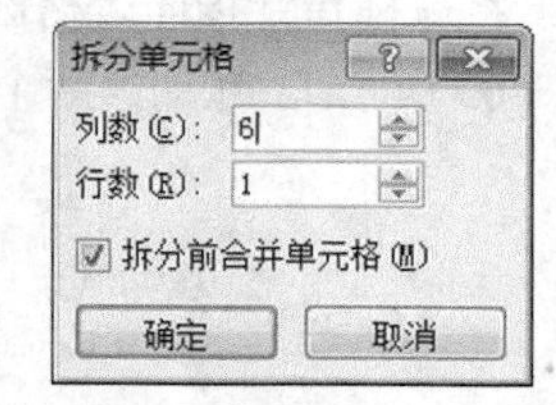

图 3-60　“拆分单元格”对话框

③ 在对话框中需输入拆分的行数，如果用户选中的是多行和多列的单元格，可以做如下选择：“拆分前合并单元格”复选框将选定单元格先进行合并然后再拆分，否则 Word 对所有选定的单元格分别进行拆分。

（3）拆分表格。

拆分表格的操作步骤如下所示。

① 选定要拆分处的行；

② 选择“布局”选项卡的“合并”组中的“拆分表格”按钮，一个表格就从光标处分成两个表格。

6. 表格与文字相互转换

（1）表格转换为文字。

出于某些特殊的需要（例如要在其他应用程序中读取 Word 表格中的数据），我们可以将表格转换成普通文本。Word 可以将文档中的表格内容转换为以逗号、制表符、段落标记或其他指定字符分隔的普通文本。

操作方法是：光标定位在表格→选择“布局”选项卡→“数据”组→“转换为文本”，在弹出的“表格转换成文本”对话框中设置要当作文本分隔符的符号，如图 3-61 所示。

（2）文字转换为表格。

如果要把文字转换成表格，文字之间必须用分隔符分开，分隔符可以是段落标记、逗号、制表符或其他特定字符。

操作方法是：选定要转换为表格的正文→选择“插入”选项卡→“表格”组→“表格”下拉按钮→“文本转换成表格”选项，在弹在的“将文本转换成表格”对话框中设置相应的选项，如图 3-62 所示。

图 3-61 “表格转换成文本”对话框

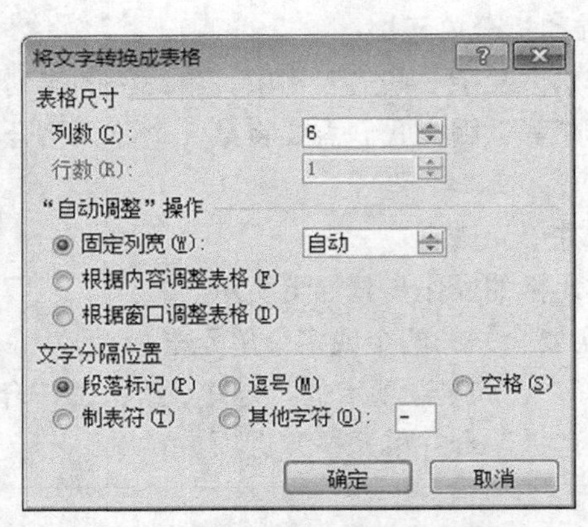

图 3-62 “将文本转换成表格”对话框

3.3.3 表格格式化

1. 移动和缩放表格

将鼠标指针指向表格区域后，表格的左上角和右下角会分别出现一个移动标记和缩放标记（如图 3-63 所示），拖动这两个标记即可移动或缩放表格，操作方法如下所示。

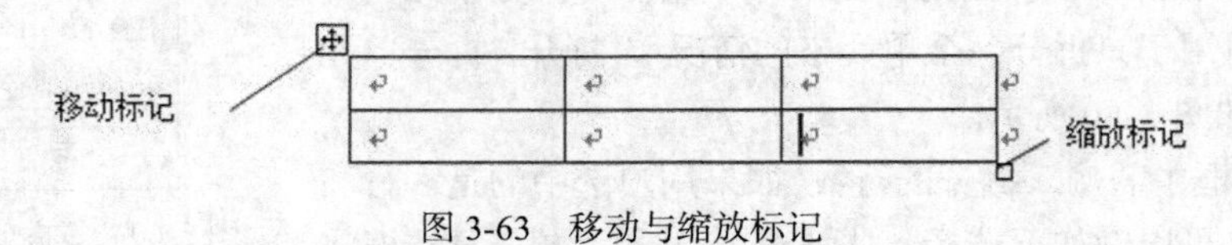

图 3-63 移动与缩放标记

如果要移动表格，可将鼠标指针指向左上角的移动标记，然后按下鼠标左键拖动鼠标，拖动过程中会有一个虚线框跟着移动，当虚线框到达需要的位置后，松开鼠标左键即可将表格移动到指定位置；

如果要缩放表格，可将鼠标指针指向右下角的缩放标记，然后按下鼠标左键拖动鼠标，拖动过程中也有一个虚线框表示缩放尺寸，当虚线框尺寸符合需要后，松开鼠标左键即可将表格缩放为需要的尺寸。

2. 改变行高和列宽

表格的行高和列宽可以进行调整，我们可以按以下操作方法移动表格的行列线。

（1）将鼠标指针指向需移动的行线，当指针变为 ≑ 状时，按下鼠标左键拖动鼠标可移动行线；

（2） 将鼠标指针指向需移动的列线，当指针变为 ⟺ 状时，按下鼠标左键拖动鼠标可移动列线。

（3） 如果要准确地指定表格大小、行高和列宽，则可以在“表格属性”对话框中设置。

如需改变行高，可以通过如下方式调整。

① 选定要改变行高的行。

② 选择“布局”选项卡→“表”组→“属性”按钮，打开“表格属性”对话框，单击“行”选项卡，如图 3-64 所示。

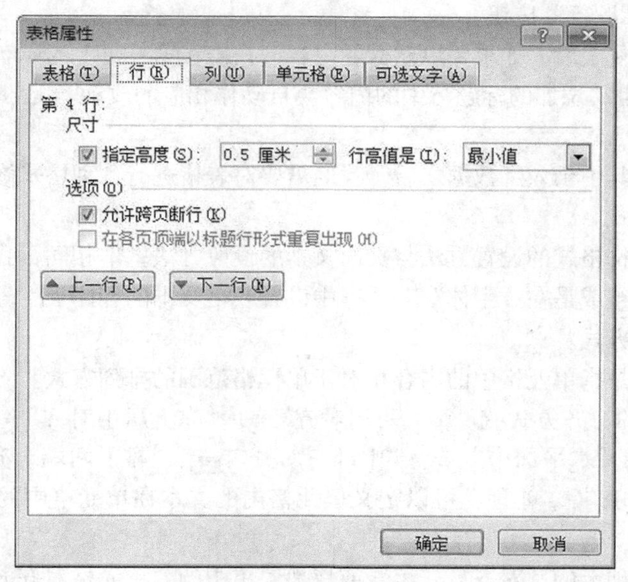

图 3-64　“表格属性”对话框

③ 在“指定高度”数值框中输入相应的数值。

④ 使用“上一行”或“下一行”按钮，选定相邻的上一行或下一行，继续进行设置行高操作。

如果表格中所有行的行高一样，可以选中表格，进行设置。

同理可以使用“表格属性”对话框的“列”和“单元格”选项卡设置列宽和单元格宽度。

3. 平均分布行列

如果需要表格的大部分行列的行高或列宽相等，则可以使用平均分布行列的功能。该功能可以使选择的每一行或每一列都使用平均值作为行高或列宽。

在表格中选定需平均分布的行列后，选择“布局”选项卡→“单元格大小”组→“分布行” 分布行 或“分布列” 分布列 按钮可以平均分布选定行列的行高或列宽，也可以单击鼠标右键，在弹出的快捷菜单选择“平均分布各行”和“平均分布各列”选项来平均分布选定行列的行高或列宽。

4. 绘制斜线表头

斜线表头是指使用斜线将一个单元格分隔成多个区域，然后在每一个区域中输入不同的内容。中文表格中经常用到斜线表头。

要绘制斜线表头，先将光标定位到要绘制斜线表头的单元格，单击“开始”选项卡下的“段落”组中的“下框线”下拉按钮，在弹出的下拉菜单中选择“斜下框线”样式 斜下框线(W)

即可。

5. 标题行重复

表格的标题行是指位于表格的第一行或前几行，用于存放表格每一列标题的行。在 Word 中，如果表格很长，分排在好几页上，则可以指定表格中作为标题的行，被指定的行会自动显示在每一页的开始部分，以方便阅读。

指定标题行的方法是：选定作为标题的行（必须包括表格的第一行）→选择“布局”选项卡→“数据”组→“重复标题行”按钮。

设置了标题行重复之后，如果要更改标题内容，只需在第一页上的原有标题行中改动即可，其余各页上由 Word 自动添加的标题行中的内容会自动作相应的改动。

6. 格式化表格

创建了表格并在其中录入了数据之后，我们需要对表格进行各种格式修饰。

（1）设置字符格式。

表格中文本的字符格式的设置方法与页面文本的设置方法基本相同，我们可以使用“字体”选项卡中的“字体”组或是在“字体”对话框中设置表格文本的字体、字号等字符格式。

（2）单元格对齐方式。

单元格对齐方式是指单元格中的内容相对于单元格范围的排列方式。

Word 中单元格的对齐方式有“靠上两端对齐”、“靠上居中对齐”、“靠上右对齐”、“中部两端对齐”、“水平居中”、“中部右对齐”、“靠下两端对齐”、“靠下居中对齐”和“靠下右对齐”9 种，可以定义单元格内的文本在单元格中的水平和垂直方向上的对齐方式。

使用“布局”选项卡的“对齐方式组”或快捷菜单中的“单元格对齐方式”选项，可以设置选定单元格的对齐方式。

（3）设置表格对齐方式。

表格的对齐方式是指表格相对于页面的对齐方式，请注意表格对齐方式与单元格对齐方式的区别。Word 表格的对齐方式有左对齐、居中、右对齐三种。

设置表格对齐的方法是：选择“布局”选项卡下的“表”组中的属性，打开“表格属性”对话框→单击“表格”选项卡→选择对齐方式→单击“确定”按钮。

（4）设置文字方向。

在 Word 中可以将表格单元格中的文本设置为多种排列方向。

设置文字方向的方法是：选定单元格，单击“布局”选项卡下的“对齐方式组”中的“文字方向”，可更改选定单元格内文字方向，多次单击该按钮可在各个可用的方向中切换。

（5）表格的边框和底纹。

给表格和单元格设置边框和底纹，可以使表格更加美观，表格中的内容更加突出。

例如，设置表格的外边框为实线，宽度为 1.5 磅，网络线的线型设置为实线，宽度为 1.0 磅。将表格第一行设的单元格底纹为“深蓝文字 2 淡色 60%”。

设置表格边框的具体步骤如下所示。

① 设置单元格或表格的边框或底纹可以选中相应的单元格或表格，选择“布局”选项卡下的“表”组中的属性，打开“表格属性”对话框。

② 单击“边框和底纹”按钮，打开“边框和底纹”对话框，选择“边框”选项卡，如图 3-65 所示。

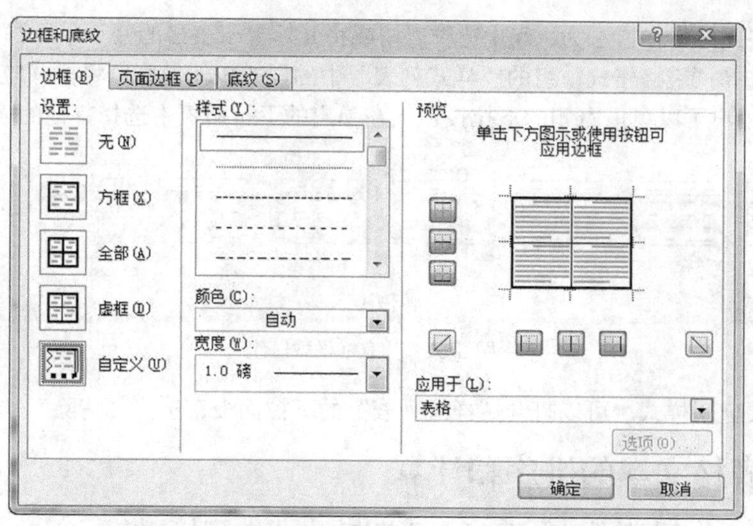

图 3-65　“边框和底纹”对话框“边框”选项卡

③ 在“设置”区域单击“自定义”按钮，在“线型”列表框中选择“实线”，在“宽度”列表框中选择“1.5 磅”，在“预览”区域分别单击“上、下、左、右”边线按钮，然后，在“线型”列表框中选择“实线”，在“宽度”列表框中选择“1.0 磅”，在“预览”区域单击“网络横线”按钮，单击“确定”按钮，即可完成表格边框的设置。

④ 在打开的“边框和底纹”对话框中选择“底纹”选项卡，可以设置填充颜色，注意在“应用于”下拉列表中选择适当的应用范围。如图 3-66 所示。也可以单击鼠标右键，在弹出的快捷菜单中选择“边框和底纹”选项，打开“边框和底纹”对话框。

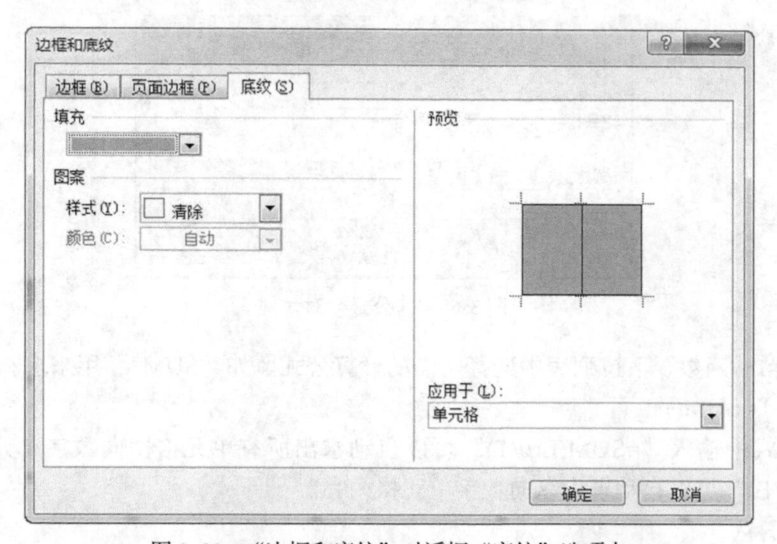

图 3-66　“边框和底纹”对话框“底纹”选项卡

也可以通过选择“开始”选项卡下“段落”组中的“边框和底纹”按钮和“底纹”按钮来设置表格或单元格的边框和底纹。

（6）自动套用格式。

自动套用格式是 Word 中提供的一些现成的表格样式，其中已经定义好了表格中的各种格式，用户可以直接选择需要的表格样式，而不必逐个设置表格的各种格式。

自动套用格式的操作方法为：首先选中表格或将光标置于表格的任一单元格中，选择“设计”选项卡，然后选择“表格格式”组的“样式列表”中的样式按钮，则可将样式应用到表格中，如图 3-67 所示，用户可以单击右侧的下拉按钮，在弹出的下拉面板中选择其他的表格样式。

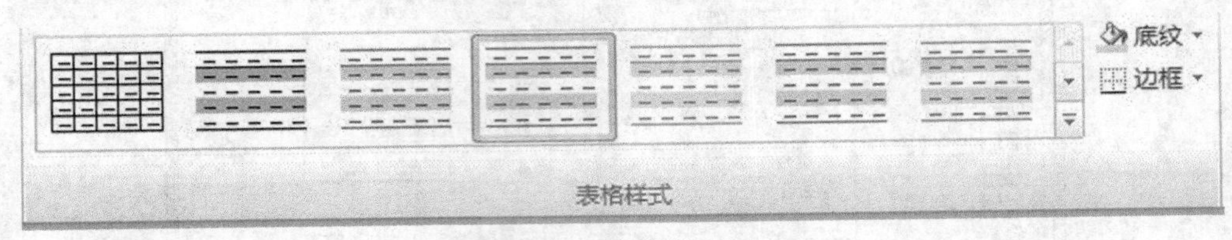

图 3-67　“表格样式”组

如果不需要应用样式，可以打开“样式列表”的下拉面板，选择“清除”选项。

3.3.4　表格文本的排序和计算

虽然不是专业的表格软件，但 Word 的表格中同样提供了计算功能。

1. 表格的计算

通常表格中的一些诸如“合计”、“总计”之类的数据项往往是位于该单元格左侧或上方的多个单元格数据的和，在填写这样的单元格时，我们可以使用 Word 的自动求和功能。

利用表格的计算功能，可以执行一些简单的运算，操作方法如下所示。

（1）单击要存入计算结果的单元格。

（2）选择“布局”选项卡，单击“数据”组中的“公式”选项，打开“公式”对话框。如图 3-68 所示。

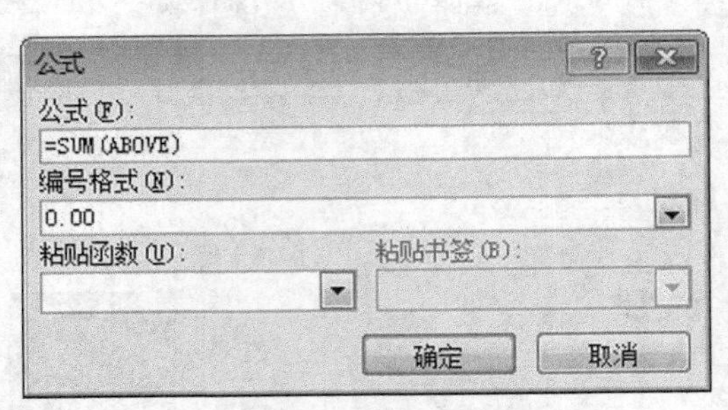

图 3-68　“公式”对话框

（3）在“粘贴函数”下拉列表中选择所需的计算公式。如“SUM”，用来求和，则在“公式”文本框内出现“=SUM()”。

（4）在公式中输入“=SUM(LEFT)”可以自动求出所有单元格横向数字单元格的和，输入“=SUM(ABOVE)”可以自动求出纵向数字单元格的和。

2. 表格排序

Word 提供了对表格数据进行自动排序的功能，可以对表格数据按数字顺序、日期顺序、拼音顺序、笔画顺序进行排序。

在排序时，首先选择要排序的单元格区域，然后选择“布局”选项卡，单击“数据”组中的“排序”按钮，弹出“排序”对话框，如图 3-69 所示，在“排序”对话框中，我们可以任意指定排序列，并可对表格进行多重排序。

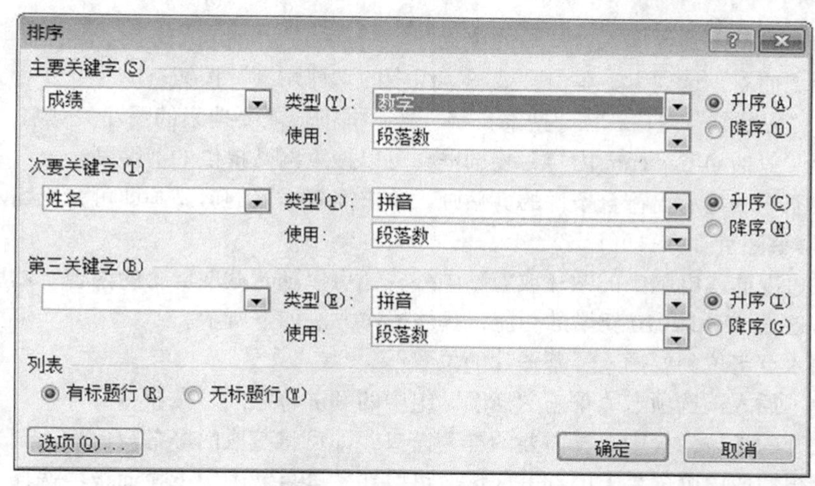

图 3-69 “排序”对话框

3.4 图文混排

虽然 Word 称为文字处理软件，但实际上 Word 能处理的东西早已不局限于文字范畴，我们可以在文档中插入图形、图片等各种对象。

3.4.1 插入图片和剪贴画

在 Word 文档中可以插入各种现成的图片，这样不仅可以美化版面，还可以更好地表达文档中的内容。图片来源可以是 Word 2010 自带的剪辑库中的图片，也可以是任意的图片文件。

1. 插入图片

用户可以插入图片文档，如“.bmp”、“.jpg”、“.png”、“.gif”等。操作方法如下所示。

（1）把插入点定位到要插入图片的位置；

（2）选择“插入”选项卡，单击“插图”组中的“图片”按钮；

（3）弹出“插入图片”对象框中，找到需要插入的图片，单击“插入”按钮或单击“插入”按钮旁边的下拉按钮，在打开的下拉列表中选择一种插入图片的方式。

插入：图片以“嵌入”形式“复制”到当前文档中，成为当前文档的一部分，当保存文档时，插入的图片会随文档一起保存，以后当提供这个图片的文件变化时，文档的图片不会自动更新。

链接到文件：图片以“链接方式”被当前文档所“引用”，这时，插入的图片仍然保存在源图片文件中，当前文档只保存了这个图片文件所在的位置信息，以链接方式插入图片不会使文档的长度增加许多，也不影响在文档中查看并打印该图片，当提供这个图片的文件被改变后，被“引用”到该文档的图片也会自动更新。

插入和链接：图片被“复制”到当前文档的同时，还建立了和源图片文件的“链接”关系，当保存文档时，插入的图片会随文档一起保存，以后当提供这个图片的文件变化时，文档的图片会自动更新。

2. 插入剪贴画

Word 的剪贴画存放在剪辑库中，用户可以由剪辑库中选取图片插入到文档中。将剪贴画插入到文档的操作方法如下所示。

（1）把插入点定位到要插入剪贴画的位置；

（2）选择“插入”选项卡，单击“插图”组中的“剪贴画”按钮；

（3）弹出“剪贴画”窗格，在“搜索文字”文本框中输入要搜索的图片关键字，单击“搜索”按钮，如选中“包括 Office.com 内容”复选框，可以搜索网站提供的剪贴画。

（4）搜索完毕后显示出符合条件的剪贴画，单击需要插入的剪贴画即可完成插入。

3. 截取屏幕图片

用户除了可以插入电脑中的图片或剪贴画外，还可以随时截取屏幕的内容，然后作为图片插入到文档中，这是 Word 2010 新增的功能，具体操作方法如下所示。

（1）把插入点定位到要插入屏幕图片的位置；

（2）选择“插入”选项卡，单击“插图”组中的“屏幕截图”按钮；

（3）在展开的下拉面板中选择需要的屏幕窗口，即可将截取的屏幕窗口插入到文档中。

（4）如果想截取电脑屏幕上的部分区域，可以在“屏幕截图”下拉面板中选择“屏幕剪辑”选项，这时当前正在编辑的文档窗口自行隐藏，进入截屏状态，拖动鼠标，选取需要截取的图片区域，松开鼠标后，系统将自动重返文档编辑窗口，并将截取的图片插入到文档中。

3.4.2 图片的编辑和格式设置

1. 选定图片

对图片操作前，首先要选定图片，选中图片后图片四边出现 4 个小方块，对角上出现 4 个小圆点，这些小方块\圆点称为尺寸控制点，可以用来调整图片的大小，图片上方有一个绿色的旋转控制点，可以用来旋转图片，如图 3-70 所示。

图 3-70 选定图片

2. 设置文字环绕

环绕是指图片与文本的关系，图片一共有 7 种文字环绕方式，分别为嵌入型、四周型环绕、紧密型环绕、穿越型环绕、上下型环绕、衬于文字下方和浮于文字上方，如图 3-71 所示。设置文字环绕时单击“格式”选项卡下“排列”组中的“自动换行”下拉按钮，在弹出的“文字环绕方式”下拉列表中选择一种适合的文字环绕方式即可，如图 3-72 所示。下拉列表也可以通过选中图片，单击鼠标右键，在快捷菜单中选择“自动换行”选项打开。

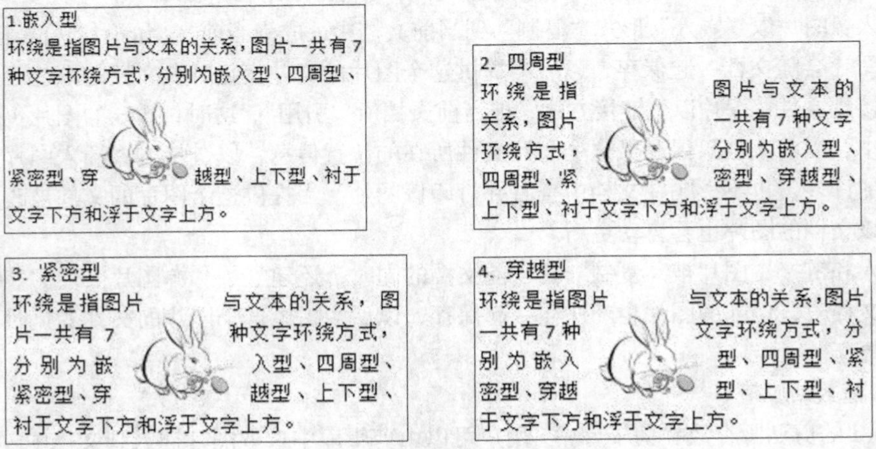

1.嵌入型
环绕是指图片与文本的关系，图片一共有 7 种文字环绕方式，分别为嵌入型、四周型、紧密型、穿越型、上下型、衬于文字下方和浮于文字上方。

2. 四周型
环绕是指图片与文本的关系，图片一共有 7 种文字环绕方式，分别为嵌入型、四周型、紧密型、穿越型、上下型、衬于文字下方和浮于文字上方。

3. 紧密型
环绕是指图片与文本的关系，图片一共有 7 种文字环绕方式，分别为嵌入型、四周型、紧密型、穿越型、上下型、衬于文字下方和浮于文字上方。

4. 穿越型
环绕是指图片与文本的关系，图片一共有 7 种文字环绕方式，分别为嵌入型、四周型、紧密型、穿越型、上下型、衬于文字下方和浮于文字上方。

图 3-71 “文字环绕方式”示例

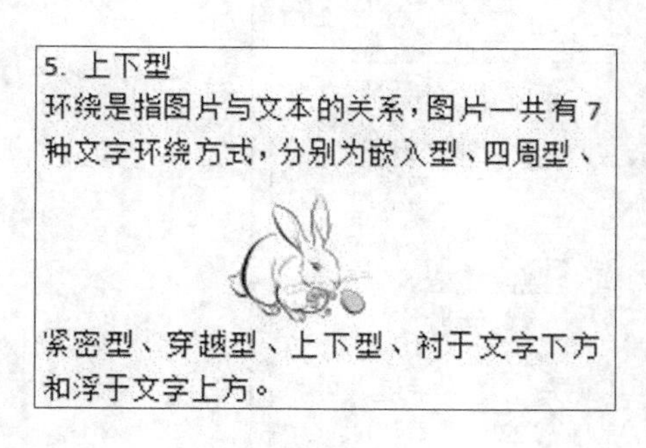

图 3-71　“文字环绕方式”示例（续）

另外，单击“其他布局选项”，打开“布局”对话框的“文字环绕”选项卡也可以设置文字环绕方式。如图 3-73 所示。

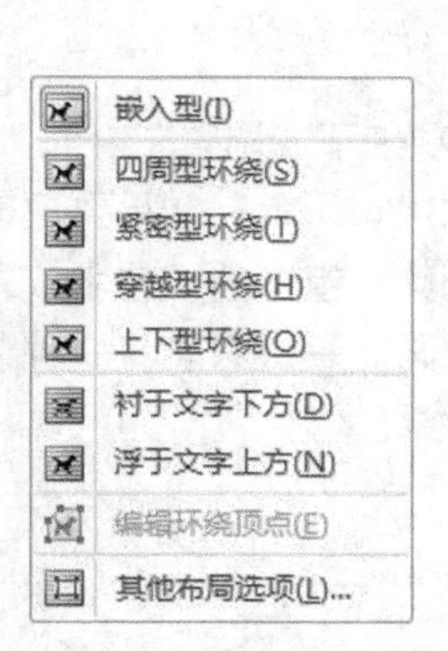

图 3-72　“文字环绕方式”下拉列表

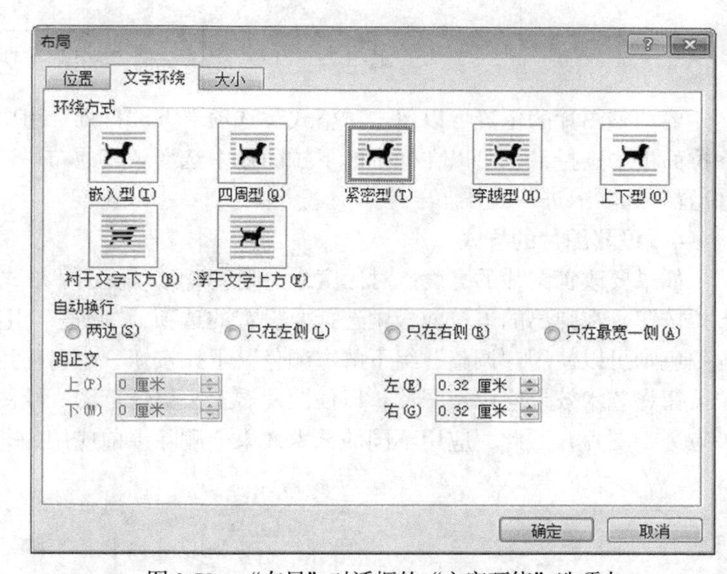

图 3-73　“布局”对话框的“文字环绕”选项卡

3. 调整图片的大小和位置

图片选中后，将鼠标移到所选图片，当鼠标指针变成形状时拖动鼠标，可以移动所选图片的位置；移动鼠标到图片的某个尺寸控制点上，当鼠标变成双向箭头⟺时，拖动鼠标可以改变图片的形状和大小。

若要精确调整大小，可以在“格式”选项卡下“大小”组的“高度”和“宽度”数值框中进行调整，如图 3-74 所示。同时可以单击“大小”组右下角的扩展按钮，打开“布局”对话框的“大小”选项卡进行设置，如图 3-75 所示。“布局”对话框也可以通过选中图片，单击鼠标右键，在快捷菜单中选择“大小和位置”选项打开。

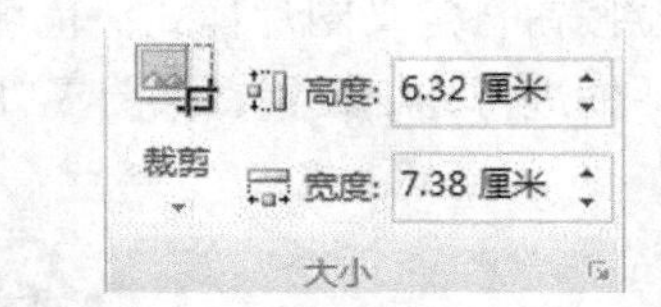

图 3-74　“格式”选项卡“大小”组

布局
位置 文字环绕 大小
高度
绝对值(E) 2.59 厘米
相对值(L) 相对于(T) 页面
宽度
绝对值(B) 4.9 厘米
相对值(I) 相对于(E) 页面
旋转
旋转(T): 0°
缩放
高度(H): 100 % 宽度(W): 100 %
锁定纵横比(A)
相对原始图片大小(R)
原始尺寸
高度: 2.59 厘米 宽度: 4.9 厘米
重置(S)
确定 取消

图 3-75 “布局”对话框“大小”选项卡

要调整图片的位置可以单击“格式”选项卡下“排列”组中的“位置”下拉按钮，在弹出的下拉面板中选择，也可以在弹出的下拉面板中选择“其他布局选择”选项，打开“布局”对话框“位置”选项卡进行设置。

4. 设置图片的样式

如果要改善图片的亮度、对比度或清晰度，可以使用“格式”选项卡下“调整”组的“更正”下拉按钮，在弹出的下拉面板中选择要设置的选项，“调整”组如图 3-76 所示；如果要更改图片的颜色则可以使用“调整”组下的“颜色”下拉按钮；也可使用“调整”组下的“艺术效果”下拉按钮将艺术效果应用于图片，以使图片看上去更像草图、绘图或绘画。一次只能将一种艺术效果应用于图片，因此，应用不同的艺术效果会删除以前应用的艺术效果。

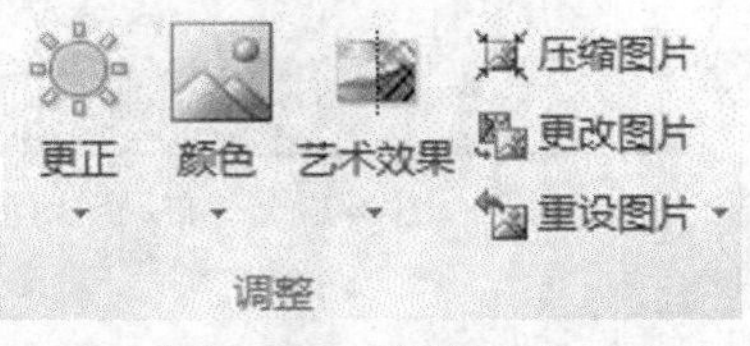

图 3-76 “调整”组

Word 2010 预设了多种图片的样式，可以通过单击“格式”选项卡下“图片样式”组中选择要设置的图片样式。如图 3-77 所示，也可通过单击右侧的“图片边框”、“图片效果”、“图片版式”下拉按钮自定义图片样式，也可单击“图片样式”右下侧的扩展按钮，打开“设置图片格式”对话框进行详细设置，如图 3-78 所示。

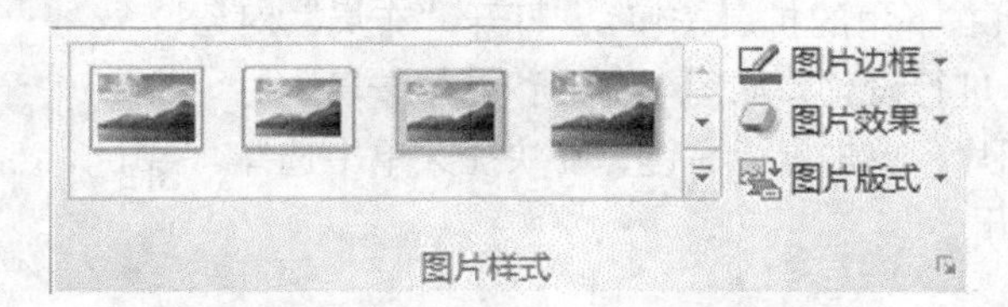

图 3-77 “格式”选项卡下“图片样式”组

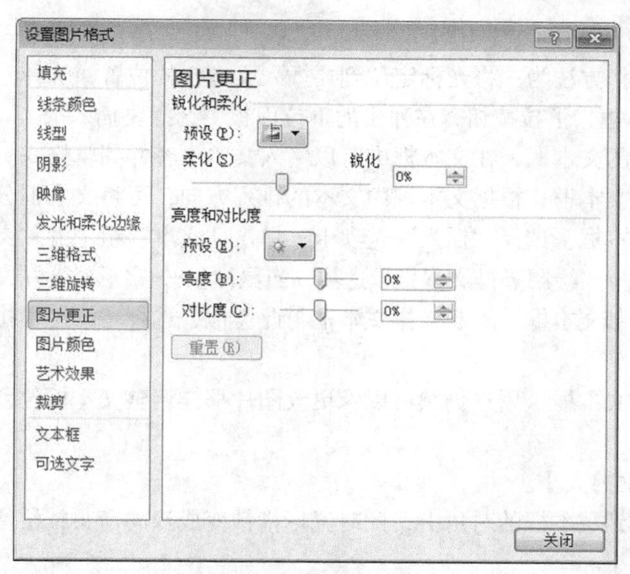

图 3-78　“设置图片格式”对话框

5. 裁剪图片

用户还可以对插入的图片进行裁剪，要裁剪图片，需要单击“格式”选项卡下“大小”组中的“裁剪”按钮，此时，图片四周边框和顶点出现裁剪控制点，如图 3-79 所示，按住鼠标左键拖动控制点，可裁剪掉不需要的图形，将控制点拖动到合适位置后松开鼠标，即可完成裁剪，也可通过在图片上单击鼠标右键，在弹出的快捷菜单中单击“裁剪”按钮来实现。

6. 旋转图片

用户还可以对插入的图片进行旋转，要旋转图片，可以将鼠标移到旋转控制点上，此时鼠标变成形状，单击鼠标左键，此时鼠标变成形状，拖动即可旋转图片了。

如要精确旋转图片，可以单击“格式”选项卡下“排列”组中的“旋转”下拉按钮，选择弹出的下拉菜单中的“向右旋转”、“向左旋转”、“垂直翻转”或“水平翻转”选项可将选中对象右转 90° 、左转 90° 、垂直翻转或水平翻转，如图 3-80 所示。也可以单击“其他旋转选项”，打开“布局”对话框，在“大小”选项卡的“旋转”数值框中，设置对象的旋转角度。

图 3-79　裁剪图片时的裁剪控制点

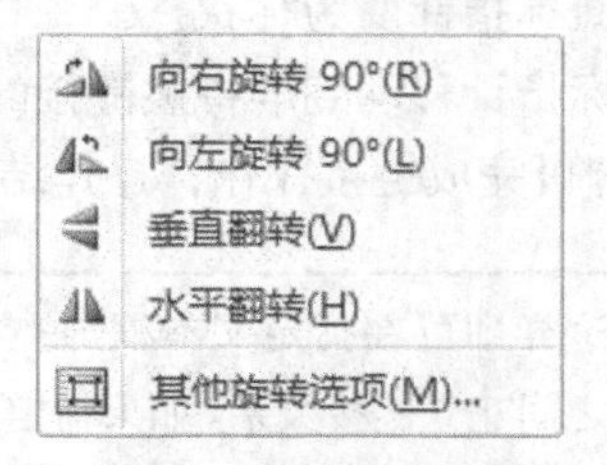

图 3-80　“旋转”下拉菜单

3.4.3　插入文本框

文本框是储存文本的图形框，文本框中的文本可以像页面文本一样进行各种编辑和格式设置操作，而同时对整个文本框又可以像对图形、图片等对象一样在页面上进行移动、复制、缩放等操作，并可以建立文本框之间的链接关系。

1．插入文本框

插入文本框的操作方法为：将光标定位到要插入文本框的位置，选择“插入”选项卡，单击“文本”组中的“文本框”下拉按钮，在弹出的下拉面板中选择要插入的文本框样式，此时，在文本中已经插入该样式的文本框，在文本框中可以输入文本内容并编辑格式。

用户也可以手绘文本框，根据文本框中文本的排列方向，可将文本框分为横排和竖排两种。

如要绘制竖排文本框，选择“插入”选项卡，单击“文本”组中的“文本框”下拉按钮，在弹出的下拉面板中选择“绘制竖排文本框”选项，当鼠标呈╋字形时，在文档要插入文本框处向右下角拖动鼠标，绘制文本框。绘制横排文本框与此类似，选择“绘制横排文本框”选项即可。

2．编辑文本框

对于已经插入的文本框，用户仍然可以像更改图片那样调整文本框位置和大小，并设置其他效果。

（1） 调整文本框的大小。

将鼠标指针移动到文本框的对角上，此时鼠标指针变成双向箭头，按住鼠标左键并拖动鼠标即可改变文本框的大小。

（2） 移动文本框的位置。

将鼠标指针移动到文本框的边缘，此时鼠标指针变成四向箭头形状，按住鼠标左键将出现一个虚线框，拖动鼠标到合适位置后松开即可移动文本框。

（3） 设置文本框效果。

选中文本框，选择“格式”选项卡，在“形状样式”组中的“形状样式”列表框中选择需要的文本框样式，可设置文本框样式，在此选项卡下，还可以改变文本框的边框颜色和设置文字环绕方式、阴影效果、三维效果等操作。

3．链接文本框

如果一个文本框显示不了过多的内容，可以在文档中创建多个文本框，然后将它们链接在一起，链接后的文本框中的内容是连续的，一篇连续的文章可以依链接顺序排在多个文本框中；在某一个文本框中对文章进行插入、删除等操作时，文章会在各文本框间流动，保持文章的完整性。

链接文本框的操作方法如下所示。

（1）选择需建立链接的文本框（第一个），然后在“格式”选项卡中单击“文本”组的“创建链接”按钮，此时鼠标指针变为杯状；

（2）将杯状鼠标指针移动到准备被链接的空文本框（第二个）中，这时杯子状的指针会倾斜成形式，单击即可完成链接操作；操作结果如图 3-81 所示。

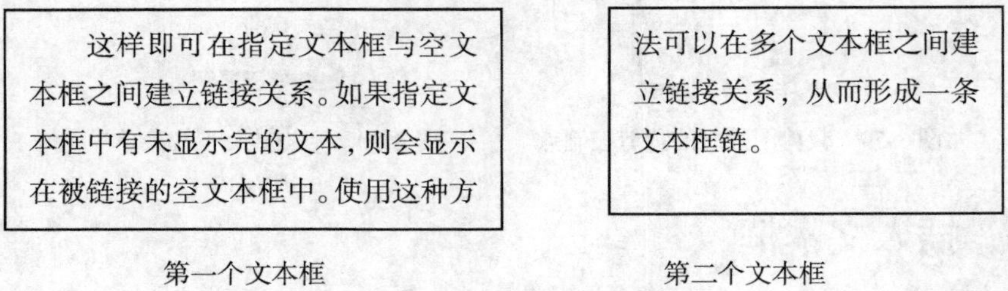

这样即可在指定文本框与空文本框之间建立链接关系。如果指定文本框中有未显示完的文本，则会显示在被链接的空文本框中。使用这种方	法可以在多个文本框之间建立链接关系，从而形成一条文本框链。
第一个文本框	第二个文本框

图 3-81　文本框的链接

在输入文字的过程中可以看出，如果指定文本框中有未显示完的文本，则会显示在被链接的空文本框中。使用这种方法可以在多个文本框之间建立链接关系，从而形成一条文本框链。

在文本框之间建立链接关系后，可以随时将两个文本框之间的链接关系切断。断开链接的方法是：选中链接关系中位于前面的文本框，在“格式”选项卡中单击“文本”组的“断开链接”按钮即可。

3.4.4　插入艺术字

艺术字是指将一般文字经过各种特殊的着色、变形处理得到的艺术化的文字。在 Word 中可以创建出漂亮的艺术字，并可作为一个对象插入到文档中。Word 2010 将艺术字作为文本框插入，用户可以任意编辑文字。

1. 插入艺术字

要插入艺术字，首先选择需要设置为艺术字的文字，然后选择“插入”选项卡，单击“文本”组中的“艺术字”按钮，在屏开的下拉面板中选择需要的艺术字样式，如图 3-82 所示，这时，系统自动将选中的文字应用为选择的艺术字样式，并插入到文档中，如图 3-83 所示。艺术字是作为文本框插入的，用户还可以修改文字。如果在插入艺术字时不选择文字，直接选择插入艺术字的样式后，系统会提示用户在当前位置放置文字。

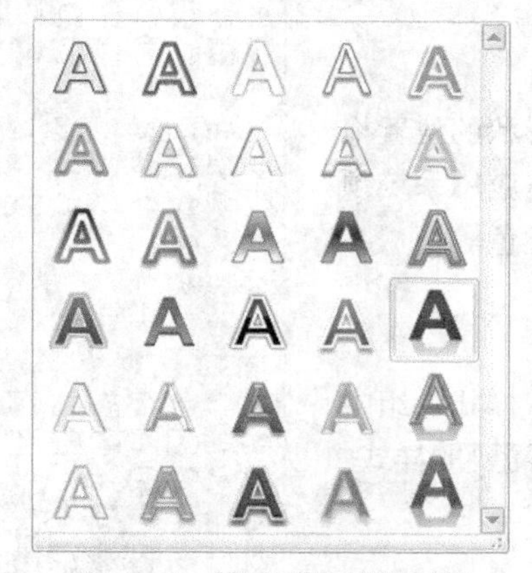

图 3-82　“艺术字”下拉面板

艺术字

图 3-83　插入的艺术字

2. 编辑艺术字

如果对艺术字效果不满意，用户还可以继续设置艺术字的形状和阴影等效果。

（1）更改艺术字形状。

选中艺术字，选择“格式”选项卡，在“艺术字样式”组中单击“快速样式”在展开的下拉面板中重新选择需要的样式，如图 3-84 所示。

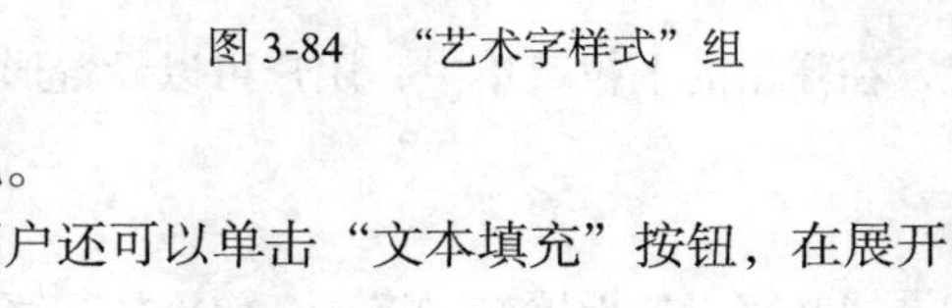

图 3-84　“艺术字样式”组

（2）更改文本填充颜色。

应用了预设样式后，用户还可以单击“文本填充”按钮，在展开的下拉面板中重新选择文字的颜色。

（3）设置轮廓颜色。

单击“文本轮廓”，在展开的下拉面板中可以选择文字外边轮廓的颜色。

（4）设置文字效果。

单击“文本效果”按钮，在弹出的下拉菜单中，用户可以设置文字的“阴影”、“发光”等多种效果。

3.4.5 插入形状

Word 提供了绘制图形的功能，可以在文档中绘制各种线条、基本图形、箭头、流程图、星、旗帜、标注等。对绘制出来的图形还可以设置线型、线条颜色、文字颜色、图形或文本的填充效果、阴影效果、三维效果线条端点风格。

1. 绘制形状

绘制形状的操作方法如下所示。

（1）单击“插入”选项卡下“插图”组中的“形状”下拉按钮，弹出如图 3-85 所示的“形状”下拉面板；

（2）选择一个适合的图形；

（3）当鼠标指针呈╋字形时，在需要插入形状的位置拖动鼠标，即可绘制出需要的图形，绘制的形状将应用系统预设的形状样式，包括填充色、边框线条粗细和颜色等。

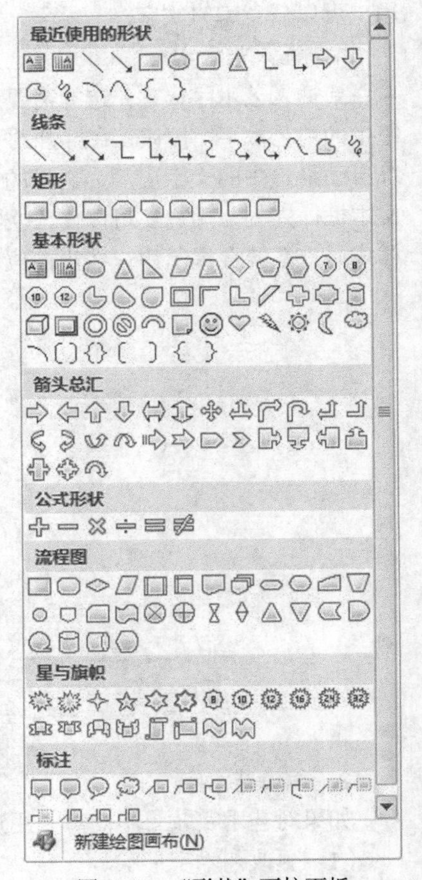

图 3-85 “形状”下拉面板

2. 编辑形状

（1）更改形状样式。

选中形状，选择“格式”选项卡，在“形状样式”组中单击“快速样式”在展开的下拉面板中重新选择需要的样式，如图 3-86 所示。

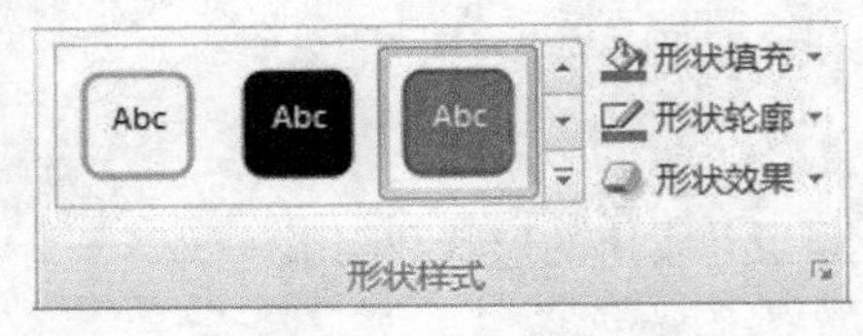

图 3-86 “形状样式”组

（2）更改形状填充颜色。

应用了预设样式后，用户还可以单击“形状填充”按钮，在展开的下拉面板中重新选择形状的填充颜色。

（3）设置形状轮廓颜色。

单击“形状轮廓”，在展开的下拉面板中可以选择形状外边轮廓的颜色。

（4）设置形状效果。

单击“形状效果”按钮，在弹出的下拉菜单中，用户可以设置形状的“阴影”、“发光”等多种效果。

3. 添加文字

用户可以为封闭的形状添加文字，并设置文字格式，要添加文字，需要选中相应的形状并单击鼠标右键，在弹出的快捷菜单中选择“添加文字”选项，此时，该形状中出现光标并可以输入文本，输入后，可以对文本格式和文本效果进行设置。

4. 对象层次关系

Word 2010文档可以绘制多个图形，如果在已绘制的图形上再绘制图形，则产生重叠效果，一般先绘制的图形在下面，后绘制的图形在上面，我们可以通过一些操作来改变它们之间的层次关系。要更改叠放次序，先需要选择要改变叠放次序的对象，选择绘图工具“格式”选项卡，单击“排列”组的“上移一层”按钮或“下移一层”按钮选择本形状的叠放位置，如图3-87所示。或单击快捷菜单中的“上移一层”选项或“下移一层”选项。

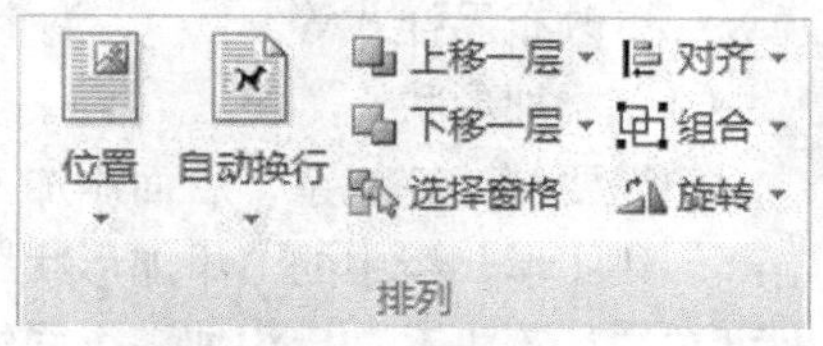

图3-87　“排列”组

5. 对象组合与分解

当文档中某个页面插入了多个自选图形时，为了便于统一调整其位置、尺寸、线条和填充效果，可将其组合为一个图形单元。Word中可以将多个独立的对象组合为一个对象，也可以将一个组合对象重新分解为多个独立的对象，还可以进行多重组合，即将组合对象与别的对象再组合。对象组合后，就可以对组合了的所有对象同时进行移动、复制等操作。操作方法如下所示。

（1）按住<Shift>键，用鼠标左键依次选中要组合的多个对象；

（2）选择“格式”选项卡，单击“排列”组中“组合”下拉按钮，在弹出的下拉菜单中选择“组合”选项，或单击快捷菜单中的“组合”下的“组合”选项，即可将多个图形组合为一个整体。

组合对象可在任何时候取消组合，重新分解为独立的对象。方法是选中需分解的组合对象后，选择“格式”选项卡，单击“排列”组中“组合”下拉按钮，在弹出的下拉菜单中选择“取消组合”选项，或单击快捷菜单中的“组合”下的“取消组合”选项。

3.4.6　插入SmartArt图形

SmartArt图形用来表明对象之间的从属关系、层次关系等。SmartArt图形分为为七类：列表、流程、循环、层次结构、关系、矩阵和棱锥图。用户可以根据自己的需要创建不同的图形。

1. 创建SmartArt图形

创建SmartArt图形的操作方法如下所示。

（1）单击“插入”选项卡下“插图”组中的“SmartArt”按钮，弹出如图3-88所示的“选择SmartArt图形”对话框；

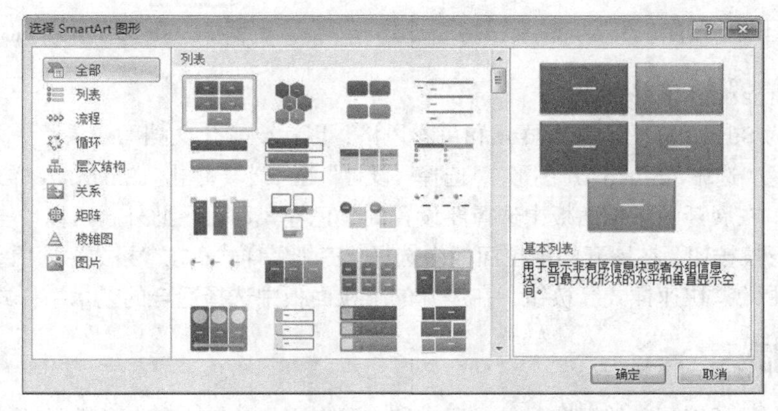

图3-88　“选择SmartArt图形”对话框

（2）选择一个适合的 SmartArt 图形，如选择“层次结构”选项区的“水平层次结构”选项，返回文档，即可看到文档中已经插入了 SmartArt 图形；

（3）在文本框或提示窗口中输入相应的文本内容，如图 3-89 所示。

2. 更改布局

创建的 SmartArt 图形是默认的布局结构，可以对其进行修改和调整，如添加形状、项目的升降级、更改布局样式等。

（1）添加形状。

如需要“计算机系”后面添加一个形状，则选中“计算机系”项目，在“设计”选项卡中单击“创建图形”组中的“添加形状”按钮，在弹出的下拉菜单中选择“在后面添加形状”选项，即可在“计算机系”后添加一个同级的空白项，可以在文本框中输入相应的文字，如“计算机科学与技术”，效果如图 3-90 所示。

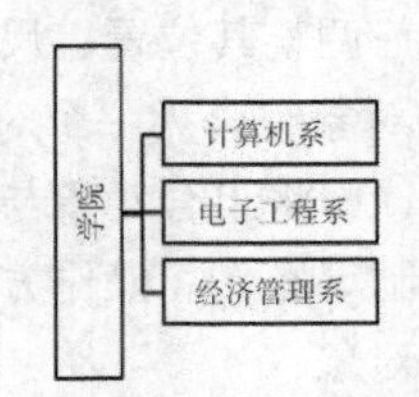

图 3-89 插入的 SmartArt 图形

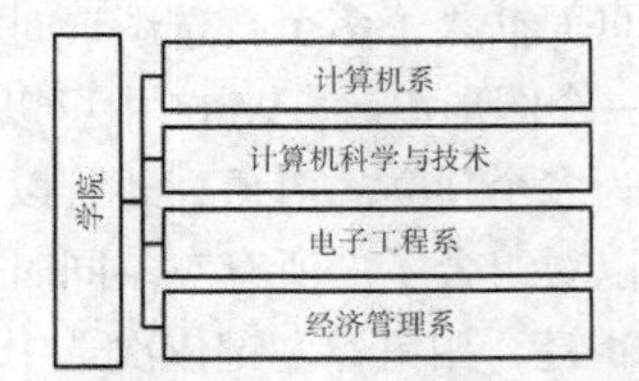

图 3-90 添加形状后的 SmartArt 图形

（2）为项目降级。

若需要调整项目级别，则选择需要降级的项目，如“计算机科学与技术”，在“设计”选项卡中单击“降级”按钮。此时，层次变化会立刻在 SmartArt 图形中显示出来，效果如图 3-91 所示。

（3）更改布局。

若要更改整个图形的布局，则选中该 SmartArt 图形，在“设计”选项卡中单击“布局”组中的下拉按钮，要展开的下拉面板中选择新的布局样式，如“层次结构”，效果如图 3-92 所示。

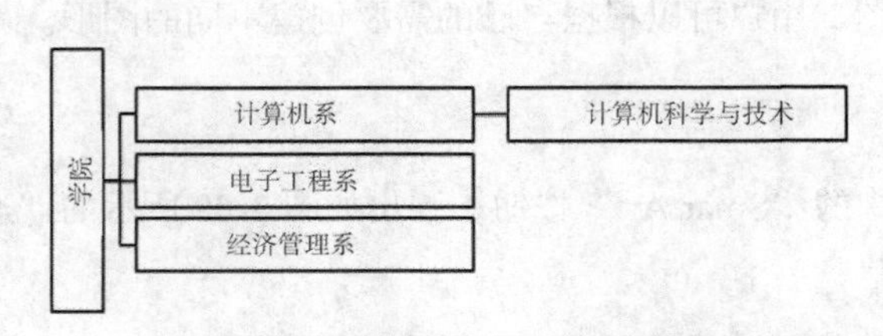

图 3-91 项目降级后的 SmartArt 图形

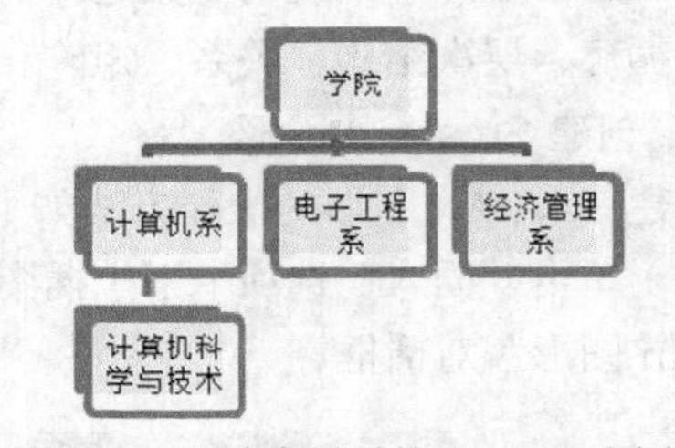

图 3-92 更改布局后的 SmartArt 图形

3. 应用 SmartArt 图形样式

用户可以为 SmartArt 图形设置样式和色彩风格，以达到美化文档的效果。

要更改颜色，选中“SmartArt 图形”，选择“设计”选项卡，单击“SmartArt 样式”组中的“更改颜色”按钮，在展开的下拉面板中选择要设置的颜色样式即可。此外，可以单击“SmartArt 样式”组右下角下拉按钮，在展开的下拉面板中选择“三维”样式；在“格式”选项卡中，单击“艺术字样式”组中的“快速样式”按钮，在展开的下拉面板中选择适合的艺术字样式。

3.4.7 插入公式

Word 2010 包括编写和编辑公式的内置支持，可以方便地输入复杂的数学公式、化学方程式等。插入公式的操作方法如下所示。

（1）单击“插入”选项卡下“符号”组中的“公式”下拉按钮，在展开的下拉面板中选择一个预设的公式或选择“插入新公式”选项；

（2）此时，在文档中将插入选定的公式，同时“设计”选项卡中将出现图 3-93 所示的功能组；

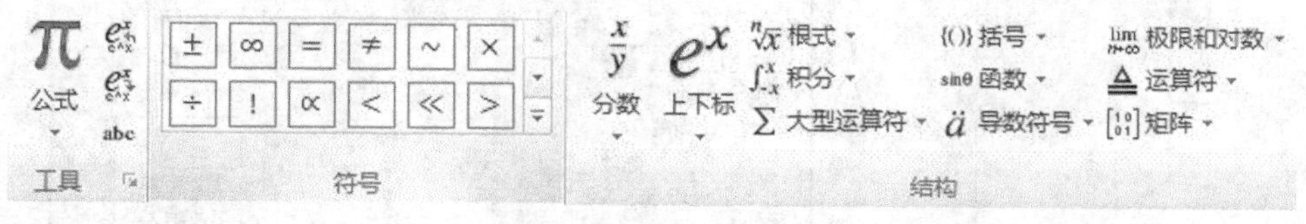

图 3-93　选择公式后的“设计”选项卡

（3）把光标定位到插入公式的文档框中，根据需要插入各种符号，公式创建完毕后，单击公式外的文档窗口，就可返回文档编辑。

3.5　页面布局设置

一个文档中，常常需要对文档进行分栏和插入分隔符，同时需要诸如页眉、页脚、目录、脚注和尾注、批注等元素。Word 2010 提供这些功能对文档进行进一步编排，同时，也提供了许多可选设置来调节打印页面的最终效果，下面分别介绍这些功能。

3.5.1　分栏与分隔符

Word 中提供了一些功能用于控制文档的版面，使用这些功能可以美化文档版面，或是使版面更加符合我们的需要。

1．分栏

分栏是指将页面在横向上分为多个栏，文档内容在其中逐栏排列。Word 中可以将文档在页面上分为多栏排列，并可以设置每一栏的栏宽以及相邻栏的栏间距。将栏数设置为 1 就可以取消分栏。通过工具条上的“分栏”按钮和“格式”菜单下的“分栏”选项可进行分栏。分栏的示例如图 3-94 所示。

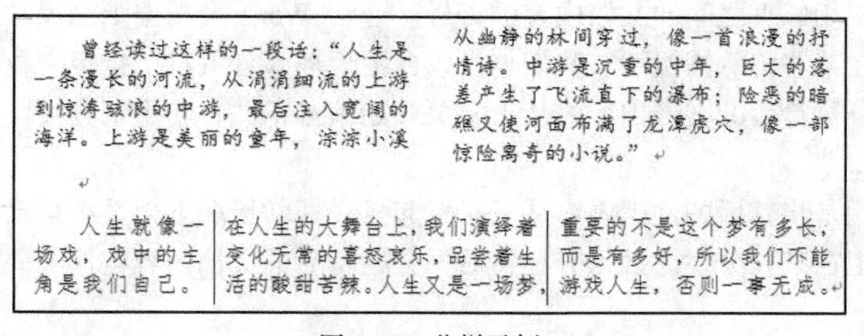
曾经读过这样的一段话：“人生是一条漫长的河流，从涓涓细流的上游到惊涛骇浪的中游，最后注入宽阔的海洋。上游是美丽的童年，淙淙小溪从幽静的林间穿过，像一首浪漫的抒情诗。中游是沉重的中年，巨大的落差产生了飞流直下的瀑布；险恶的暗礁又使河面布满了龙潭虎穴，像一部惊险离奇的小说。”

人生就像一场戏，戏中的主角是我们自己。在人生的大舞台上，我们演绎着变化无常的喜怒哀乐，品尝着生活的酸甜苦辣。人生又是一场梦，重要的不是这个梦有多长，而是有多好，所以我们不能游戏人生，否则一事无成。

图 3-94　分栏示例

分栏的具体操作步骤如下所示。

（1）选定需分栏的文本；

（2）单击“页面布局”选项卡下“页面设置”组中的“分栏”下拉按钮，在弹出的下拉面板中选择适当的分栏样式，如图 3-95 所示；

（3）如果要设置分栏样式，如不等宽栏或加入分隔线，则需要选择下拉面板中的“更多分栏”

选项，打开“分栏”对话框，如图 3-96 所示；

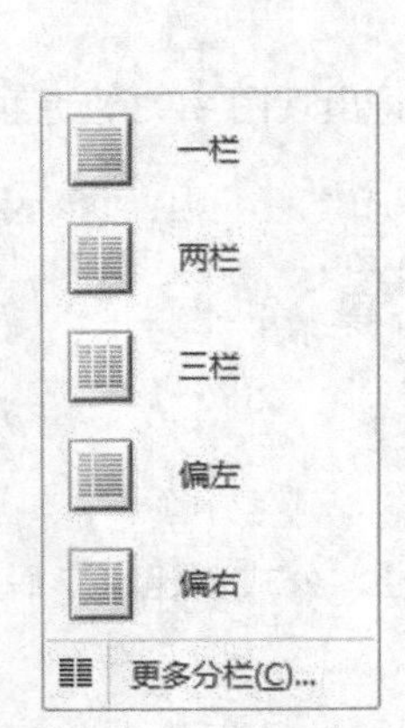

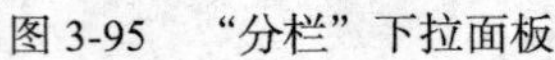
图 3-95 “分栏”下拉面板

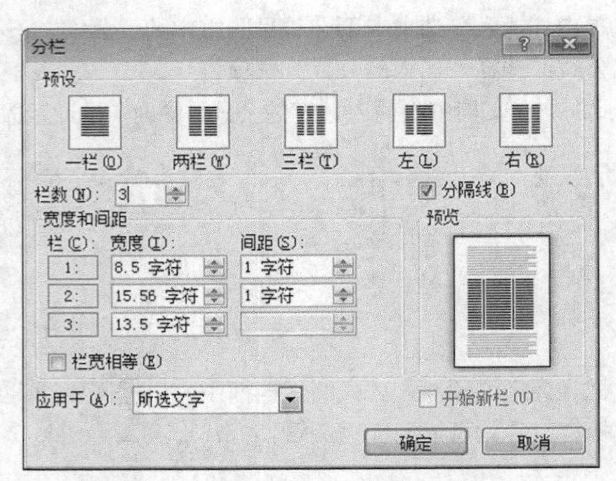

图 3-96 “分栏”对话框

（4）在对话框的“预设”选项组中选择系统预设好的分栏样式；

（5）在“宽度”数值框中输入栏的宽度（如果各栏宽度相等，需选中“栏宽相等”复选框，输入一个栏宽数值即可，如果各栏的宽度不等，则需取消选中“栏宽相等”复选框，并逐栏输入栏宽）；

（6）在“间距”数值框中输入相邻栏间的间距值；

（7）选中“分隔线”复选框，可以在栏间添加栏线；

（8）在“应用于”列表框中选择当前分栏设置的应用范围；

（9）单击“确定”按钮。

2. 插入分隔符

分隔符是文档中分隔页、栏或节的符号，Word 中的分隔符包括分页符、分栏符和分节符。通常系统会自动插入分隔符以按页、栏或节分隔文档，但由于某些特殊需要，我们也可以人为地插入分隔符。

（1）分页符。

分页符是分隔相邻页之间的文档内容的符号。通常 Word 会根据纸张尺寸、页边距将文档内容自动分页，但在某些特殊情况下，我们也可以人为地插入分页符，指定文档在某处分页。插入人工分页符后，分页符后的文档内容将从下一页开始编排，并自动重新分页。

（2）分栏符。

分栏符的作用是将其后的文档内容从下一栏起排。通常情况下由系统自动分栏，但也可以插入人工分栏符指定在某处分栏。插入分栏符后，分栏符后的文档内容将从下一栏开始编排，并自动重新分栏。

（3）分节符。

Word 中可以将文档分为多个节，不同的节可以有不同的页格式。通过将文档分隔为多个节，我们可以在一篇文档的不同部分设置不同的页格式（如页面边框、页眉/页脚等）。

一般情况下，Word 会将整个文档作为一个节来看待。分节符是分隔相邻节的标记，分节符中存储了节的格式设置（如页边距、页的方向、页眉和页脚以及页码等）。

插入分隔符的方法是：单击“页面布局”选项卡下“页面设置”组中的“分隔符”下拉按钮

分隔符 ▾，在弹出的下拉面板中选择适当的分隔符类型，如图 3-97 所示。

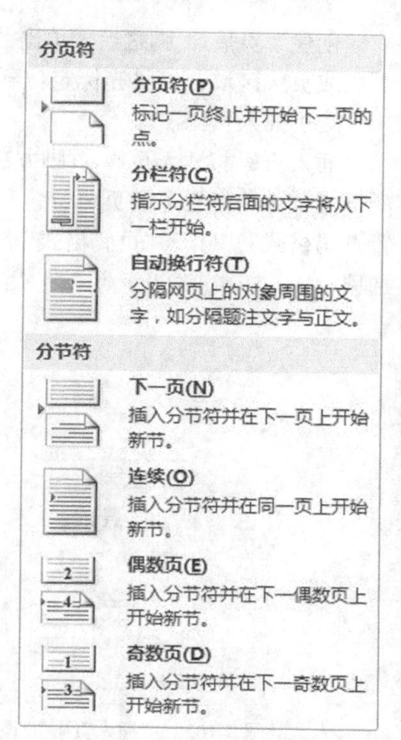

图 3-97　“分隔符”下拉面板

3.5.2　页面设置

页面设置是指整个文档页面的布局安排。在页面设置过程中可以对页眉、页脚、纸张类型、纸张边距等进行设置。

1．页眉、页脚与页码

在文档页面的顶部和底部分别设有一个页眉和页脚区域，其中通常包括页码、日期或公司徽记等文字或图形。页眉/页脚只有在“页面”视图下才可见。

（1）插入页眉与页脚。

选择“插入”选项卡，在“页眉和页脚”组中单击“页眉”下拉按钮，在弹出的下拉面板中选择合适的页眉样式；进入页眉和页脚编辑界面，这时正文以暗淡色显示，表示不可操作，虚线框表示页眉的输入区域，并且“设计”选项卡显示“页眉页脚工具”，此时在文字区域输入页眉文字即可。

插入页脚方法类似，单击“页眉和页脚”组中的“页脚”下拉按钮，选择合适的页脚样式即可。也可在“页眉页脚工具”的“导航”组中单击“转至页脚”或“转至页眉”，在页眉与页脚之间切换，也可通过“上一节”和“下一节”按钮导航到上一个或下一个页眉/页脚。“导航”组如图 3-98 所示。

通常情况下，一个文档中的所有页面的页眉/页脚都是相同的，但某些情况下，我们也可以设置成首页不同、奇偶页不同。设置的方法是：在“页眉页脚工具”的“选项”组中选中“首页不同”或“奇偶页不同”复选框，单击“确定”按钮，如图 3-99 所示。

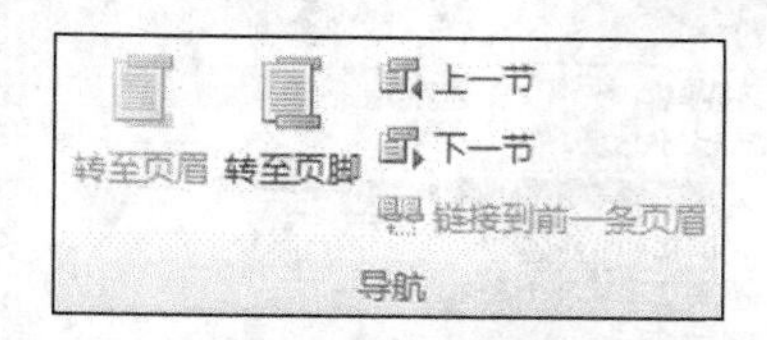

图 3-98　“页眉页脚工具”的“导航”组

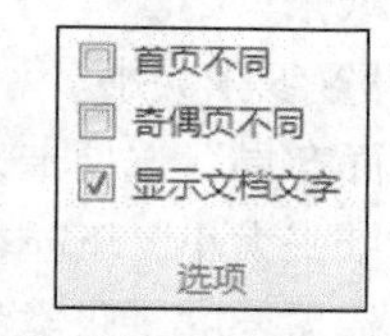

图 3-99　“页眉页脚工具”的“选项”组

设置了不同的页眉/页脚之后，如果对某一个页面的页眉/页脚作修改，则所有与其相同的页眉/页脚会自动作修改，但设置为与其不同的页眉/页脚不受影响。

页眉/页脚不但可以插入文字，还可以用插入日期和时间、文档部件、图片和剪贴图。插入的方法是：在“页眉页脚工具”的“插入”组中选中相应的按钮，如图 3-100 所示。

同时，也可以通过“页眉页脚工具”的“位置”组来设置页眉/页脚的高度，如图 3-101 所示。

图 3-100　“页眉页脚工具”的“插入”组

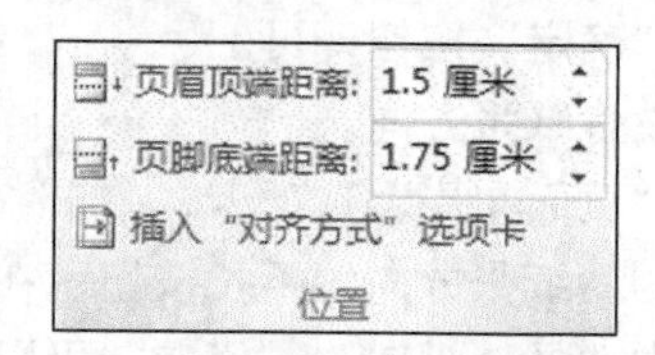

图 3-101　“页眉页脚工具”的“位置”组

创建了页眉/页脚之后，单击“视图”菜单下的“页眉和页脚”选项或在“页面”视图中双击页眉或页脚区域，可将光标定位到页眉/页脚区域，这时可对页眉和页脚进行编辑。

（2）插入页码。

插入页码与插入页眉/页脚方法类似，单击“页眉和页脚”组中的“页码”下拉按钮，在弹出的下拉菜单选择合适的页码位置和样式即可，如图 3-102 所示，如需设置页码格式，可单击“设置页码格式”，打开“页码格式”对话框，如图 3-103 所示，可设置“编号格式”、“起始页码”等选项。

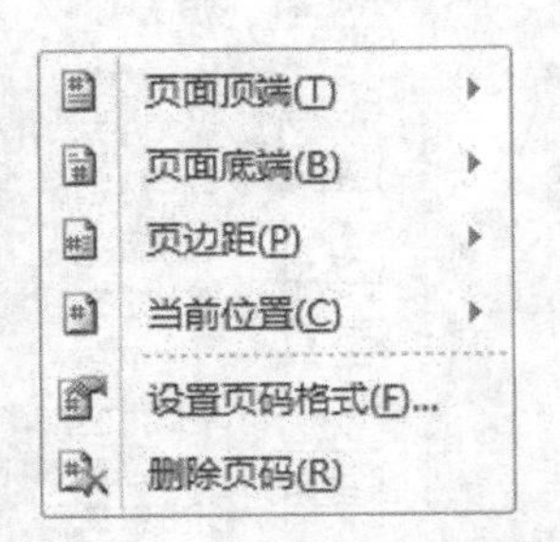

图 3-102　“插入页码”下拉菜单

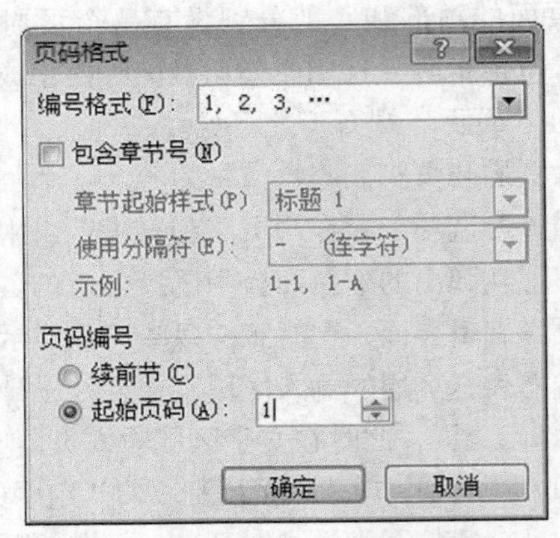

图 3-103　“页码格式”对话框

插入页码后，若对文档作增减修改，系统会自动进行页码调整。

2．设置页面

页面实际就是文档的一个版面，文档内容编辑得再好，如果没有进行恰当的页面设置和页面排版，打印出来的文档也会逊色不少。在书写一篇文档时，我们应该根据实际情况设置纸张大小、文字距边界的距离（页边距）、装订线位置等。

（1）设置纸张大小。

① 快速设置纸张大小。

选择“页面布局”选项卡，单击“页面设置”组中的“纸张大小”下拉按钮，在弹出的下拉面板中选择需要的纸张类型即可。

② 自定义纸张大小。

如果要自定义纸张大小，单击“纸张大小”下拉按钮，在弹出的下拉面板中选择“其他页面大小”选项，弹出“页面设置”对话框，选择“纸张”选项卡，如图 3-104 所示，在“宽度”和“高度”数值框中可以详细设置纸张大小，单击“确定”按钮即可。

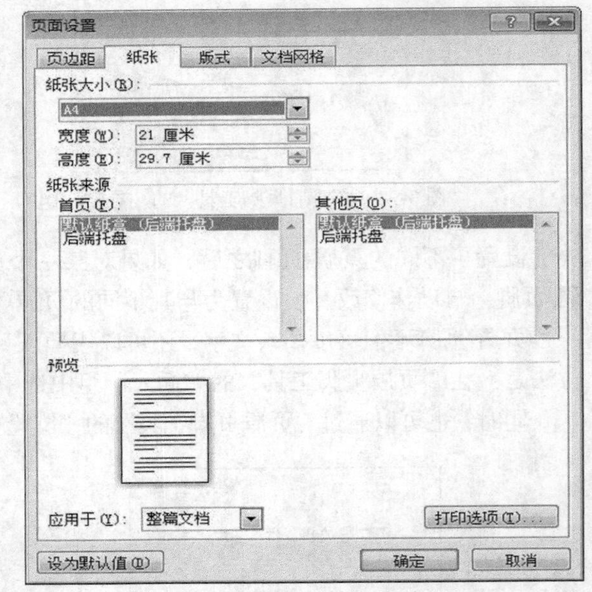

图 3-104　“页面设置”对话框“纸张”选项卡

（2）设置纸张方向。

选择“页面布局”选项卡，单击“页面设置”组中的“纸张方向”下拉按钮，在弹出的下拉面板中选择“纵向”、“横向”可以改变纸张方向。

（3）设置页边距。

① 使用预定的页边距。

选择“页面布局”选项卡，单击“页面设置”组中的“页边距”下拉按钮，在弹出的下拉面板中列出了预定的多种页边距，如图 3-105 所示，选择需要的页边距即可。

② 自定义页边距。

如果要自定义页边距，单击“页边距”下拉按钮，在弹出的下拉面板中选择“自定义边距”选项，弹出“页面设置”对话框，选择“页边距”选项卡，如图 3-106 所示，在“页边距”选项区的四个数值框分别设置四个方向的页边距，单击“确定”按钮即可。

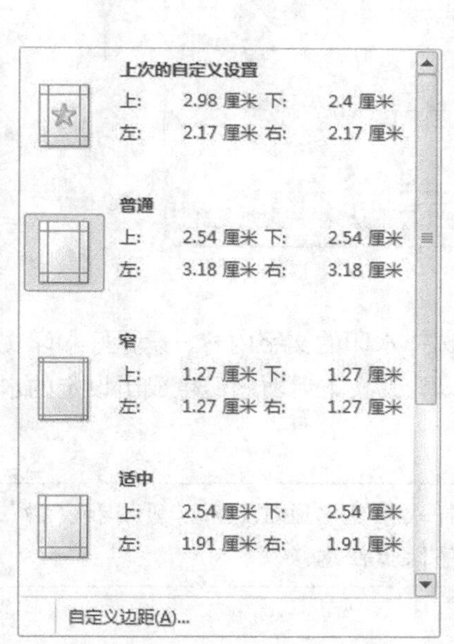

图 3-105　“页边距”下拉面板

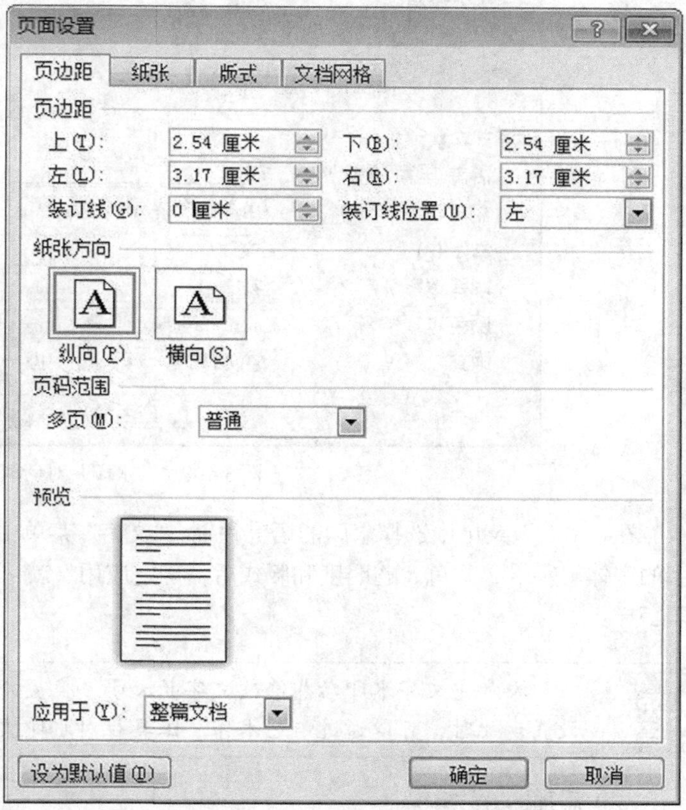

图 3-106　“页面设置”对话框“纸张”选项卡

同时，在该对话框中，还可以设置装订线距离、装订线位置、纸张方向、页码范围以应用范围等选项。

3.5.3　页面背景

在 Word 2010 中，用户可以对文档的页面背景进行设置，页面的背景包括水印、页面的颜色和页面边框。选择“页面布局”选项卡，在“页面背景”组中可以完成页面背景的设置，如图 3-107 所示。

图 3-107　“页码背景”对话框

1. 设置水印

Word 2010 的水印功能可以给文档中添加任意的图片和文字作为背景图片，水印将显示在打印文档文字的后面，并不会影响文字的显示效果。在“页面背景”组中单击“水印”按钮，可以选择一个预设的水印样式，以快速地设置水印。

（1）添加文字水印。

用户可以自定义文字水印或图片水印，选择“自定义水印”命令，即可弹出“水印”对话框。如图 3-108 所示，选择“文字水印”选项后，可以自定义文字水印样式。

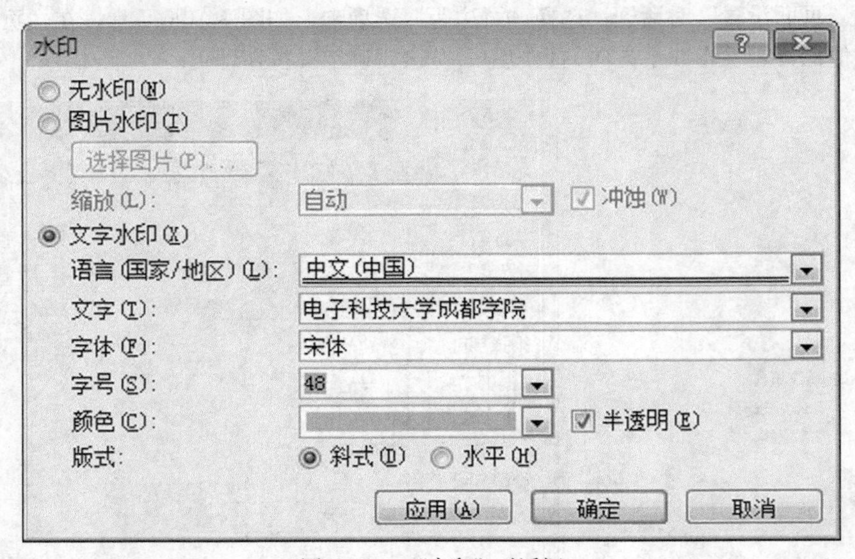

图 3-108 “水印”对话框

在“语言”菜单中选择水印的语言种别，“文字”菜单中选择水印的文字内容，设置好水印文字的字体、字号、颜色、透明度和版式后，确定应用，就可以看到文本后面已经生成了设定的水印字样。

添加完文字水印后想修改文字的大小、位置、样式等可以通过进入“页眉和页脚”设置，此时，可以通过“艺术字”工具栏对水印文字做出任意修改。

（2）添加图片水印。

在“水印”对话框中选择“图片水印”，然后单击“选择图片”按钮，在打开的“插入图片”对话框，设置图片路径。添加后，设置图片的缩放比例、是否冲蚀。冲蚀的作用是降低图片的色彩，增加文档的和谐程度。

Word 2010 只支持在一个文档添加一种水印，若是添加文字水印后又定义了图片水印，则文字水印会被图片水印替换，在文档内只会显示最后制作的那个水印。

2. 设置页面颜色

在设置文档页面的效果时，可以为文档页面设置背景颜色或填充的效果。在“页面背景”组中单击“页面颜色”按钮，在展开的列表中可以选择文档页面设置背景颜色或填充效果，如图 3-109

所示。在"主题颜色"区域可以选择需要应用的纯色填充颜色，如果对提供的颜色不满意，也可单击"其他颜色"来自定义颜色。同时，用户可以单击"填充效果"，打开"填充效果"对话框，使用渐变效果填充页面，或使用图案、纹理甚至用图片填充页面。

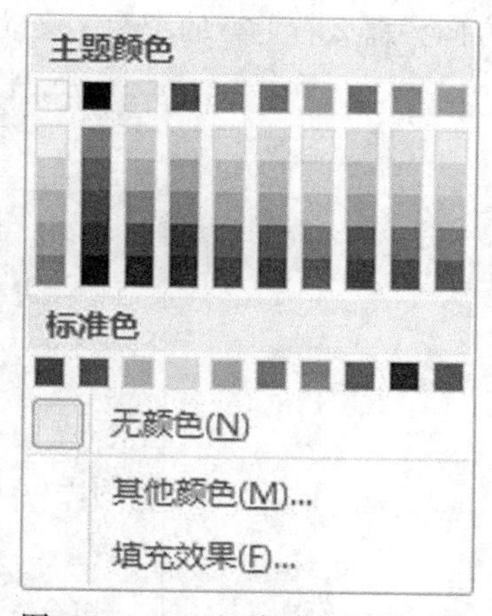

图 3-109　"页面颜色"下拉列表

默认情况下，页面颜色只是在显示器上显示，在打印时并不会随之打印出来，如果要把页面颜色打印出来，需要进行如下设置。

① 在"文件"选项卡中单击"选项"按钮。

② 在"Word 选项"对话框中左侧单击"显示"，在右侧的"打印选项"组中选中"打印背景色和图像"。

3. 设置页面边框

除设置页面的背景效果外，还可以为页面添加边框效果，在"页面背景"组中单击"页面边框"按钮，即可打开如图 3-110 所示的"边框和底纹"的对话框。在"页面边框"选项卡下，用户可以设置文档页面显示的边框线样式、颜色、粗细等效果，也可以根据需要为文档设置艺术型的边框样式。

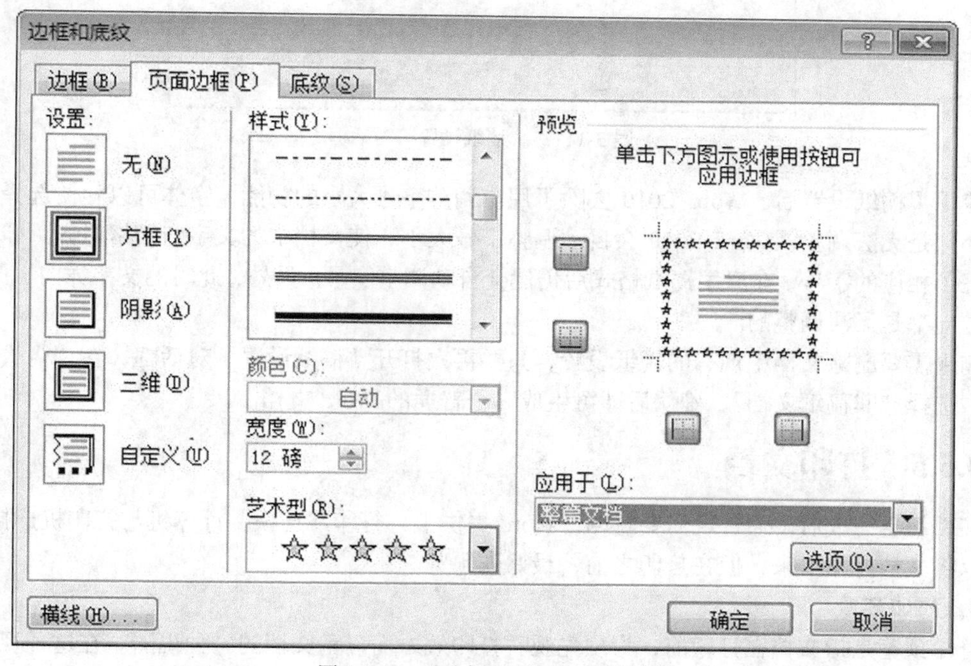

图 3-110　"边框和底纹"对话框

3.5.4　稿纸设置

稿纸设置是 Word 2010 中一个非常实用的功能，要设置稿纸，在"页面布局"选项卡的"稿纸"组中，单击"稿纸设置"，就会弹出"稿纸设置"对话框，如图 3-111 所示，其中在"格式"下拉菜单中提供了三种网格格式：方格式稿纸、行线式稿纸和外框式稿纸。图 3-111 选择了"方格式稿纸"，默认的行列数都是 20，当然也可以重新调整，如果更改了行列数、线条颜色或页面方向，那么右上方的图像上会动态地预览结果，确认后即可显示稿纸格式。

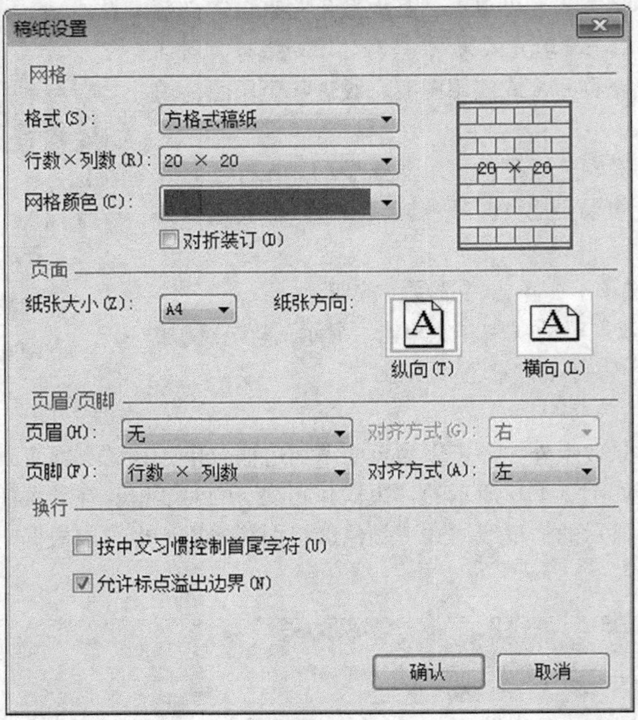

图 3-111　“稿纸设置”对话框

应用了稿纸设置后，Word 2010 去除了用户调整字号大小的功能，字体可以随便选择，但字的大小却是无法调整，Word 2010 会自动调整字号大小，使文档中的文字与网格对齐。即使事先设置好了相应的字号，在启用稿纸格式后仍然会自动调整字号。另外，此时的文字方向、页边距、纸张方向都是无法调整的。

如果需要删除文档中现有的稿纸设置，只要再次打开“稿纸设置”对话框，在“格式”下拉菜单中选择“非稿纸文档”，确认后即可生成一个普通的 Word 文档。

3.5.5　打印文档

文档编辑完成后，通常还需要打印，Word 提供了“打印”选项，计算机与打印机连接好后，就可以将文档打印出来，但在打印之前，最好先预览。

1．打印预览

打印预览是指文档在打印前，为预先观看打印效果而显示文档的一种视图。在这种视图下，可以在打印之前对文稿的打印结果事先进行查看，对编辑排版情况进行一个事先的了解，以确保文档的打印效果同期望的一致。

打印预览是显示文档打印效果的一种特殊视图，在打印预览视图下，文档的显示效果与打印结果基本一致。

打印预览可使用以下操作方法。

（1）选择“文件”选项卡，选择“打印”选项，进入打印设置窗口；

（2）在打印设置窗口中的右侧显示文档的打印预览，如图 3-112 所示，拖动下方的滚动条，可以调整当前的文档的显示比例。

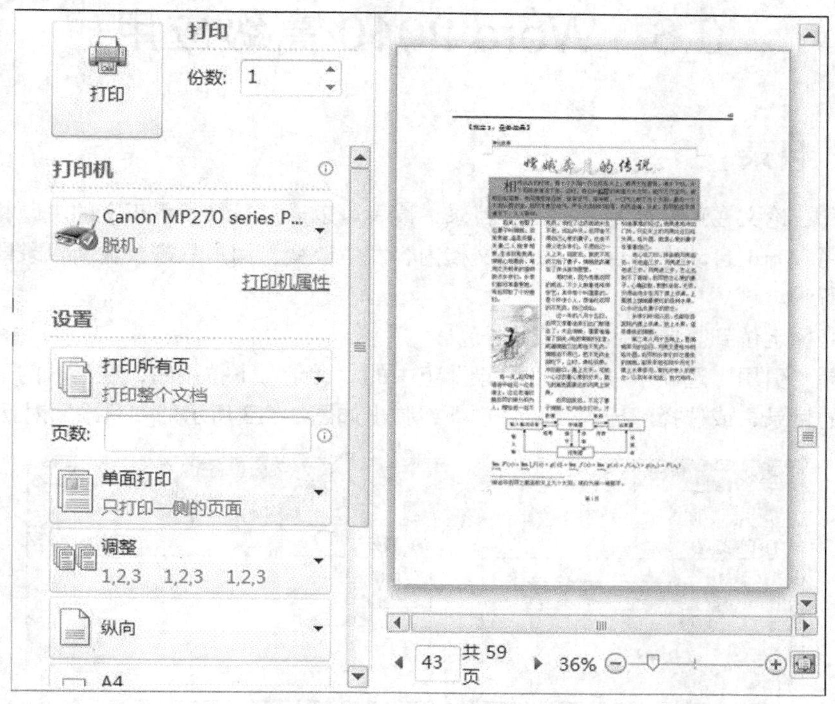

图 3-112 “打印设置”窗口

（3）单击下方滚动条右端的“缩放到页面”按钮，文档将以当前页面的显示比例来显示。

（4）如果文档有多页，在预览框左下方可以单击“下一页”按钮，切换到下一页。

2. 打印设置

Word 2010 为用户提供了多种不同的打印方法，如单一打印某一页文档、奇数页文档、偶数页文档或打印文档中的一段或几段文本等，选择“文件”选项卡，选择“打印”选项，进入打印设置窗口后，就可以开始进行文档的打印设置了。打印选项的设置方法如下所示。

（1）在打印窗口的“打印机”选项区中单击“打印机”下拉按钮，在弹出的下拉列表中选择已安装的打印机。

（2）系统默认的是打印所有页，在“打印范围”下拉菜单可以选择或指定需打印的页码范围，其中选中“打印所有页”是指打印当前文档的所有页面；选中“打印当前页”指打印当前光标所在的页面；而选择“打印自定义范围”选项，可以在下面的文本框中自己设置要打印哪页，输入页码时用逗号分隔，如 1,3,5-12。

（3）系统默认的是单面打印，用户可以设置双面打印或手动双面打印。

（4）在“份数”数据框中指定打印的份数。如果选中“调整”选项将逐份打印多份文档，选中“取消排序”选项将逐页打印多份文档。

（5）用户还可以设置纸面是横向打印还是纵向打印。

（6）在“每版页数”下拉菜单中，可选择在每页纸上打印的版面数，使用该选项可以在一张纸上打印文档的多个版面。在“按纸张大小缩放”下拉菜单中，选择缩放后的纸型，使用该选项可以将文档经过缩放打印到另一种型号的纸张上。

（7）单击“打印”按钮即可按所设置的效果进行打印。

3.6 Word 2010 高级应用

3.6.1 目录

一般书籍、论文在正文开始之前都有目录，读者可以通过目录了解正文的主题和主要内容。用户可以使用 Word 自动生成目录，如果文档内容发生改变，用户只需要更新目录即可。具体操作方法如下所示。

（1）将光标定位到需要插入目录的位置。

（2）选择“引用”选项卡，单击“目录”组中的“目录”下拉按钮，在展开的下拉面板中选择一种预设的目录，或选择“插入目录”选项，弹出如图 3-113 所示的“目录”对话框；

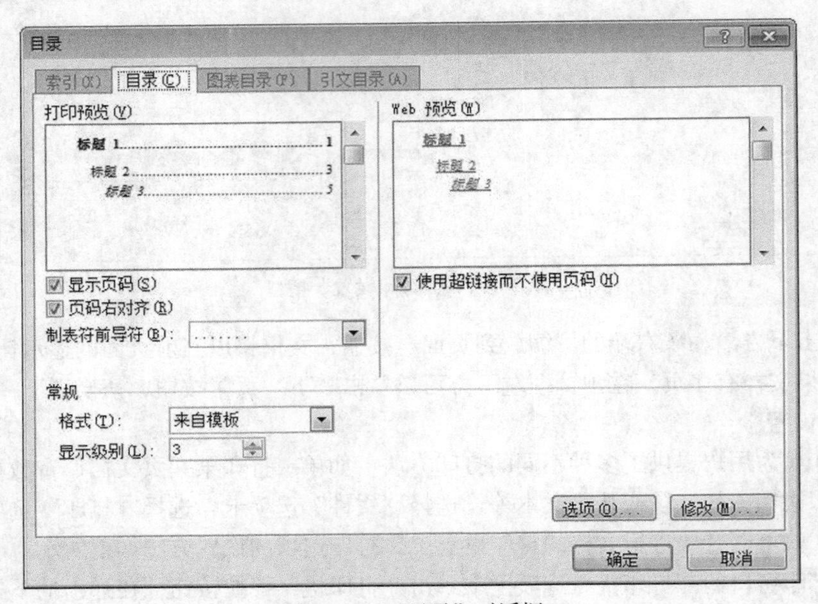

图 3-113 “目录”对话框

（3）在对话框中设置好相应的值，单击“确定”按钮，即可生成目录。

各级标题必须设置为标题样式后，才能被当作目录提取出来。

如果文章中的标题发生变化，自动生成的目录需要更新，以保持与正文的一致性，要更新目录，需要先选中目录，然后选择“引用”选项卡，单击“目录”组中的“更新目录”按钮，或单击鼠标右键在弹出的快捷菜单中选择“更新域”选项，弹出“更新目录”对话框，选中“只更新页码”或“更新整个目录”单选按钮，然后单击“确定”按钮即可，如图 3-114 所示。

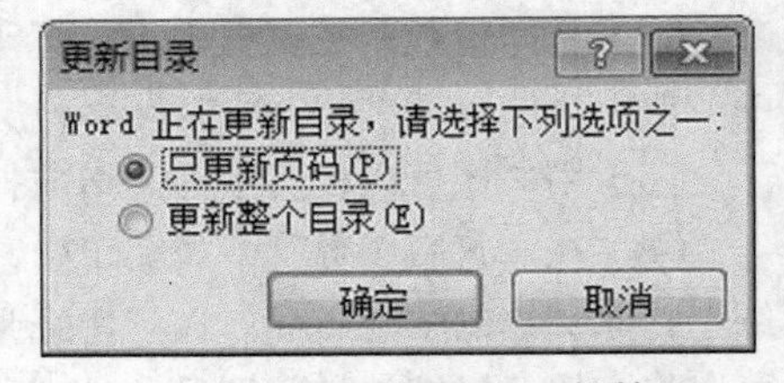

图 3-114 “更新目录”对话框

3.6.2　脚注和尾注

脚注和尾注也是文档的一部分，用于文档正文的补充说明，帮助读者理解全文的内容。但是，脚注和尾注有所区别。脚注所解释的是本页中的内容，一般用于对文档中较难理解的内容进行说明；尾注是在一篇文档的最后所加的注释，一般用于表明所引用的文献来源。不论是脚注还是尾注，都由两部分组成，一部分是注释引用标记，另一部分是注释文本。对于引用标记，可以自动进行编号或者创建自定义的标记。

1. 添加脚注

添加脚注具体操作方法如下所示。

（1）将光标定位到需要添加脚注的位置。

（2）选择“引用”选项卡，单击“脚注”组中的“插入脚注”按钮，此时光标自动跳转至页面底部，输入脚注内容即可。

（3）此时，添加脚注的文本后也添加了脚注序号，将鼠标指针移到上面，就会显示出脚注内容。

2. 添加尾注

添加脚注具体操作方法如下所示。

（1）将光标定位到需要添加尾注的位置。

（2）选择“引用”选项卡，单击“脚注”组中的“插入尾注”按钮，此时文档末尾处出现一条直线、编号和光标，直接输入注释文本即可。

3. 修改脚注或尾注的编号格式

不同的文件对脚注或尾注编号格式有不同的要求，用户可以修改默认的脚注或尾注编号格式，具体操作方法为：选择“引用”选项卡，单击“脚注”组右下角的扩展按钮，弹出“脚注和尾注”对话框，根据需要选中“脚注”或“尾注”单选按钮，在右侧的下拉列表框可以设置脚注或尾注的位置。在“编号格式”下拉列表框中可以选择不同的变化格式，在“起始编号”数值框中可以设置第一个编号号码，设置完成后单击“插入”按钮即可，如图 3-115 所示。

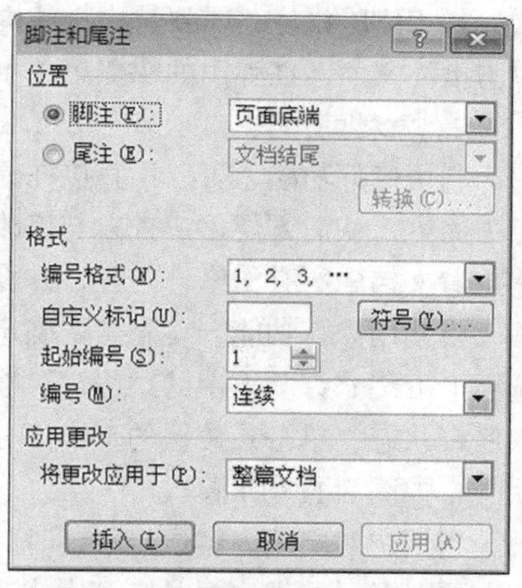

图 3-115　“脚注和尾注”对话框

3.6.3　题注

在 Word 2010 中，可以给图片、表格、图表、公式等项目添加名称和编号，这种名称和编号称为题注，在为文档插入题注时，对于插入的多个题注对象内容，Word 会自动对其进行编号。

要插入题注，首先将光标定位到需要插入题注的地方，选择“引用”选项卡，单击“题注”组中的“插入题注”按钮，打开“题注”对话框，如图 3-116 所示，在该对话框中，可以选择一个题注标签，默认情况下，Word 提供的题注标签有图表、

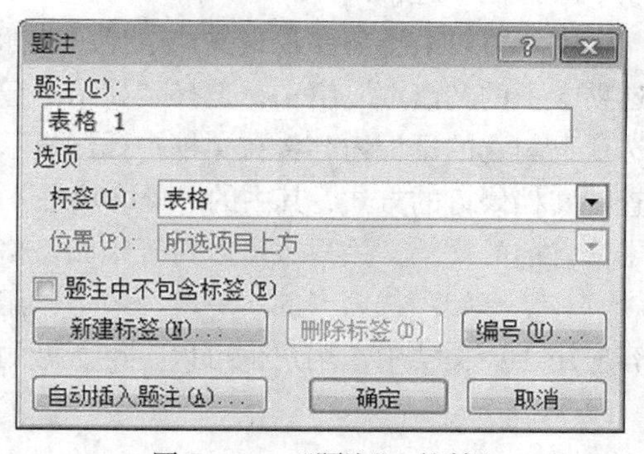

图 3-116　“题注”对话框

公式和表格，用户还可以根据需要单击“新建标签”创建标签。单击“编号”按钮后，用户也可以在打开的“题注编号”对话框中设置编号的样式，单击“确定”按钮后，则可为指定对象添加题注。

如果需要为对象自动加入题注，可以在“题注”对话框中单击“自动插入题注”按钮，在打开的“自动插入题注”对话框中，选择需要自动加入题注的对象，并指定使用的标签和题注出现的位置。这样，当在文档中插入相应的对象时，在该对象的设定位置上将自动出现题注。

3.6.4 文档审阅

为便于不同用户对文档进行修改，Word 2010 提供了在文档中添加批注和修订的功能，从而方便对文档的审阅和修改，用户可以根据需要为文档添加批注内容，并在审阅窗格视图对文档进行修订与检查。

1. 批注

批注是审阅者添加到独立的批注窗口中的文档注释或者注解，当审阅者只是评论文档，而不直接修改文档时要插入批注，批注并不影响文档的内容。批注是隐藏的文字，Word 会为每个批注自动赋予不重复的编号和名称。

要插入批注，首先选中需要添加批注的内容，选择“审阅”选项卡，单击“批注”组的“新建批注”按钮，此时页面右侧将出现批注框，用户可以在其中输入批注的内容。

如想删除批注，需要选中批注内容后单击“批注”组的“删除”按钮即可，也可以鼠标右键单击批注文字，在弹出的快捷菜单中选择“删除批注”选项。

2. 文档的修订

利用修订功能，可以不直接在原文档中对文档内容进行修改，而是以标注的形式显示修订的相关内容，从而方便用户查看与修改，用户可以对修订的标注格式进行设置，也可以在审阅窗格中查看文档中所有的修订内容，并设置接受或拒绝文档的修订。

要使用修订功能，首先需要确定文档处于修订状态下，要进入修改状态，可以选择“审阅”选项卡下“修订”组中的“修订”按钮，该按钮分为上下两个部分，单击该按钮的上半部分可进入修订状态，单击该按钮的下半部分，在弹出的下拉菜单中选择“修订”命令，也可以进入修订状态，如图 3-117 所示。

当用户对文档内容进行修订时，将在文档中以标注的形式显示修订的相关内容，用户可以根据需要对显示的批注框及修订格式进行重新设置，从而使文档中显示的修订标记按用户的要求进行显示，要设置修订选项，可在“修订”按钮的下拉菜单中单击“修订选项”，在打开的“修订选项”对话框中进行设置。

用户可以根据需要设置文档中显示的标记内容，要设置标记内容隐藏或显示，可以在“审阅”选项卡下的“修订”组中，选择“显示标记”后，在展开的列表中勾选需要在文档中显示的标记选项，勾选的标记内容将在文档中标注显示。同时，在“显示以供审阅”下拉列表中，可以选择查看文档修订的方式，其中的“最终状态”显示文档及其包含的所有修订建议，“原始状态”显示未修订前的文档。用户也可以打开审阅窗格查看文档中所有的修订标注内容。

在“审阅”选项卡的“更改”组中，用户可以设置文档接受全部批注内容，将所有修订的内容应用于原文档中，用户也可以拒绝所做的修订，保留原文档内容，如图 3-118 所示。

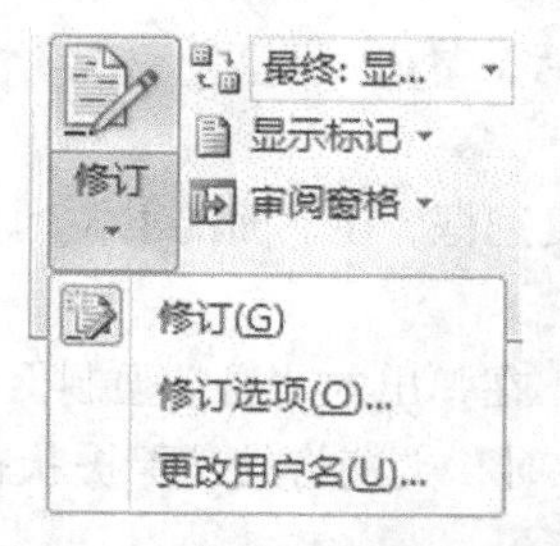

图 3-117　“修订”按钮的下拉菜单

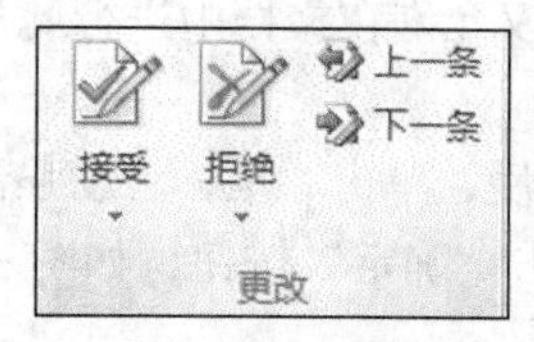

图 3-118　“审阅”选项卡的“更改”组

3.6.5　文档保护

对于一些重要的文档内容，可能需要对其进行保护，从而避免其他的人进行修改或使用，用户可以为文档设置密码，或限制对文档的格式和内容进行编辑。

1. 设置文档密码

为了文档安全，可以使用密码阻止其他人打开或修改文档，只有输入正确的密码，才能进行打开或修改文档等操作，设置文档密码的具体操作如下所示。

（1）打开要设置密码的文档，选择“文件”选项卡下的“另存为”命令，在弹出的“另存为”对话框中，单击“工具”按钮，从弹出的菜单中选择“常规选项”命令，弹出“常规选项”对话框，如图 3-119 所示。

（2）根据需要，设置相应的加密选项，然后单击“确定”按钮。

（3）在弹出的对话框中确认相应的密码，返回“另存为”对话框，选择保存位置，并输入文件名称，单击“保存”按钮即可。

2. 限制编辑

可以使用文档保护来限制其他人更改文档格式，限制更改文档格式的操作如下。

（1）打开要设置保护的文档，选择“审阅”选项卡下“保护”组中的“限制编辑”选项，在 Word 2010 右侧打开“限制格式和编辑”窗格，如图 3-120 所示。

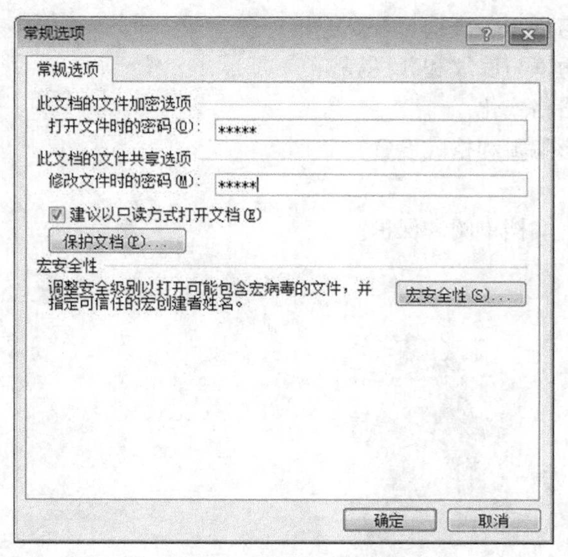

图 3-119　“常规选项”对话框

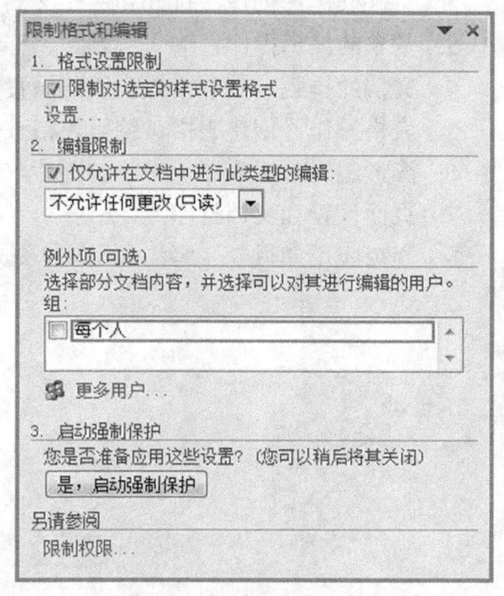

图 3-120　“限制格式和编辑”窗口

（2）选中“限制对选定的样式设置格式”复制框后，单击“设置”链接，可弹出“格式设置限制”对话框，可以限制对样式的修改。

（3）选中“仅允许在文档中进行此类型的编辑”复选框，在下面的下拉列表框中可以选择限制编辑的类别。

（4）选择好后，单击“是，启动强制保护”按钮，在弹出的“启动强制保护”对话框中，输入保护密码，单击“确定”按钮，如图 3-121 所示。此时，文档将处于保护状态。

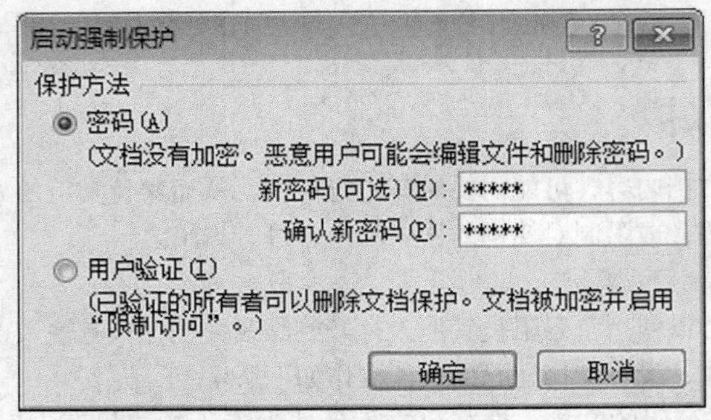

图 3-121 “启动强制保护”对话框

本章小结

本章主要介绍了 Word 2010 软件的基本概念和在 Word 2010 中进行文档编辑、排版、表格制作、图形绘制、页面设置和打印等基本操作，同时也介绍了 Word 2010 中的一些高级应用。通过本章的学习，应掌握下面几方面的内容。

1. Word 2010 的启动和退出，以及 Word 2010 应用程序的窗体组成。
2. 文件操作：创建、打开和保存文档。
3. 基本的编辑操作：输入、删除、移动与复制、查找与替换等。
4. 文档的排版：文字格式、段落设置、边框与底纹和分栏等。
5. 表格操作：创建表格、编辑表格、表格格式化。
6. 图形编辑：插入图片、绘制图片、图形编辑和格式设置。
7. 页面设置和文档打印。
8. 高级应用如目录、脚注和尾注、题注、文档审阅和保护。

第 4 章 电子表格软件 Excel 2010

Excel 2010 是 Microsoft Office 2010 中的另一款核心软件，是目前最流行的电子表格之一。它界面友好、操作方便，具有强大的数据组织、计算、分析和统计能力，并且可以通过图形等多种方式将处理结果形象地显示出来。本章将通过大量实例介绍 Excel 的功能和使用方法。

4.1 概述

4.1.1 Excel 2010 的窗口介绍

选择“开始”→“所有程序”→“Microsoft Office”→“Microsoft Excel 2010”菜单命令，即可启动 Excel 2010。启动成功后，屏幕上将出现 Excel 2010 的工作窗口，并且有一张开启的空白工作表，Excel 2010 的工作窗口如图 4-1 所示。

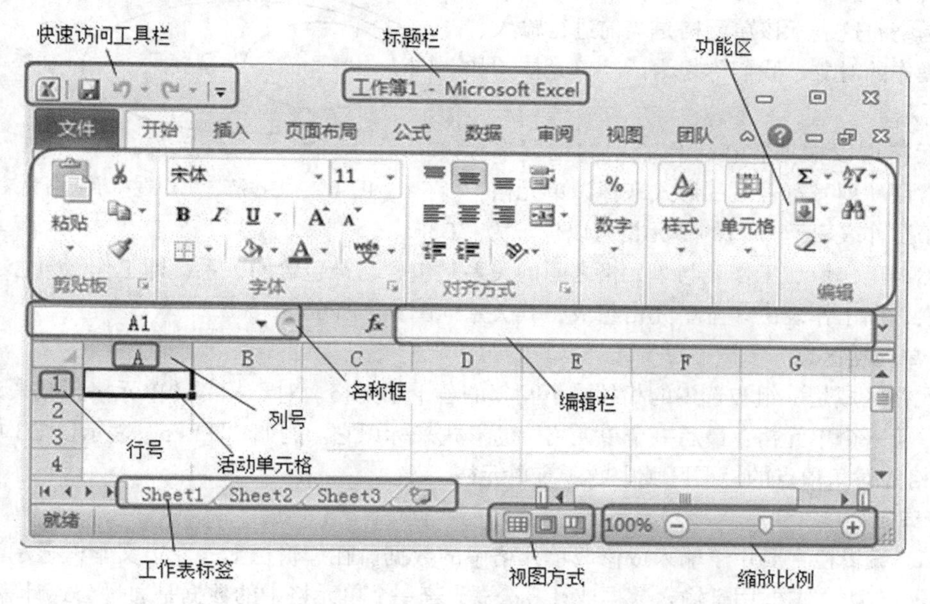

图 4-1　Excel 2010 工作窗口

Excel 2010 的工作窗口主要由标题栏、功能区、编辑栏、工作表格区、快速访问工具栏、滚动条、状态栏等组成。它们的大多数功能与 Word 2010 基本一致，不熟悉的读者可以参考第 3 章的 Word 2010，这里不再赘述。

4.1.2　Excel 2010 的基本概念

Excel 2010 的基本概念主要包括工作簿、工作表、单元格、单元格区域、编辑栏等。

1. 工作簿

工作簿是 Excel 2010 中计算和储存数据的文件，每一个工作簿中可以包含多个用来处理数据的表格，叫做工作表。因此可在单个工作簿中管理同一数据处理任务的不同类型的相关信息。例如，在一个成绩工作簿中第 1 张表是学生的成绩，第 2 张表是成绩的统计分析，第 3 张表是成绩的图表分析等。

进入 Excel 2010 后，默认的工作簿名为“工作簿 1”，其中默认的工作表有 3 个，分别是 Sheet1、Sheet2 和 Sheet3。保存时以工作簿名为文件名进行保存，工作簿文件的扩展名为“.xlsx”。

2. 工作表

工作表是工作簿的一部分，由若干单元格构成，是 Excel 中用来存储和处理数据的表格。Excel 的每个工作表中最多允许有 1048576 行和 16384 列数据。行号用阿拉伯数字（1、2、3…）标识，列号用英文字母（A、B、C…）标识。在工作表的左部和上部显示了工作表的行号和列号（如图 4-1 所示）。

工作表的名称显示于工作簿窗口底部的工作表标签上。单击工作表标签可以在各工作表之间切换。标签底色为白色的工作表为当前活动工作表。

3. 单元格

工作表中的行线和列线将整个工作表划分为一个个的格子，工作表中的文字、数据等内容就存放在这些称之为单元格的格子中，单元格是工作表中存储数据的基本单位。

在所有单元格中，有一个单元格的四周被粗的边框围绕，这表示该单元格是当前进行输入、编辑等操作的对象，我们称之为活动单元格（如图 4-1 所示）。

单元格可以根据它在工作表中的位置来标识，通常用“列号行号”的形式来标识单元格，例如位于工作表 B 列 3 行的单元格可以标识为“B3”。

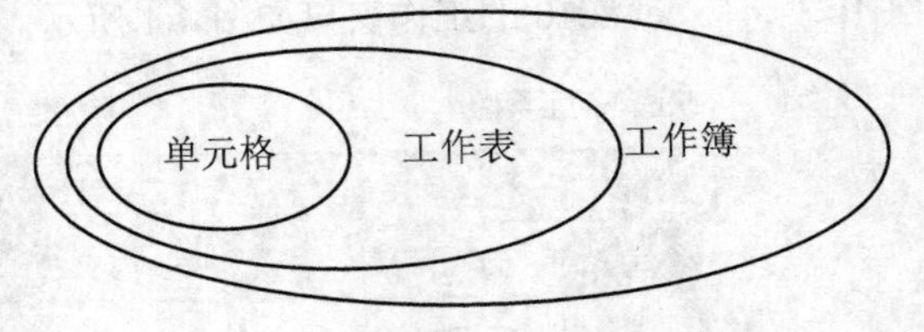

图 4-2　工作簿、工作表和单元格关系图

显然，工作簿、工作表与单元格之间的关系是包含与被包含的关系，即工作簿包含一个或多个工作表，而工作表由多个单元格组成，其关系如图 4-2 所示。

4. 单元格区域

单元格区域是一组被选中的相邻或不相邻的若干单元格。对于相邻的单元格区域来说，我们可以用“第一个单元格：最后一个单元格”的形式来标识它。例如“D3:F5”表示以 D3 单元格和 F5 单元格为对角顶点的矩形区域中的所有单元格。

5. 编辑栏

Excel 编辑栏主要用于输入或修改单元格中的数据。在编辑栏上，左边文本框显示活动单元格的标识，右边文本框用于输入数据或计算公式。若一个单元格中的数据是通过公式计算得到的，则在编辑栏中显示的是公式，而单元格中是计算的结果。

4.2　Excel 2010 的基本操作

4.2.1　工作簿的基本操作

1. 创建工作簿

启动 Excel 2010 后，系统会自动生成一个包含有 3 张空白工作表的工作簿，可以直接在工作表中进行数据输入和处理。另外，也可通过以下两种方法建立新的工作簿。

（1）创建新的空白工作簿。

在 Excel 2010 中，建立新的空白工作簿的具体操作步骤如下所示。

① 执行“文件”选项卡下的“新建”命令，系统将弹出如图 4-3 所示的窗口。

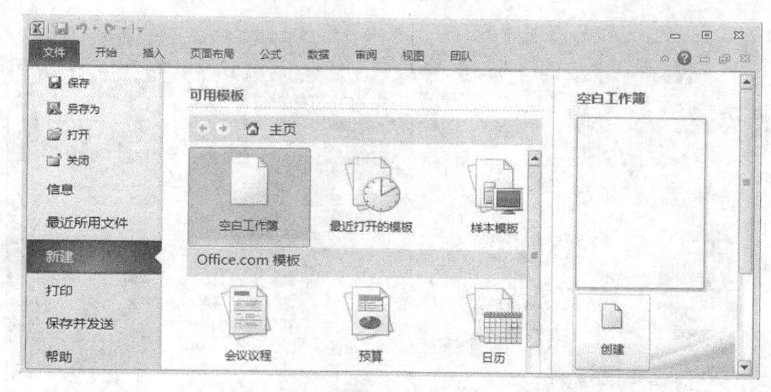

图 4-3　“新建工作簿”任务窗格

② 在该窗口中的“可用模板”组中，单击“空白工作簿”按钮，然后在右边的窗格中单击“创建”按钮，即可新建一个空白的工作簿。

（2）根据模板创建工作簿。

具体的操作步骤如下所示。

① 执行“文件”选项卡下的“新建”命令，系统弹出“可用模板”任务窗格。

② 单击“样本模板”按钮，将弹出“模板”对话框，如图 4-4 所示。

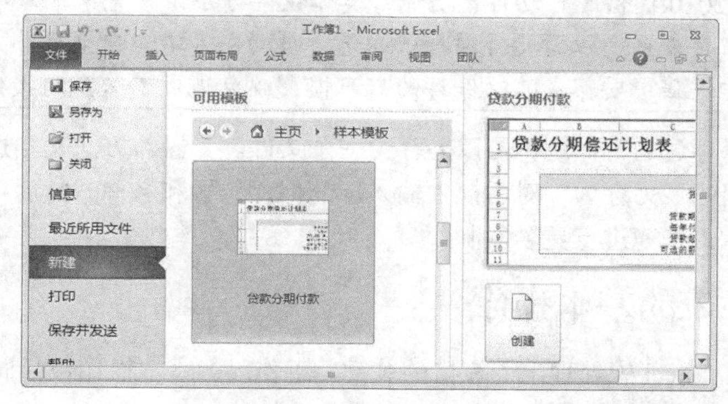

图 4-4　“模板”对话框

③ 根据需要选择所希望创建的工作簿类型模板。

④ 选择完毕后，单击“创建”按钮即可。

2. 打开工作簿

打开工作簿的常用方法有两种。

（1）启动 Excel 2010，执行“文件”选项卡中的“打开”命令。

（2）在 Windows 的资源管理器中直接双击工作簿文件即可启动 Excel 2010 同时自动打开该文件。打开工作簿文件与打开 Word 文档类似，这里不再赘述。

3. 保存工作簿

当完成 Excel 文档的编辑操作，或者更改了 Excel 文档后，必须保存工作簿。保存工作簿的操作方法非常简单，详细操作步骤如下所示。

（1）执行“文件”选项卡中的“保存”命令，或者单击快速访问工具栏上的按钮，打开“另存为”对话框；

（2）在该对话框中，找到保存文件的位置，然后在“文件名”框中输入文件名，如图 4-5 所示；

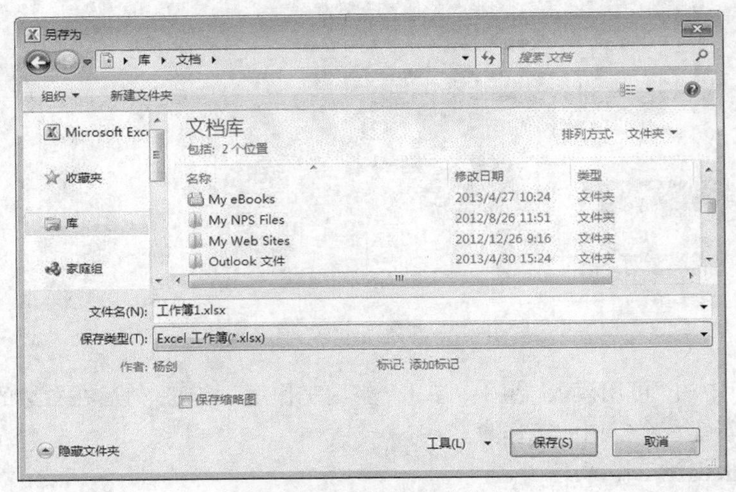

图 4-5 “另存为”对话框

（3）单击“保存”按钮，即可完成工作簿文件的保存。

Excel 2010 提供了自动存盘功能，具体设置方法请参见第 3 章中有关 Word 2010 文档的自动保存设置。但需要特别指出的是，自动保存不能完全代替正常的保存操作，因此，在操作过程中要养成随时保存的好习惯，以免造成不必要的损失。

另外，对已经保存过的工作簿，可以另存为一个文件。其操作方法是：选择“文件”→“另存为”命令，在弹出的“另存为”对话框中输入新的保存位置和名称，然后单击“确定”按钮即可。该操作相当于对工作簿进行更名复制。

4.2.2 工作表的基本操作

管理工作表是在 Excel 中处理电子表格的关键。工作表的基本操作包括插入/删除工作表、隐藏/取消隐藏工作表、移动/复制工作表等。

1. 选定工作表

无论用户对工作表进行何种操作，首先都必须要选定操作对象，也就是工作表，具体操作方法如下所示。

（1）选定单个工作表：单击该工作表标签即可，选择的工作表以白底黑字显示。

（2）选定多个连续的工作表：先单击要选定的第一个工作表标签，然后按住<Shift>键，单击最后一个工作表标签，选择多个工作表后，在标题栏工作簿名后显示“工作组”，表示选择了多个工作表。

（3）选定多个不连续的工作表：按住<Ctrl>键，用鼠标左键逐个单击要选定的工作表标签。选择多个不连续的工作表后，在标题栏工作簿名后也会显示“工作组”。

（4）选定一个工作簿中的全部工作表：在某一个工作表标签上单击鼠标右键，在弹出的快捷菜单中执行“选定全部工作表”命令。

（5）取消多张工作表的选定：用鼠标右键单击任意一张工作表的标签，在弹出的快捷菜单中执行“取消成组工作表”命令。

2. 插入或删除工作表

在一个新创建的工作簿中，默认的工作表有 3 个，分别为 Sheet1、Sheet2、Sheet3。此时用户可以插入新的工作表或删除任意一个工作表。

（1）插入工作表。

插入工作表可使用以下两种方法。

① 单击工作表标签区右边的插入工作表按钮。

② 鼠标右键单击工作表标签，选择“插入”快捷菜单命令，在弹出“插入”对话框后双击“常用”选项卡中的“工作表”图标即可，如图 4-6 所示。

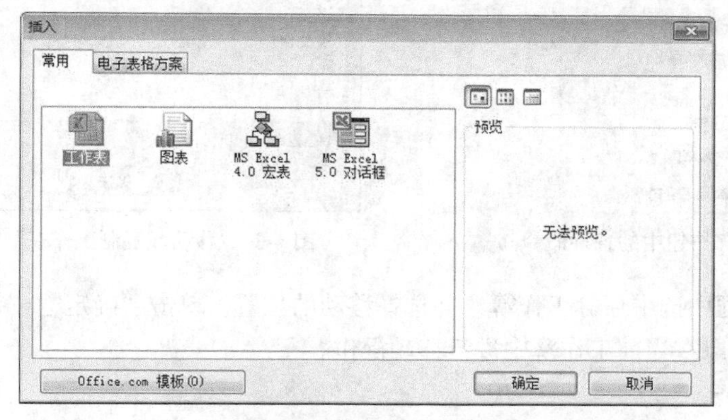

图 4-6 “插入”对话框

（2）删除工作表。

用户可以删除任意不需要的工作表，操作方法为：鼠标右键单击想要删除的工作表标签，在弹出的快捷菜单中执行“删除”命令即可。

如果在所删除的工作表中包含有数据，则系统将会弹出一个提示对话框，询问是否要删除该工作表，单击“确定”按钮后，就会删除所选定的工作表。

3. 移动或复制工作表

在 Excel 中，可将一张或多张工作表在当前工作簿内进行移动或复制操作，也可以将它们从当前工作簿移动或复制到另一个工作簿中去，当工作表在不同的工作簿中移动或复制时，要求相关的工作簿必须是已经打开的。

（1）移动工作表。

在当前工作簿中进行移动操作的具体步骤如下所示。

① 在工作表标签上选中需要移动的工作表。

② 用鼠标拖动选中的工作表沿着标签行移动，使工作表左上方的移动箭头到达新的位置，松开鼠标即可完成工作表的移动。

还可以把工作表移动到其他工作簿中，具体的操作步骤如下所示。

① 打开需要进行移动操作的源工作簿和目标工作簿。

② 选定需要移动的工作表标签。

③ 在“开始”选项卡的“单元格”组中的“格式”按钮下，选择“移动或复制工作表”命令，如图 4-7 所示，或者鼠标右键单击需要进行移动的工作表标签，从弹出的快捷菜单中执行“移动或复制工作表”命令，弹出“移动或复制工作表”对话框，如图 4-8 所示。

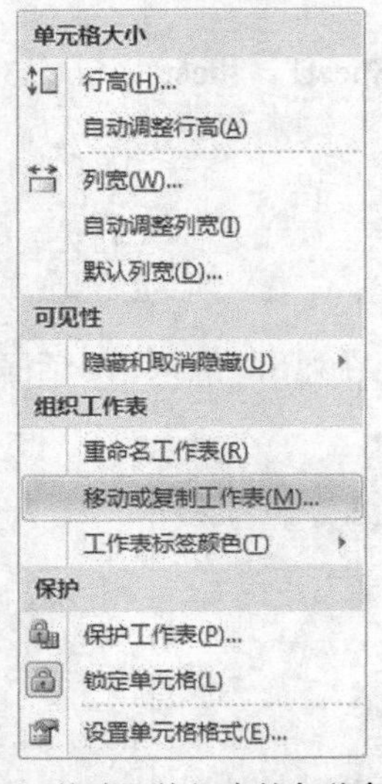

图 4-7 “格式”按钮中的各种命令

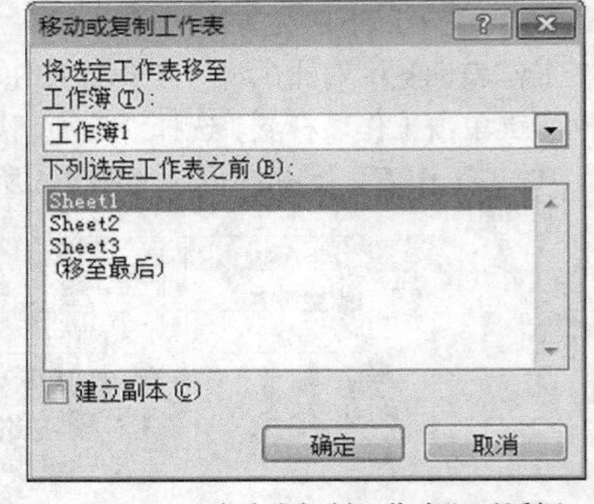

图 4-8 “移动或复制工作表”对话框

④ 在该对话框中选中目标工作簿，并选择移动的位置，单击“确定”按钮即可。

该对话框也可以在当前工作簿中进行移动操作。

（2）复制工作表。

在实际工作中，常常会遇到使用相似表格的情况，如每个月的工资发放表，可以对工作表进行复制来减少工作量。

在当前工作簿内复制工作表的具体操作步骤如下所示。

① 选定需要复制的工作表标签。

② 按住<Ctrl>键的同时用鼠标拖动选中的工作表沿着标签移动。当移动箭头到达新的位置时，释放鼠标即可。

要把工作表复制到其他工作簿中，具体的操作步骤如下所示。

① 打开源工作簿和目标工作簿。

② 选定需要进行复制操作的工作表标签，在“开始”选项卡的“单元格”组中的“格式”按

钮下，选择“移动或复制工作表”命令，如图 4-7 所示，或者用鼠标右键单击工作表标签，在打开的菜单中选择“移动或复制工作表”命令，将弹出“移动或复制工作表”对话框，如图 4-8 所示。

③ 在该对话框中选中“建立副本”复选框，然后在工作簿列表中选择“目标工作簿”及具体的位置，单击“确定”按钮即可。该对话框也可以在当前工作簿中进行复制操作。

4．重命名工作表

为了方便操作和便于记忆，可对默认的工作表标签，即 Sheet 1、Sheet 2、Sheet 3 等进行重新命名，可使用以下任意方法进行操作。

（1）在“开始”选项卡的“单元格”组中的“格式”按钮下，选择“重命名工作表”命令，当工作表标签名称处于修改状态（以反白显示）时，输入新名称后按下<Enter>键即可。如图 4-7 所示。

（2）双击想要重命名的工作表标签，当工作表标签名称处于修改状态（以反白显示）时，输入新名称后按<Enter>键即可。

（3）鼠标右键单击想要重新命名的工作表，在快捷菜单中选择“重命名”命令，当工作表标签名称处于修改状态（以反白显示）时，输入新名称后按<Enter>键即可。

4.2.3　单元格的基本操作

单元格是工作表中存储数据的基本单位。针对单元格，用户可以复制、移动、插入、删除单元格，其操作方法比较简单，与 Word 类似，通过菜单命令即可完成，不再赘述。针对单元格，也可以编辑、清除其中的数据内容。

1．选取单元格

在对单元格进行数据输入、编辑、计算等操作前，必须选择一个单元格或单元格区域。

（1）选取单个单元格。

选定单元格，只要单击该单元格或用键盘上的方向键进行移动选择即可。单元格被选中后，将成为活动单元格，其边框以黑粗线标出，如图 4-9 所示。

	A	B	C	D	E	F	G	H
1	2013年9月教师工资表							
2	编号	姓名	基本工资	职务工资	奖金	社会保险	公积金	个人所得税
3	101	马琳	3500	2500	1500	420	350	218
4	102	朱颖	2500	2000	1500	300	250	90
5	103	刘菲	2000	1500	1000	240	200	16.8
6	104	孙南	3500	2000	1200	420	350	138
7	105	罗斌	2000	1500	1000	240	200	16.8

图 4-9　选取单个单元格区域

（2）选取连续单元格区域。

将鼠标指向该区域的第一个单元格，按住鼠标左键，然后沿着对角线从第一个单元格一直拖动鼠标到最后一个单元格，放开鼠标左键即可完成选定，如图 4-10 所示。如果所选区域超过一屏显示，可以按住<Shift>键，然后移动滚动条到所需位置，直接在该位置单击即可。

	A	B	C	D	E	F	G	H
1	2013年9月教师工资表							
2	编号	姓名	基本工资	职务工资	奖金	社会保险	公积金	个人所得税
3	101	马琳	3500	2500	1500	420	350	218
4	102	朱颖	2500	2000	1500	300	250	90
5	103	刘菲	2000	1500	1000	240	200	16.8
6	104	孙南	3500	2000	1200	420	350	138
7	105	罗斌	2000	1500	1000	240	200	16.8

图 4-10　选取单元格区域

（3）选定不连续的单元格区域。

在工作表中，有时需要对不相邻的单元格或区域进行操作。要选定不相邻的单元格，按住键盘上的<Ctrl>键不放，在需要选定的单元格上单击鼠标即可。要选定不相邻的区域时，按住键盘上的<Ctrl>键不放，拖动鼠标即可选定不相邻的多个单元格区域，如图 4-11 所示。

	A	B	C	D	E	F	G	H
1	2013年9月教师工资表							
2	编号	姓名	基本工资	职务工资	奖金	社会保险	公积金	个人所得税
3	101	马琳	3500	2500	1500	420	350	218
4	102	朱颖	2500	2000	1500	300	250	90
5	103	刘菲	2000	1500	1000	240	200	16.8
6	104	孙南	3500	2000	1200	420	350	138
7	105	罗斌	2000	1500	1000	240	200	16.8

图 4-11　选取不连续单元格

（4）选定行/列。

选定行时，用鼠标单击行号，即可选取该行；用鼠标在行号上拖动，则可选择连续多行；按住<Ctrl>键再用鼠标单击不同的行号，则可选定不连续的行，如图 4-12 所示。

	A	B	C	D	E	F	G	H
1	2013年9月教师工资表							
2	编号	姓名	基本工资	职务工资	奖金	社会保险	公积金	个人所得税
3	101	马琳	3500	2500	1500	420	350	218
4	102	朱颖	2500	2000	1500	300	250	90
5	103	刘菲	2000	1500	1000	240	200	16.8
6	104	孙南	3500	2000	1200	420	350	138
7	105	罗斌	2000	1500	1000	240	200	16.8

图 4-12　选定行

选定列时，用鼠标单击列号，即可选定该列；用鼠标在列号上拖动，则可选定连续多列；按住<Ctrl>键再用鼠标单击不同的列号，则可选定间断的列，如图 4-13 所示。

	A	B	C	D	E	F	G	H
1	2013年9月教师工资表							
2	编号	姓名	基本工资	职务工资	奖金	社会保险	公积金	个人所得税
3	101	马琳	3500	2500	1500	420	350	218
4	102	朱颖	2500	2000	1500	300	250	90
5	103	刘菲	2000	1500	1000	240	200	16.8
6	104	孙南	3500	2000	1200	420	350	138
7	105	罗斌	2000	1500	1000	240	200	16.8

图 4-13　选定列

（5）选定全部单元格。

除了对单元格和单元格区域进行选定，还可以对整个工作表进行选定，操作方法是：将鼠标指针移到工作表左上角行号和列号交叉处的空白格（即全选按钮），单击全选按钮，整个工作表立即呈现黑白反相显示，表明工作表中全部单元格已经被选定，如图 4-14 所示。

	A	B	C	D	E	F	G	H
1	2013年9月教师工资表							
2	编号	姓名	基本工资	职务工资	奖金	社会保险	公积金	个人所得税
3	101	马琳	3500	2500	1500	420	350	218
4	102	朱颖	2500	2000	1500	300	250	90
5	103	刘菲	2000	1500	1000	240	200	16.8
6	104	孙南	3500	2000	1200	420	350	138
7	105	罗斌	2000	1500	1000	240	200	16.8

图 4-14　单元格全选

2．编辑单元格数据

在编辑单元格数据时，我们可以采取以下几种不同的方式。

（1）双击需编辑的单元格将光标定位到其中，然后对其中的数据进行编辑修改；

（2）选中需编辑的单元格，并按<F2>健将光标定位到其中，然后对其中的数据进行编辑修改；

（3）选中需编辑的单元格，并单击编辑栏将光标定位到编辑栏中，然后在编辑栏中对单元格数据进行编辑修改；

（4）选中需编辑的单元格，直接键入新的数据覆盖原有数据；

（5）编辑修改完毕后，按<Enter>键可确认修改，按<Esc>键则取消修改。

3．清除单元格

清除有些类似于一般意义上的删除，但在 Excel 中，清除和删除是两个不同的概念。清除单元格是指清除单元格中的内容、格式、批注或全部三项；删除单元格则不但删除单元格中的数据、格式等内容，还将删除单元格本身。

选中需清除的单元格后，单击“开始”选项卡中“编辑”组的 清除 下拉列表中的“全部清除”、“清除格式”、“清除内容”或“清除批注”等命令，可清除选中单元格中的部分或全部信息，如图 4-15 所示。

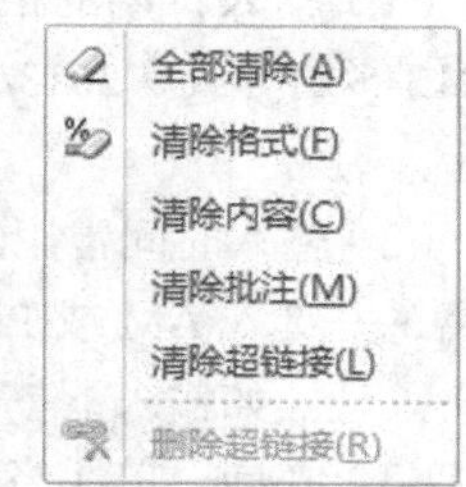

图 4-15　“清除”下拉列表

在 Excel 2010 中，还可以通过快捷键或快捷菜单完成清除单元格、移动/复制单元格、插入单元格、删除单元格操作。

4.2.4　单元格数据输入

在单元格中输入数据，首先需要选择单元格，然后再输入数据，所输入的数据会同时出现在单元格和编辑栏中。在 Excel 2010 中，可以输入的数据包括文本、数值、日期及图片等。

1．文本数据的输入

文本数据一般是指描述性的数据，它可以是字符和数字。文本型数据默认的对齐方式是靠单元格的左边排列。

输入的文本超过单元格的宽度时，若右边的单元格中没有数据，则延伸显示在右边的单元格中，但该文本只属于本单元格，不属于右边的单元格。若右边单元格中有数据，则超出部分不显示。若要全部显示，可以改变单元格的宽度或设置单元格为自动换行。在输入单元格内容时，按<Alt>+<Enter>组合键可以插入一个硬回车换行；或在“单元格格式”对话框中选中“对齐”选项卡下的“自动换行”复选框，则单元格中的内容可以根据单元格宽度自动换行。

特别注意的是文本型的数字，如：学号、电话号码、邮政编码、身份证号码等，它们全部是数字，但并不表示大小，仅仅是一个序号，数字前面可能有 0，如学号“013001”、电话号码“02883205378”等。我们需要把它们作为文本对待。输入时必须采取特殊的方式，否则 Excel 把它们作为数值数据对待，数值前面的 0 是无效的。

文本数字的输入方法有两种。

（1）少量文本数字输入可在每个数字前加单引号（撇号）“'”；

（2）大量文本数字输入，每个前面都加“'”号很不方便，可先将单元格设置成文本格式，再输入数字，关于单元格的格式设置，本书将在 4.2.5 中介绍。

2．数值数据的输入

可以用整数、小数、百分数（11、11.5、45%）和科学计数（1.21E+5）的形式输入数值，默认情况下，输入的数字将靠单元格的右边排列。输入中注意以下几点。

（1）正数前的（+）号可以不输入。

（2）输入负数可用“-”或“( )”。例如要输入-37，可输入-37，也可以输入（37）。

（3）为避免将输入的分数视作日期，要在分数前冠以数字+空格，例如要在单元格中输入 $\frac{1}{4}$，要输入 0□1/4（□表示空格），要在单元格中输入 $2\frac{3}{5}$，要键入 2□3/5。

（4）在数字长度超出单元格宽度时，将以科学记数（如 1.45E+05）的形式显示。当单元格宽度无法显示科学记数形式时，单元格会显示“###”。

3. 日期和时间数据的输入

在单元格中输入系统可识别的时间和日期数据时，单元格的格式会自动转换为相应的“时间”或“日期”格式，而不需要去设定该单元格为“时间”或“日期”格式；如果是不能识别的日期或时间格式，则视为普通文本，在单元格中左对齐。

（1）输入日期的格式为年-月-日或年/月/日。例如要输入 2013 年 5 月 21 日，可以输入“2013-5-21”或“2013/5/21”；再如输入“1/4”，在输入“1/4”时系统会自动识别为当年的 1 月 4 日。

（2）输入时间常用的格式为时：分：秒，注意如果按 12 小时制输入时间，可以在时间后留一空格，并键入 AM 或 PM 以区分上午和下午，否则，如果只输入时间，Excel 2010 将按 AM（上午）处理。如输入下午 3：50，可以键入“3:50□PM”或者“15:50”。

（3）在同一单元格中键入日期和时间，需要在其间用空格分离。例如：输入 2013 年 5 月 21 日下午 3:50 分，可以输入“2013/5/21□15:50”。

4. 记忆式输入

在工作表输入过程中，经常要输入相同的数据，Excel 2010 的记忆输入方法为用户提供了很大的方便。Excel 2010 会自动将当前的输入内容与所在列的其他单元格中的数据进行比较，若有相同的单元格，则把它复制到当前的单元格。例如，第一次输入了“Excel 2010”字符串后，Excel 2010 系统会自动记忆，当同列单元格再次输入一个字母“E”时，该单元格会自动显示出完整的字符串，用户按<Enter>键确认就可以完成输入。

另外，在向单元格输入时，可以单击鼠标右键，在弹出的如图 4-16 所示的快捷菜单中选择“从下拉列表中选择”，则系统列出该列中已输入的数据，单击其中一个数据可以将其复制到当前单元格中。

5. 序列数据的输入

在我们的实际应用中，工作表的某一行或列中的数据经常是一些有规律的序列。例如，销售报表的第 1 列往往是“1 月 1 日”、“1 月 2 日”……而课程表的第一行则一般是“星期一”、“星期二”……对于这样的序列，我们可以通过 Excel 的填充柄（选中单元格后，单元格右下角出现的小黑块）自动生成，如图 4-17 所示，还可以输入规则的有序数列。

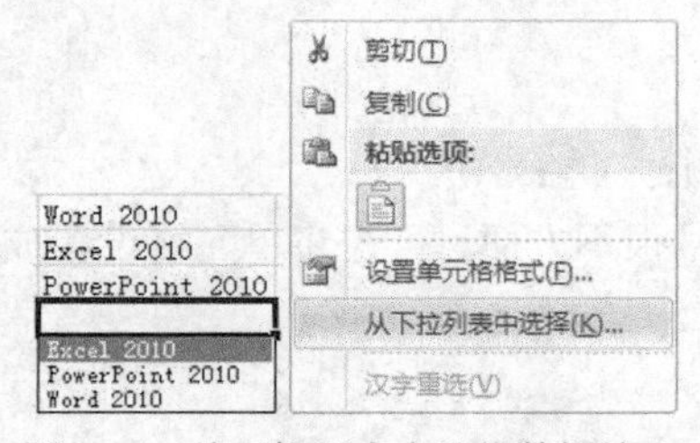

图 4-16 从下拉列表中选择数据输入

图 4-17 填充柄

在填充的过程中，根据选中单元格数据的类型，系统会采用以下 3 种方式。

（1）复制。

如果选中的单元格数据只是一般的文本，而非系统定义或用户自定义序列中的数据项，则系统将其复制到其余单元格；

（2）序列填充。

如果选中单元格数据是系统定义或用户自定义序列中的数据项（如数字、日期或时间段等），则系统将按照序列规则自动延伸，以生成数据序列，而非简单地复制到其余单元格中。

如果需选择复制单元格或是序列填充，可以单击单元格区域选择下方的“自动填充选项”，在弹出的下拉菜单中根据需要选择一个命令即可，如图 4-18 所示。

（3）按步长填充。

步长是指序列在延伸的过程中，每一步延伸的幅度，也就是等差序列中相邻项之间的差，或是等比序列中相邻项之间的比。例如，日期等差序列“1 日、4 日、7 日…”的步长为 3，数字等比序列“2、4、8、16、32…”的步长为 2。

填充等差序列的方法如下所示。

① 先输入序列的前两个数据，再进行填充，系统自动确定填充序列的步长。

② 先在“开始”选项卡下“编辑”组中的 填充 下拉列表中选择“序列”命令，打开“序列”对话框后再根据需要选择序列类型，如图 4-19 所示。在“序列产生在”选项组中，可以设置数据对行填充还是对列填充。在“类型”选项组中，可以设置填充类型，包括等差序列、等比序列、日期和自动填充。在“步长值”文本框中输入数据的增长量，在“终止值”文本框中输入数据序列最后一个数值。

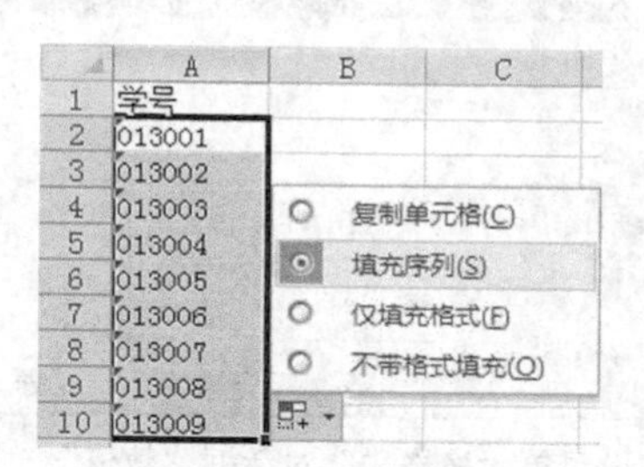

图 4-18　“自动填充选项”下拉列表

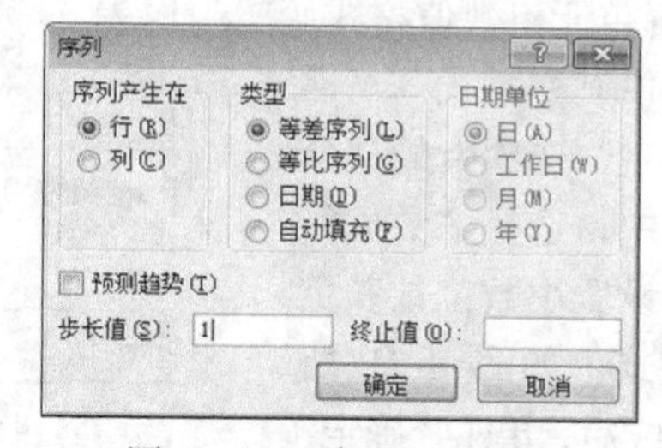

图 4-19　“序列”对话框

在使用“序列”对话框填充数据时，可以选择好要输入数据的单元格区域，然后再打开“序列”对话框进行相应的设置，这时，在该对话框中可以不需要输入终止值。

4.2.5　单元格格式设置

在 Excel 工作表中正确地编辑表格内容后，还需设置工作表的格式，包括行高和列宽的设置、单元格格式设置、单元格的合并与分解、条件格式设置等。

1. 行高和列高设置

当工作表单元格的内容超过单元格的高度和宽度后，工作表变得不美观，对数据的显示也有影响，可以根据需要调整表格的行高和列宽，有 Excel 2010 中，有以下 3 种方式调整行高和列宽。

（1）通过拖动鼠标调整行高和列宽。将光标移到两列或两行的分隔线上，当光标变成为时，按住鼠标左键，拖动到合适位置后释放鼠标即可。

（2）自动调整行高和列宽。选择要调整行高和列宽的单元格，单击“开始”选项卡下的“单元格”组中的“格式”按钮，在弹出的的下拉菜单中选择“自动调整行高”或“自动调整列宽”命令，即可根据单元格内容调整行高或列宽。

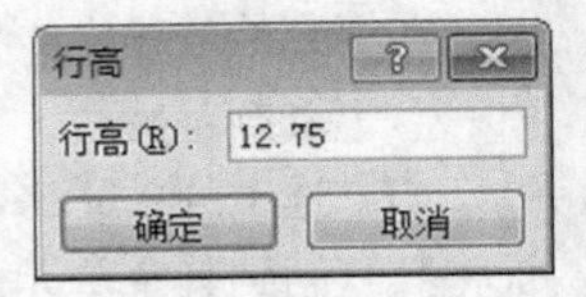

图 4-20 “行高”对话框

（3）使用对话框设置行高和列宽。选择要调整行高和列宽的单元格，单击“开始”选项卡下的“单元格”组中的“格式”按钮，在弹出的下拉菜单中选择“行高”或“列宽”命令，在弹出的“行高”或“列宽”对话框中设置行高或列宽值，单击“确定”按钮即可完成设置，如图 4-20 所示。

2. 单元格格式设置

单元格格式设置包括设置数字类型、对齐方式、字体、边框、背景图案等。设置单元格格式的操作方法比较简单，鼠标右键单击选中的单元格，在弹出的快捷菜单中选择“设置单元格格式”命令，弹出“设置单元格格式”对话框后，然后可进行相应设置。也可以通过单击“开始”选项卡下的“单元格”组中的“格式”按钮，在弹出的的下拉菜单中选择“设置单元格格式”命令来打开“设置单元格格式”对话框。

（1）数字格式化。

可以根据不同需要设置单元格中的数字格式，可以将数字设置为包括小数点的数字、设置为货币格式、设置为百分比格式等。

① 设置单元格数值格式。打开“设置单元格格式”对话框，在“数字”选项卡的“分类”列表框中，选择“数值”选项，然后设置小数位数和负数的表示形式，如图 4-21 所示。设置完成后，单击“确定”按钮即可。

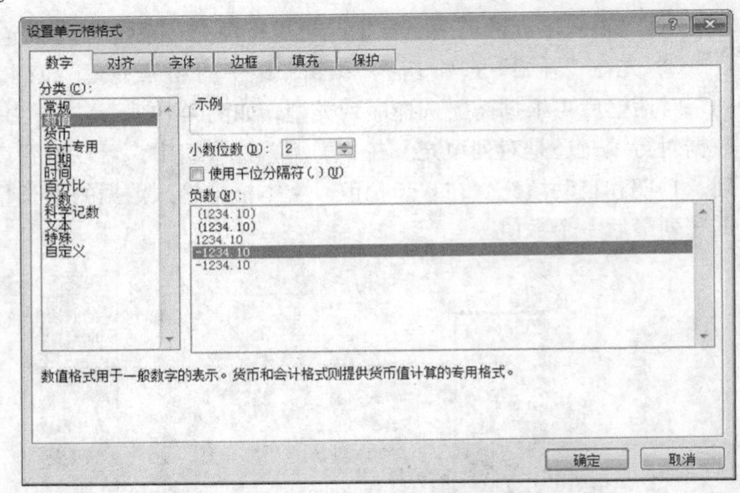

图 4-21 “设置单元格格式”对话框“数值”选项

提示

如果要增加或减少数据的小数位数，可以在选择数据后，单击“开始”选项卡下的“数字”组中的“增加小数位数”按钮或“减少小数位数”按钮，如图 4-22 所示。

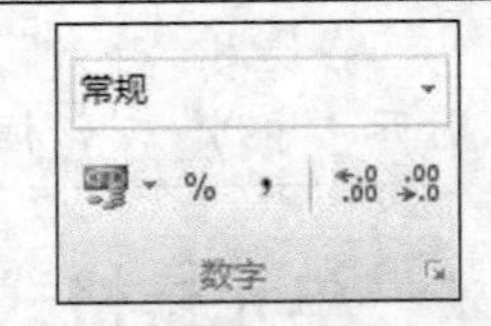

图 4-22 “开始”选项卡下的“数字”组

② 设置货币格式。打开“设置单元格格式”对话框，在“数字”选项卡的“分类”列表框中，选择“货币”选项，然后设置小数位数、货币的符号（国家/地区）和负数的表示形式，设置完成后，单击“确定”按钮即可。

③ 设置百分比格式。打开“设置单元格格式”对话框，在“数字”选项卡的“分类”列表框中，选择“百分比”选项，然后设置小数位数，设置完成后，单击“确定”按钮即可。

如果将数据设置为常用的格式，如货币格式、百分比格式、千分位格式等，可以在选择数据后，单击“开始”选项卡下的“数字”组中的“会计数字格式”按钮、“百分比样式”按钮%或“千分位格式”按钮,。

（2）日期和时间格式化。

在 Excel 2010 中，输入日期后，默认以“xxxx/xx/xx”的格式显示，但有些时候，需要对日期格式进行设置。要设置日期，需先选择要设置日期格式的单元格或单元格区域，打开“设置单元格格式”对话框，在“数字”选项卡的“分类”列表框中，选择“日期”选项，在右侧的“类型”列表框中选择日期格式，如图 4-23 所示，设置完成后，单击“确定”按钮即可。

可以单击“开始”选项卡下的“数字”组中的“数字格式”下拉按钮，在弹出的菜单中选择一种格式选项来快速设置格式，如图 4-24 所示。

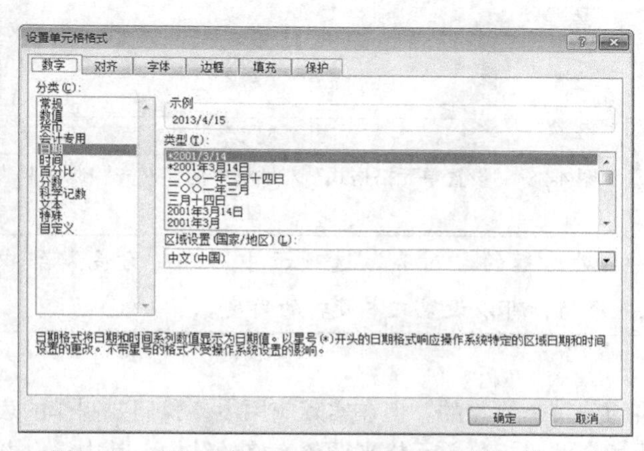

图 4-23 “设置单元格格式”对话框“日期”选项

图 4-24 “数字格式”下拉菜单

（3）单元格字体设置。

在 Excel 2010 中，可以设置单元格的字形、字号、字体颜色以及其他一些字体效果。设置字体，可以通过“开始”选项卡中的“字体”组进行设置，如图 4-25 所示。

除在功能区中设置字体格式外，还可以通过“设置单元格格式”对话框中的“字体”选项卡来设置字体格式，如图 4-26 所示。

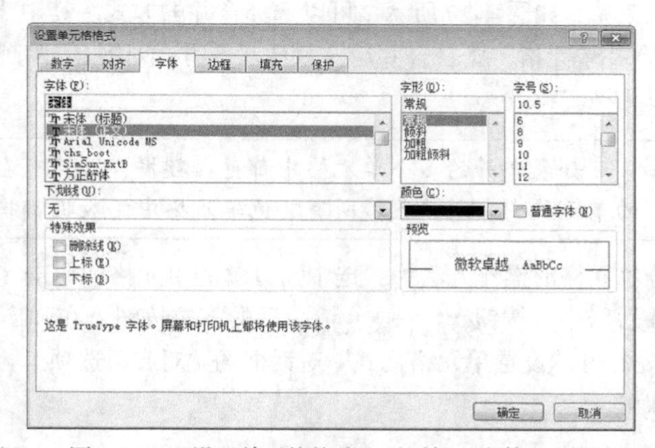

宋体 10.5 字体

图 4-25 “开始”选项卡下的“字体”组　　图 4-26 “设置单元格格式”对话框“字体”选项卡

（4）单元格数据的对齐方式。

为使表格中的数据排列整齐，增加表格整体的美观性，可以为单元格设置对齐方式，单元格的对齐方式分为水平对齐和垂直对齐两种，可以根据需要进行设置。

设置对齐方式，可以通过“开始”选项卡中的“对齐方式”组进行设置，如图 4-27 所示。

除在功能区中设置对齐方式外，还可以通过“设置单元格格式”对话框中的“对齐”选项卡来设置对齐方式，如图 4-28 所示。

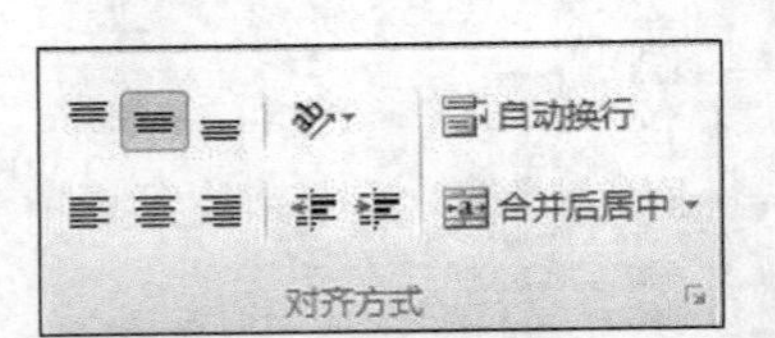

图 4-27 “开始”选项卡下的“对齐方式”组

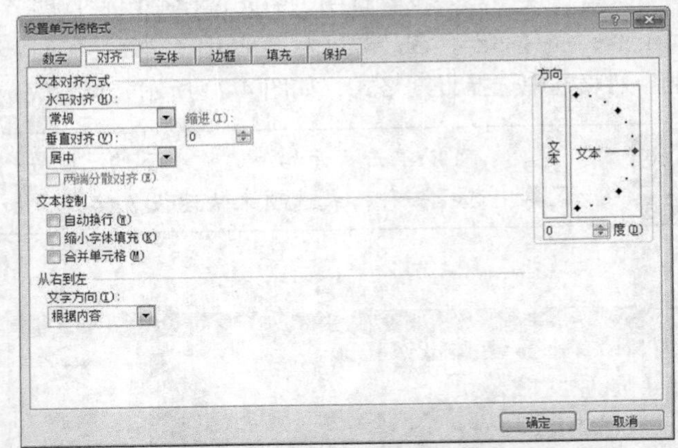

图 4-28 “设置单元格格式”对话框中的“对齐”选项卡

提示

如果在“设置单元格格式”对话框的“对齐”选项卡中，在“方向”组中的 0 度(D) 文本框中输入一个值，可以设置文本旋转的角度。

3. 合并和折分单元格

在新建的空白工作簿中，所有单元格的分布是均匀的。但在实际应用中，我们要制作的表格往往不是这么规则的，这时候，就需要通过合并或折分单元格来调整表格的结构。其中，合并单元格是指将多个单元格合并为一个单元格。反过来，合并后的单元格可以重新被拆分为合并前的独立单元格。

合并单元格的操作方法为：选中要合并的若干个单元格，单击“开始”选项卡下“对齐方式”组中的“合并后居中”按钮 合并后居中（或先打开“设置单元格格式”对话框的“对齐”选项卡再选择“合并单元格”复选框）即可。若单击“合并后居中”按钮后的下拉按钮，可以弹出一个下拉菜单，如图 4-29 所示，可以选择合并的方式。其中“合并后居中”将合并后的文字居中对齐，“合并单元格”则在合并后按默认对齐方式对齐，“跨越合并”则只对行单元格合并，而不合并列单元格。

注意

如果合并的多个单元格中都存在数据，则只有左上角单元格中的数据将保留在合并的单元格中，所选区域所有其他单元格中的数据都将被删除。

拆分单元格的操作方法为：选中需分解的单元格，单击“开始”选项卡下“对齐方式”组中的“合并后居中”按钮 合并后居中 后的下拉按钮，在弹出的下拉菜单中选择“取消单元格合并”（或先打开“设置单元格格式”对话框的“对齐”选项卡再取消“合并单元格”复选框的选中标志）即可。

4. 条件格式

在 Excel 2010 中，可以根据设置的不同条件，为数据设置不同的显示效果，这样在查看某些特定数据时将更加清晰，下面实例是将图 4-30 所示表中 60 分以下的成绩以深红色显示，浅红色填充单元格。操作方法如下所示。

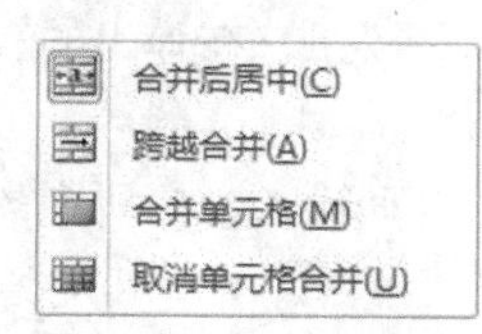

图 4-29　“合并后居中”按钮的下拉菜单

	A	B	C	D	E	F
1	学生成绩表					
2	学号	姓名	英语	数学	计算机	经济学
3	2013001	赵毅	79	90	56	77
4	2013002	钱尔	66	86	89	88
5	2013003	孙三	50	87	67	85
6	2013004	李斯	49	94	90	64
7	2013005	周午	90	67	88	86
8	2013006	吴柳	80	45	78	69
9	2013007	郑启	67	88	61	55
10	2013008	王芭	76	22	98	77
11	2013009	陈玖	87	79	74	36
12	2013010	王石	81	66	77	72

图 4-30　选择单元格区域以设置条件格式

（1）选择要设置条件格式的单元格区域，如 C3:F12，单击“开始”选项卡下“样式”组中的“条件格式”按钮，在弹出的菜单中选择“突出显示单元格规则”→“小于”命令，如图 4-31 所示。

（2）在弹出的“小于”对话框的左侧文本框中输入条件 60，并在右侧“设置为”下拉列表中选择满足左侧条件时显示的格式—“浅红填充色深红色文本”选项，如图 4-32 所示。

（3）单击“确定”按钮，可以将符合条件的数据设置相应的单元格效果，如图 4-33 所示。

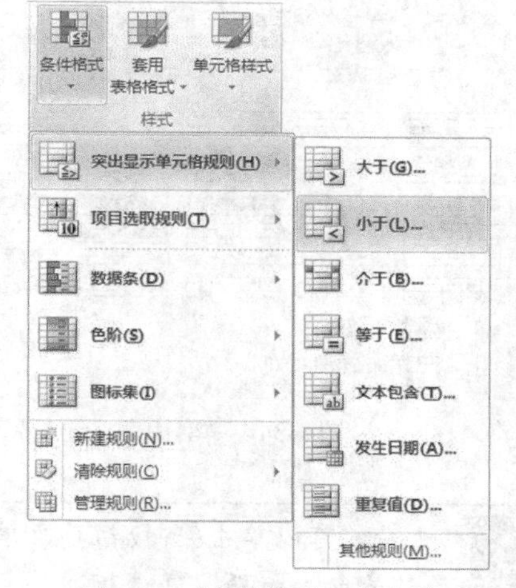

图 4-31　“条件格式”命令项

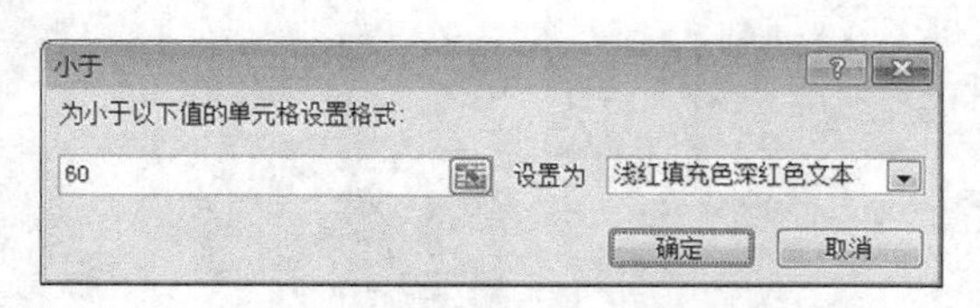

图 4-32　“条件格式”对话框

	A	B	C	D	E	F
1	学生成绩表					
2	学号	姓名	英语	数学	计算机	经济学
3	2013001	赵毅	79	90	56	77
4	2013002	钱尔	66	86	89	88
5	2013003	孙三	50	87	67	85
6	2013004	李斯	49	94	90	64
7	2013005	周午	90	67	88	86
8	2013006	吴柳	80	45	78	69
9	2013007	郑启	67	88	61	55
10	2013008	王芭	76	22	98	77
11	2013009	陈玖	87	79	74	36
12	2013010	王石	81	66	77	72

图 4-33　设置“条件格式”后的工作表

在“小于”对话框的“设置为”下拉列表框中选择“自定义格式”选项，打开“设置单元格格式”对话框，在“字体”、“边框”和“填充”选项卡中，可以自定义设置符合个人喜好条件的条件格式样式。

（4）单击“开始”选项下的“样式”组中的“条件格式”按钮，在弹出的菜单中选择“清除规则”命令，在其子菜单中可以选择“清除所选单元格的规则”或“清除整个工作表的规则”命令，将清除相应区域中的条件格式。

（5）单击“开始”选项卡下“样式”组中的“条件格式”按钮，在弹出的菜单中选择“新建规则”命令，在弹出的“新建格式规则”对话框可以创建符合个人要求的条件格式。

5. 套用表格样式

如果想要快速地设置整个表格的格式，可使用被称为自动套用格式的内置表格方案，这些方案会对表格中的不同元素使用独立的格式。例如为图 4-33 所示的学生成绩表套用一种“浅色”表格样式。具体的操作方法如下所示。

（1）单击“开始”选项卡下“样式”组中的“套用表格样式”按钮，在弹出的表格样式中选择“表样式浅色 5”，如图 4-34 所示。

（2）弹出“创建表”对话框，在“表数据的来源”文本框中自动输入光标所在的表格区域，如图 4-35 所示。

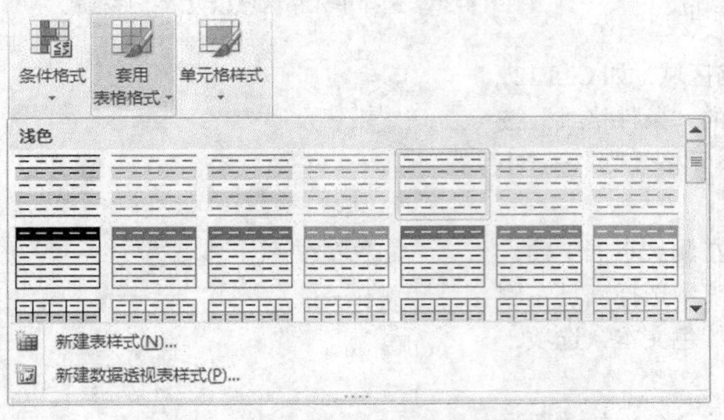

图 4-34　“套用表格样式”下拉菜单

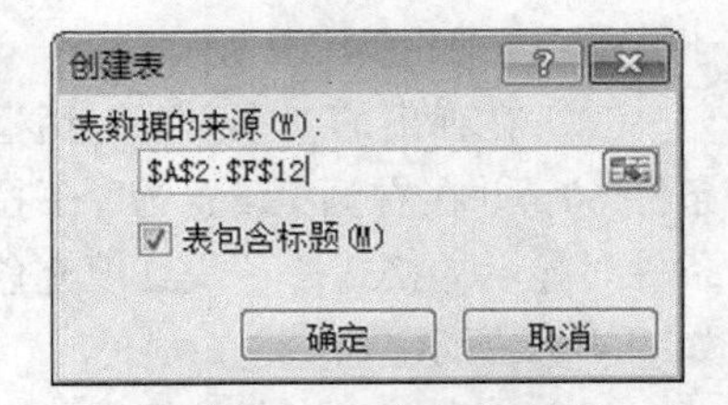

图 4-35　“创建表”对话框

可以单击按钮更改单元格区域，如果希望标题出现在套用样式后的表中，则选中“表包含标题”复选框。

（3）设置好后单击“确定”按钮，将为表格套用表格样式，如图 4-36 所示。

（4）单击“设计”选项卡的“表格样式选项”组，可以通过选中或取消选中不同的复选框，设置表格的各种显示效果，如图 4-37 所示。

	A	B	C	D	E	F
1	学生成绩表					
2	学号	姓名	英语	数学	计算机	经济学
3	2013001	赵毅	79	90	56	77
4	2013002	钱尔	66	86	89	88
5	2013003	孙三	50	87	67	85
6	2013004	李斯	49	94	90	64
7	2013005	周午	90	67	88	86
8	2013006	吴柳	80	45	78	69
9	2013007	郑启	67	88	61	55
10	2013008	王芭	76	22	98	77
11	2013009	陈玖	87	79	74	36
12	2013010	王石	81	66	77	72

图 4-36　“套用表格样式”结果

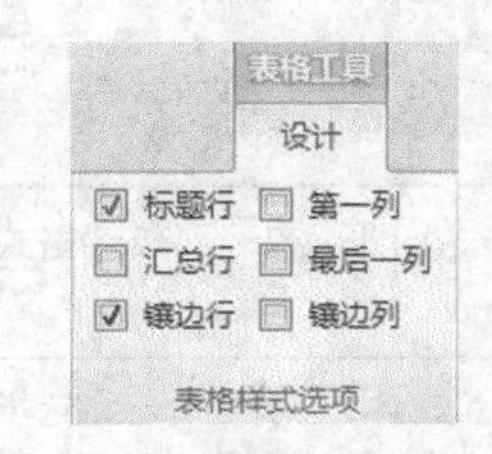

图 4-37　“表格样式选项”组

4.2.6 保护工作表

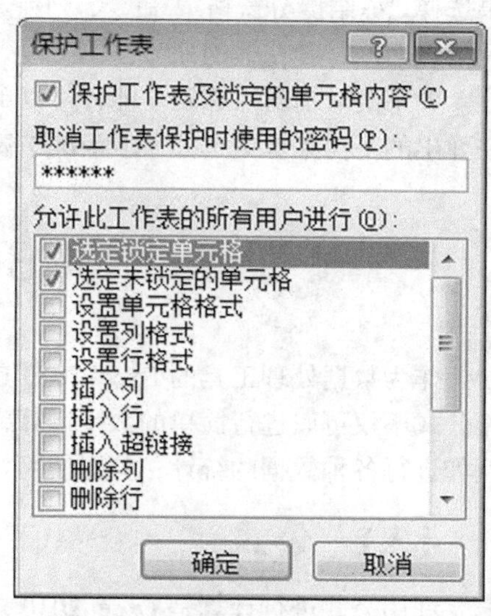

图 4-38　“保护工作表”对话框

为了禁止他人对工作表进行编辑，可以对工作表设置保护措施，保护工作表的具体操作说明如下。

（1）选择要保护的工作表，单击“审阅”选项下“更改”组中的“保护工作表”按钮，弹出“保护工作表“对话框。

（2）在“取消工作表保护时使用的密码”文本框中输入密码。取消选中“允许此工作表的所有用户进行”列表框的选项，以禁止用户可以进行的操作，如图 4-38 所示。

（3）单击“确定”按钮，弹出“确认密码”对话框，再次输入相同的密码，单击“确定”按钮后，即可保护工作表。

4.2.7 拆分和冻结工作表

1. 拆分工作表

使用窗格可以同时显示一张大工作表的不同区域，可以将窗口拆分为多个窗口，在每个窗口中都可以进行相同的操作，这样可以方便地查看表格中不同位置的数据。拆分工作表的具体操作说明如下。

（1）打开要拆分的工作表，如果要按垂直方向拆分，将光标移动到 Excel 工作表中垂直滚动条上方的分割条▭上，按住鼠标左键，当光标变为⇕时，向下拖动鼠标，即可将工作表拆分为上下两个部分。拖动拆分的横线可以调整上下窗口的大小。

（2）如果要按水平方向拆分，将光标移动到 Excel 工作表中水平滚动条右边的分割条▯上，按住鼠标左键，当光标变为⇔时，向左拖动鼠标，即可将工作表拆分为左右两个部分。拖动拆分的竖线可以调整左右窗口的大小。

（3）如果选择一个单元格，单击“视图”选项卡下“窗口”组中的“拆分”按钮，则可将窗格从该单元格的上方和左侧拆分为 4 个窗口。

（4）要取消拆分状态，可以再次单击“视图”选项卡下“窗口”组中的“拆分”按钮，也可以直接将拆分后的横线或竖线拖动到工作表外即可，或在拆分后的横线或竖线上双击也可取消拆分状态。

2. 冻结工作表

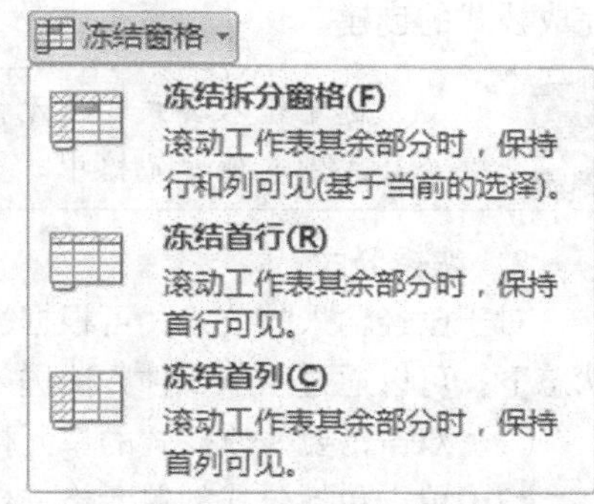

图 4-39　“冻结窗格”命令的下拉菜单项

大多数工作表都具有行或列的标题，用户在输入或查看数据时希望标题一直放在第一行或第一列，将标题所在的窗格冻结起来，可以更方便地查看或输入工作表。要冻结窗口，单击任一单元格，单击“视图”选项卡下“窗口”组中的“冻结窗格”按钮。如图 4-39 所示，在弹出的下拉菜单中选择“冻结首行”命令可以将第一行冻结，不随着工作表其他内容滚动而滚动，如选择““冻结首列”命令可以将第一列冻结，不随着工作表其他内容滚动而滚动。如果选择“冻结拆分窗格” 命令，则在选中的单元格的上行和左边将显示一条线，表明将冻结该单元格上面的行和左边的列。

如果要取消窗口冻结功能，可以单击“视图”选项卡下“窗口”组中的“冻结窗格”按钮，在弹出的下拉菜单中选择“取消冻结窗格”命令。

4.3 公式和函数

作为数据处理工具的 Excel 2010 具有强大的计算功能，这也是电子表格软件必备的功能，利用公式不仅可以进行简单的数字运算，例如加法、减法、乘法和除法等，还可以进行复杂的运算，例如进行各种数据的统计，甚至使用各种函数进行专业运算等。

4.3.1 公式

利用公式进行计算是 Excel 2010 重要的应用之一，无论输入的是纯数字运算，还是引用其他单元格计算，只要在单元格中正确地输入公式，就能够得到结果。

1. 输入公式

公式的输入类似于文字型数据的输入，Excel 2010 中公式主要由等号（=）、操作符和运算符组成。当输入一个公式时应以一个“=”开始，后面是需要进行计算的元素（操作符），各操作数之间应当以算术运算符分隔。如计算如图 4-40 所示表格中的“实发工资”，具体操作步骤如下所示。

I3　　fx　=C3+D3+E3-F3-G3-H3

	A	B	C	D	E	F	G	H	I
1	2013年9月教师工资表								
2	编号	姓名	基本工资	职务工资	奖金	社会保险	公积金	个人所得税	实发工资
3	101	马琳	3500	2500	1500	420	350	218	6512
4	102	朱颖	2500	2000	1500	300	250	90	
5	103	刘菲	2000	1500	1000	240	200	16.8	
6	104	孙南	3500	2000	1200	420	350	138	
7	105	罗斌	2000	1500	1000	240	200	16.8	

图 4-40　输入公式

（1）在工作表中选中单元格“I3”。

（2）在编辑栏中输入公式“=C3+D3+E3-F-G3-H3”。

（3）公式输入完毕后，单击“编辑栏”中的✓按钮或者按<Enter>键，即可接受公式的输入，完成公式的创建。

选中输入公式的单元格，按住单元格右下角的填充柄进行拖动，可以快速复制同一个公式到其他单元格中。

2. 编辑公式

对于已经输入的公式，可根据需求进行编辑，要编辑公式的内容，需要先进入到公式编辑的状态下，可以通过以下 3 种方法进入到公式编辑的状态。

（1）双击需要修改公式的单元格，在其内部直接编辑公式内容。

（2）单击包括公式的单元格，然后单击编辑栏并在其中编辑公式内容。

（3）按 F2 键激活单元格编辑状态，在其内部可以编辑公式内容。

删除公式的方法与删除一个单元格中普通内容的方法完全相同，只要选中包含公式的单元格，然后按<Del>键或单击“开始”选项卡下“编辑”组中的“清除”按钮，在子菜单中单击“清除内容”命令即可。

4.3.2　运算符

公式中的各个参与计算的元素（常数、单元格引用等）由运算符分隔开，运算符对公式中的元素进行特定类型的运算，并可决定公式中各部分的运算顺序。在公式中包含多种类型的运算符，不同的运算符有不同的运算优先级。

1．运算符

Excel 运算符主要包括算术运算符、比较运算符、文本串联符和引用操作符。

（1）算术运算符。

算术运算符用于完成基本的数学运算，主要包括加号“+”、减号或负号“-”、乘号“*”、除号“/”、百分号“%”、乘幂符“^”。

（2）比较运算符。

比较运算符用于比较两个值，主要包括等于号“=”、大于号“>”、小于号“<”、大于等于号“>=”、小于等于号“<=”、不等于号“<>”。

与算术运算不同，比较运算的结果是逻辑值 TRUE（当比较的结果为正确时）或 FALSE（当比较的结果为不正确时）。例如，如果在某个单元格中输入公式“=2<1”，单元格中显示的结果将为逻辑值 FALSE。

（3）文本串联符。

文本串联符“&”可以将两个文本值连接或串起来产生一个连续的文本值，例如我们在 A1 单元格中输入“Excel”，在 A2 单元格中输入“2010”，然后在 A3 单元格中输入公式“=A1&A2”，则 A3 单元格中会出现“Excel2010”。

（4）引用操作符。

引用操作符用于表述单元格区域，主要包括以下 3 个。

① 冒号“:”：表示两个单元格之间的所有单元格，如 B5:C7 表示单元格 B5、B6、B7、C5、C6、C7 6 个单元格；

② 逗号“,”：表示将多个引用的单元格区域合并为一个，例如公式“=SUM（A1,A3:A5）”表示计算单元格 A1、A3、A4、A5 的和；

③ 空格：表示对同时隶属于两个单元格区域的单元格（两个区域的重叠部分）的引用，例如，公式“= SUM（A1:A3 A2:A4）”表示计算单元格 A2 和 A3 的和。

2．运算顺序

在对公式进行计算时，系统根据公式中运算符的特定顺序从左到右计算，圆括号内的部分优先计算。如果公式中同时用到了多个运算符，系统将按冒号、空格、逗号、负号、百分号、乘幂、乘除号、加减号、文本串联符、比较运算符的优先级顺序进行运算。

4.3.3　单元格地址与引用

引用的作用在于标识工作表上的单元格或单元格区域，并指明公式中所使用的数据的位置。通过引用可以在公式中使用工作表中不同部分的数据，还可以引用同一工作簿不同工作表的单元格，甚至是另一个工作簿中的单元格。

1. 按地址引用单元格

Excel 工作表的行采用数字（1、2、3…）编号，列采用字母（A、B、C…）编号，我们可以使用单元格所在的行列编号来表示单元格，规则如下所示。

（1）用“列号行号”的形式表示单个单元格，例如 B3 表示位于 B 列第 3 行的单元格；

（2）用“左上角单元格地址：右下角单元格地址”表示一个矩形范围的单元格区域，例如 B2:C3 表示 B2、B3、C2、C3 共 4 个单元格；

（3）用“起始行号：终止行号”的形式表示由起始行到终止行的所有单元格，例如，2:4 表示第 2、3、4 行的所有单元格；

（4）用“起始列号：终止列号”的形式表示由起始列到终止列的所有单元格，例如，B:D 表示第 B、C、D 列的所有单元格。

如果要表示一个不规则的单元格区域，就需要使用到我们前面讲过的引用操作符“,”，例如，我们可以使用“A2,C3:C5”来表示 A2、C3、C4、C5 共 4 个单元格。

在编辑公式时可以直接在公式中键入引用的单元格或单元格区域的地址；也可以使用鼠标在工作表中选中需引用的单元格或单元格区域，选中区域四周出现虚线边框，同时选中区域的地址插入到公式的光标位置。

2. 跨表引用

在公式中除了可以引用同一工作表中的其他单元格外，还可以引用同一工作簿的不同工作表中的单元格，或是其他工作簿中的单元格。

在引用同一工作簿的不同工作表中的单元格时，可以用“工作表名称!单元格地址”的形式。例如，我们可以用“Sheet2!A3:C6”表示对工作表 Sheet2 中的单元格区域 A3:C6 的引用。

在引用不同工作簿中的单元格时，可以用“[工作簿名称]工作表名称!单元格地址”的形式，例如用“[Book2]Sheet2!A4”表示对工作簿 Book2 中的工作表 Sheet2 中的单元格 A4 的引用。

3. 相对引用

相对引用是最常用的引用方式，常见的形如“A1、B4:F7”的引用即是相对引用，在相对引用中，被引用单元格的位置与公式单元格的位置相关，当公式单元格的位置改变时，其引用的单元格的位置也会发生相应的变化。

相对引用的好处是：当移动、复制或自动填充公式单元格时，可以保持公式单元格和引用单元格的相对位置不变。

如图 4-40 所示，我们在单元格 I3 中输入了公式“=C3+D3+E3-F3-G3-H3”后，希望该公式同样可以用于计算其他人的实发工资，则在公式中使用相对引用。当我们将该公式用填充柄往下拖动时，公式会相应变为“=C4+D4+E4-F4-G4-H4”、“=C5+D5+E5-F5-G5-H5”等，从而完成其他人的实发工资的计算。

4. 绝对引用

与相对引用相反，绝对引用的单元格位置不会随公式单元格位置的改变而改变。

绝对引用的形式是在单元格的行列号前加上“$”符号，如“$B$2”表示对单元格 B2 进行绝对引用，“$B$3:$D$6”表示对单元格区域 B3:D6 进行绝对引用。

5. 混合引用

还有一种综合了相对引用与绝对引用的方式是混合引用。在混合引用中，我们可以对引用单元格的行方向和列方向采用不同的方式。例如，$A1 表示列方向上采用绝对引用，行方向上采用相对引用；而 A$1 则相反。

6. 公式复制中选择性粘贴的应用

在相对引用中，把有公式的单元格复制到其他位置时，公式中的相对引用会根据位置发生相应的变化，其实，在除了复制整个单元格外，也可以有选择地复制单元格中的特定内容。

在 Excel 2010 中，“选择性粘贴”为用户提供了将剪贴板中的内容有选择地粘贴出来的功能，如仅选择粘贴公式、或仅选择粘贴格式，或仅选择粘贴数值。当需要使用“选择性粘贴”时，在选择需要复制的区域并选择要粘贴的位置后，选择“开始”选项卡下“剪贴板”组中的“粘贴”下拉按钮，在弹出的下拉菜单中选择粘贴选项（也可以在需要粘贴的位置单击鼠标右键，在弹出的下拉菜单中选择“选择性粘贴”命令），如图 4-41 所示。

选择“选择性粘贴”下拉菜单中的““选择性粘贴”命令，可以打开“选择性粘贴”对话框，在该对话框中，可以详细设置粘贴选项，如图 4-42 所示。

图 4-41　“选择性粘贴”下拉菜单

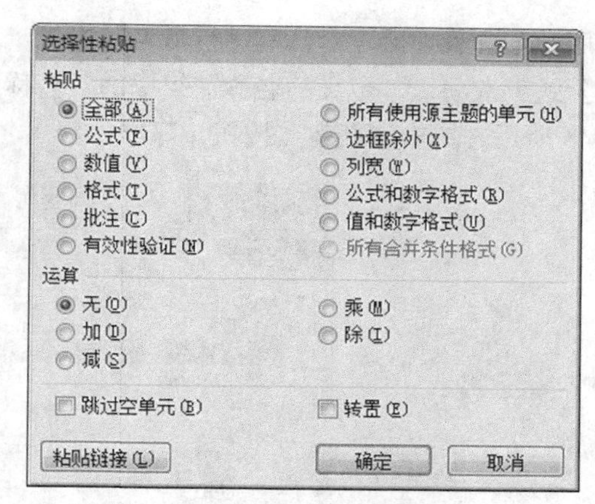

图 4-42　“选择性粘贴”对话框

4.3.4　名称管理器

在数据计算与分析过程中，需要引用大量的单元格或单元格区域，作为计算中的所需数据，如果在引用时使用的是单元格或单元格区域的默认名称，即以行标和列标的方法引用，在数据量很大的情况下，往往会造成混乱，不知道引用的单元格或单元格区域代表哪些数值，而如果将这些单元格或单元格区域定义为名称，则可以使各部分数据的意义明确，不但便于查找和引用，也便于对数据的管理。

1. 定义名称

定义名称可以使用以下几种方式。

（1）直接在名称框中进行命名。操作步骤如下：选择要命名的单元格或单元格区域，单击名称框，输入该单元格区域的名称，然后按<Enter>键，即可将该单元格区域命名为输入的内容。

（2）通过“新建名称”对话框对单元格或单元格区域进行命名。操作步骤如下：选择要命名的单元格或单元格区域，单击“公式”选项卡“定义的名称”组中的“定义名称”下拉按钮，选择“定义名称”命令，弹出“新建名称”对话框，在“范围”下拉列表中选择该名称的有效范围，在“引用位置”文本框确定需要命名的单元格或单元格区域。如图 4-43 所示，设置好后，单击“确定”按钮即可。

（3）将现有的行标或列标转换为名称。操作步骤如下：选择要命名的行或列，单击“公式”

选项卡“定义的名称”组中的“根据所选内容创建”按钮，弹出“以选定区域创建名称”对话框，如图 4-44 所示 ，设置好后，单击“确定”按钮，将以选择的区域作为单元格区域的名称。

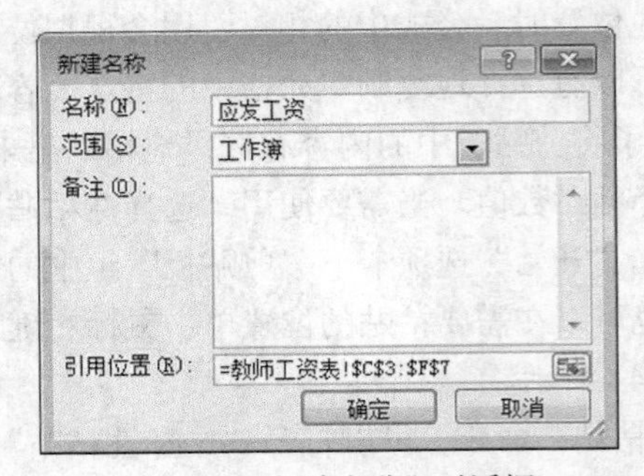

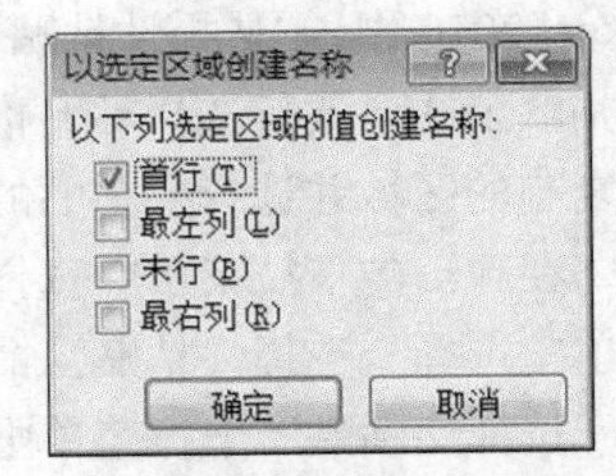

图 4-43　“新建名称”对话框　　图 4-44　“以选定区域的值创建名称”对话框

（4）使用“名称管理器”对话框进行命名。操作步骤如下：选择要命名的单元格或单元格区域，单击“公式”选项卡“定义的名称”组中的“名称管理器”按钮，弹出“名称管理器”对话框，如图 4-45 所示，单击“新建”按钮，弹出“新建名称”对话框，按方法（1）设置即可。

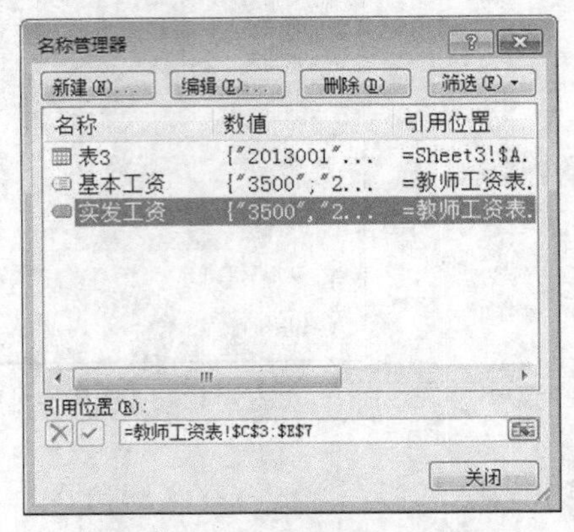

图 4-45　“名称管理器”对话框

在“名称管理器”对话框中，可以对名称进行添加、更改和删除等操作，对话框的“筛选”按钮可以选择要查看的名称类型。

2. 使用名称

为单元格或单元格区域命名后，就可以用创建的名称来代表单元格或单元格区域，也可以在公式中引用这些名称。引用名称有以下几种情况。

（1）可以单击“名称框”旁边的下拉按钮，会出现已定义的单元格区域的名称列表，选中其中一个名称即可，也可在“名称框”中直接输入名称，然后按<Enter>键。

（2）在输入公式时，可以选择输入公式的单元格，输入“=”，单击“公式”选项卡“定义的名称”组中的“用于公式”下拉按钮，在弹出的下拉菜单中会出现已定义的单元格区域的名称列表，选中其中一个名称即可。

4.3.5　函数的应用

为了增强数据计算，Excel 中提供了大量的函数，包括数学与三角函数、时期与时间函数、文本运算函数、财务分析与统计函数等，借助这些函数可以完成诸如财务方面、统计方面的计算。

1．函数格式与函数输入

一个完整的函数，如“SUM（A2,A4,B2:C5）”，包括函数名和参数两部分。

其中，函数名（如例子中的“SUM”）表示函数的计算关系，例如“SUM”表示求和，“abs”则表示求绝对值。

参数（如例子中的“A2, A4,B2:C5”）是在函数中参与计算的数值。参数包含在一对圆括号中，可以是数字、文本、逻辑值（ture 或 false）或单元格引用。给定的参数必须能产生有效的值。参数的形式可以是常量、公式或其他函数。

带有函数的公式的输入方法与一般的公式没有什么不同，用户可以像输入一般的常量一样直接键入函数及其参数，例如我们选中一个单元格后，直接键入“=AVERAGE（B5:D8）”就可以在该单元格中创建一个对单元格区域 B5:D8 求平均值的公式。

上述方法要求用户对函数的使用比较熟悉，如果用户对需要使用的函数的名称、参数格式等不是非常有把握，则建议单击“公式”选项卡“函数库”组中的“插入函数”按钮，打开如图 4-46 所示的“插入函数”对话框来输入函数（也可以单击“编辑栏”前的 f_x 按钮，打开“‘插入函数’对话框”）。

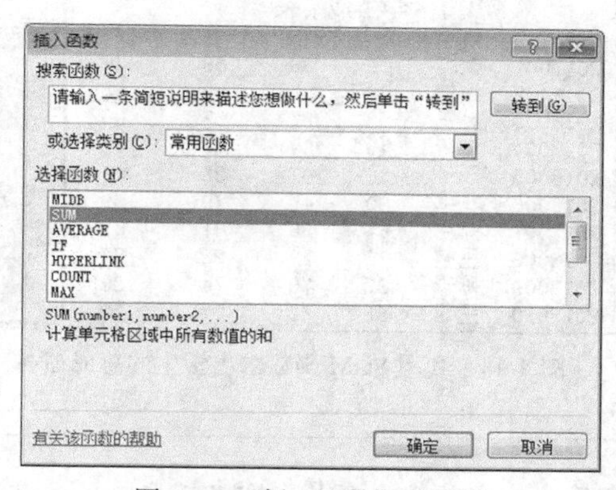

图 4-46　“插入函数”对话框

在“选择函数”列表框中选择适合的函数，在选择时，可以看到函数的功能，选择一个函数后，对话框中均要显示该函数的功能，选择后，将弹出“函数参数”对话框，如图 4-47 所示，移动光标到每一个函数参数框中时，对话框中均要显示该参数的含义。

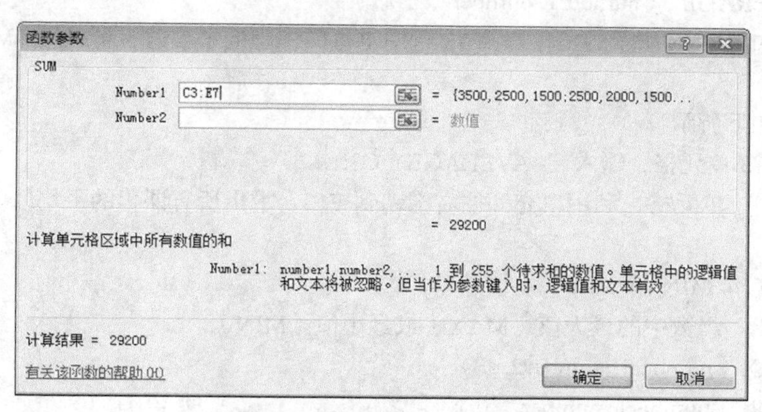

图 4-47　“函数参数”对话框

函数参数可以直接输入，也可以单击参数输入框右边的按钮回到工作表中去选择参数所在的单元格或单元格区域，选择完后按<Enter>键又回到“函数参数”对话框，参数输入完后，单击“确定”按钮，完成一次函数的输入。

在图 4-47 中还可以单击“有关该函数的帮助”链接到该函数的帮助信息，在帮助信息中对该函数进行了详细的讲解，并有举例说明。

2. **常用函数的使用**

（1）SUM 函数。

功能：返回参数单元格区域中所有数字的和。

格式：SUM（number1, number2,…）。

例如，在如图 4-48 所示的工作表的 G 列中求每位同学的总分，可以用 SUM 函数进行计算。

操作方法如下所示。

① 选中 G3 单元格；输入“=SUM（C3:F3）”。

② 选择 G3 单元格，利用填充柄往下拖动，求出所有学生的总成绩。结果如图 4-48 所示。

G3　fx =SUM(C3:F3)

	A	B	C	D	E	F	G
1	学生成绩表						
2	学号	姓名	英语	数学	计算机	经济学	总分
3	2013001	赵毅	79	90	56	77	302
4	2013002	钱尔	66	86	89	88	329
5	2013003	孙三	50	87	67	85	289
6	2013004	李斯	49	94	90	64	297
7	2013005	周午	90	67	88	86	331
8	2013006	吴柳	80	45	78	69	272
9	2013007	郑启	67	88	61	55	271
10	2013008	王芭	76	22	98	77	273
11	2013009	陈玖	87	79	74	36	276
12	2013010	王石	81	66	77	72	296

图 4-48　利用 SUM 函数求出学生的总成绩

函数中的所有符号一定是西文符号，即在英文输入法状态录入。

（2）AVERAGE 函数。

功能：返回参数单元格区域中所有数字的平均值。

格式：AVERAGE （number1, number2,…）。

例如，在如图 4-48 所示的工作表的 13 行中求每门课程的平均值，可以用 AVERAGE 函数进行计算。

操作方法如下所示。

① 选中 C13 单元格；输入“=AVERAGE（C3:C12）”。

② 选择 C13 单元格，利用填充柄往右拖动到 F13，求出所有课程的平均值。结果如图 4-49 所示。

（3）MAX 和 MIN 函数。

功能：求出一组数中的最大值（MAX）或最小值（MIN）。

格式：MAX（number1, number2,…）

MIN （number1, number2,…）

例如，在如图 4-49 所示的工作表的 14 行和 15 行中求每门课程的最大值和最小值，可以用 MAX 和 MIN 函数进行计算。

操作方法如下所示。

① 选中 C15 单元格，输入“=MAX（C3:C13）”。

② 选择 C15 单元格，输入“=MIN（C4:C14）”。

③ 选中 C14:C15 单元格区域，利用填充柄往右拖动到 F15，求出每门课程的最高分和最低分。

操作结果如图 4-50 所示。

C13 =AVERAGE(C3:C12)

	A	B	C	D	E	F	G
1			学生成绩表				
2	学号	姓名	英语	数学	计算机	经济学	总分
3	2013001	赵毅	79	90	56	77	302
4	2013002	钱尔	66	86	89	88	329
5	2013003	孙三	50	87	67	85	289
6	2013004	李斯	49	94	90	64	297
7	2013005	周午	90	67	88	86	331
8	2013006	吴柳	80	45	78	69	272
9	2013007	郑启	67	88	61	55	271
10	2013008	王芭	76	22	98	77	273
11	2013009	陈玖	87	79	74	36	276
12	2013010	王石	81	66	77	72	296
13		平均	72.5	72.4	77.8	70.9	

图 4-49 利用 AVERAGE 函数求出每门课程的平均成绩

C14 =MAX(C3:C13)

	A	B	C	D	E	F	G
1			学生成绩表				
2	学号	姓名	英语	数学	计算机	经济学	总分
3	2013001	赵毅	79	90	56	77	302
4	2013002	钱尔	66	86	89	88	329
5	2013003	孙三	50	87	67	85	289
6	2013004	李斯	49	94	90	64	297
7	2013005	周午	90	67	88	86	331
8	2013006	吴柳	80	45	78	69	272
9	2013007	郑启	67	88	61	55	271
10	2013008	王芭	76	22	98	77	273
11	2013009	陈玖	87	79	74	36	276
12	2013010	王石	81	66	77	72	296
13		平均	72.5	72.4	77.8	70.9	
14		最大值	90	94	98	88	
15		最小值	49	22	61	36	

图 4-50 求每门课程的最低分和最高分

（4）COUNTIF 函数。

功能：用于计算参数区域中满足给定条件单元格的数目。

格式：COUNTIF （Range,Criteria）。其中 Range 表示要计算其中非空单元格数目的区域，Criteria 表示条件。

例如，要求每一门课的不及格人数，操作方法如下所示。

① 选中 C16 单元格，输入“=COUNTIF（C3:C12,"<60"）”。

② 选中 C16 单元格区域，利用填充柄往右拖动到 F16，求出每门课程的不及格人数。

（5）COUNT 函数。

功能：用于计算参数表中包含数字的单元格的个数。

格式：COUNT （value1, value2, …）。

（6）IF 函数。

功能：执行真假值判断，根据逻辑计算的真假值，返回不同结果。

格式：IF（Logical_test,Value_if_true, Value_if_false）。

返回值：若 Logical_test 为真，返回 Value_if_true 的值；否则，返回 Value_if_false 的值。

例如，根据如图 4-51 所示学生的总分求出等级（大于等于 275 为合格，低于 275 为不合格）。

操作方法如下所示。

① 选中 H3 单元格；输入“=IF（G3>=275,"合格","不合格"）”。

说明，该函数的意义是：如果 G3 单元格中的值大于或等于 275，则函数返回“合格”；否则，字符“不合格”。

② 选择 H3 单元格，利用填充柄往下拖动，求出所有学生的等级成绩，结果如图 4-51 所示。

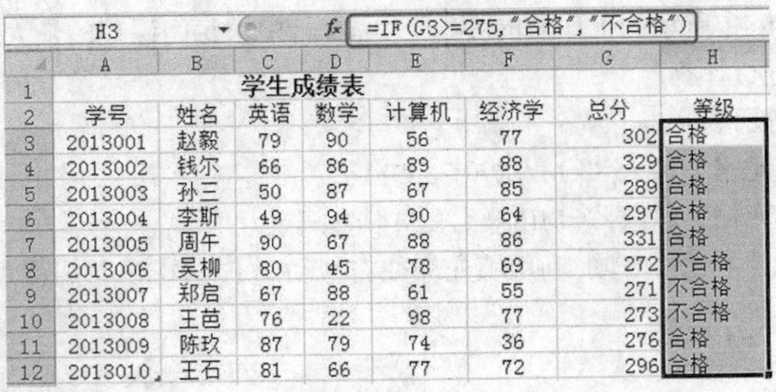

H3 =IF(G3>=275,"合格","不合格")

	A	B	C	D	E	F	G	H
1	学生成绩表							
2	学号	姓名	英语	数学	计算机	经济学	总分	等级
3	2013001	赵毅	79	90	56	77	302	合格
4	2013002	钱尔	66	86	89	88	329	合格
5	2013003	孙三	50	87	67	85	289	合格
6	2013004	李斯	49	94	90	64	297	合格
7	2013005	周午	90	67	88	86	331	合格
8	2013006	吴柳	80	45	78	69	272	不合格
9	2013007	郑启	67	88	61	55	271	不合格
10	2013008	王芭	76	22	98	77	273	不合格
11	2013009	陈玖	87	79	74	36	276	合格
12	2013010	王石	81	66	77	72	296	合格

图 4-51　利用 IF 函数求出学生的等级

（7）NOW 函数。

功能：返回当前日期和时间。

格式：NOW（ ）。

4.3.6　公式审核

在单元格中输入错误的公式不仅会导致出现错误值，而且还会产生某些意外的结果，错误的操作如在需要输入数字的公式中输入文本，删除公式引用的单元格，或者使用了宽度不足以显示结果的单元格等。进行这些操作时单元格的左上角将出现一个三角形状，并且显示一个错误值，如“####”、“DIV/0!”、“#NAME?”、“#N/A”、“#VALUE”、“#NUM!”、“REF!”及“#NULL!”等。

1．公式常见出错信息

（1）####。

当单元格宽度无法完全显示其中的数值型数据，或者时间或日期为负值时，将产生错误值“####”。可以通过加宽单元格或更正日期和时间中的负值来解决。

（2）DIV/0!。

当数字除以 0 时，会出现此错误。这时应注意检查公式中是否存在分母为 0 的情况。

（3）#NAME?。

当 Excel 无法误别公式中的文本时，会出现此错误。这时应注意检查公式中是否包含不正确的字符。

（4）#N/A。

当在函数或公式中没有可用的数值时，会出现此错误。这时应注意检查公式中所引用的单元格是否有可用的数据。

（5）#VALUE。

当在公式或函数中使用的参数或操作数类型错误，会出现此错误。这时应注意检查公式中的数据类型是否一致。

（6）#NUM!。

如果公式或函数中使用了无效的数值，会出现此错误。这时应注意检查公式中的函数的参数数量、类型等是否正确。

（7）REF!。

当单元格引用无效时，会出现此错误。这时应注意检查公式中是否引用了无效的单元格。

（8）#NULL!。

当如果指定两个并不相关的区域交点，会出现此错误。这时应注意检查公式中是否使用了不正确的区域操作符，或不正确的单元格引用。

2. 使用公式审核工具

在 Excel 2010 中提供了公式审核的功能，可以跟踪选定范围内公式的引用或从属单元格，同时也可以跟踪错误，利用“公式”选项卡下“公式审核”组中的按钮即可进行公式审核，如图 4-52 所示。

（1）错误检查。

单击“公式审核”组中的“错误检查”按钮，弹出如图 4-53 所示的“错误检查”对话框。该对话框列出单元格的出错原因及解决问题的一些命令按钮，单击这些按钮，可以对该错误进行分析及重新编辑以解决错误。

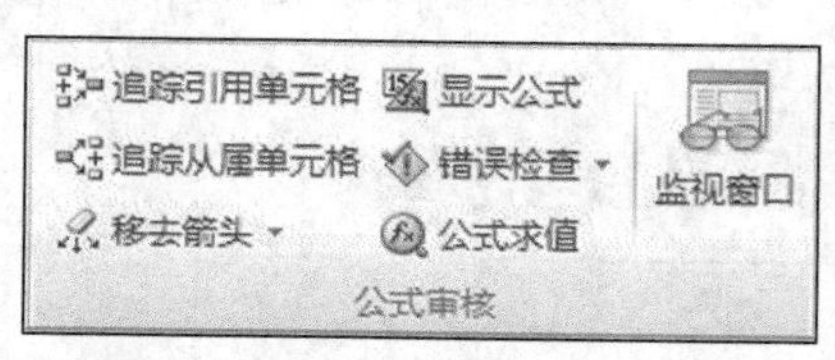

图 4-52　“公式”选项卡“公式审核”组

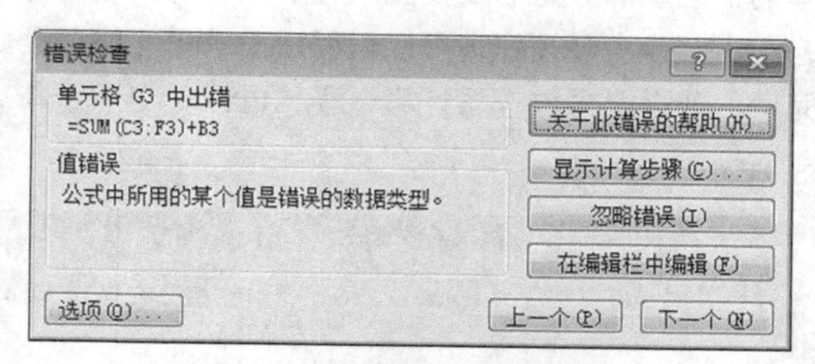

图 4-53　“错误检查”对话框

（2）追踪引用单元格。

引用单元格是被其他单元格中的公式引用的单元格，例如，如果单元格 B3 包含公式：“=B1+B2”，则 B1 和 B2 就是单元格 B3 的引用单元格。单击“公式审核”组中的“追踪引用单元格”按钮，这时会有追踪箭头从公式中所有引用过的单元格中指向公式所在的单元格。

（3）追踪从属单元格。

从属单元格中的公式引用了其他单元格，例如，如果单元格 B3 包含公式：“=B1+B2”，则 B3 就是 B1 和 B2 的从属单元格。单击“公式审核”组中的“追踪从属单元格”按钮，这时会在引用单元格和被引用单元格之间产生跟踪箭头。

（4）追踪错误。

单击“公式审核”组中的“错误检查”按钮旁的下三角箭头，在弹出的下拉菜单中选择“追踪错误”，这时含有错误的单元格便被显示出来。

（5）取消所有追踪箭头。

单击“公式审核”组中的 “移去箭头”按钮，这时所有的追踪箭头都被取消，单击该按钮旁边的下三角箭头，在弹出的下拉菜单中还可以选择“移去引用单元格追踪箭头”或“移去从属单元格追踪箭头”选项。

（6）显示监视窗口。

选中一个单元格，单击“公式审核”组中的 “监视窗口”按钮，弹出“监视窗口”对话框，如图 4-54 所示，单击该对话框中的“添加监视”按钮，可以添加新的监视点。

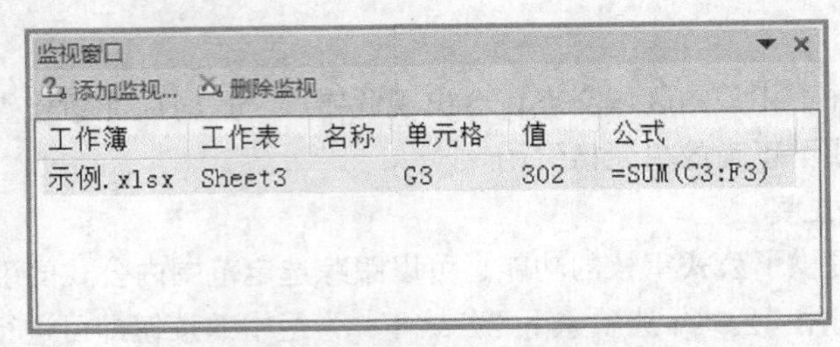

图 4-54 “监视窗口”对话框

（7）公式求值。

选择要求值的单元格，单击“公式审核”组中的“公式求值”按钮，打开如图 4-55 所示的“公式求值”对话框，在该对话框，可以对带下画线在值进行验证，计算结果将以斜体显示，如果公式中的下画线部分是对其他公式的引用，可以单击“步入”按钮，在“求值”框中将显示其他公式，单击“步出”按钮，可以返回以前的单元格或公式，继续操作，直到公式的每一部分都已求值完毕，如果要再次查看计算过程，可以单击“重新启动”按钮；单击“关闭”按钮，可以关闭该对话框。

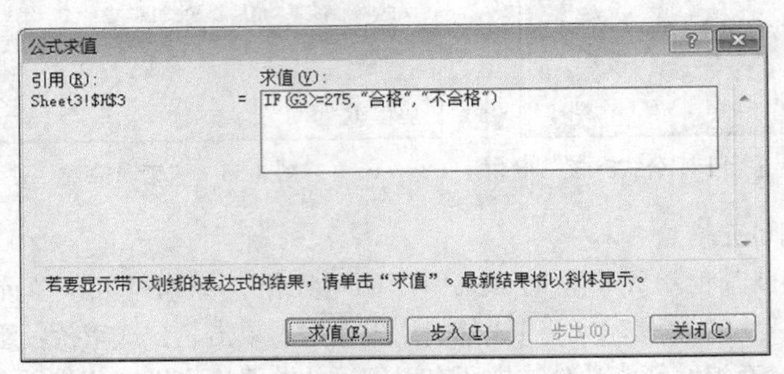

图 4-55 “公式求值”对话框

4.4 数据管理

Excel 2010 提供了强大的类似于数据库的功能，运用这些功能，可以很容易地对表格中的数据进行处理和分析，还可以对数据进行编辑，如排序、筛选、查找、修改记录等。

4.4.1 数据排序

对数据进行排序是数据分析不可缺少的组成部分。例如，将名称列表按字母顺序排列；按从高到低的顺序编制产品存货数量列表，按颜色或图标对行进行排序。对数据进行排序有助于快速直观地显示数据并更好地理解数据，有助于组织并查找所需数据，有助于最终做出更有效的决策。

1．简单排序

利用“数据”选项卡下“排序和筛选”组中的“升序”和“降序”按钮，可以对数据清单进行快速排序。具体步骤如下所示。

（1）选择要排序的列中的任意一个单元格，这里以“计算机”列为例，如图 4-56 所示；

（2）选择“数据”选项卡中的“排序和筛选”组中降序按钮 Z↓A。

	A	B	C	D	E	F	G
1	学号	姓名	英语	数学	计算机	经济学	总分
2	2013001	赵毅	79	90	56	77	302
3	2013002	钱尔	66	86	89	88	329
4	2013003	孙三	50	87	67	85	289
5	2013004	李斯	49	94	90	64	297
6	2013005	周午	90	67	88	86	331
7	2013006	吴柳	80	45	78	69	272
8	2013007	郑启	67	88	61	55	271
9	2013008	王芭	76	22	98	77	273
10	2013009	陈玖	87	79	74	36	276
11	2013010	王石	81	66	77	72	296

图 4-56　选择要排序的单元格

图 4-57 所示为对计算机一列数据从大到小的顺序进行排序的结果。

	A	B	C	D	E	F	G
1	学号	姓名	英语	数学	计算机	经济学	总分
2	2013008	王芭	76	22	98	77	273
3	2013004	李斯	49	94	90	64	297
4	2013002	钱尔	66	86	89	88	329
5	2013005	周午	90	67	88	86	331
6	2013006	吴柳	80	45	78	69	272
7	2013010	王石	81	66	77	72	296
8	2013009	陈玖	87	79	74	36	276
9	2013003	孙三	50	87	67	85	289
10	2013007	郑启	67	88	61	55	271
11	2013001	赵毅	79	90	56	77	302

图 4-57　排序后的结果

如果要进行升序排序，可以单击升序按钮。

2. 多关键字复杂排序

当所排序的字段出现相同值时，可以使用多关键字排序来满足不同的排序要求。具体的操作方法如下所示。

（1）选择要排序的列中的任意一个单元格；

（2）选择“数据”选项卡下“排序和筛选”组中的“排序”按钮，弹出如图 4-58 所示的“排序”对话框，在“主要关键字”下拉列表框中选择排序的主要关键字，如“基本工资”。

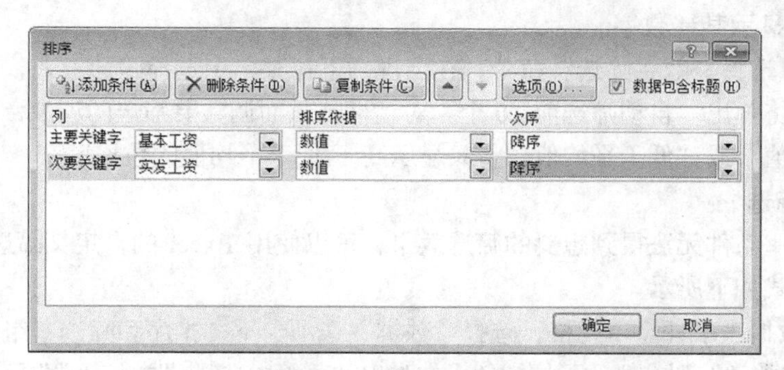

图 4-58　“排序“对话框

（3）单击“添加条件”按钮，在“排序”对话框中添加“次要关键字”项，从其下拉列表中选择次要关键字，如“实发工资”。继续单击“添加条件”按钮，可以添加更多的排序条件。

（4）添加好所需的条件后，单击“确定”按钮，返回 Excel 工作表，数据将按关键字的优先级别进行排序，如图 4-59 所示。完成设置后，系统自动进行排序。

	A	B	C	D	E	F	G	H	I
1	2013年9月教师工资表								
2	编号	姓名	基本工资	职务工资	奖金	社会保险	公积金	个人所得税	实发工资
3	101	马琳	3500	2500	1500	420	350	218	6512
4	104	孙南	3500	2000	1200	420	350	138	5792
5	102	朱颖	2500	2000	1500	300	250	90	5360
6	103	刘菲	2000	1500	1000	240	200	16.8	4043.2
7	105	罗斌	2000	1500	1000	240	200	16.8	4043.2

图 4-59　多关键字排序结果

提示　单击“排序”对话框中的“选项”按钮，在弹出的“排序选项”对话框中可以选中“按行排序”，则可以按行进行排序。

4.4.2　数据筛选

数据筛选就是从大量的数据中按某些条件筛选出需要的数据记录。Excel 2010 中提供了自动筛选、自定义筛选和高级筛选三种筛选方法。

1. 自动筛选

自动筛选提供了快速查找工作表中数据的功能。例如，如果要在图 4-56 工作表中筛选出数学不及格的同学。操作方法如下所示。

（1）单击数据表中任意单元格；

（2）选择“数据”选项卡下“排序和筛选”组中“筛选”按钮后，自动筛选箭头会出现在筛选清单中字段名的右边，如图 4-60 所示；

（3）单击“数学”字段名右边的筛选按钮，可以在弹出的下拉菜单中选择一种筛选方式。如通过选择“数字筛选”命令下的复选框来选择显示或不显示某些数字。

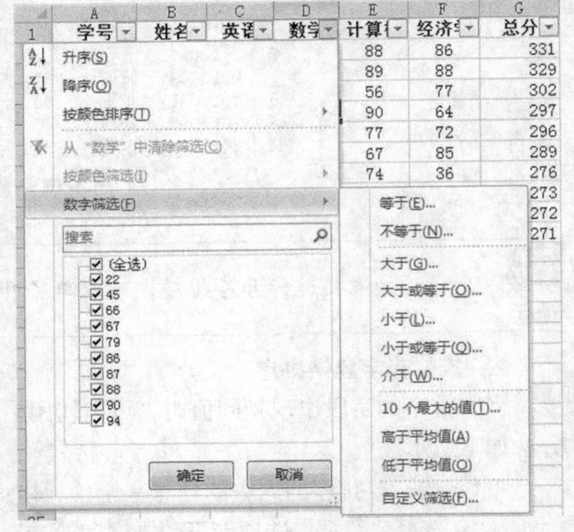

图 4-60　“自动筛选”下拉框

（4）也可以选择“数字筛选”命令，在出现的下拉菜单中选择筛选方式，如选择“10 个最大的值”命令，将弹出“自动筛选前 10 个”对话框，从而调整要筛选的项数，如图 4-61 所示。单击“高于平均值”或“低于平均值”将只显示高于/低于平均值的数据。

2. 自定义筛选

如果通过单一条件无法得到想要的筛选效果，可以使用 Excel 的自定义筛选功能。使用自定义筛选的操作方式如下所示。

（1）单击数据表中任意单元格，选择“数据”选项卡下“排序和筛选”组中“筛选”按钮。

（2）单击“数学”列右侧的下拉按钮，在弹出的菜单中选择“数字筛选”下的“自定义筛选”命令，弹出“自定义自动筛选方式”对话框，如图 4-62 所示，在对话框中输入筛选条件（大于或等于 60 与小于或等于 90）；

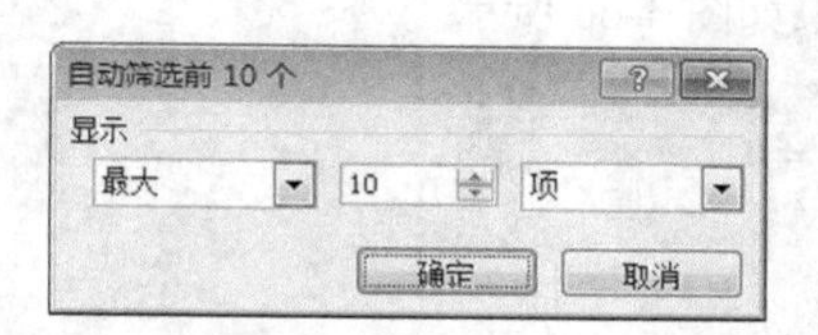

图 4-61 “自动筛选前 10 个”对话框

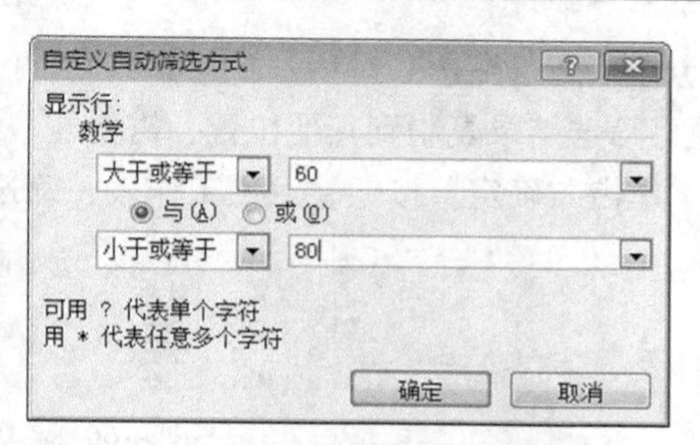

图 4-62 “自定义自动筛选方式”对话框

（3）单击“确定”按钮，返回工作表中，可以看到筛选结果，如图 4-63 所示。

	A	B	C	D	E	F	G
1	学号	姓名	英语	数学	计算机	经济学	总分
2	2013005	周午	90	67	88	86	331
6	2013010	王石	81	66	77	72	296
8	2013009	陈玖	87	79	74	36	276

图 4-63 自定义筛选方式后结果

在图 4-60 所示的“自动筛选”下拉框中选择“等于”、“不等于”、“大于”、“大于或等于”、“小于”、“小于或等于”、“介于”等命令时，也可以打开“自定义自动筛选方式”对话框。

3. 高级筛选

如果要对数据清单进行更为详细的筛选，则可以使用高级筛选方式。使用高级筛选方式既可以对单列应用多个条件，也可以对多列应用多个条件。

例如，利用高级筛选显示各门功课至少有一门在 90 分以上的学生。操作方法如下所示。

（1）在成绩表的空白地方输入筛选条件，条件区域的第一行为条件标志行，为数据清单的各字段名；条件标志行下至少有一行用来定义搜索条件；如果某个字段具有两个以上筛选条件，可在条件区域中对应的条件标志下的不同行的单元格中，依次键入各筛选条件，各条件之间的逻辑关系为“或”；要筛选同时满足两个以上字段条件的记录，可在条件区域的同一行中的对应的条件标志下输入各个条件，各条件之间的逻辑关系为“与”，如图 4-64 所示。

（2）单击数据表中任意单元格。

（3）单击“数据”选项卡“排序和筛选”组中的“高级”命令，打开“高级筛选”对话框，在对话框中，输入或选择数据区和条件区（选择数据区和条件区可以单击“列表区域”和“条件区域”右侧的按钮，条件区为事先设置好的条件区域 C13:F16），如图 4-65 所示。

	A	B	C	D	E	F	G
1	学号	姓名	英语	数学	计算机	经济学	总分
2	2013005	周午	90	67	88	86	331
3	2013002	钱尔	66	86	89	88	329
4	2013001	赵毅	79	90	56	77	302
5	2013004	李斯	49	94	90	64	297
6	2013010	王石	81	66	77	72	296
7	2013003	孙三	50	87	67	85	289
8	2013009	陈玖	87	79	74	36	276
9	2013008	王芭	76	22	98	77	273
10	2013006	吴柳	80	45	78	69	272
11	2013007	郑启	67	88	61	55	271
12							
13			英语	数学	计算机	经济学	
14			>=90				
15				>=90			
16					>=90	>=90	

图 4-64 高级筛选的条件

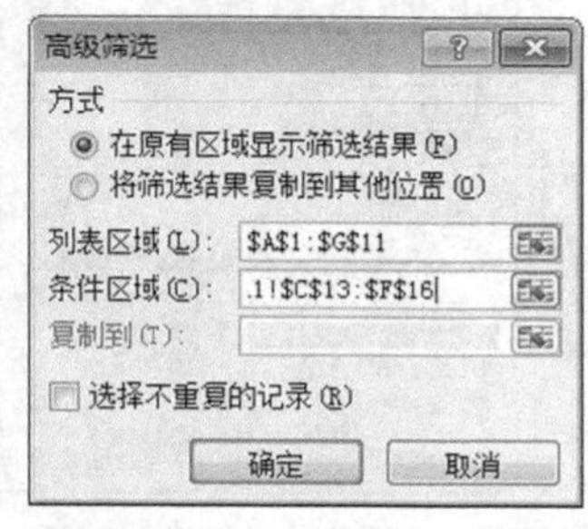

图 4-65 “高级筛选”对话框

（4）在“高级筛选”对话框中选择在原有区域显示筛选结果或将筛选结果复制到其他位置，如果选择将筛选结果复制到其他位置，需要在“复制到”文本框中输入或选择复制到的区域。

（5）单击“确定”按钮，返回工作表，筛选结果如图 4-66 所示。

	A	B	C	D	E	F	G
1	学号	姓名	英语	数学	计算机	经济学	总分
2	2013005	周午	90	67	88	86	331
4	2013001	赵毅	79	90	56	77	302
5	2013004	李斯	49	94	90	64	297

图 4-66　高级筛选的结果

要恢复显示所有数据，单击“数据”选项卡下“排序和筛选”组中的“清除”命令即可。

4.4.3　分类汇总

在工作中经常需要将同一属性的数据进行求和、计算总分等汇总操作，例如在课程表中根据课程的性质进行分类计算各类课程的总课时数。

1. 数据的分类汇总

在进行分类汇总之前，首先要确定分类的依据，并将分类字段进行排序。例如，对课程信息表进行分类汇总的具体的操作步骤如下所示。

（1）将作为分类依据的字段进行排序，这里按“性质”进行升序排序，结果如图 4-67 所示。

	A	B	C	D	E
1	编号	名称	性质	学分	课时
2	A01	英语	必修	5	80
3	A02	数学	必修	4	64
4	A03	计算机	必修	5	80
5	B01	经济学	选修	2	32
6	B02	管理学	选修	2	32

图 4-67　排序后的结果

（2）选定数据清单中的任意一个单元格。单击“数据”选项卡下“分级显示”组中的“分类汇总”按钮，出现“分类汇总”对话框，如图 4-68 所示。

（3）在该对话框中的“分类字段”下拉列表中选择“性质”选项；在“汇总方式”下拉列表中选择“求和”；在“选定汇总项”下拉列表中选中“课时”复选框。

在选择汇总方式与汇总项时，这两项单位关系必须匹配，例如，汇总方式选择“求和”，而汇总项选择“名称”，汇总结果会发生错误。

（4）单击“确定”按钮，分类汇总的结果如图 4-69 所示。

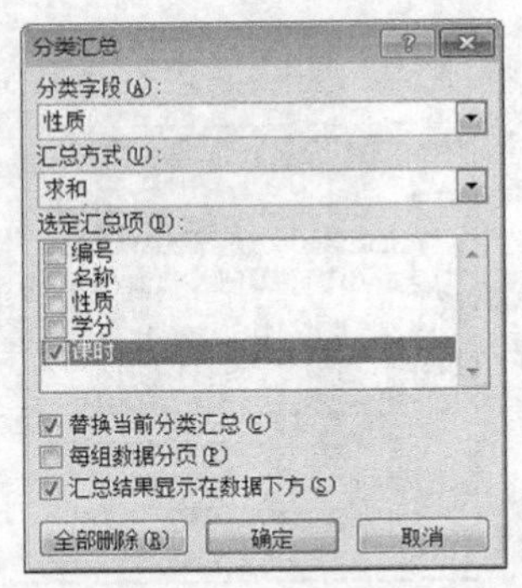

图 4-68　“分类汇总”对话框

	A	B	C	D	E
1	编号	名称	性质	学分	课时
2	A01	英语	必修	5	80
3	A02	数学	必修	4	64
4	A03	计算机	必修	5	80
5			**必修 汇总**		224
6	B01	经济学	选修	2	32
7	B02	管理学	选修	2	32
8			**选修 汇总**		64
9			**总计**		288

图 4-69　分类汇总结果

在 Excel 中，可以为同一个数据表添加多个具有不同汇总函数的分类汇总。只需要取消“替换当前分类汇总”复选框，这样就可以防止将现有的分类汇总覆盖。

若要清除分类汇总，只需再次打开如图 4-68 所示“分类汇总”对话框，在“选定汇总项”列表框中取消选中对应的复选框，或单击“全部删除”按钮即可。

2. 数据的分级显示

对数据进行了分类汇总后，原来的工作表显得较庞大，在工作表的左侧会出现一些符号，如 1 2 3、-、+，这些按钮就是分级显示的控制按钮。这时可以利用分级显示功能来查看汇总数据或查看数据清单中的明细数据。

（1）单击工作表左侧的 + 和 - 按钮可以显示或隐藏单个分类汇总的明细行。如图 4-70 所示为隐藏第 2 个明细行的效果。隐藏后 - 按钮变为 + 按钮，再次单击 + 按钮又可将其重新显示。

	A	B	C	D	E
1	编号	名称	性质	学分	课时
2	A01	英语	必修	5	80
3	A02	数学	必修	4	64
4	A03	计算机	必修	5	80
5			必修 汇总		224
8			选修 汇总		64
9			总计		288

图 4-70　隐藏第 2 个明细行

（2）在工作表的左侧有 3 个显示不同级别的分类汇总按钮 1、2 和 3，单击它们可以显示总计、分类汇总和明细行的汇总。图 4-71 所示为显示分类汇总的数据。

	A	B	C	D	E
1	编号	名称	性质	学分	课时
5			必修 汇总		224
8			选修 汇总		64
9			总计		288

图 4-71　只显示分类汇总

4.4.4　常用数据工具的使用

Excel 2010 也提供了大量的数据工具用于数据统计和管理，如合并运算、删除重复项和数据有效性等。

1. 合并运算

若要对多个工作表中的内容进行汇总，可以将每个单独的工作表中的数据合并计算到一个主工作表中，这些工作表可以与主工作表在一个工作簿中，也可以位于其他工作簿中，对数据进行合并计算就是组合数据，以便能更容易地对数据进行定期或不定期地更新和汇总。对数据进行合并计算的具体操作如下所示。

（1）在目标工作表中选择需要存放合并计算结果的单元格，然后单击“数据”选项卡下“数据工具”组中的“合并计算”按钮，打开“合并计算”对话框，如图 4-72 所示。

（2）在“合并计算”对话框的“函数”下拉列表框中选择进行计算的函数，单击“引用位置”参数框右侧的按钮，在工作表中选择或直接输入需要计算的单元格或单元格区域引用地址，单击“添加”按钮，添加到“所有引用位置”列表框。

（3）可以用同样的方法添加其他进行计算的单元格或单元格区域地址。单击“确定”按钮即可计算出相应的结果，如图 4-73 所示。

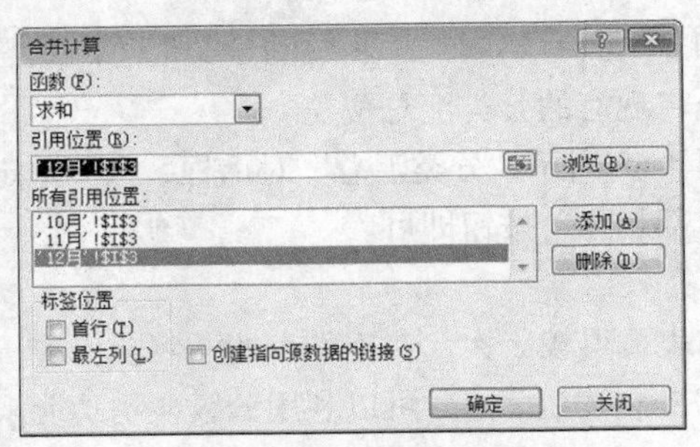

图 4-72 “合并计算”对话框

	A	B	C
1	第四季度教师工资汇总		
2	编号	姓名	实发工资
3	101	马琳	19716
4	104	孙南	
5	102	朱颖	
6	103	刘菲	
7	105	罗斌	

图 4-73 合并计算结果

2. 删除重复项

重复项是指行中的所有值与另一个行的所有值完全匹配，它是由单元格中显示的值确定的，不一定是存储在单元格中的值，删除工作表中重复项的具体操作如下所示。

（1）选择需要删除重复项的单元格区域，选择“数据”选项卡下“数据工具”组中的“删除重复项”按钮，打开“删除重复项”对话框，如图 4-74 所示。

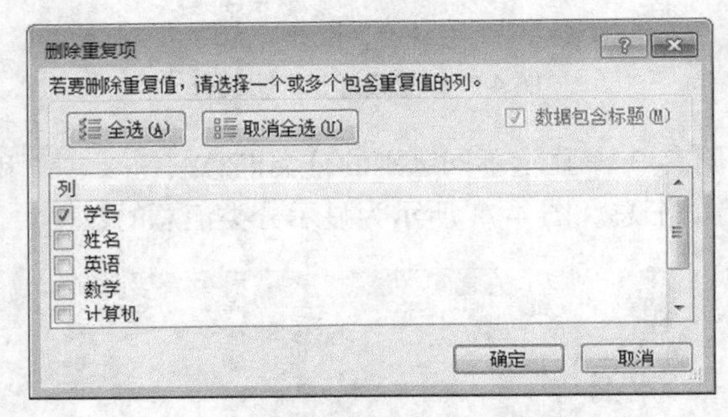

图 4-74 “删除重复项”对话框

（2）在打开的“删除重复项”对话框中，在“列”列表框中选择需要删除重复项的一个或多个列，若要快速选择多个列，单击“全选”按钮，若要快速清除所有列，单击“取消全选”按钮，完成后单击“确定”按钮。

（3）打开图 4-75 所示的提示对话框，在其中提示删除了多少个重复项以及保留了多少个唯一值，单击“确定”按钮，在工作表中即可根据设置删除重复的数据。

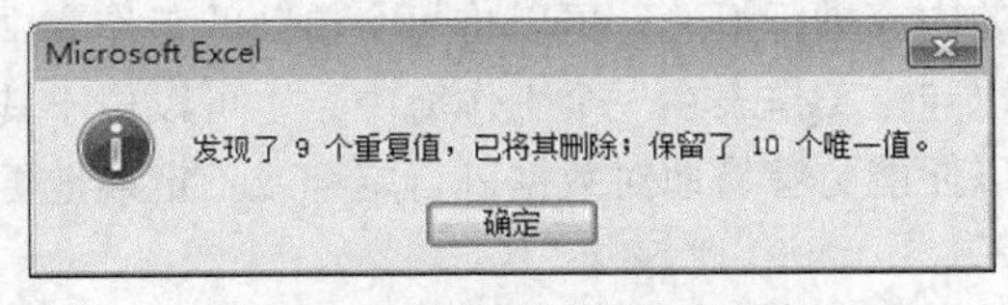

图 4-75 “删除重复项”提示框

3. 数据的有效性

为了能够限制用户工作表中数据输入范围和有效性，可以为输入的数据设置有效性，通过设置数据的有效性可以将数据的输入限制在某个范围，可以使用数据有效性验证，确保只输入正确的数据，如只能输入正整数或只能输入性别为“男”或“女”等，如果用户输入了无效的数据，Excel 2010 会提供即时帮助以便对用户进行指导，同时清除相应的无效数据。设置数据的有效性的具体操作如下所示。

（1）选择需要验证数据有效性的单元格或单元格区域，选择“数据”选项卡下“数据工具”组中的“数据有效性”按钮。在弹出的下拉菜单中选择“数据有效性”命令，打开“数据有效性”对话框。

（2）在“数据有效性”对话框中，选择“设置”选项卡，在“允许”下拉列表框中选择数据类型，如“整数”、“小数”、“序列”、“日期”、“时间”、“文本长度”及“自定义”等，这里选择“序列”选项，在“来源”文本框中设置具体内容，这里输入文本序列“选修，必修”。如图 4-76 所示。

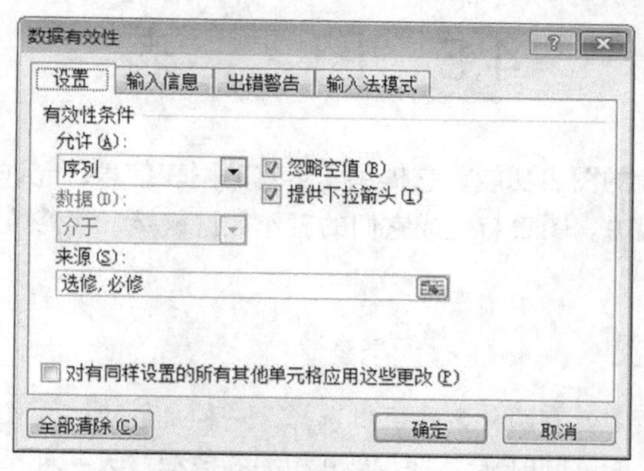

图 4-76　“数据有效性”对话框的“设置”选项卡

在“允许”下拉列表框中选择除“序列”和“自定义”以外的选项时，都会激活“数据”下拉列表框，在其中可以设置数据的限制范围，如“介于”、“大于”和“等于”等。

（3）切换到“输入信息”选项卡，在其中设置输入单元格数据时提示的标题和信息，这里输入“选择课程性质”和“请选择课程性质”，完成后单击“确定”按钮。如图 4-77 所示。

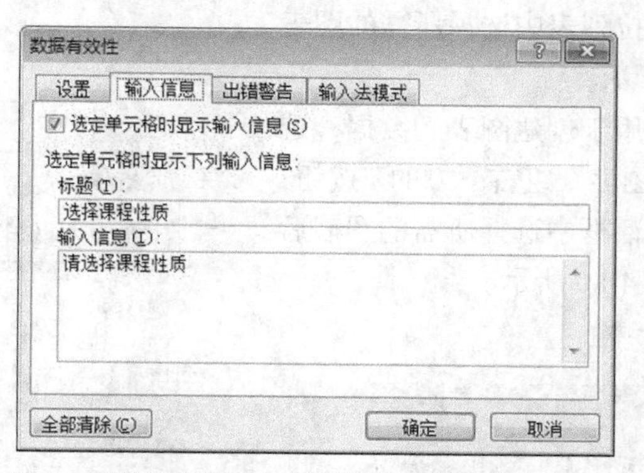

图 4-77　“数据有效性”对话框的“输入信息”选项卡

可以在“出错警告”选项卡中设置出错时的警告信息，在“输入法模式”选项卡中设置输入法。

（4）在选择的单元框旁边出现黑色下拉按钮，单击该按钮弹出下拉列表，在其中可以进行快速选择，如图 4-78 所示。

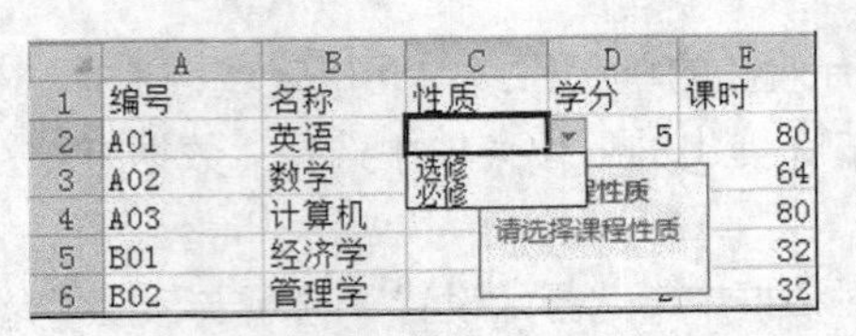

图 4-78　设置数据有效性后数据的录入

4.5 图　　表

Excel 2010 具有强大的图表功能，它提供了丰富的图表信息，允许用户将 Excel 工作表数据以图形方式显示在工作表中。图表与生成它们的工作数据链接，当修改工作表数据时，图表也会随之自动更新。

4.5.1 建立图表

Excel 2010 建立图表主要有两种方式可供选择，一种是创建嵌入式图表，即将图表插入到一个现有的工作表页面中，能够同时显示图表及其相关的数据；另一种是在工作表之外建立独立的图表作为特殊的工作表，称为图表工作表。

1. 插入图表

在 Excel 2010 中可以根据工作表数据方便地创建各种类型的图表，插入图表的方法主要有如下两种。

（1）在工作表中选择用于创建图表的数据，选择“插入”选项卡中的“图表”组，单击所需类型的图表按钮，在弹出的下拉列表中选择所需的图表子类型即可，如图 4-79 所示。

（2）在工作表中选择用于创建图表的数据，选择“插入”选项卡中的“图表”组右下方的按钮，在打开的“插入图表”对话框中选择所需的图表后单击“确定”按钮，如图 4-80 所示。

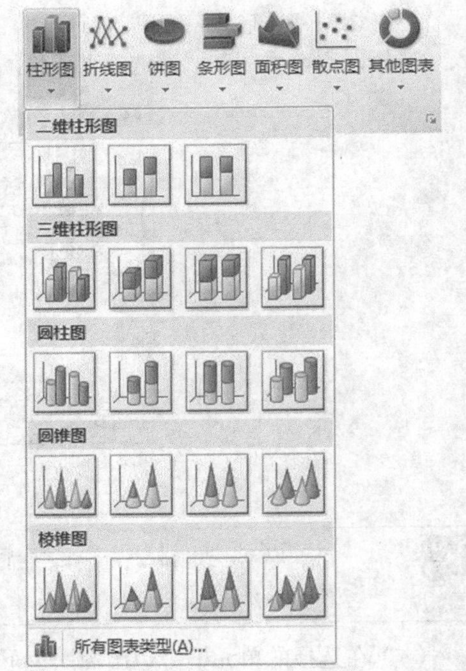

图 4-79　“插入”选项卡“图表”组的下拉菜单

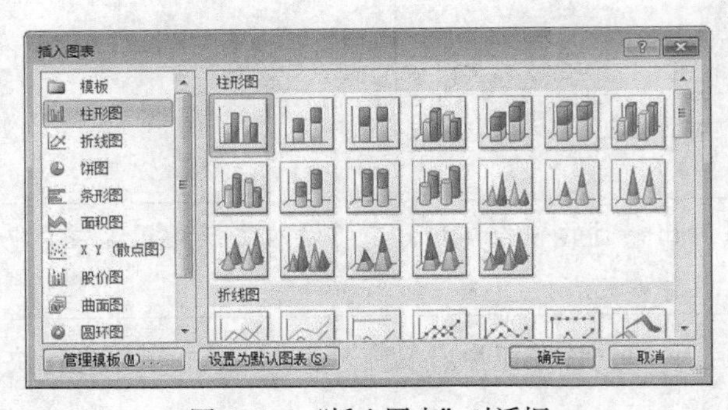

图 4-80　“插入图表”对话框

在插入图表后，选择该图表时，工作表中会出现“设计”、“布局”和“格式”选项卡，如果需要还可以进一步进行处理。

2. 图表的组成

一个创建好的图表由很多部分组成，主要包括图表区、绘图区、图表标题、数据系列、图例项、坐标轴等部分。各部分在图表中的具体位置如图 4-81 所示。

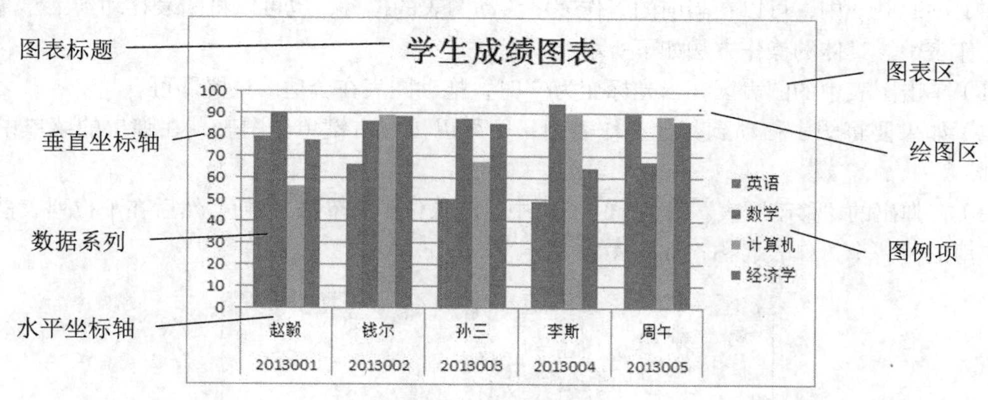

图 4-81　图表的组成

4.5.2　编辑图表

图表的编辑操作，主要是对图表中的各项设置进行调整，以便使图表能真正表达出数据的含义，达到预期的分析目的，在实际操作时，需要根据具体的图表类型和数据类型的要求进行调整。

1. 图表的选择

单击图表区域即可选定该图表，选定后图表的周围出现一个浅色矩形框，并在四个角上和每条边的中间出现 8 个控制柄。

选定图表后，可对图表进行移动、复制、删除等操作，还可更改图表的大小。此时 Excel 窗口将出现与图表工具有关的“设计”、“布局”和“格式”选项卡，选择其中的命令即可完成图表的设计工作。

2. 图表对象的选择

单击图表区域内的图表对象即可选定，选定后，该对象周围出现黑色的细线矩形框和 8 个控制柄，有的图表对象，如图例、标题等可以利用控制柄进行移动、改变大小等操作。

3. 调整图表大小

在 Excel 2010 中，调整图表大小的具体操作步骤如下所示。

（1）用鼠标单击选择图表，图表四周出现一个浅色矩形框，表示图表已被选中。

（2）将鼠标移动到图表左右两侧的图标，上下两侧的图标，或四角的、或、图标上，利用这些图标可调整图表的大小。

左上角或右上角的控制点处，当指针变为“⇔”、“⇕”或“⤢”形状时，按住鼠标左键拖动，当鼠标指针变为“十”形状时，显示细黑色线框表示调整的大小。

（3）松开鼠标，即可完成图表大小的调整。

如果希望精确调整图表的大小，可以在“格式”选项卡下“大小”选项组的“高度”和“宽度”文本框中输入图表的高度和宽度。

单击“格式”选项卡下“大小”选项组右下角的按钮，在弹出的“大小和属性”对话框中可以设置图表的大小或缩放百分比。

4. 移动图表

在 Excel 2010 中，可以在当前的工作表中移动图表的位置，也可以将图表移动到工作簿的另一个工作表中。具体的操作方法如下所示。

（1）单击图表中的图表区，当光标变为时，拖动图表在合适的位置即可。

（2）如果要将图表移动到其他工作表中，则可以鼠标右键单击图表，在弹出的菜单中选择“移动图表”命令。

（3）在弹出的“移动图表”对话框中，选中“对象位于”单选 按钮，然后在下拉列表框中选择工作簿的另一个工作表名称，如图 4-82 所示。

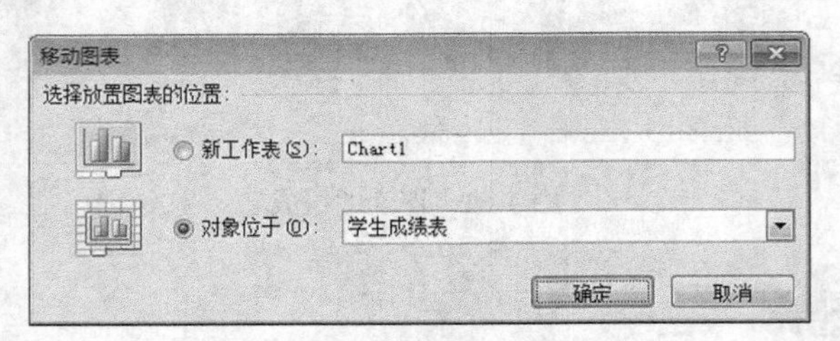

图 4-82 “移动图表”对话框

5. 更改图表类型

不同类型的图表对于分析不同的数据有各自的优势，有时需要将已创建的图表转换为另一种类型，以适合数据的查看与分析，更改图表类型的具体操作方法如下所示。

（1）鼠标右键单击要更改类型的图表，在弹出的菜单中选择“更改图表类型”命令。

（2）弹出“更改图表类型”对话框，在左侧选择一种图表类型，在右侧选择该类型下的图表子类型，如图 4-83 所示。

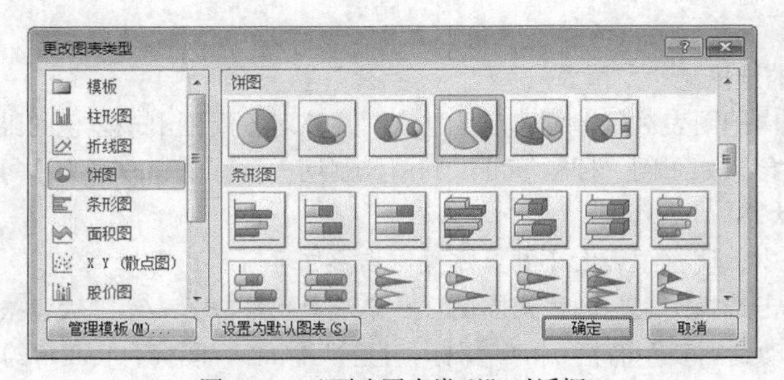

图 4-83 “更改图表类型”对话框

（3）单击“确定”按钮，即可将图表更改为选择的类型。

在图表工具的“设计”选项卡的“类型”组中，单击“更改图表类型”按钮，也可以打开“更改图表类型”对话框。

6. 更改图表数据

如果在工作表中添加了新的数据，如新加了一行数据，同时需要将该数据也反映到图表中，就需要为图表重新选择数据区域，具体的操作方法如下所示。

（1）鼠标右键单击要更改数据的图表，在弹出的菜单中选择“选择数据源”命令。

（2）弹出“选择数据源”对话框，单击“图表数据区域”右侧的按钮，如图 4-84 所示。

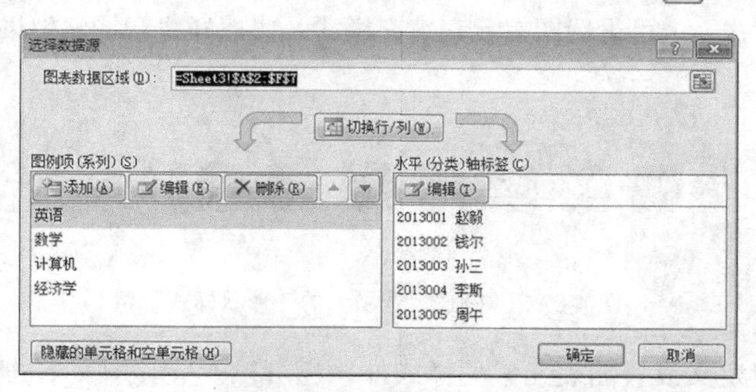

图 4-84　“更改图表类型”对话框

（3）返回工作表，重新选择要创建图表的单元格区域，单击按钮返回“选择数据源”对话框，可以看到“图表数据区域”中自动填入了新的数据区域。

（4）单击“确定”按钮，可以在图表中看到新添加的数据。

在“选择数据源”对话框中，单击“切换行/列”，可以交换图表的行、列坐标轴；在图表工具的“设计”选项卡的“数据”组中，单击“选择数据”按钮，也可以打开“选择数据源”对话框。

7. 设置图表布局

在 Excel 2010 默认创建的图表中，只有横纵坐标、数据系列和图例项，还有很多图表元素未显示出来，可以根据显示的需要，将其添加到图表中，为图表设计不同的布局。设置图表布局的具体的操作方法如下所示。

（1）单击图表，在图表工具的“设计”选项卡的“图表布局”组中，可以选择 Excel 默认的图表布局，如图 4-85 所示。

（2）单击图表的“图表标题”区域，可以将图表标题修改为所需的标题文字。

（3）可以根据需要，自由设置图表元素的布局，单击图表，在图表工具的“布局”选项卡的“标签”组中选择要在图表中添加的图表元素，如图 4-86 所示。

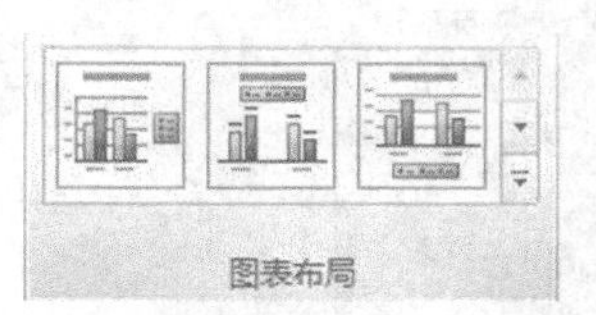

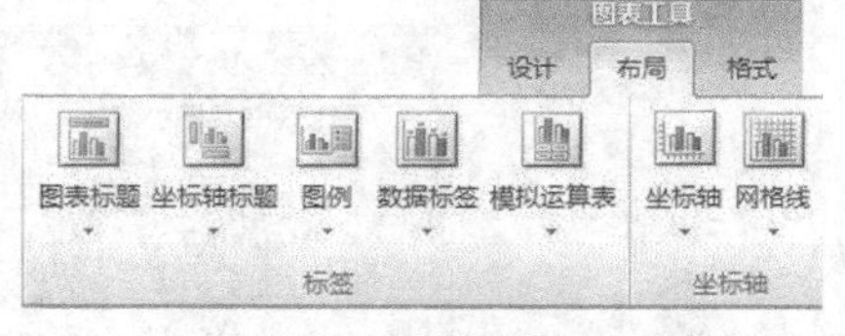

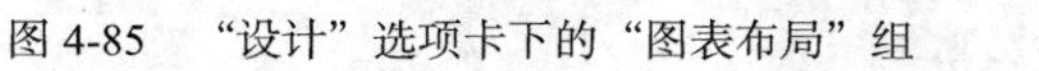

图 4-85　“设计”选项卡下的“图表布局”组

图 4-86　“布局”选项卡下的“标签”和“坐标轴”组

（4）通过在图表工具的“布局”选项卡的“坐标轴”组中设置每个坐标轴的样式和布局，以及启用或取消网格线。

8. 设置图表外观样式

为了使图表更美观，可以设置图表的外观样式，Excel 2010 提供了很多图表的默认样式，直接套用即可快速美化图表外观，也可以单击设置图表某一部分的样式。具体的操作方法如下所示。

（1）单击图表，在图表工具的“设计”选项卡的“图表样式”组中，可以选择 Excel 默认的图表样式。

（2）可以根据需要自定义图表元素的样式，单击图表区，然后在图表工具的“格式”选项卡的“形状样式”组中的列表框内通过“形状填充”、“形状轮廓”和“形状效果”等按钮可以选择预设的图表元素的样式，也可设置图表元素填充样式、边框样式和特殊效果，如图 4-87 所示。

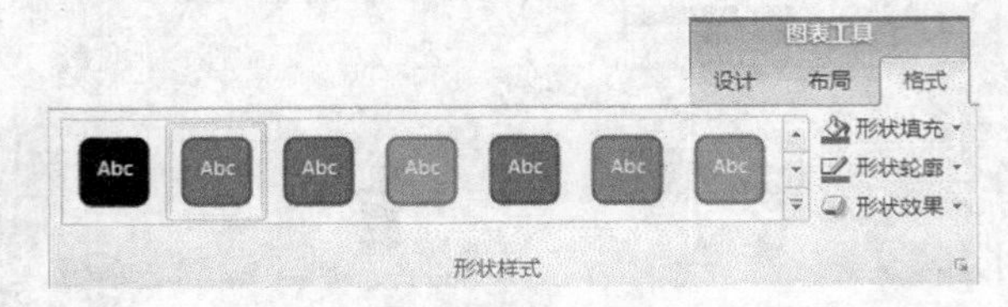

图 4-87 “格式”选项卡的“形状样式”组

（3）除了可以自定义设置图表元素的样式外，还可以设置其中文字的外观样式，单击要设置的文字，通过图表工具的“格式”选项卡的“艺术字样式”组可以选择预设的文字样式，也可通过“文字填充”、“文本轮廓”和“文本效果”3 个按钮设置文字的填充样式、轮廓样式和艺术效果。

4.5.3 插入数据透视表

对于数据量较多的Excel表格，如果需要对其中的数据进行多种复杂的比较时，可以使用Excel 2010 提供的数据透视表来完成，使用数据透视表可以浏览、分析和汇总。

数据透视表的操作主要包括创建数据透视表、添加和删除数据透视表字段、改变数据透视表中数据的汇总方式、更新数据透视表中的数据、设置数据透视表的格式。

1. 创建数据透视表

制作好用于创建数据透视表的源数据后，可以使用数据透视表向导创建数据透视表。具体的操作方法如下所示。

（1）打开要创建数据透视表的工作表，单击“插入”选项卡下“表”组中的“数据透视表”选项，在弹出的菜单中选择“数据透视表”命令。

（2）弹出“创建数据透视表”对话框，在“请选择要分析的数据”选项组中，选中“选择一个表或区域”单选按钮，然后在表/区域文本框中输入或选择要作为创建数据透视表数据的单元格区域，如图 4-88 所示。

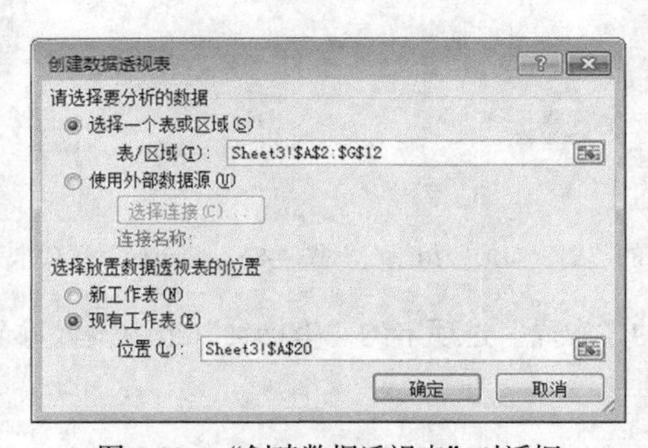

图 4-88 “创建数据透视表”对话框

（3）在“选择放置数据透视表的位置”选项组中，选择数据透视表创建的位置。

（4）单击“确定”按钮，即可根据选择的位置在工作表中创建数据透视表。在右侧显示“数据透视表字段列表”窗格，如图 4-89 所示。

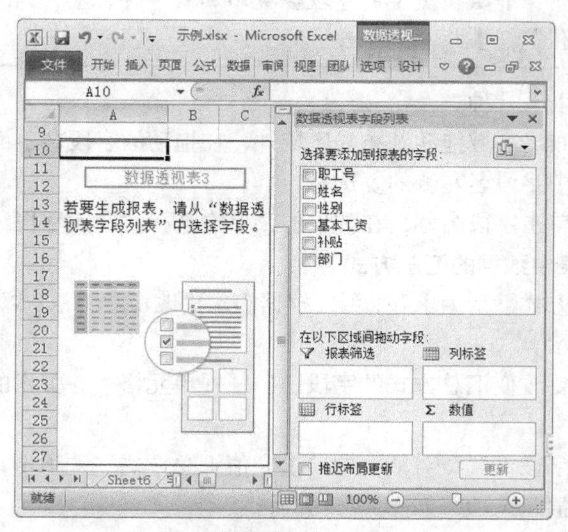

图 4-89　创建默认的数据透视表

2. 添加和删除数据透视表中的字段

在 Excel 2010 中，创建的默认数据透视表中是没有数据的，可以将“数据透视表字段列表”窗格中的字段添加到数据透视表中。“数据透视表字段列表”窗格分为上下两个区域：上方的字段区域显示了数据透视表中可以添加的字段，下方的 4 个布局区域用于排列和组合字段。将字段添加到数据透视表中的方法有以下几种。

（1）在字段区域选中字段名称旁边的复选框，字段将按默认位置移动到布局区域的列表框中，可以在需要时重新排列组合这些字段。

（2）鼠标右键单击字段区域的字段名称，在弹出的菜单中可以选择相应的命令“添加到报表筛选”、“添加到列标签”、“添加到行标签”和“添加到值”。将选择的字段移动到布局区域的某个指定列表框中。

（3）还可以在字段名上单击并按住鼠标，将其拖动到布局区域的列表框中。图 4-90 是一个添加字段后的数据透视表示例。

图 4-91 是对应的“数据透视表字段列表”窗格。

职工号	姓名	性别	基本工资	补贴	部门
1001	李华文	男	1500	1500	生产部
1002	林宋权	男	1400	1050	销售部
1003	高玉成	女	1450	1400	销售部
1004	陈青	男	1600	2650	生产部
1005	李忠	女	1400	1800	生产部
1006	林明江	女	1750	1650	技术部
1007	罗保列	男	1550	1450	技术部

行标签	求和项:基本工资
技术部	3300
生产部	4500
销售部	2850
总计	10650

图 4-90　创建的数据透视表和源数据

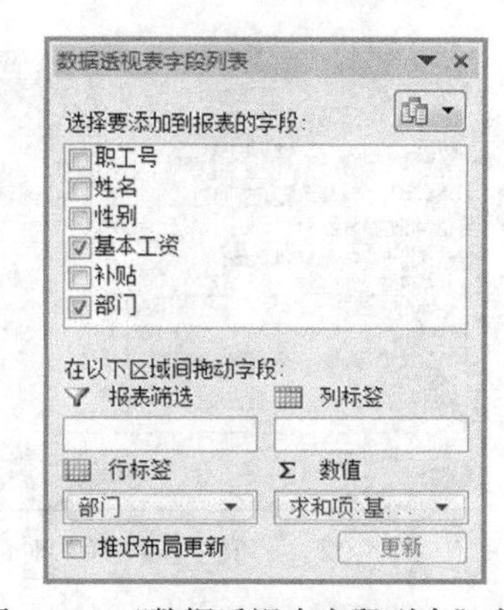

图 4-91　“数据透视表字段列表”窗格

默认情况下，非数值类型的字段会被添加到“行标签”列表框，数值类型的字段会被添加到“数值”列表框中。

删除字段的方法有以下几种。

（1）直接将字段从布局区域拖动到布局区域外，在拖动的字段名下面将显示“✕”形状。

（2）取消字段区域中字段名左侧的复选框。

（3）在布局区域中单击字段名称，在弹出的菜单中选择“删除字段”命令。

3. 改变数据透视表中数据的汇总方式

数据透视表的汇总方式默认为求和，可以根据需求更改汇总方法，以便分析不同的数据结果，具体的操作方法如下所示。

（1）鼠标右键单击要改变汇总方式的字段中的任一单元格，在弹出的菜单中选择“值字段设置”命令。

（2）在打开的“值字段设置”对话框中单击“值汇总方式”选项卡，在列表框中选择新的汇总方式，如选择“最大值”选项，如图 4-92 所示。

（3）单击“确定”按钮，即可看到更改后的结果。

4. 更新数据透视表中的数据

当修改创建数据透视表的源数据时，数据透视表中的数据不会自动修改，这时，可以通过手动更新来完成。具体的操作方法如下所示。

（1）在数据透视表中，鼠标右键单击与数据表格中修改数据所对应的数据项，在弹出的菜单中选择“刷新”命令，即可完成数所更新。

（2）还可以在每次打开该数据透视表时自动更新其中的数据。鼠标右键单击数据透视表中的任一单元格，在弹出的菜单中选择“数据透视表选项”命令，弹出“数据透视表选项”对话框。

（3）单击“数据”选项卡，在“数据透视表数据”选项组中选中“打开文件时刷新数据”复选框即可，如图 4-93 所示。

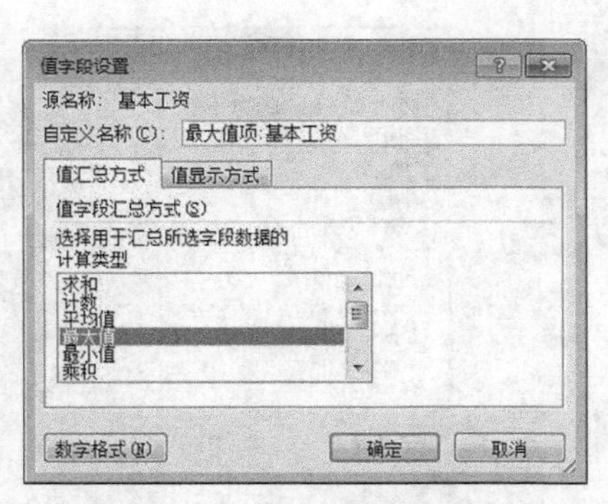

图 4-92 “值字段设置”对话框

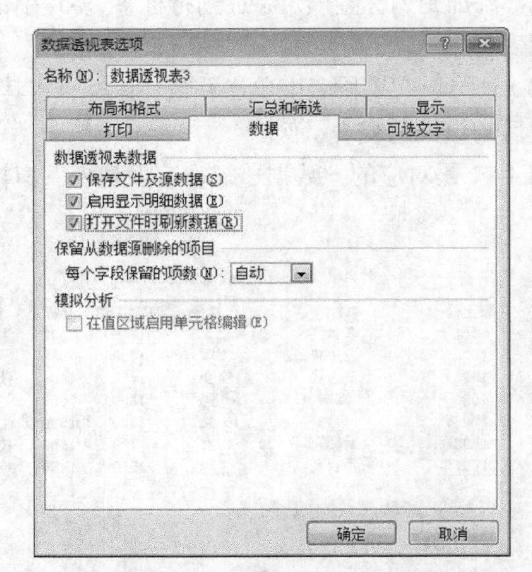

图 4-93 “数据透视表选项”对话框的“数据”选项卡

5. 设置数据透视表的格式

可以使用样式库更改数据透视表的格式，设置的方法和设置普通工作表类似，此外，还可以设置数据透视表中的数字格式。具体的操作方法如下所示。

（1）单击数据透视表中任一单元格，选择数据透视表工具下“格式”选项卡中的“数据透视表样式”组中一种数据透视表格式，即可套用该格式。

（2）在数据透视表中，选择要更改数字格式的单元格区域，单击数据透视表工具下的“选项”选项卡中的“活动字段”组的“字段设置”按钮，弹出“值字段设置”对话框，单击“数字格式”按钮，弹出“设置单元格格式”对话框，在“分类”列表框中，选择所需的格式类型，在右侧选择所需的格式选项。

4.5.4 插入数据透视图

数据透视图以图形的方式表示数据透视表中的数据，使用数据透视图查看和分析数据更为直观。

1. 创建数据透视图

可以通过已创建的数据透视表来创建数据透视图。具体的操作方法如下所示。

（1）单击数据透视表的任一单元格，单击数据透视表工具下“选项”选项卡中的“工具”组的“数据透视图”按钮。

（2）弹出“插入图表”对话框，在其中选择一种图表类型。

（3）选择好后即可在当前工作表中创建数据透视图，如图 4-94 所示。

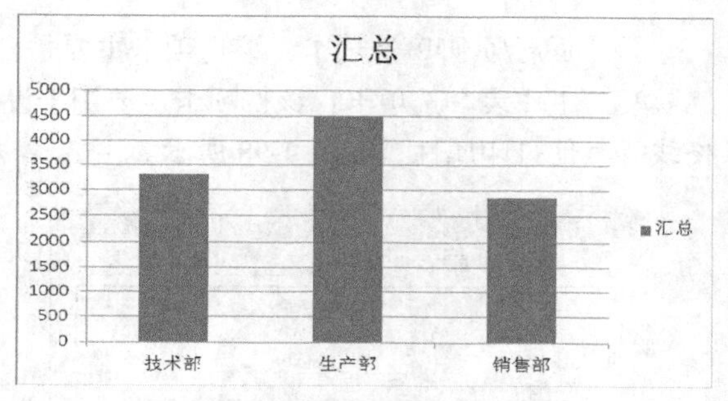

图 4-94　创建的数据透视表

2. 编辑数据透视图

设置数据透视图的方法与设置数据透视表的方法类似，可以设置数据透视图中的图表类型、样式及图表中各个元素的格式等。例如，可以通过数据透视表工具下“设计”选项卡中的“数据”、“图表布局”和“图表样式”组完成数据透视图的设置。

4.6 打印工作表

有时需要将制作完成的工作表打印出来，在打印之前通常需要对工作表进行页面设置，并通过预览视图预览打印效果，当设置满足要求时便可以打印。

4.6.1 页面设置

页面设置是指如何合理地布局打印页面和安排格式，如确定打印方向、页边距和页眉与页脚等。在“页面布局”选项卡中单击对话框启动器，在打开的“页面设置”对话框中对打印页面进行设置即可。

1. “页面”选项卡：在该选项卡中，主要是设置表格的打印方向、缩放比例、纸张大小、打印质量和起始页码等，如图 4-95 所示。

2. “页边距”选项卡：在该选项卡中，主要是设置表格在页面中的位置，如图 4-96 所示。

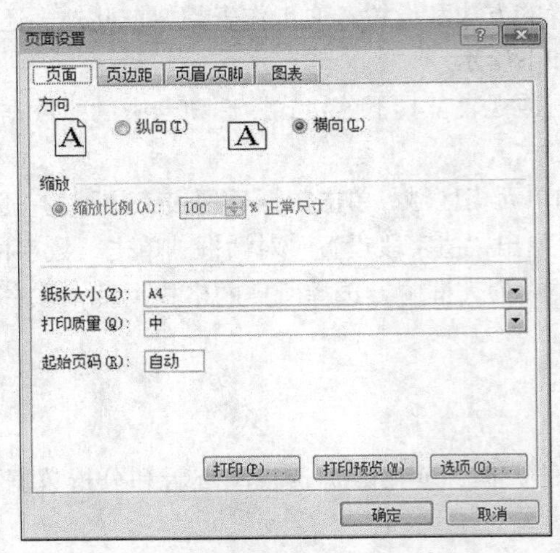

图 4-95 “页面”选项卡

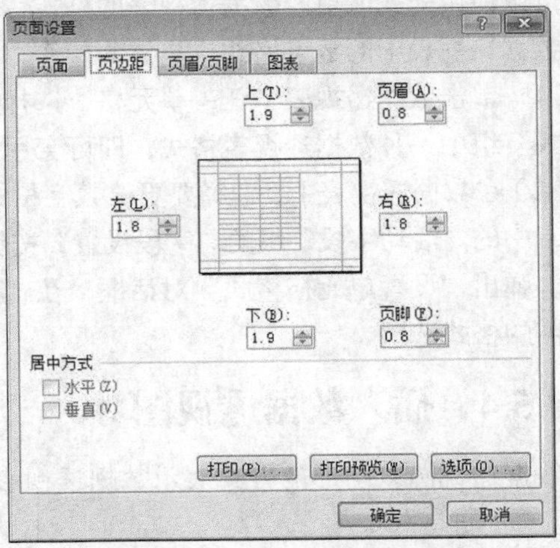

图 4-96 “页边距”选项卡

3. “页眉/页脚”选项卡：该选项卡主要是自定义页眉/页脚，如图 4-97 所示。

4. “工作表”选项卡：该选项卡主要用于设置打印区域、打印标题、打印顺序、制定打印网格线等其他打印属性，如图 4-98 所示。

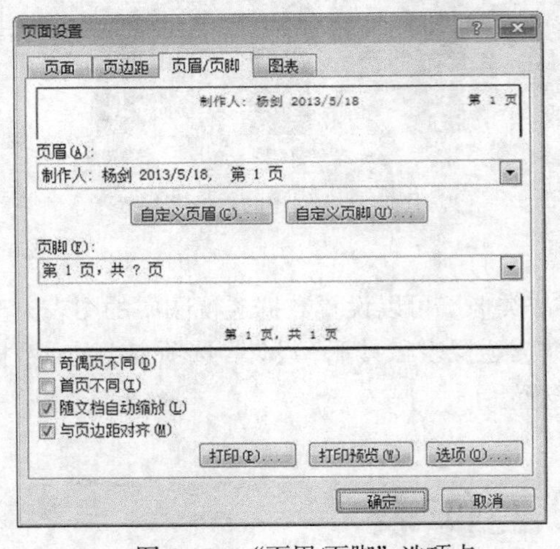

图 4-97 “页眉/页脚”选项卡

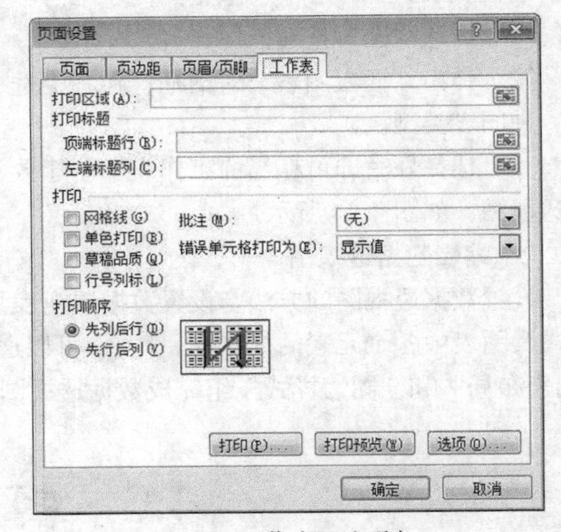

图 4-98 “工作表”选项卡

4.6.2 打印预览

页面设置完成后，应该在预览视图下查看打印预览的效果。具体做法是：从“文件”选项卡中选择“打印”命令，在右边将出现打印的预览效果（或者在页面设置的任意选项卡中选择“打印预览”），如图 4-99 所示。如果觉得预览的效果不理想，可以关闭打印预览，回到原来的视图，然后进行修改。

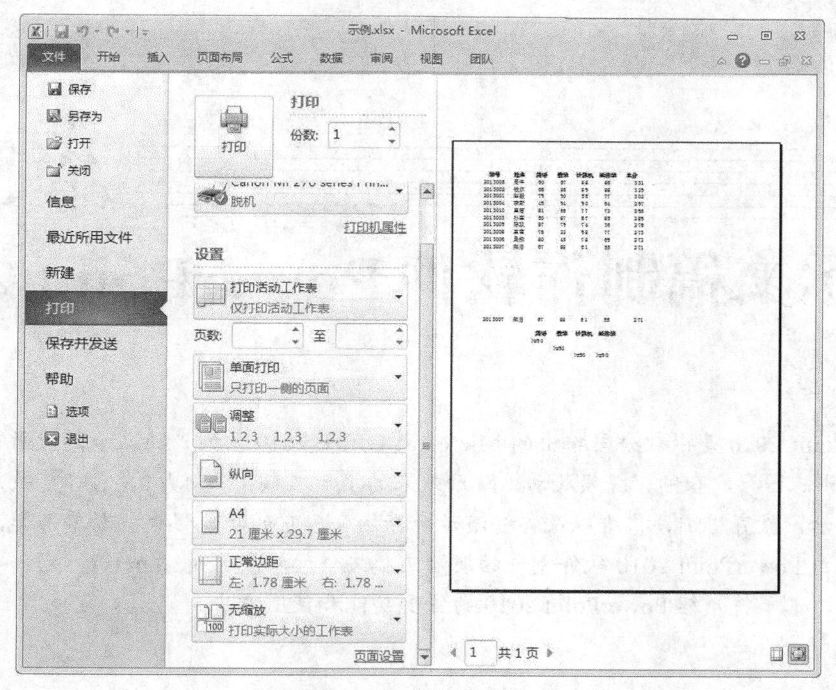

图 4-99　打印/打印预览

4.6.3　打印

预览效果满意后，可以在如图 4-99 所示窗口上设置打印份数、打印机、打印范围等，然后单击“打印”按钮，就可以完成打印。

本章小结

本章主要介绍了 Excel 2010 的基本功能、基本概念和使用方法。通过本章学习，应掌握下面几方面的内容。

1. Excel 2010 的基本概念：工作表、工作簿和单元格等。
2. 工作表中数据的基本操作：数据输入、编辑等操作。
3. 工作表的常用操作：表格的插入、删除、编辑等操作。
4. 工作表中公式和函数的应用。
5. 数据的排序、筛选、分类汇总等数据管理。
6. 图表的建立和基本操作。
7. 工作表格式设置、页面设置和打印。

第 5 章

演示文稿制作软件 PowerPoint 2010

PowerPoint 2010 是微软公司推出的 Microsoft Office 2010 系列产品之一，使用它可以制作带有表格、图形、图表、音频、视频及动画演示效果的演示文稿（幻灯片），它目前被广泛应用于会议、课堂演示、教育培训、广告以及各种演示会等场合，它的功能强大，简单易学，深受广大用户的喜爱。由 PowerPoint 2010 软件制作的演示文稿文件的扩展名是“.pptx”，它一般是由若干张幻灯片组成。本章将介绍 PowerPoint 2010 的主要功能和使用方法。

5.1 概述

5.1.1 PowerPoint 2010 窗口介绍

启动 PowerPoint 2010 的方法与启动 Word 2010、Excel 2010 的方法类似，启动成功后，屏幕上会弹出如图 5-1 所示的 PowerPoint 2010 的窗口界面。

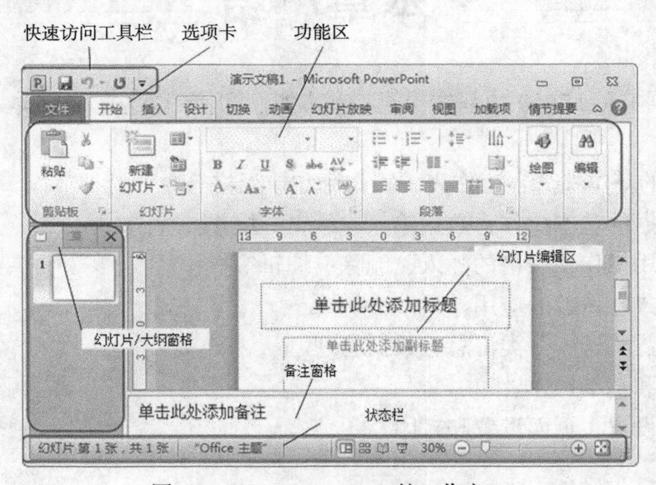

图 5-1 PowerPoint 2010 的工作窗口

PowerPoint 2010 的工作窗口主要分为 7 个区域。

1. 快速访问工具栏

快速访问工具栏位于窗口界面的顶部，用于快速执行某些使用频率最高的操作，相当于以前版本的常用工具栏。

2. 功能区

功能区是用户对幻灯片进行编辑和查看效果而使用的工具。功能区内根据不同的功能分为九个选项卡，即“文件”、“开始”、“插入”、“设计”、“切换”、“动画”、“幻灯片放映”、“审阅”和“视图”选项卡。

3. 选项卡

选项卡在快速访问工具栏的下面，每个选项卡都代表着在特定程序中执行一组核心任务，单击选项卡可以找到常用的命令，相当于以前版本的菜单栏。

4. 幻灯片编辑区

幻灯片编辑区主要用于显示和编辑幻灯片，演示文稿中的所有幻灯片都是在此窗格中编辑完成的，它是 PowerPoint 2010 最重要的工作区域。

5. 备注窗格

在幻灯片编辑区下方和备注窗格可以输入应用于当前幻灯片的备注。可以打印备注，并在播放演示文稿时进行参考。

6. 幻灯片/大纲窗格

幻灯片/大纲窗格主要包括“幻灯片”和“大纲”选项卡。幻灯片模式是调整和设计幻灯片的最佳模式，用户可以在此预览幻灯片的整体效果，大纲模式可以很方便地组织和编辑幻灯片的文字内容。

7. 状态栏

状态栏是显示目前正在编辑的幻灯片所在状态，主要有幻灯片的总页数和当前页数、语言状态、幻灯片的放大比例等。

5.1.2　PowerPoint 2010 的基本概念

1. PowerPoint 模板

PowerPoint 模板是另存为.potx 文件的一张幻灯片或一组幻灯片的图案或蓝图，它是创建PowerPoint2010 演示文稿的样板文件，可以包含版式、主题颜色、主题字体、主题效果和背景样式，甚至还可以包含内容。用户可以创建自己的自定义模板，然后存储、重用以及与他人共享它们，此外还可以在 www.Office.com 网站上获取数百种免费模板，利用模板可以快速地创建具有专业水准的演示文稿。

2. PowerPoint 母版

幻灯片母版是幻灯片层次结构中的顶层幻灯片，它是已经设置好配色方案、背景、字体效果的一个模板，用于存储有关演示文稿的主题和幻灯片版式的信息，包括背景、颜色、字体、效果、占位符大小和位置。每个演示文稿至少包含一个幻灯片母版，使用幻灯片母版的主要优点是可以对演示文稿中的每张幻灯片（包括以后添加到演示文稿中的幻灯片）进行统一的样式更改。使用幻灯片母版时，无需在多张幻灯片上键入相同的信息，因此节省了时间。如果演示文稿非常长，包含大量的幻灯片，要更改幻灯片的样式，则通过幻灯片母版来修改就会特别方便。

3. PowerPoint 版式

幻灯片版式包含要在幻灯片上显示的全部内容的格式设置、位置和占位符。占位符是版式中的容器，占位符在 PowerPoint 2010 中显示为带虚线的矩形框，它可以容纳如文本、表格、图表、图形、影片、声音以及剪贴画等内容。

4. PowerPoint 主题

主题包括幻灯片中字体、字号、字形的选择，前景、背景颜色的搭配，图形、图片位置的设置，动画效果的安排等。使用主题可以简化具有专业设计师水准的演示文稿的创建过程，不仅可以在 PowerPoint 2010 中使用主题颜色、主题字体和主题效果，还可以在 Word、Excel 和 Outlook 中使用它们，这样演示文稿、文档、工作表就可以具有统一的风格。

5. PowerPoint 的视图方式

（1）普通视图。

普通视图是 PowerPoint 默认的视图模式，在这一模式中用户可以方便、快捷地制作和编辑幻灯片，并且可以通过左边的任务窗格查看幻灯片的整体效果。

（2）浏览视图。

浏览视图是以缩略图形式显示所有的幻灯片，它可以浏览所有幻灯片的整体效果，可以很容易看到各幻灯片之间搭配是否协调，可以很方便地进行幻灯片的复制、移动、删除等操作，但在这种模式下，不能直接编辑和修改幻灯片的内容，如果要修改幻灯片的内容，必须双击某个幻灯片，切换到编辑窗口后才能进行编辑。

（3）阅读视图。

阅读视图主要用于自己查看演示文稿，而非通过大屏幕放映演示文稿。如果您希望在一个设有简单控件以方便审阅的窗口中查看演示文稿，而不想使用全屏的幻灯片放映视图，就可以在自己的计算机上使用阅读视图。如果要更改演示文稿，可随时从阅读视图切换至某个其他视图。

（4）备注页视图。

备注页视图是用来编辑备注页的，备注页分为两个部分：上半部分是幻灯片的缩小图像，下半部分是文本预留区。用户可以一边观看幻灯片的缩略图，一边在文本预留区内输入幻灯片的备注内容。备注内容可以有自己的方案，它与演示文稿的配色方案彼此独立，打印演示文稿时可以选择只打印备注页，在幻灯片放映时，备注页上的内容不会显示在屏幕上。

（5）幻灯片放映视图。

幻灯片放映视图可用于向用户放映演示文稿。幻灯片放映视图会占据整个计算机屏幕，可以看到图形、计时、电影、动画效果和切换效果在实际演示中的具体效果。

（6）母版视图。

母版视图包括幻灯片母版视图、讲义母版视图和备注母版视图。它们是存储有关演示文稿信息的主要幻灯片，其中包括背景、颜色、字体、效果、占位符大小和位置。使用母版视图的一个主要优点在于，在幻灯片母版、备注母版或讲义母版上，可以对与演示文稿关联的每个幻灯片、备注页或讲义的样式进行全局更改。

5.2 创建演示文稿

5.2.1 创建空白演示文稿

1. 自动创建空白演示文稿

启动 PowerPoint 2010 后，系统就会自动地创建名为“演示文稿 1.pptx”的空白演示文稿，其中第一张幻灯片就是默认的“标题幻灯片”。

2. 由“文件”选项卡创建

（1）单击“文件”选项卡，选择“新建”命令。

（2）在出现的“可用的模板和主题”选项区中，选择“空白演示文稿”。

（3）最后单击“创建”按钮即可。

3. 由“快速访问工具栏”创建

（1）单击“自定义快速访问工具栏”的 按钮。

（2）在弹出的下拉菜单中选择“新建”选项，此时会在快速工具栏中出现“新建”图标，如图 5-2 所示。

（3）单击“新建”图标，就会创建一个新的“空白演示文稿”。

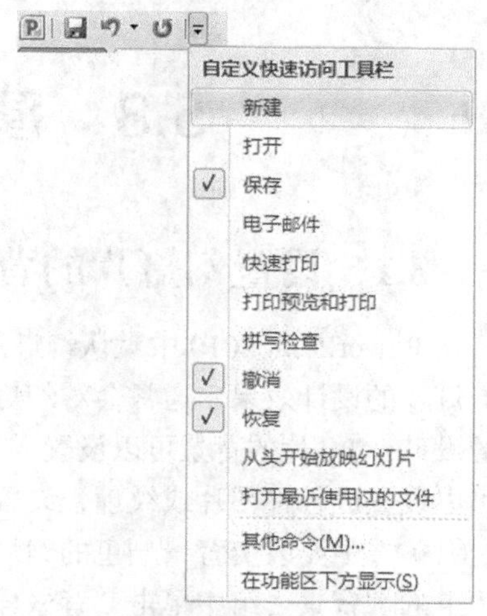

图 5-2　“自定义快速访问工具栏”下拉菜单

5.2.2　使用模板或主题创建

1. 使用模板创建演示文稿

使用模板创建演示文稿的步骤如下所示。

（1）在“文件”选项卡中，单击“新建”命令。

（2）在“可用的模板和主题”下，如图 5-3 所示，可选择“样本模板”、“我的模板”或“Office.com 模板”中自己需要的模板类型，甚至可以到微软网站 www.Office.com 上去下载最新的模板。

（3）最后单击“创建”按钮即可。

2. 使用主题创建演示文稿

使用主题创建演示文稿的步骤如下所示。

（1）在“文件”选项卡中，单击“新建”命令。

（2）在“可用的模板和主题”中，单击“主题”选项，然后选择“主题”中自己需要的主题类型，如图 5-4 所示。

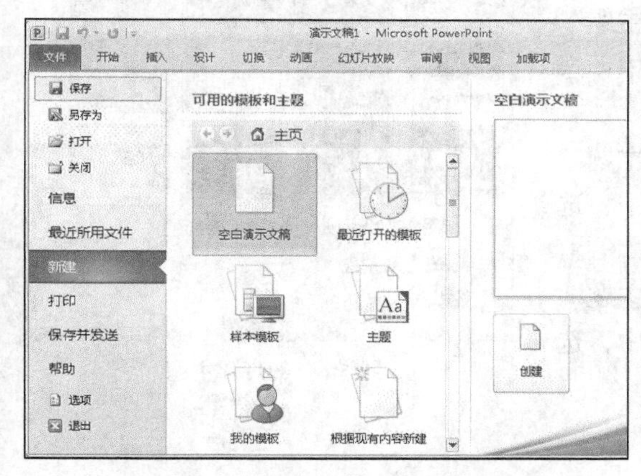

图 5-3　可用的模板和主题

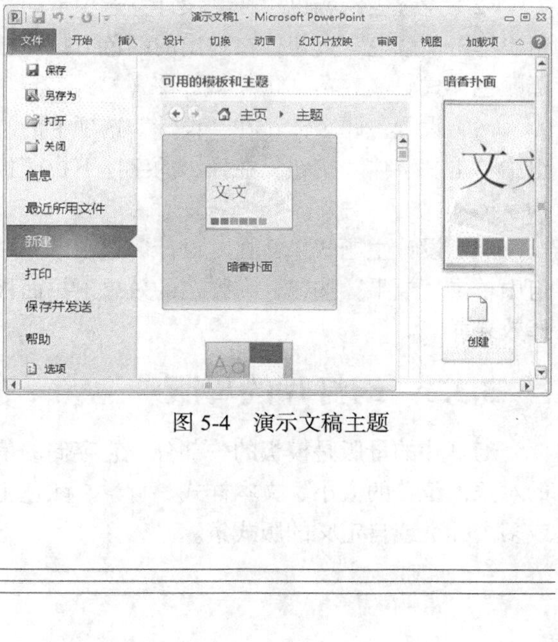

图 5-4　演示文稿主题

（3）最后单击“创建”按钮即可。

5.3 演示文稿的布局设计

5.3.1 设置幻灯片的背景

在 PowerPoint 2010 中默认幻灯片的背景都是空白的，在制作演示文稿的过程中，为了起到美化幻灯片的设计效果，通常会对幻灯片的背景进行一定的设计。幻灯片的背景可以设置成五彩斑斓的彩色，也可以设置成各种图片或纹理，设置方法如下所示。

（1）选中要改变背景颜色的幻灯片，在“设计”选项卡的“背景”组中单击“背景样式”按钮。

（2）此时会弹出一个默认背景的列表，可以在此列表中选择背景样式，如图 5-5 所示。

（3）也可以单击“设置背景格式”的选项，在出现的对话框中可以选择各种不同的纹理，还可以选择图片作为背景。

图 5-5 幻灯片背景样式

5.3.2 使用幻灯片的主题

主题是一组统一的设计元素，通过主题可以快速地设置整个文档的格式，主题包括前景颜色、背景颜色、幻灯片布局、字体大小、占位符大小和位置等。使用幻灯片主题操作方法如下所示。

（1）在“设计”选项卡的“主题”组中单击扩展按钮，在弹出的主题列表框中选择需要的主题模板，如图 5-6 所示。

（2）设置主题颜色：在“设计”选项卡的“主题”组中单击“颜色”按钮，在弹出的颜色下拉面板中，选择颜色样式。

（3）设置主题字体：在“设计”选项卡的“主题”组中单击“字体”按钮，在弹出的字体下拉面板中，选择字体样式。

（4）设计主题效果：在“设计”选项卡的“主题”组中单击“效果”按钮，在弹出的效果下拉面板中，选择效果样式。

图 5-6 幻灯片主题

5.3.3 幻灯片的母版

幻灯片的母版是模板的一部分，它存储的信息包括文本和对象在幻灯片上的放置位置、文本的对象占位符的大小、文本样式、背景、颜色主题、效果和动画等。每个幻灯片母版都包含一个或多个标准或自定义的版式集。

1. 使用幻灯片母版插入新幻灯片

（1）单击“开始”选项卡下“幻灯片”组中的“新建幻灯片”按钮，在弹出的下拉面板中选择相应的母版版式，此时在编辑区中就会看到新建幻灯片的效果。

（2）如果以后要改变同一母版版式的多张幻灯片的效果，只要改变一张对应的母版版式的效果就可以完成，这样可以节省大量的时间。

2. 修改幻灯片母版

幻灯片的母版影响整个演示文稿的外观，如果要一次性地修改多张幻灯片的布局和效果，通过修改母版来进行，可以节省大量的时间。修改幻灯片母版的步骤如下所示。

（1）单击“视图”选项卡下“演示文稿视图”组中的“幻灯片母版”按钮。

（2）在母版视图左侧的任务窗格中有所有母版的缩略图，选择要改变外观的母版，可以对母版版式、主题、背景、页面设置等效果进行修改。

（3）如果要将母版的“背景样式”设置为纹理或图片，可单击“幻灯片母版”选项下“背景”组中的“背景样式”选项，如图 5-7 所示，选择其中的“设置背景格式”的选项，选中“图片或纹理填充”的单选按钮，然后选择相应的纹理或图片文件。如果要把刚才选择的纹理或图片应用到所有类型的幻灯片母版，则要单击“全部应用”按钮。

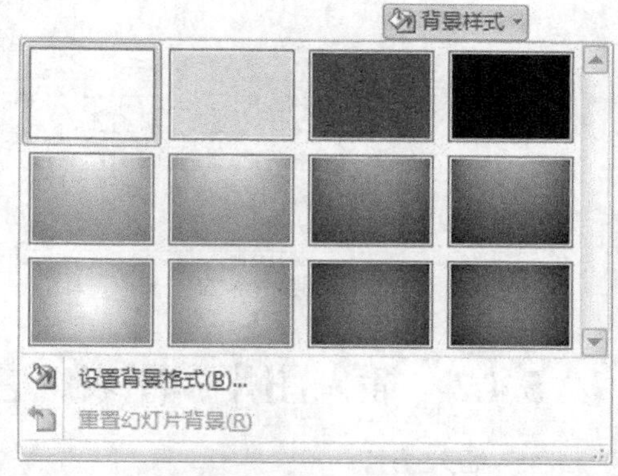

图 5-7　幻灯片母版背景样式

（4）如果要新添加幻灯片母版类型，可单击“幻灯片母版”选项卡下“编辑母版”组中的“插入幻灯片母版”按钮，然后单击“幻灯片母版”选项卡下“母版版式”组中的“插入占位符”按钮，在弹出的下拉菜单中选择“内容”选项，拖动鼠标，拖动出需要的占位符，设置占位符中文本字体、大小、颜色等属性。

（5）设置母版完成后，单击“幻灯片母版”选项卡下“关闭”组中的“关闭母版视图”按钮。

3. 使用幻灯片母版

定义好母版和版式后，就可以在演示文稿中应用该母版，具体的操作步骤如下所示。

（1）鼠标右键单击要设置的幻灯片，在弹出的菜单中选择“版式”命令。

（2）在打开的“自定义主题”菜单中选择需要应用的母版版式即可。

5.4　编辑幻灯片

5.4.1　在幻灯片中输入文本

1. 将文本添加到占位符中

如图 5-8 所示的虚线框表示包含标题文本的占位符，若要在幻灯片上的文本占位符中添加文本，可直接在占位符中单击，然后输入文本或粘贴文本即可。

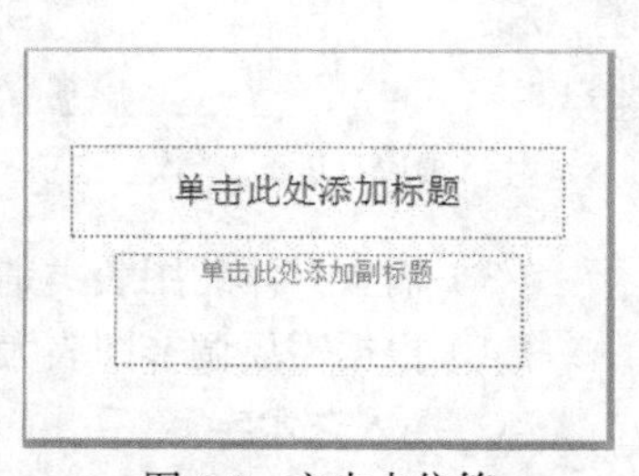

图 5-8　文本占位符

2. 将文本添加到文本框中

使用文本框可将文本放置在幻灯片上的任何位置。若要添加文本框，首先在“插入”选项卡的“文本”组中，单击“文本框”，如图 5-9 所示，然后在幻灯片上拖动鼠标指针绘制文本框，输入或粘贴文本即可完成。

3. 在大纲选项卡中输入文本

在普通视图的左侧“大纲”选项卡窗格中选择要输入文本的幻灯片，在幻灯片标识符后面输入文本即可，如图 5-10 所示。

图 5-9 “插入”选项卡的“文本”组

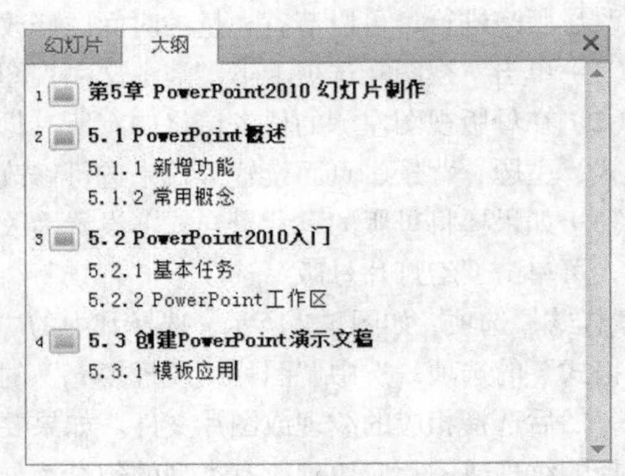

图 5-10 大纲视图

5.4.2 插入图片、图表、艺术字

1. 插入图片

（1）选择要插入图片的幻灯片。

（2）在“插入”选项卡的“图像”组（见图 5-11）中单击“图片”按钮，在弹出的“插入图片”对话框中，选择要插入的图片文件，单击“插入”按钮。

（3）然后根据需要调节图片大小、位置等属性。

2. 插入图表

（1）选择要插入图表的幻灯片。

（2）在“插入”选项卡（见图 5-12）中单击“图表”按钮，在弹出的“更改图表类型”对话框中，选择要插入的图表类型，单击“确定”按钮。

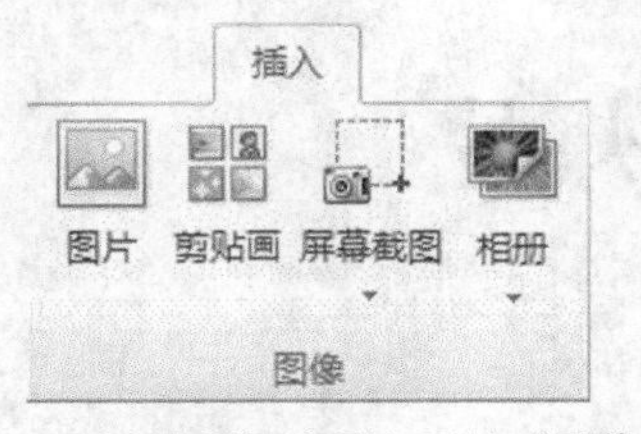

图 5-11 “插入”选项卡下的“图像”组

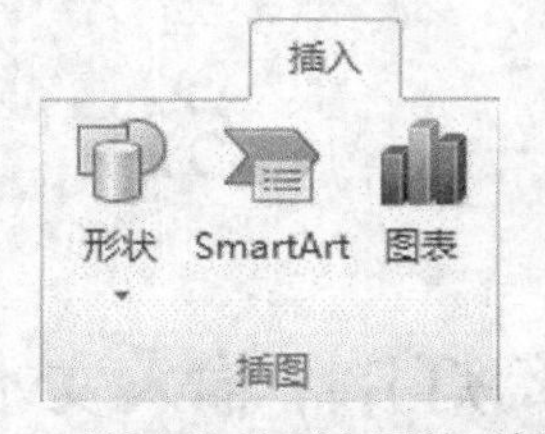

图 5-12 “插入”选项卡下的“插图”组

（3）输入具体的图表类别名称、系列名称及具体的数据。

（4）根据需要调节图表大小、位置等属性。

3. 插入艺术字

（1）选择要插入艺术字的幻灯片。

（2）在“插入”选项卡（如图 5-9 所示）中单击“艺术字”按钮，在弹出的对话框中，选择要插入的艺术字样式，单击“确定”按钮即可。

（3）在艺术字占位符中输入文本。

（4）在“格式”选项卡中可修改艺术字的各种属性。

5.4.3　使用声音、影片

1. 使用声音

用户可以在制作幻灯片时插入声音，以便为幻灯片的内容进行讲解，或者为幻灯片添加背景音乐，为幻灯片添加声音的操作步骤如下所示。

（1）选中要插入声音的幻灯片，单击“插入”选项卡下“媒体”组中的“音频”按钮，如图 5-13 所示。

（2）在弹出的下拉菜单中选择“文件中的音频”选项。

图 5-13　“插入”选项卡下的“媒体”组

（3）在弹出“插入音频”对话框中选择声音文件，单击“插入”按钮。此时可以在幻灯片上看见一个小喇叭图标，其下方有一个播放控制台。

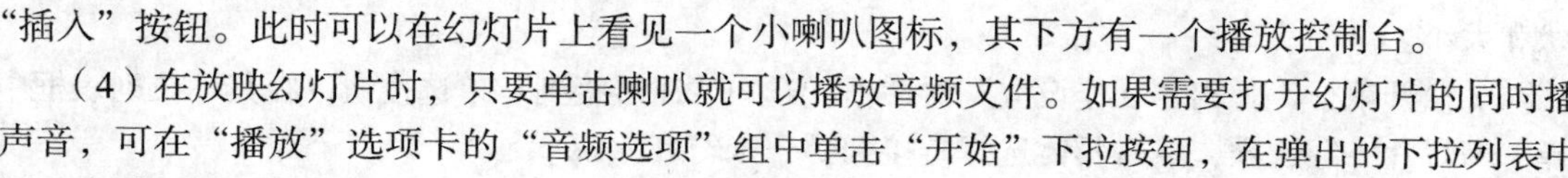

（4）在放映幻灯片时，只要单击喇叭就可以播放音频文件。如果需要打开幻灯片的同时播放声音，可在“播放”选项卡的“音频选项”组中单击“开始”下拉按钮，在弹出的下拉列表中选择“自动”选项。

2. 使用影片

在幻灯片中为了增加其动态的艺术效果，增加幻灯片放映时的艺术感染力，还可以插入视频、Flash 等文件。幻灯片添加视频的操作步骤如下所示。

（1）选中要插入视频的幻灯片，单击“插入”选项卡下“媒体”组中的“视频”按钮。

（2）在弹出的下拉菜单中选择“文件中的视频”选项。

（3）在弹出“插入视频”对话框中选择视频文件，单击“插入”按钮。

（4）此时可以在幻灯片上看见一个视频框，其位置和大小都是默认的，还需要调整它的大小和位置。

（5）在放映幻灯片时，只要单击视频的“播放”按钮，即可开始播放。如果需要打开幻灯片时自动播放，可在“播放”选项卡下“视频选项”组中单击“开始”下拉按钮，在弹出的下拉列表中选择“自动”选项。

5.4.4　链接其他对象

1. 插入超链接

在文稿演示时，常常使用超链接来控制幻灯片的播放及链接到其他网页上，以下是操作步骤。

（1）在幻灯片上选择要添加超链接的文本或其他对象。

（2）在选择的文本上单击鼠标右键，在弹出的快捷菜单中选择“超链接”选项，如图 5-14 所示。

图 5-14　超链接

（3）弹出“插入超链接”对话框，选择“本文档中的位置”或“现有文件或网页”选项。

（4）在其右侧的列表框中选择需要切换到的幻灯片或在地址

栏输入网页的网址，单击“确定”按钮，在所选中的超链接的文本下面将出现一根横线，表示设置超链接完成。

（5）播放时，只要用鼠标指向有超链接的文本时就可以看到指针变成手形，这时只要单击就可以切换到指定的幻灯片上或链接到相应的网页上。

2. 插入动作按钮

默认情况下，在幻灯片的空白处单击都可以切换到下一页，但用户也可以在幻灯片上添加动作按钮来控制幻灯片切换到演示文稿任一张幻灯片上。添加动作按钮的方法如下所示。

（1）单击“插入”选项卡下的“插图”组中的“形状”。

（2）在其下拉面板的“动作按钮”选项区选择需要的动作按钮样式，如图 5-15 所示。

图 5-15 动作按钮

（3）此时鼠标指针变为十字形状，按住鼠标左键，在幻灯片的适当位置拖出需要的动作按钮形状和大小。

（4）松开鼠标，弹出“动作设置”对话框，选中“超链接到”单选按钮，在其下拉列表框中选择“幻灯片…”选项，然后具体选择链接到哪一张幻灯片。

（5）幻灯片放映时，只要单击动作按钮，就会立即从当前幻灯片跳到设置链接的那一张幻灯片上，从而控制幻灯片的放映顺序。

5.4.5 编辑幻灯片

1. 新建幻灯片

启动 PowerPoint 2010 时会自动产生一张默认“标题幻灯片”，在这张幻灯片上有两个占位符，一个用于标题格式，另一个用于副标题格式。幻灯片上占位符的排列称为“布局”。添加其他幻灯片的操作步骤如下所示。

（1）在普通视图中单击“幻灯片”选项卡，选择要添加新幻灯片的位置。

（2）在“开始”选项卡的“幻灯片”组中，单击“新建幻灯片”旁边的箭头，然后在“Office 主题”下选择要新建幻灯片的布局，如果希望新幻灯片具有与前面幻灯片相同的布局，只需单击“新建幻灯片”即可，而不必单击其旁边的箭头，如图 5-16 所示。

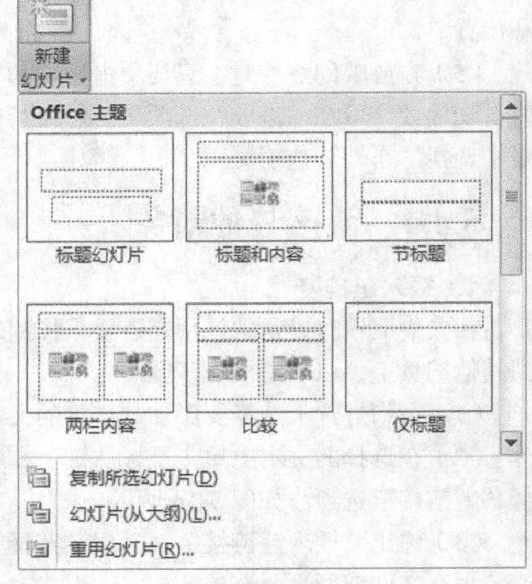

图 5-16 新幻灯片版式

2. 移动幻灯片

演示文稿中幻灯片的播放顺序有时需要重新调整，这属于移动幻灯片的操作，操作方法如下所示。

（1）单击 PowerPoint 2010 状态栏右下角的“幻灯片浏览”按钮，切换到幻灯片的浏览视图。

（2）选中要移动的幻灯片，按住鼠标左键并拖动到需要的位置然后松开鼠标，即可完成移动的操作。

3. 复制幻灯片

演示文稿制作时，有时需要复制某些幻灯片到新的位置，其操作方法有下面几种。

（1）在普通视图选择“幻灯片窗格”，可以在要复制的幻灯片上单击鼠标右键，在弹出的快捷菜单中选择“复制幻灯片”选项，此时会自动地在选中幻灯片的下一页生成一张相同的幻灯片。

（2）同上，在弹出的快捷菜单中选择“复制”选项，在需要插入幻灯片的空白处单击鼠标右键，在弹出的快捷菜单中的“粘贴选项”中单击“保留原格式”，就会把刚才复制的幻灯片插入到指定的地方。

4. 删除幻灯片

演示文稿中的某些幻灯片，在编辑时如果需要删除，其操作方法主要有下面几种。

（1）在普通视图中单击“幻灯片”选项卡，选中要删除的幻灯片，直接按<Del>键。

（2）在普通视图中单击“幻灯片”选项卡，鼠标右键单击要删除的幻灯片，选择“删除幻灯片”的命令即可。

5.5　动画效果设置

5.5.1　设置对象的动画效果

如果想要将观众的注意力集中到演示文稿的要点上，无疑使用动画可以起到很好的效果，可以将动画效果应用于个别幻灯片上的文本或图片、幻灯片母版的文本或图片上，其操作方法如下所示。

（1）选择要制作成动画的对象。

（2）在“动画”选项卡的“动画”组的下拉列表中选择所需的动画效果，或者单击“动画”选项卡下“高级动画”组中的“添加动画”按钮，在弹出的下拉列表中选择所需的动画效果，如图 5-17 所示。

（3）添加动画完毕，可以单击“动画”选项卡下“预览”组中的“预览”按钮，查看动画效果。

图 5-17　动画效果

5.5.2　对单个对象应用多个动画效果

如果对同一对象应用多个动画效果，可以进一步提高该对象的表现力，其操作方法如下所示。

（1）选择要添加多个动画效果的文本或对象。

（2）在“动画”选项卡的“高级动画”组中，单击“添加动画”按钮，选择相应动画效果，反复执行该操作，即可在同一对象上添加多个动画效果。

5.5.3　查看幻灯片上当前动画列表

动画列表是当前动画播放先后顺序的列表。它可以在“动画”任务窗格中查看，在“动画”

窗格中显示有关动画效果的重要信息，如效果的类型、多个动画效果之间的先后顺序、受影响对象的名称以及效果的持续时间等。若要打开“动画”任务窗格，可在“动画”选项卡的“高级动画”组中，单击“动画窗格”，如图 5-18 所示。

（1）该任务窗格的编号表示动画效果的播放顺序。

（2）图标代表动画效果的类型。

（3）时间线代表动画效果的持续时间。

（4）选择列表中的项目后会看到相应菜单的向下箭头，单击该箭头可显示相应的菜单。

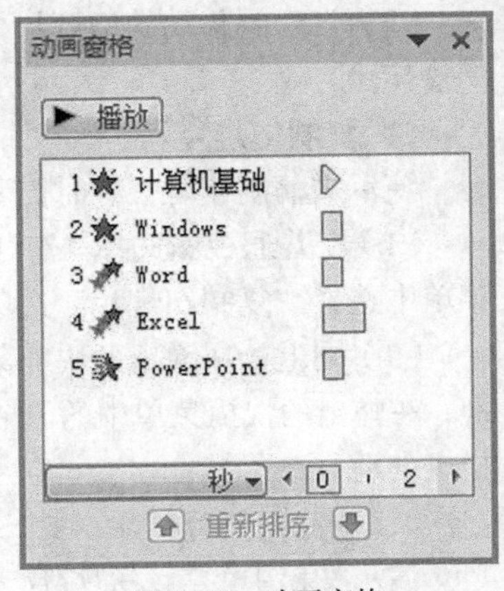

图 5-18　动画窗格

5.5.4　为动画设置效果选项、计时和顺序

为对象添加了动画效果后，可以根据不同的需要设置动画开始的方式、设置动画的运行方向、动画的播放速度、播放时的声音效果以及动画重复播放的次数。设置动画效果的具体操作如下所示。

（1）选择要设置动画效果的对象，单击“动画”选项卡“动画”组的“效果选项”按钮，在如图 5-19 所示的下拉菜单中可以选择动画的运动方向。

有些动画是没有运动方向的，因此不同的动画其方向设置选项并不一样。

（2）选择要设置动画效果的对象，在“动画”窗格中的编号代表了动画播放的顺序，选择要调整顺序的动画名称，然后单击上移或下移按钮，可将其向上或向下移动，也可直接按住鼠标左键进行拖动，调整后的动画编号也将随之改变。

（3）鼠标右键单击要设置动画效果的对象，在弹出的菜单中可以选择“单击开始”、“从上一项开始”、“从上一项之后开始”等命令来设置动画的播放方式，如图 5-20 所示。

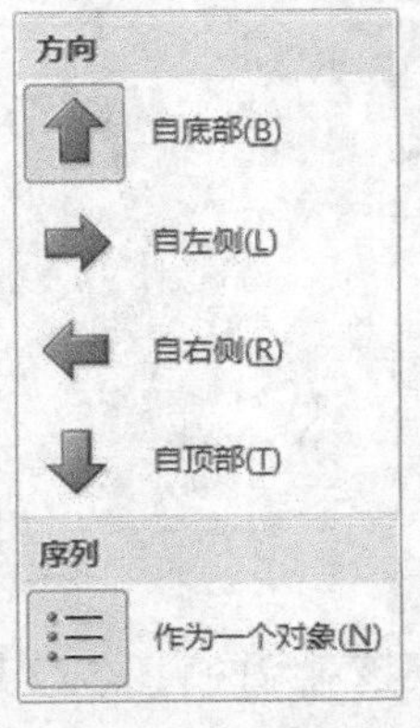

图 5-19　设置动画运动方向

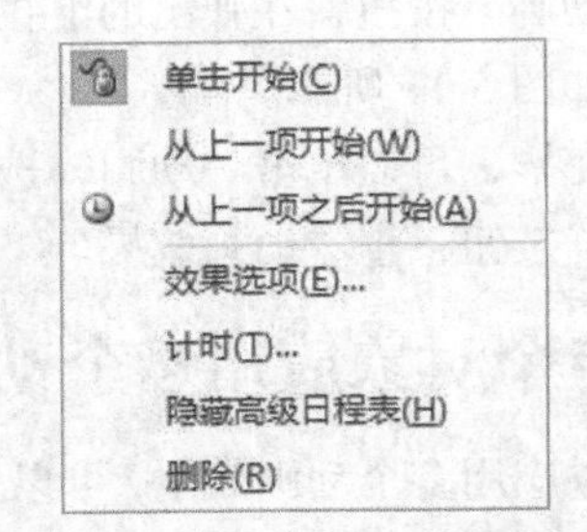

图 5-20　“动画效果“右键菜单

（4）在图 5-20 中选择“效果选项”命令，可以打开如图 5-21 所示的对话框，该对话框的名称以当前的动画效果命名，单击“效果”选项卡，可以设置相应的效果选项。

（5）在图 5-21 的对话框中，单击“计时”选项卡，可以设置相应的计时选项，如图 5-22 所示。

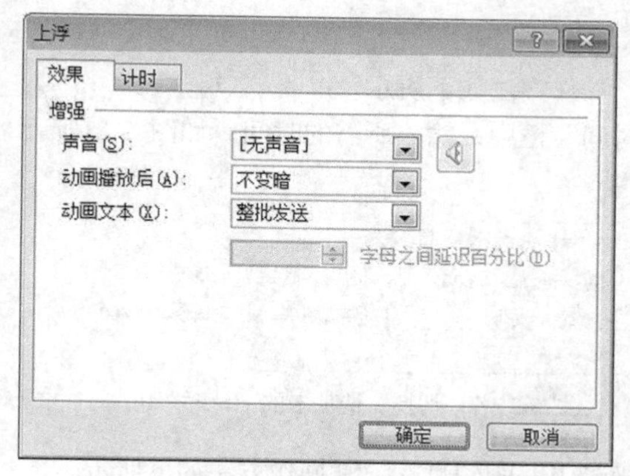

图 5-21　“效果”选项卡

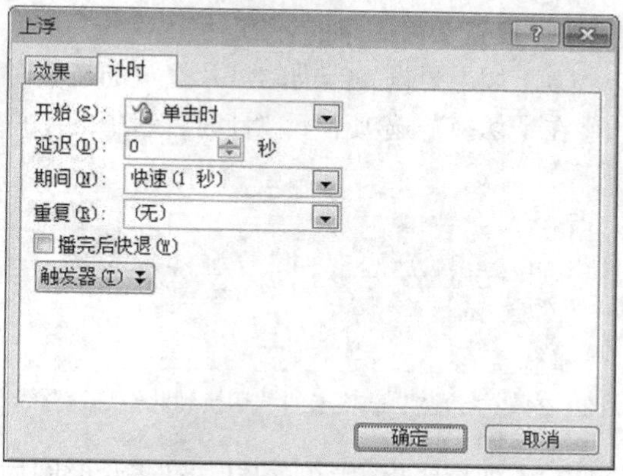

图 5-22　“计时”选项卡

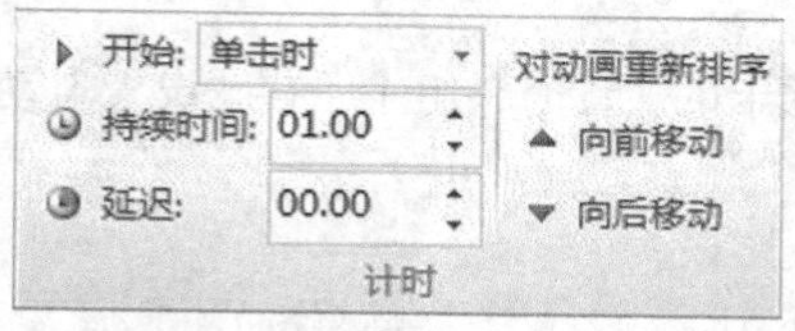

图 5-23　“动画”选项卡的“计时”组

在“动画”选项卡的“计时”组中，也可以为动画指定开始计时、持续时间、延迟计时及为动画出现的顺序重新排序，如图 5-23 所示。

（1）若要为动画设置开始计时，可在“计时”组中单击“开始”菜单右面的箭头，然后选择所需的计时。

（2）若要设置动画将要运行的持续时间，可在“计时”组中的“持续时间”框中输入所需的秒数。

（3）若要设置动画开始前的延时，可在“计时”组中的“延迟”框中输入所需的秒数。

（4）若要对列表中的动画重新排序，可在“计时”组中选择“对动画重新排序”下的“向前移动”或“向后移动”按钮来调节。

5.5.5　测试动画效果

如果在一张幻灯片添加了一个或多个动画效果后需要测试动画效果，可在“动画”选项卡的“预览”组中，单击“预览”按钮。

5.6　演示文稿的放映、打包与发送

5.6.1　幻灯片切换

1. 向幻灯片添加切换效果

幻灯片切换效果是在幻灯片演示期间从一张幻灯片移到下一张幻灯片时在“幻灯片放映”视图中出现的动画效果。用户可以控制切换效果的速度、添加声音，甚至还可以对切换效果的属性进行自定义设置。操作方法如下所示。

（1）选中要添加切换效果的幻灯片，在“切换”选项卡下“切换到此幻灯片”组中的“切换效果”列表框中选择一个切换效果。

（2）或单击其右侧的扩展按钮，在弹出的切换效果列表框中选择需要的幻灯片切换效果，如图 5-24 所示。

2. 设置切换效果的计时

（1）如果要设置当前幻灯片播放的持续时间，操作方法如下所示。

在“切换”选项卡下“计时”组中的“持续时间”框中，输入所需的时间，如图5-25所示。

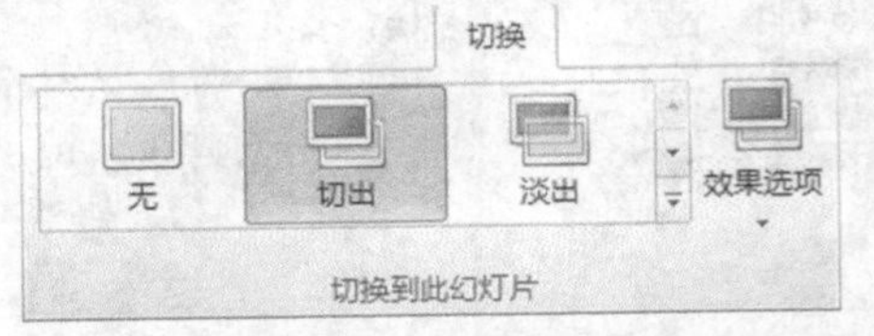

图5-24 “切换”选项卡的“切换到此幻灯片”组

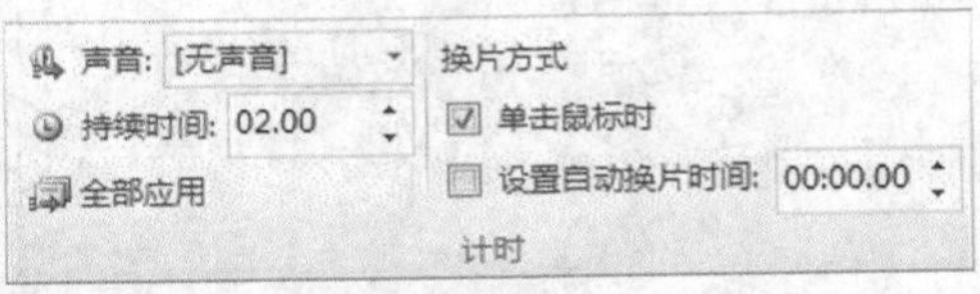

图5-25 “切换”选项卡的“计时”组

（2）如果要指定当前幻灯片在多长时间后切换到下一张幻灯片，其操作方法如下所示。

① 若要在单击鼠标时切换幻灯片，可在“切换”选项卡上的“计时”组中，选择“单击鼠标时”的复选框；

② 若要在经过指定时间后切换幻灯片，可在“切换”选项卡的“计时”组中，在“设置自动换片时间”框内输入所需时间。

3. 向幻灯片切换效果添加声音

（1）单击“切换”选项卡下“计时”组的“声音”扩展按钮。

（2）在“声音”下拉菜单中选择需要的声音效果即可，如图5-26所示。

（3）如果设置的“声音”、“持续时间”的切换效果要应用到全部幻灯片，可单击“切换”选项卡下“计时”组中的“全部应用”按钮。

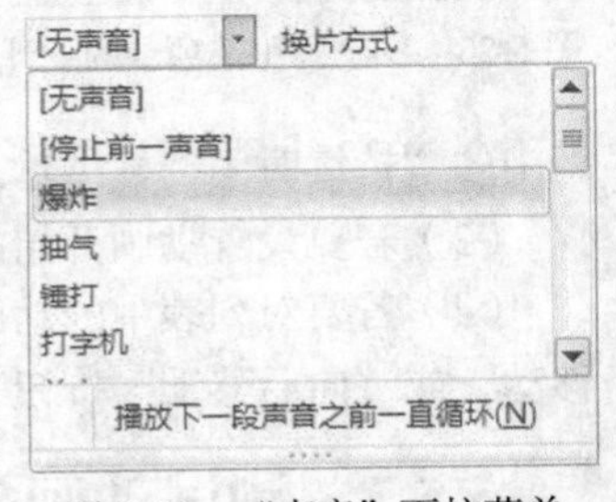

图5-26 “声音”下拉菜单

4. 更改或删除幻灯片之间的切换效果

可以更改幻灯片的切换效果，为不同的幻灯片设置不同的切换效果，也可以删除某些幻灯片的切换效果。

（1）设置切换效果：在普通视图中的“幻灯片”选项卡上，选择要修改切换效果的幻灯片的缩略图，在“切换”选项卡的“切换到此幻灯片”组中，单击“效果选项”并选择所需的效果。

（2）删除切换效果：在普通视图中的“幻灯片”选项卡上，选择要删除其切换效果幻灯片的缩略图，在“切换”选项卡的“切换到此幻灯片”组中，单击“无”即可完成。

5.6.2 幻灯片放映

1. 录制旁白

在放映某些幻灯片时，可以对这些幻灯片加上旁白，旁白是指讲演者对演示文稿的解释。添加旁白的方法如下所示。

（1）在普通视图中的“幻灯片”选项卡上，单击要添加旁白幻灯片的缩略图。

（2）选择“插入”选项卡下“媒体”组中的“音频”选项，选择“录制音频”，然后单击“录制”按钮，即可录制旁白，如图5-27所示。录制完毕，单击“结束”按钮，在幻灯片上就会出现一个小喇叭。

2. 播放旁白

（1）在“幻灯片放映”选项卡的“设置”组中，选中“播放旁白”的多选项。

（2）在播放幻灯片时，只要单击幻灯片上的小喇叭或小喇叭播放控制台上的“播放”按钮便即可。

3. 排练计时

如果要准确地控制整个演示文稿的放映时间，可采用“排练计时”功能来设置演示文稿的放映时间，操作方法如下所示。

（1）单击“幻灯片放映”选项卡下“设置”组中的“排练计时”按钮。

（2）在放映过程中，根据正式放映时所需的速度进行排练，并用手动方式切换幻灯片，“录制”对话框的计时器记录每张幻灯片的演示时间。

（3）在排练过程中，如果出现问题可单击“录制”对话框中的“重复”按钮，则计时器在当前幻灯片的计时重新从零开始；单击“暂停”按钮，可暂停计时，再单击“暂停”按钮，计时器又开始计时。

（4）完成排练之后，会出现如图 5-28 所示的消息框，单击“是”按钮可以接受该项时间，单击“否”则本次计时无效。

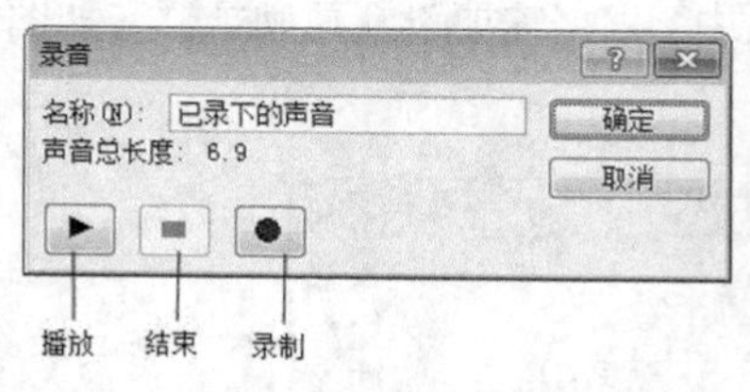

图 5-27　录音对话框

图 5-28　“排练计时”消息框

4. 自定义幻灯片放映

演示文稿制作完毕以后，在放映时主要有 3 种放映方式，“从头开始”放映、“从当前幻灯片开始”放映、“自定义幻灯片放映”。这样不仅可以按顺序进行放映，还可以有选择地进行放映，“自定义幻灯片放映”的操作方法如下所示。

（1）单击“幻灯片放映”选项卡下“开始放映幻灯片”组中的“自定义幻灯片放映”按钮。

（2）在弹出的下拉菜单中选择“自定义放映”选项。

（3）在弹出的“自定义放映”对话框中单击“新建”按钮，同时给自定义的放映取一个名字。

（4）弹出的“定义自定义放映”对话框，在“在演示文稿中的幻灯片”列表中选择需要放映的幻灯片，单击“添加”按钮进行添加，添加的幻灯片会出现在右侧的“在自定义放映中的幻灯片”列表中显示，如图 5-29 所示。

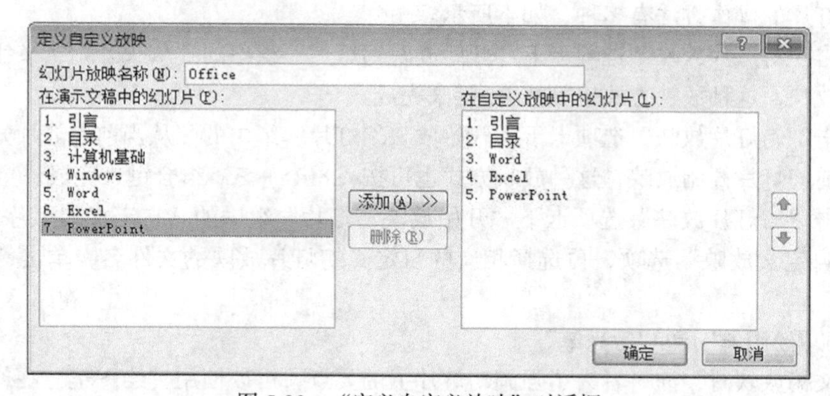

图 5-29　“定义自定义放映”对话框

（5）添加完成后单击“确定”按钮，即可完成添加幻灯片的操作。

（6）单击“播放”按钮，即可放映自定义放映的幻灯片。

5. 设置幻灯片放映

幻灯片的放映方式有以下 3 种。

（1）演讲者放映：放映时将演示文稿全屏显示，这是最常用的幻灯片放映方式。通常用于演讲者播放演示文稿，也是系统默认的选项，演讲者有完整的控制权。

（2）观众自行浏览：适用于小规模的演示，这种方式下在演示文稿播放时提供移动、编辑、复制和打印等命令，便于观众自行浏览演示文稿。

（3）在展台浏览：选择此项可自动反复播放演示文稿，这种方式适合在展览会场或会议中无人值守的幻灯片放映。在这种方式下大多数的菜单和命令都不可用，并且放映完毕后自动地重新开始放映。

用户可根据需要来设置演示文稿的放映方式。其操作方法如下所示。

（1）单击“幻灯片放映”选项卡下“设置”组中的“设置幻灯片放映”按钮。

（2）在“设置放映方式”对话框中的“放映类型”选项中，根据需要设置放映方式，如图 5-30 所示。

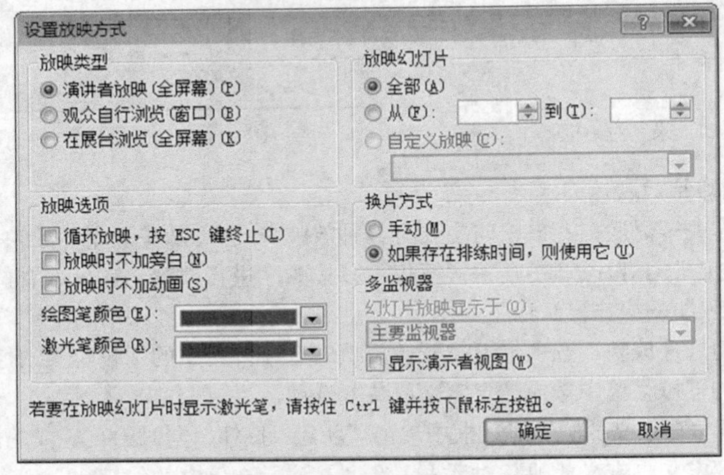

图 5-30 “设置放映方式“对话框

6. 放映幻灯片

放映幻灯片的操作方法有多种，如下所示。

（1）单击“幻灯片放映”选项卡下“开始放映幻灯片”组中的“从头开始”按钮，幻灯片从第一张开始放映，这种放映方式也可按 F5 键来完成。

（2）单击“幻灯片放映”选项卡下“开始放映幻灯片”组中的“从当前幻灯片开始”按钮，幻灯片从当前幻灯片开始放映，这种放映方式也可按<Shift>+<F5>组合键来完成。

（3）单击“幻灯片放映”选项卡下“开始放映幻灯片”组中的“自定义幻灯片放映”按钮，然后选择“自定义放映”选项，再选择相应的自定义幻灯片放映的文件名，单击“放映”按钮即可。

7. 使用“绘图笔”和“激光笔”

在演示文稿放映时，演讲者为了强调幻灯片上的要点，可以使用“绘图笔”在幻灯片上绘制圆圈、下画线、箭头或其他标记，也可以使用“激光笔”指示要点。其操作方法如下所示。

（1）在幻灯片放映时，只需按<Ctrl>+<P>组合键，或单击鼠标右键，选择“指针选项”中的“笔”选项，就可以将鼠标指针变为绘图笔，然后便可用它绘制各种标记。

（2）在幻灯片放映时，按住<Ctrl>键的同时单击，鼠标指针便可变为“激光笔”，此时即可开始标记。

5.6.3　创建视频

在 PowerPoint 2010 中，可以将演示文稿转换为视频，以使其按视频播放。视频的格式为 Windows Media 视频（.wmv）文件，在录制为视频时，可以在视频中录制语音旁白和激光笔运动轨迹并进行计时以及添加动画和切换效果，也可以控制多媒体文件的大小以及视频的质量，将演示文稿另存为视频的操作方法如下所示。

（1）单击“文件”选项卡，在弹出的下拉菜单中选择“保存并发送”命令，然后在“文件类型”菜单栏下单击“创建视频”按钮，如图 5-31 所示。

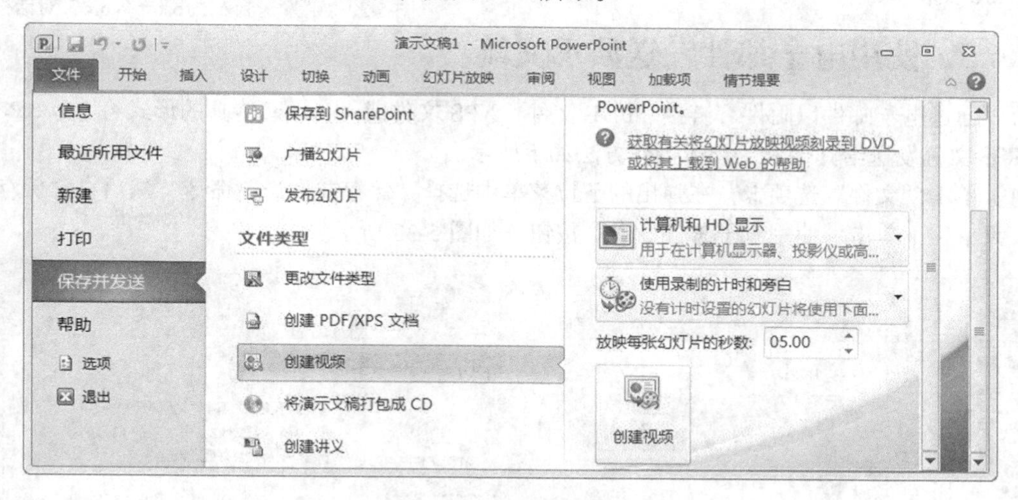

图 5-31　“创建视频”菜单栏

（2）如果要使用录制的计时和旁白，则在“创建视频”的菜单栏中选择“使用录制的计时和旁白”下拉菜单中的“使用录制的计时和旁白”命令。

（3）如果要设置视频质量和大小，则在“创建视频”的菜单栏中选择“视频质量和大小”下拉菜单，并选择一个适合的命令。

（4）每张幻灯片的放映时间默认设置为 5s。若要更改此值，可以在“放映每张幻灯片的秒数”右侧的数值框中，单击上箭头来增加秒数或单击下箭头来减少秒数。

（5）单击“创建视频”按钮后，在弹出的“另存为”对话框中“文件名”后的文本框中，为该视频输入一个文件名，通过浏览找到将包含此文件的文件夹，然后单击“保存”按钮。可以通过查看屏幕底部的状态栏来跟踪视频创建过程。创建视频可能需要几个小时，具体取决于视频长度和演示文稿的复杂程度。

5.6.4　创建讲义

在 PowerPoint 2010 中，创建一个包含演示文稿中的幻灯片和备注的 Word 文档，称为讲义，可以在 Word 中可以对该讲义进行编辑和格式设置，而此演示文稿发生更改时，自动更新讲义中的幻灯片，创建讲义的操作方法如下所示。

（1）单击“文件”选项卡，在弹出的下拉菜单中选择“保存并发送”命令，然后在“文件类型”菜单栏下单击“创建讲义”按钮，在右侧弹出的菜单栏中单击“创建讲义”按钮。打开如图 5-32 所示的“发送到 Microsoft Word”对话框。

（2）在“Microsoft Word 使用的版式”单选组中选择一个版式，在“将幻灯片添加到 Microsoft Word 文档”单选组中选择“粘贴”或“粘贴链接”，单击“确定”按钮后将创建一个包含演示文稿中的幻灯片和备注的 Word 文档。

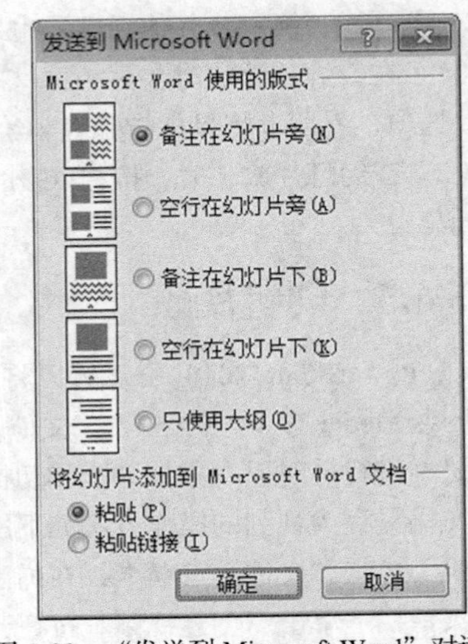

图 5-32　“发送到 Microsoft Word”对话框

5.6.5　使用电子邮件发送演示文稿

可以通过电子邮件以附件、链接、PDF 文件、XPS 文件或 Internet 传真的形式将 PowerPoint 2010 演示文稿发送给其他人。具体操作方法如下所示。

（1）单击“文件”选项卡，在弹出的下拉菜单中选择“保存并发送”命令，然后在“保存并发送”菜单栏下单击“使用电子邮件发送”按钮，如图 5-33 所示。

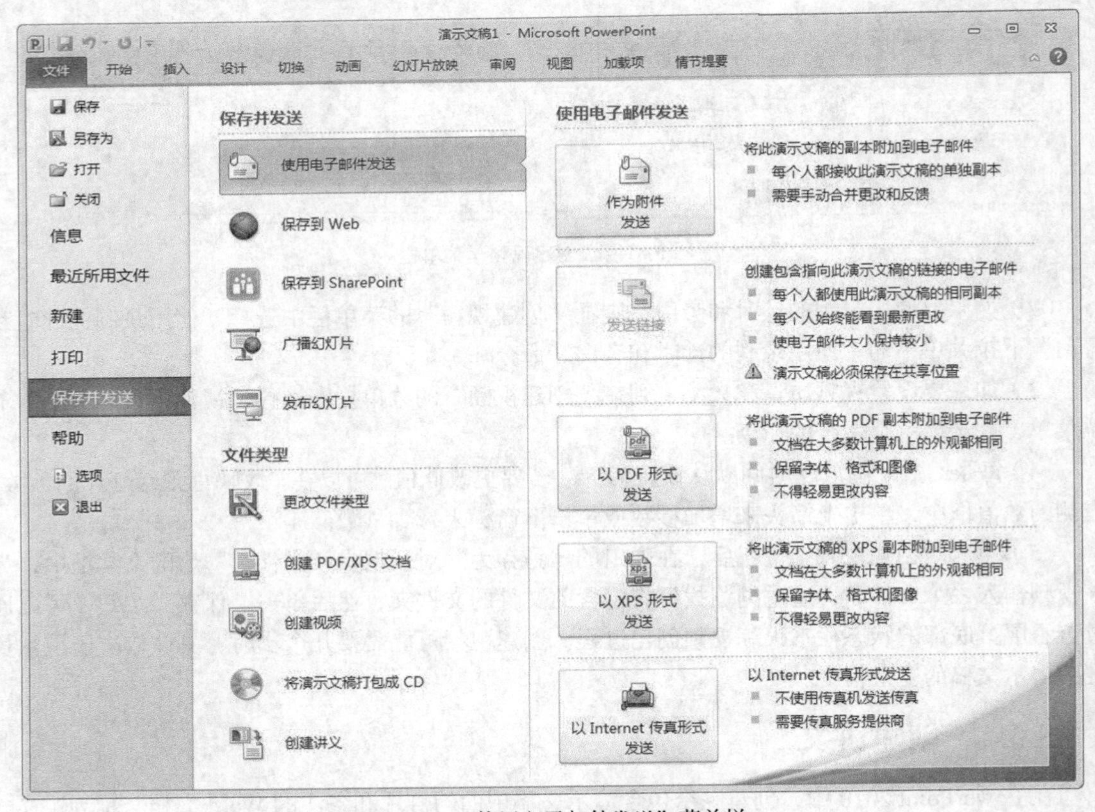

图 5-33　“使用电子邮件发送”菜单栏

（2）在“使用电子邮件发送”菜单栏下，可以选择如下操作之一：

① 单击“作为附件发送”按钮，将演示文稿附加到电子邮件中。

② 单击“发送链接”按钮，将创建包含指向演示文稿的链接的电子邮件。

在单击“发送链接”按钮之前，必须将演示文稿保存到共享位置，例如收件人有权访问的网站或文档库。

③ 单击“以 PDF 形式发送”按钮，将演示文稿另存为可移植文档格式（.pdf）文件，然后将 PDF 文件附加到电子邮件中。

④ 单击“以 XPS 形式发送”按钮，将演示文稿另存为.xps 文件，然后将该文件附加到电子邮件中。

⑤ 单击“以 Internet 传真形式发送”按钮，以传真形式发送演示文稿，而无需使用传真机。

此选项要求首先向传真服务提供商进行注册。如果尚未向传真服务提供商进行注册，单击“以 Internet 传真形式发送”时，可在其中选择提供商的网站。

5.6.6　演示文稿打包

使用“打包”命令，可以将演示文稿压缩到可刻录 CD 光盘、U 盘或其他存储设备上，将演示文稿打包的具体操作如下所示。

（1）打开要打包的演示文稿，单击“文件”选项卡，在弹出的下拉菜单中选择“保存并发送”命令，然后在“保存并发送”菜单栏下单击“将演示文稿打包成 CD”按钮，在右窗格中单击“打包成 CD”，弹出如图 5-34 所示的“打包成 CD”对话框。

（2）若要添加演示文稿，在“打包成 CD”对话框中单击“添加”按钮，然后在弹出的“添加文件”对话框中选择要添加的演示文稿，单击“添加”按钮。

（3）单击“选项”按钮，弹出如图 5-35 所示的“选项”对话框，可以在其中设置高级打包选项，以满足某些特殊需要。

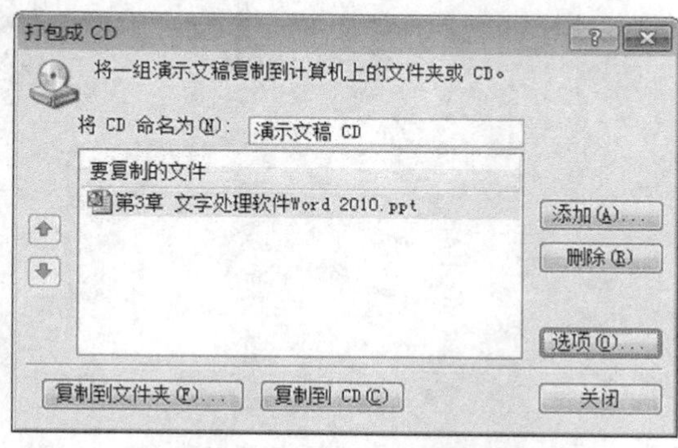

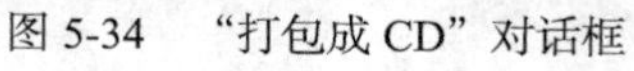
图 5-34　“打包成 CD”对话框

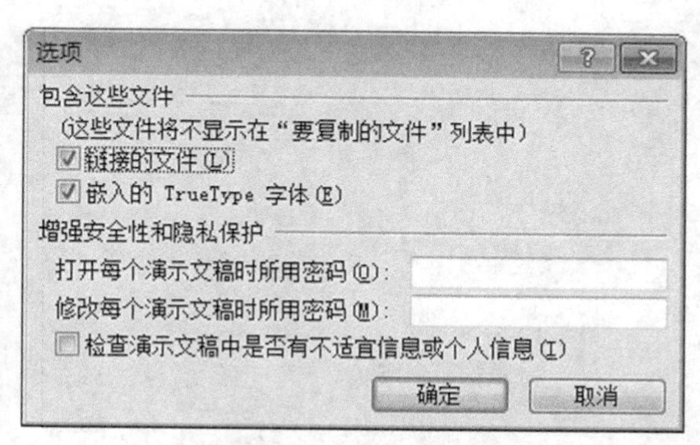

图 5-35　“选项”对话框

（4）为了确保包中包括与演示文稿相链接的文件，可以选中“链接的文件”复选框。若要使用嵌入对象的 TrueType 字体，可以选中“嵌入的 TrueType 字体”复选框。

（5）若想要求其他用户在打开或编辑复制的任何演示文稿之前先输入密码，可以在“增强安全性和隐私保护”下键入要求用户在打开和/或编辑演示文稿时提供的密码。

（6）设置好后单击“确定”按钮，返回“打包成 CD”对话框，在“打包成 CD”对话框中单击“复制到文件夹”按钮，弹出如图 5-36 所示的“复制到文件夹”对话框。

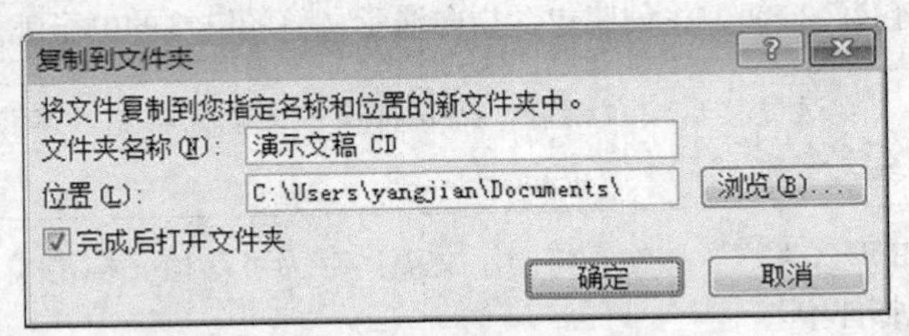

图 5-36　“复制到文件夹”对话框

（7）单击“浏览”按钮可选择打包后的文件名和保存位置，设置好后单击“确定”按钮，返回“打包成 CD”对话框。

（8）单击“确定”按钮，开始对演示文稿打包，打包结束后单击“关闭”按钮，关闭“打包成 CD”对话框。

本章小结

本章主要介绍了 PowerPoint 2010 的基本概念和使用方法。通过本章学习，应掌握下面几方面的内容。

1. 演示文稿的创建。
2. PowerPoint 2010 的背景、主题和母版等布局设计。
3. 编辑幻灯片，输入文字和插入对象。
4. 幻灯片效果设计。
5. 演示文稿的保存、放映、打包与发送。

第 6 章 计算机网络基础

6.1 计算机网络基础知识

计算机网络是计算机技术和通信技术结合的产物。在 19 世纪 30 年代发明了电报，19 世纪 70 年代发明了电话，但计算机和通信技术真正结合却是最近几十年的事情。目前它已经广泛应用于社会的每个角落，它实现了办公自动化、生产自动化、管理自动化等。随着因特网普及，以电子商务、云计算、物理网、移动互连为代表的新兴应用正在改变我们的生活和休闲娱乐方式。

6.1.1 计算机网络的形成与发展

所谓计算机网络，是由地理上分散的、具有独立功能的多个计算机系统，以通信设备和通信介质互相连接，并配以相应的网络软件，以实现通信和资源共享的系统。

计算机网络从形成、发展到广泛应用大致经历了五十年的历史，可以将它划分为 5 个阶段。

第 1 阶段：20 世纪 60 年代末到 20 世纪 70 年代初为计算机网络发展的萌芽阶段。其主要特征是，为了增加系统的计算能力和资源共享，把小型计算机连成实验性的网络。第一个远程分组交换网是由美国国防部于 1969 年建成的 ARPANET，该网络第一次实现了由通信网络和资源网络复合构成的计算机网络系统，这标志着计算机网络的真正产生。ARPANET 是这一阶段的典型代表。

第 2 阶段：20 世纪 70 年代中后期是局域网（LAN）发展的重要阶段。局域网络作为一种新型的计算机体系结构开始进入产业部门。局域网技术是从远程分组交换通信网络和 I/O 总线结构计算机系统派生出来的。

1974 年，英国剑桥大学计算机研究所开发了著名的“剑桥环”局域网（Cambridge Ring）。它的成功实现，一方面标志着局域网的产生，另一方面，对以后局域网的发展起到导航的作用。1976 年，美国 Xerox 公司的 Palo Alto 研究中心推出以太网（Ethernet），它采用了夏威夷大学 ALOHA 无线电网络系统的基本原理，使之发展成为第一个总线竞争式局域网。

第 3 阶段：整个 20 世纪 80 年代是计算机局域网的飞速发展时期。局域网从硬件上具有了 ISO 的开放系统互连通信模式协议的能力。其硬件互联产品的集成，使得局域网与局域互联、局域网与各类主机互联，以及局域网与广域网互联的技术越来越成熟。这一阶段，综合业务数据通信网络（ISDN）和智能化网络的发展，标志着局域网络的飞速发展。

1980 年 2 月，IEEE（美国电气和电子工程师协会）下属的 802 局域网标准委员会宣告成立，并相继提出 IEEE 802.x 系列局域网标准，其中的绝大部分内容已被国际标准化组织（ISO）正式认可。作为局域网络的国际标准，它标志着局域网协议及其标准化的确定，为局域网的发展奠定了基础。

第 4 阶段：20 世纪 90 年代初至 21 世纪初是互联网飞速发展的阶段。以 ARPANET 和 TCP/IP 技术为基础，互联网实现了全球范围内的不同网络互相连接，体现了“网络就是计算机”的口号，基于互联网的各种应用渗透到各行各业，从而促进人类社会快速迈入信息化时代。

第 5 阶段：21 世纪初至今是物联网阶段。物联网的概念是在 1999 年提出的，它是一种通过各信息传感设备（如传感器、射频识别技术、全球定位系统、红外线感应器、激光扫描器、气体感应器等）实时采集任何需要监控的物体的声、光、热、电、力学、化学、生物、位置等各种信息，并与互联网结合而形成的巨大网络。物联网的目的是实现物与物、物与人，所有的物品与网络的连接，方便识别、管理和控制。因为物联网以互联网为基础，因此一度被视为互联网的应用扩展，但实际上有很大的区别，物联网更注重信息的自动采集、自动传递和智能处理。

6.1.2　计算机网络的组成与功能

1．计算机网络的组成

计算机网络要完成数据的处理和通信任务，因此其基本组成就必须包括进行数据处理的设备以及承载着数据传输任务的通信设施，如图 6-1 所示。

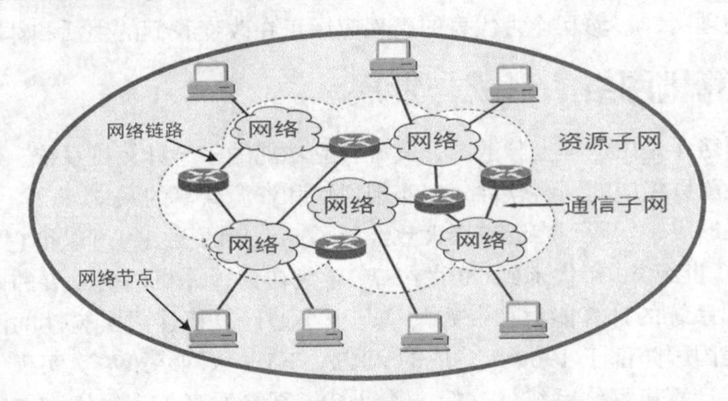

图 6-1　网络的组成

（1）网络节点。

网络节点又称为网络单元，是指网络系统中的各种数据处理设备、数据通信设备和终端设备。在网络中，网络节点可以分为端节点、中间节点和混合节点 3 类。

① 端节点又称为站点，是指计算机资源中的用户设备，如用户主机等。

② 中间节点是指在计算机网络中起到数据交换作用的连通性设备，如路由器、交换机等设备。

③ 混合节点是既可以作为端节点又可以作为中间节点的设备。

（2）网络链路。

网络链路的主要作用是承载着节点间的数据传输任务。在网络中链路可分为物理链路和逻辑链路。

物理链路是在网络节点间用各种传输介质连接起来的物理线路，是实现数据传输的基本设施。

逻辑链路则是在物理链路的基础上增加了实现数据传输控制任务的硬软件通道。在计算机网络中，真正实现数据传输任务仅仅依靠物理链路是无法完成的，必须通过逻辑链路才能实现。

（3）资源子网。

资源子网由主机、终端和终端控制器组成，其目标是使用户共享网络的各种软、硬件及数据资源，提供网络访问和分布式数据处理功能。对早期计算机系统来说，其主机的任务是完成数据处理，提供共享资源给用户或其他联网计算机；终端是人与计算机进行交互对话的界面；终端控制器则负责终端的链路管理和信息重组任务。现代计算机系统则包括用于工作站节点的客户机和用于网站节点的各种服务器，如浏览服务器、邮件服务器等。

（4）通信子网。

通信子网由各种传输介质、通信设备和相应的网络协议组成，它为网络提供数据传输、交换和控制能力，实现了联网计算机之间的数据通信功能。其中传输介质包括同轴电缆、双绞线、光纤等；通信设备包括集线器、中继器、路由器、调制解调器以及网卡等。不同的网络对数据交换格式有不同的规定，所依据的规则正式描述就是网络之间的协议。目前在开放系统互联协议中，应用最广、最完全的就是已被 Internet 广泛使用的 TCP/IP 协议。

2. 计算机网络的功能

计算机网络不仅使计算机的作用范围超越了地理位置上的约束，而且也增大了计算机本身的威力，拓宽了服务，这主要是因为计算机网络有以下功能。

（1）数据通信。

数据通信即实现计算机与终端、计算机与计算机间的数据传输，是计算机网络最基本的功能，也是实现其他功能的基础，如电子邮件、传真、远程数据交换等。

（2）资源共享。

实现计算机网络的主要目的是共享资源。一般情况下，网络中可共享的资源有硬件资源、软件资源和数据资源，其中共享数据资源最为重要。

（3）远程传输。

计算机已经由科学计算向数据处理方面发展，由单机向网络方面发展，且发展的速度很快。分布在各地的用户可以互相传输数据信息，互相交流，协同工作。

（4）集中管理。

计算机网络技术的发展和应用，已使得现代办公、经营管理等发生了巨大变化。目前，已经有许多 MIS 系统、OA 系统等，通过这些系统可以实现日常工作的集中管理，提高工作效率，增加经济效益。

（5）实现分布式处理。

网络技术的发展，使得分布式计算成为可能。对于大型的课题，可以分为许许多多的小题目，由不同的计算机分别完成，然后再集中起来解决问题。

（6）负载平衡。

负载平衡是指工作被均匀地分配给网络上的各台计算机。网络控制中心负责分配和检测，当某台计算机负载过重时，系统会自动转移部分工作到负载较轻的计算机中去处理。

6.1.3　计算机网络分类

对计算机网络进行分类的方式很多，这里主要按照计算机网络的通信距离来分类。按照这种分类方式，计算机网络通常分为：局域网、城域网、广域网和互联网。

这些网络所具有的特征参数如表 6-1 所示。

表 6-1 计算机网络的分类

网络类型	英文缩写	分布距离	网络范围	传输速率
局域网	LAN	在 10km 之内	校园以内	4 Mbit/s ~ 2 Gbit/s
城域网	MAN	1km 到 100km 之间	城市	50 kbit/s ~ 100 Mbit/s
广域网	WAN	超过 100km	国家	9.6 kbit/s ~ 45 Mbit/s
互联网	WWW	无限制	洲或洲际	9.6 kbit/s ~ 45 Mbit/s

1．局域网

局域网的分布范围一般在 10km 之内，通常是把一个单位的计算机连接在一起而组成的网络。局域网能够高速地在联网计算机间传递信息，因此信息共享和数据传递非常快捷。

2．广域网

广域网又称远程网，利用多种通信技术（包括卫星通信技术），把分布在若干城市、地区甚至国家中的计算机联接在一起而组成的网络。在局域网中，由于计算机之间的距离很近，因此可以用专用线直接把它们连接起来。但由于广域网的范围太大，因此网络之间的通信线路大多是从电信运营商租用专线。

3．城域网与互联网

城域网是介于局域网与广域网之间的一种大范围的高速网络，其覆盖范围一般是在一个城市内，实现 100km 范围内的物理连接。它的主要作用是将一个城市内的各个局域网连接起来，以便在更大范围内进行信息传输与共享。

互联网是将跨地区和国家的若干网络按某种协议统一起来，实现广域网和广域网、广域网和局域网、局域网和局域网之间互联的技术。目前，世界上发展最快，也是最热门的互联网就是 Internet。

6.1.4 TCP/IP 及相关概念

在网络中，计算机之间的通信必须遵守一定的规则和约定，以保证正确地交换信息。这些规则和约定是事先制定并以标准的形式固定下来的，称为协议。

协议由语法、语义和时序三要素构成。其中，语法定义了数据与控制信息的结构或格式；语义定义了用于协调和进行差错处理的控制信息；时序是对事件实现顺序的详细说明，也称为同步。

1．TCP/IP

TCP/IP 协议由两个协议，即“传输控制协议”（Transmission Control Protocol）和“网际互联协议”（Internet Protocol）组成，是因特网最基本的协议、因特网国际互联网络的基础。TCP/IP 定义了电子设备（如计算机）如何连入因特网，以及数据如何在它们之间传输的标准。

TCP/IP 协议能够很好地解决异构网络之间的互连问题，使不同厂家生产的计算机和网络连接设备能在共同的网络环境下运行。任何要接入互联网的计算机都必须采用 TCP/IP 协议。

2．IPv4 地址

在 Internet 上连接的所有计算机，从大型机到微型计算机都是以独立的身份出现，我们称它为主机。为了实现各主机间的通信，每台主机都必须有一个唯一的网络地址。就好像每一个住宅都有唯一的门牌一样，才不至于在传输资料时出现混乱。

Internet 的网络地址是指连入 Internet 网络的计算机的地址编号。所以，在 Internet 网络中，网络地址唯一地标识一台计算机，叫做 IP（Internet Protocol）地址。目前在网络中使用比较多的是 IPv4 地址（其中，IPv4 是 Internet Protocol version 4 的缩写，即 IP 协议的第 4 版）。IPv4 地址是一个 32 位的二进制地址，为了便于记忆，将它们分为 4 组，每组 8 位，由小数点分开，用四个字节来表示，每部分写成十进制形式，各部分之间用小数点隔开，即 xxx.xxx.xxx.xxx，其中 xxx 只能在 0 ~ 255 之间，如 202.116.0.1，这种书写方法叫做点分十进制数表示法。

IPv4 地址可确认网络中的任何一个网络和计算机，而要识别其他网络或其中的计算机，则是根据这些 IPv4 地址的分类来确定的。一般将 IPv4 地址按节点计算机所在网络规模的大小分为 A，B，C 三类，默认的网络地址分类是根据 IPv4 地址中的第一个字段确定的。

（1）A 类地址。

A 类地址的表示范围为：1.0.0.1 ~ 126.255.255.254，A 类地址适合分配给规模特别大的网络使用，例如 IBM 公司的网络。

（2）B 类地址。

B 类地址的表示范围为：128.0.0.1 ~ 191.255.255.254，一般分配给中型网络。

（3）C 类地址。

C 类地址的表示范围为：192.0.0.1 ~ 223.255.255.254，C 类地址适合分配给小型网络，如一般的局域网，它可连接的主机数量是最少的。

实际上，还存在着 D 类地址和 E 类地址。但这两类地址用途比较特殊，在这里只是简单介绍一下。

D 类地址范围：224.0.0.1 ~ 239.255.255.254。D 类地址用于多点播送，称为广播地址，供特殊协议向选定的节点发送信息时用。

E 类地址范围：240.0.0.1 ~ 254.255.255.254。E 类地址保留给将来使用。

3. IPv6 地址

IPv4 协议经过多年的使用和推广，获得了巨大的成功，但随着应用范围的扩大，它也面临着越来越不容忽视的危机，例如地址匮乏等。为了解决 IPv4 所存在的一些问题和不足，IETF（即 Internet 工程任务组）制定了 IPv6 协议。IPv6 是“Internet Protocol version 6”的缩写，即 IP 协议的第 6 版。

与 IPv4 不同，IPv6 将 IPv4 的地址长度扩大 4 倍，由 32 位扩充到 128 位，以支持大规模数量的网络节点。这样 IPv6 的地址总数就大约有 3.4 × 1038 个。平均到地球表面上来说，每平方米将获得 6.5 × 1023 个地址。IPv6 不再对 IP 地址进行分类管理，而采用层次化的地址结构，其地址空间允许按照不同的地址前缀进行多层次、多级别的划分，以有利于骨干网路由器对数据分组的快速转发。

首选的 IPv6 地址表示为：xxxx:xxxx:xxxx:xxxx:xxxx:xxxx:xxxx:xxxx，其中每个 x 是代表一个 4 位的十六进制数字。IPv6 地址范围从 0000:0000:0000:0000:0000:0000:0000:0000 至 ffff:ffff:ffff:ffff:ffff:ffff:ffff:ffff。

除此首选的地址格式之外，IPv6 地址还可以其他两种短格式指定。

（1）省略前导零。

通过省略前导零指定 IPv6 地址。

例如，IPv6 地址：1050:0000:0000:0000:0005:0600:300c:326b

可写为：1050:0:0:0:5:600:300c:326b。

（2）双冒号。

通过使用双冒号（::）代替一系列零来指定 IPv6 地址。

例如，IPv6 地址：ff06:0:0:0:0:0:0:c3

可写为：ff06::c3。

注意，一个 IP 地址中只可使用一次双冒号。

4. Pv4 与 IPv6 地址的兼容性

IPv6 地址的另一种可选格式组合了冒号与带点表示法，因此可将 IPv4 地址嵌入 IPv6 地址中。对最左边 96 个位指定十六进制值，对最右边 32 个位指定十进制值，来指示嵌入的 IPv4 地址。在混合的网络环境中工作时，此格式确保 IPv6 节点和 IPv4 节点之间的兼容性。

以下两种类型的 IPv6 地址使用此可选格式。

（1）通过 IPv4 映射的 IPv6 地址。

此类型的地址用于将 IPv4 节点表示为 IPv6 地址。它允许 IPv6 应用程序直接与 IPv4 应用程序通信。例如，0:0:0:0:0:ffff:192.1.56.10 和::ffff:192.1.56.10/96（短格式）。

（2）兼容 IPv4 的 IPv6 地址。

此类型的地址用于隧道传送。它允许 IPv6 节点通过 IPv4 基础结构通信。例如，0:0:0:0:0:0:192.1.56.10 和::192.1.56.10/96（短格式）。

6.2 局域网组成

6.2.1 局域网的特征

局域网分布范围小，其组网成本低、应用广、组网方便、使用灵活。目前，各高校、科研机构、企事业单位等都构建了局域网，作为其信息化建设的基础网络。局域网具有如下特征。

① 传输速率高：目前一般为 100Mbit/s，光纤高速网可达 1 000Mbit/s，10Gbit/s。

② 支持传输介质种类多，如双绞线、同轴电缆、光纤、无线介质等。

③ 通信处理一般由网卡完成。

④ 传输质量好，误码率低。

⑤ 有规则的拓扑结构。

6.2.2 拓扑结构

局域网专用性非常强，具有比较稳定和规范的拓扑结构。常见的局域网拓扑结构如下。

1. 星形结构

这种结构的网络是各工作站以星形方式连接起来的，网中的每一个节点设备都以中间节点为中心，通过连接线与中心节点相连，如果一个工作站需要传输数据，它首先必须通过中心节点如图 6-2 所示。由于在这种结构的网络系统中，中心节点是控制中心，任意两个节点间的通信最多只需两步，所以传输速度快，并且网络构形简单、建网容易、便于控制和管理。但这种网络系统，网络可靠性低，网络共享能力差，并且一旦中心节点出现故障则导致全网瘫痪。

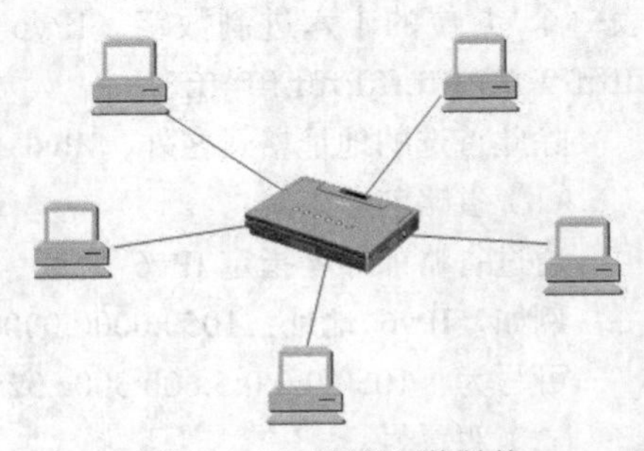

图 6-2 星形拓扑网络结构

2．树形结构

树形结构网络是天然的分级结构，又被称为分级的集中式网络。其特点是网络成本低，结构比较简单。在网络中，任意两个节点之间不产生回路，每个链路都支持双向传输，并且网络中节点扩充方便、灵活，寻查链路路径比较简单。但在这种网络系统中，除叶节点及其相连的链路外，任何一个工作站或链路产生故障都会影响整个网络系统的正常运行。

3．总线型结构

总线型结构网络是将各个节点设备和一根总线相连。网络中所有的节点工作站都是通过总线进行信息传输的如图 6-3 所示。作为总线的通信连线可以是同轴电缆、双绞线，也可以是扁平电缆。总线型结构网络简单、灵活，可扩充性能好，所以，进行节点设备的插入与拆卸非常方便。另外，总线结构网络可靠性高、网络节点间响应速度快、共享资源能力强、设备投入量少、成本低、安装使用方便，当某个工作站节点出现故障时，对整个网络系统影响小。因此，总线结构网络是最普遍使用的一种网络。但是由于所有的工作站通信均通过一条共用的总线，所以，实时性较差。

4．环形结构

环形结构是网络中各节点通过一条首尾相连的通信链路连接起来的一个闭合环型结构网，如图 6-4 所示。环形结构网络的结构也比较简单，系统中各工作站地位相等。系统中通信设备和线路比较节省。在网络中信息设有固定方向单向流动，两个工作站节点之间仅有一条通路，系统中无信道选择问题；某个结点的故障将导致物理瘫痪。环网中，由于环路是封闭的，所以不便于扩充，系统响应延时长，并且信息传输效率相对较低。

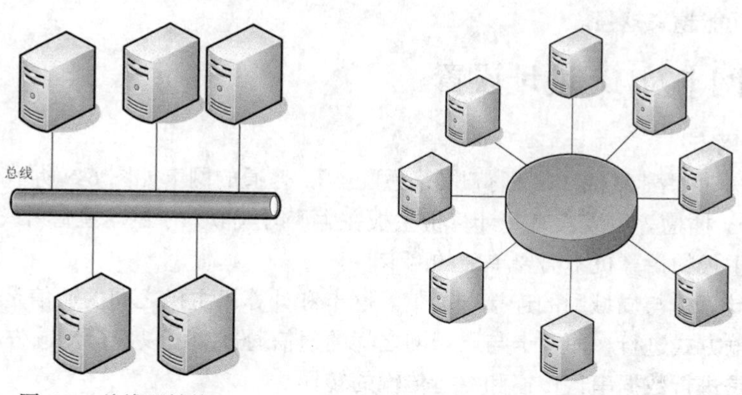

图 6-3　总线型结构　　　　图 6-4　环形结构

局域网由网络硬件和网络软件两大系统组成。网络硬件用于实现局域网的物理连接，为连在网络上的计算机之间的通信提供一条物理通道。也可以说，网络硬件系统负责铺就一条信息公路，使通信双方能够相互传递信息，如同铺设公路供汽车行驶。网络软件主要用于控制并具体实现信息传送和网络资源的分配与共享。这两大组成部分相互依赖、缺一不可，由它们共同完成局域网的通信功能。

6.2.3　局域网的组成

1．硬件组成

局域网的硬件系统一般由服务器、工作站、网卡和传输介质 4 部分组成。

（1）服务器

运行网络操作系统，提供硬盘、文件数据及打印机共享等服务功能，是网络控制的核心。一般硬件配置较高的兼容机都可以用于文件服务器，但从提高网络的整体性能，尤其是从网络的系统稳定性来说，还是选用专用服务器为宜。

服务器分为文件服务器、打印服务器、数据库服务器，在Internet上还有Web、FTP、E-mail等服务器。

（2）工作站

可以有自己的操作系统，独立工作；通过运行工作站网络软件，访问服务器的共享资源。

（3）网卡

将工作站或服务器连到网络上，实现资源共享和相互通信，数据转换和电信号匹配。

（4）传输介质

目前常用的传输介质有双绞线、同轴电缆、光纤、微波、无线电磁波等。

2. 局域网软件

局域网软件主要包括网络操作系统（NOS）和网络应用软件。

网络操作系统可实现操作系统的所有功能，并且能够对网络中资源进行管理和共享。网络操作系统作为网络用户和计算机之间的接口，通常具有复杂性、并行性、高效性和安全性等特点。目前应用较为广泛的网络操作系统有 Microsoft 公司的 Windows Server 系列、Novell 公司的NetWare、UNIX系列和Linux系列等。

网络应用软件是实现某种特定网络应用的专用软件，随着计算机网络应用领域的渗透，种类越来越繁多，功能越来越强。

6.2.4 网卡及IP地址设置

1. 什么是网卡

网卡全称是“网络接口卡”，又称“网络适配器”，普通的网卡如图6-5所示，由主芯片、RJ-45接口、BootRom 插槽等组成。有些计算机主板在生产时就嵌入了网卡主芯片（称为集成网卡），因此使用这种主板的计算机不需要单独的网卡。

网卡实现计算机与局域网的连接和通信。网卡和计算机主机之间的通信是通过主板上的 I/O 总线以并行传输方式进行，而网卡与局域网之间的通信通过线缆以串行传输方式进行。网卡的一个重要功能就是进行数据串行传输和并行传输的转换。

网卡实际上包括了物理层和数据链路层的功能。在物理层，它定义了数据传送与接收所需要的电与光信号、线路状态、时钟基准、数据编码和电路等，并向数据链路层提供标准接口。在数据链路层，它提供寻址机构、数据帧的构建、数据差错检测、传送控制、向网络层提供标准的数据接口等功能。

网卡有许多种，按照数据链路层控制来分有：以太网卡，令牌环网卡，ATM网卡等；按照物理层来分类有：无线网卡、RJ-45 网卡（见图 6-5）、同轴电缆网卡、光线网卡等。对于不同种类的网卡来说，它们的数据链路控制、寻址、帧结构、物理连接方式、数据的编码、信号传输的介质等往往都是不相同的。

2. 网卡的IP地址设置

要想使一台计算机接入局域网，则首先必须安装网卡，然后再使用两端带 RJ45 接口的双绞线来连接网卡和交换机。当然，这只是实现了物理线路上的连通。注意，笔记本电脑通常使用无线网卡通信，虽然不需要双绞线，但需要具有无线功能的交换机或路由器。

一台计算机能否与其他计算机通信，除了看是否具备必须的设备和器材之外，还要看是否完成了必须的系统配置。其中，包括 IP 地址设置。

为网卡设置 IP 地址的操作步骤如下所示。

（1）执行“开始”→“控制面板”→“网络和共享中心”菜单命令，打开“网络和共享中心”窗口，如图 6-6 所示。

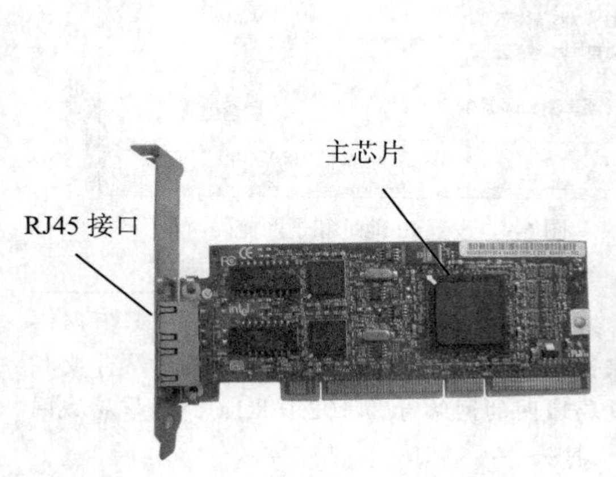

图 6-5　网卡

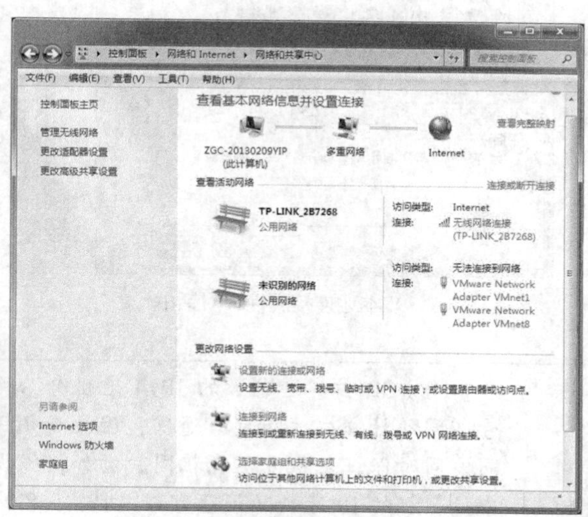

图 6-6　“网络和共享中心”窗口

（2）在“网络和共享中心”窗口左边的导航窗格中单击“更改适配器设置”，打开“网络连接”窗口，如图 6-7 所示。

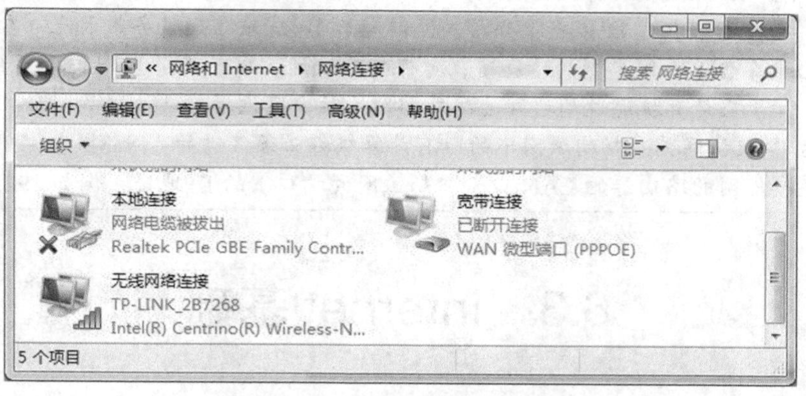

图 6-7　“网络连接”窗口

（3）在“网络连接”窗口中鼠标右键单击“本地连接”（如果所用网卡是无线网卡，则鼠标右键单击“无线网络连接”）并选择“属性”快捷菜单命令，打开“本地连接 属性”对话框（或者“无线网络连接 属性”对话框，见图 6-8）。

（4）单击“☑ Internet 协议版本 4 (TCP/IPv4)”选项并单击“属性”按钮，以打开“Internet 协议版本 4（TCP/IPv4）属性”对话框→输入 IP 地址（如 192.168.1.5）和子网掩码（如 255.255.255.0）并单击“确定”按钮，如图 6-9 所示。

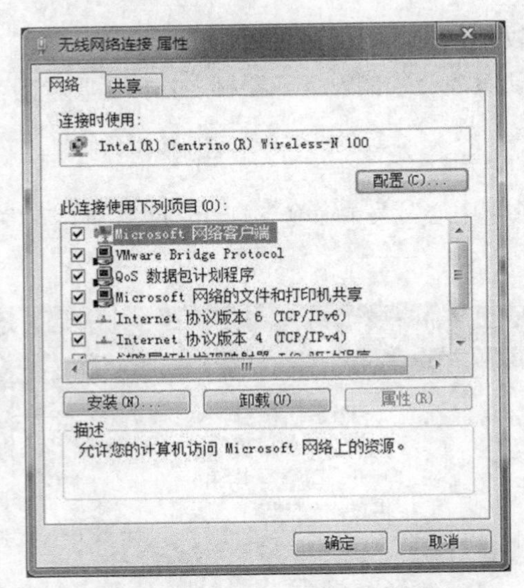

图 6-8 “本地连接属性”对话框

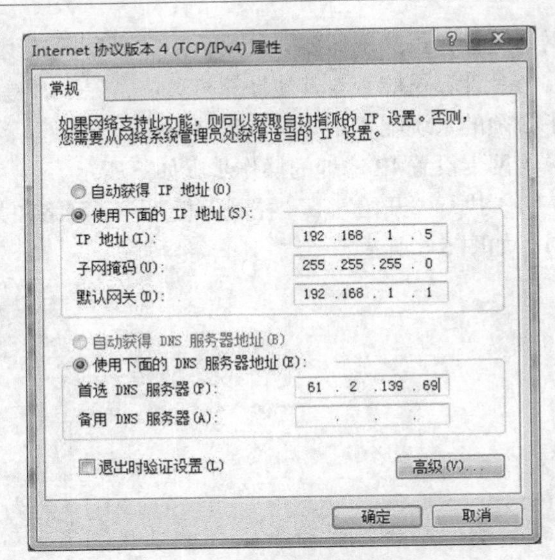

图 6-9 设置 IP 地址和子网掩码

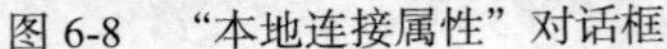

（1）32 位二进制数的 IPv4 地址分为网络号和主机号两部分，在局域网中只有网络号相同的计算机才能直接通信，因此必须保证局域网内各计算机 IP 地址的网络号要相同，同时保证主机号不能相同。例如，假设局域网的网络号为 192.168.1.0，则该局域网中计算机的 IP 地址必须全部以“192.168.1”打头。

（2）IP 地址的网络号是通过 IP 地址与子网掩码进行“逐位与”运算得到的。为了保证经过计算得到的网络号相同或保证计算机之间能直接通信，同一局域网中的所有计算机的子网掩码要相同，例如全部采用 255.255.255.0。

（3）IP 地址有两种设置方式，一种是静态设置，如图 6-7 所示；另一种是动态设置，但需要局域网中有 DHCP 服务器，提供动态 IP 地址分配服务。因此，在已知所在局域网已配备 DHCP 服务器的情况下，可保持默认的“自动获得 IP 地址”系统配置。

（4）当计算机通过局域网连接外部网络时，可设置“默认网关”和“首选 DNS 服务器”。默认网关是指局域网中的所有计算机都必须经过的“网络关口”，其 IP 地址通常是连接外网的路由器的 LAN 口（即局域网的端口）的 IP 地址，例如 192.168.1.1。

6.3 Internet 基础

6.3.1 Internet 的发展

Internet 是全球范围内的计算机互联网络，它利用现有的全球电信网络和各种数据通信设备将世界各地的计算机连接起来，以统一的数据格式传递信息，使世界上任何可以通电话或有专线设备的地区都能进入。

TCP/IP 的开放性和简易性使互联网成为事实上的公用信息平台。Internet 是由那些使用 TCP/IP 相互通信的计算机连接而成的全球网络。一旦连接到 Web 站点，就意味着我们的计算机已经连入 Internet。Internet 与国际电话系统十分相似，没有人能完全拥有或控制它，但相互连接以后却能使它像大型网络一样运转。每天大约数以亿计的人上网访问 Internet。Internet 的一般性定义是：全球最大的，开放的，由众多网络互连而成的计算机互联网。这意味着全世界采用开放系统协议的计算机都能相互自由地通信。

在 20 世纪 80 年代，ARPANet 通过 TCP/IP 协议成功地实现了网际互连，使得计算机网络进入了互连时代。1991 年，以 ARPANet 为核心的 Internet 正式面向商业领域开放。从此，Internet 每年都以爆炸式的增长，迅速在全球各地普及起来。如今，Internet 已经改变了我们的工作、生活、休息、娱乐和学习方式。

6.3.2 域名地址

计算机使用 IP 地址可以很方便地确认不同的网络和主机，但普通用户要记住大量数字形式的 IP 地址是十分困难的。因此，在 Internet 中又设计了一种用符号来表示各主机的方法，称为域名地址（又称域名系统，简称 DNS）。

标准域名的格式规定为：四级域名.三级域名.二级域名.顶级域名。

例如，www.sina.com.cn，其中，cn 表示国家代码（中国），com 表示组织类型（商业公司），sina 表示组织名称（新浪的英文名），www 表示计算机名。常见的域名及含义如表 6-2 所示。

表 6-2　常见域名含义

域　名	域名类型	域　名	域名类型
com	商业机构	org	非盈利机构
edu	教育	gov	政府
net	专业网络机构	mil	军事

在 Internet 中，IP 地址与域名之间是一种映射关系。在一般情况下，一个域名对应于一个 IP 地址，但并不是所有 IP 地址都有一个域名与之对应，有的 IP 地址能对应多个域名。

6.3.3 URL

URL（Uniform Resource Location，统一资源定位器），用于实现全球信息定位，一般由三部分组成：协议://域名[:端口号]/[路径]。例如，http://www.sohu.com/index.html。其中，http 表示超文本传输协议（其中，超文本是根据超文本标记语言 HTML 编写的具有超级链接的网页文档）；www.sohu.com 表示搜狐站点的域名；index.html 表示搜狐站点的主页文件名。

注意，端口号是用来区别不同应用程序的，Web 网站服务的端口号默认为 80，此时可省略；路径是指网页的存放位置及文件名，一般从虚拟根目录开始表示，当网页位于虚拟根目录中且文件名为“index.html”、“index.php”或“default.aspx”时，可省略路径。

6.3.4 Internet 服务

1. WWW 服务

WWW（World Wide Web，环球信息网）是一种基于超文本方式的信息查询方式。WWW 服务通过超文本把互联网上不同地址的信息有机地组织在一起，并以多媒体的表现形式，把文字、声音、动画、图片等展现在人们的眼前，为人们提供信息查询服务。目前，WWW 服务是互联网的主要服务形式。有了 WWW 服务，我们可以轻易实现电子商务、电子政务、网上音乐、网上游戏、网络广告、远程医疗、远程教育、网上新闻等。

2. 文件传输

Internet 主要的功能就是传送信息，即文件的传送。文件传输协议（FTP）解决了远程传输文件的问题，它可以把文件从一个地方传送到另一个地方。无论两台计算机相距多远，只要它们都连入互联网并且都支持 FTP，则这两台计算机之间就可以进行文件的传送。FTP 实质上是一种实时的联机服务，在进行工作时，用户首先要登录到目的服务器上，然后用户可以在服务器目录中寻找所需文件。

3. 远程登录服务

远程登录（Telnet）是 Internet 提供的最基本的信息服务之一，Internet 用户的远程登录是在网络通信 Telnet 的支持下使自己的计算机暂时成为远程计算机仿真终端的过程；实际上就是通过 Internet 进入和使用远程的计算机系统，就像使用本地计算机一样。远端的计算机可以在同一间屋子里，也可以在数千公里之外。我们还可以通过 Telnet 访问电子公告牌，在上面发表文章。

4. 电子邮件

千百年来，人类都是以书信的方式通过邮差传递，一封书信传递着人与人之间的友情、亲情、爱情。如今年，电子邮件改变了人类的通信方式。通过 Internet，使用电子邮件，传递一封信件只需要短短几秒钟就可以完成。

5. 即时通信

即时通信往往以网上电话、网上聊天的形式出现。即时通讯比电子邮件使用还要方便和简单。特别是，网上聊天的应用，使得不可想象有多大的地球变成了一个“村落”，“天涯若比邻”得以真正实现，利用即时通信，人们可以与地球上任何一个人交流。“网友”是当今社会最时髦的术语，它在不断拓展人们的交际范围。有了网上聊天，无论你的网友相隔多远，你都感觉到他或她就在你身边。

6.3.5 网络的接入与配置

1. 用 ADSL 接入 Internet

ADSL 是电信提供的一种数据传输技术。采用 ADSL 技术时，电话线上将产生两个传输信息的通道，其中一个是最高速率可达 8Mbit/s 的高速下行通道，用于下载信息；另一个是最高速率可达 640Kbit/s 的中速上行通道，用于上传信息。这意味着在下载文件的同时可以在网上观赏点播的影片，并且通过电话和朋友对影片进行一番评论。这些都是在一根电话线上同时进行的。

（1）ADSL 的硬件安装。

使用 ADSL 上网，需要安装相关硬件设计，并按要求连接硬件设置，图 6-10 所示为 ADSL 硬件连接示意图。安装 ADSL 硬件的操作步骤如下。

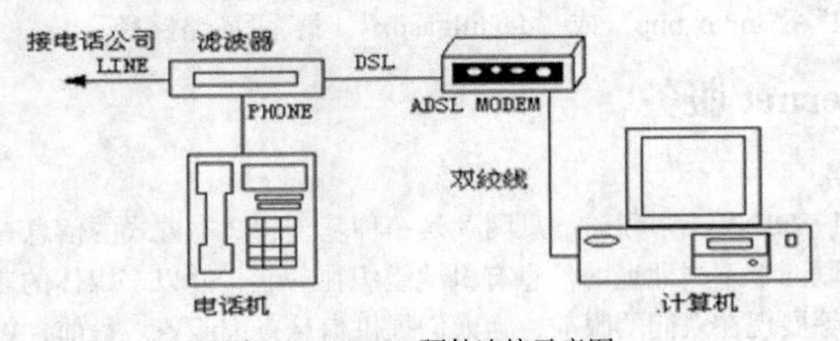

图 6-10 ADSL 硬件连接示意图

① 准备工作。ADSL 的硬件安装比 Modem 要复杂一些，在安装前应该准备有：一块

10MB/100MB 自适应网卡、一个 ADSL 调制解调器、一个信号分离器，另外还有两根两端做好 RJ11 接头的电话线和一根两端做好 RJ45 接头的五类双绞线。

② 安装网卡。首先打开计算机机箱，在计算机中加入一块网卡。如果计算机中原来就有网卡并被使用于局域网，那么可再添加一块网卡，此网卡是专门用来连接 ADSL Modem 的。因为 ADSL 调制解调器的传输速度最高可达 8Mbit/s，计算机的串口不能达到这么高的速度，加入这块网卡就是为了在计算机和调制解调器间建立一条高速传输数据通道。

③ 安装 ADSL Modem 的信号分离器。信号分离器的作用是将电话线路中的高频数字信号和低频语音信号进行分离，低频语音信号由分离器接电话机用来传输普通语音信息，高频数字信号则接入 ADSL Modem，用来传输上网信息和 VOD 视频点播节目。这样，在使用电话时，就不会因为高频信号的干扰而影响话音质量，也不会因为在上网时，打电话由于语音信号的串入影响上网的速度。安装时先将来自电信局端的电话线接入信号分离器的输入端，然后再用前面所准备的电话线一端连接到信号分离器的语音信号输出口，另一端连接电话机。

④ 安装 ADSL Modem。这是最关键也是最简单的过程，只需要用电话线将来自于信号分离器的 ADSL 高频信号接入 ADSL Modem 的 ADSL 插孔，再用一根五类双绞线，一端连接 ADSL Modem 的 10BaseT 插孔，另一端连接计算机网卡中的网线插孔。这时候打开计算机和 ADSL Modem 的电源，如果两边连接网线的插孔所对应的 LED 都亮了，则表示 ADSL 硬件连接成功。

（2）建立 Internet 连接。

ADSL 安装好后，如果要接入 Internet，还需要建立连接。建立时用户必须有一个由信息服务提供商（ISP）提供的用户名和用户密码。

建立 Internet 连接的操作步骤如下所示。

① 执行“开始”→“控制面板”→“网络和共享中心”菜单命令，打开“网络和共享中心”窗口。

② 在该窗口中，单击“设置新的连接或网络”，弹出“设置连接或网络”对话框。

③ 单击“下一步”按钮，弹出“网络连接类型”对话框。在对话框中选择“连接到 Internet”单选按钮，如图 6-11 所示。

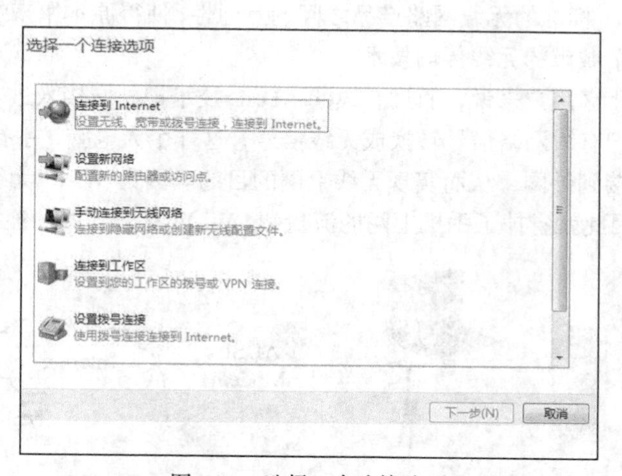

图 6-11　选择一个连接选项

④ 单击“下一步”按钮，弹出如图 6-12 所示的对话框，在该对话框中双击“宽带”。弹出“连接到 Internet”对话框，在对话框中输入 ISP 名称和密码，单击“连接”，如图 6-13 所示。

图 6-12 “连接到 Internet”对话框

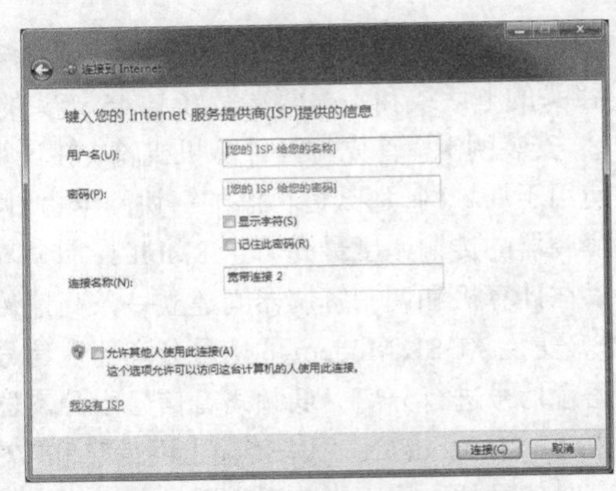

图 6-13 “连接到 Internet”对话框

2. 通过局域网连接

如果要通过局域网接入 Internet，则用户必须为计算机安装一块网卡，并通过电缆或双绞线与局域网相连接。然后，再根据网络管理员提供的信息进行相关设置。

网卡成功安装后，在网络连接窗口中用鼠标右键单击“本地连接”图标，在弹出的快捷菜单中执行“属性”命令，弹出“本地连接属性”对话框，如图 6-8 所示。

在该对话框中选择“Internet 协议（TCP/IP）”选项后，单击“属性”按钮，弹出“Internet 协议（TCP/IP）属性”对话框，如图 6-9 所示。

在对话框中根据管理员的信息完成对 IP 地址、子网掩码、默认网关以及 DNS 服务器地址等内容的设置后，单击“确定”按钮即可。

6.3.6 Wi-Fi、蓝牙、GPS 与 3G 功能

1. Wi-Fi

Wi-Fi 是一种能够将个人电脑、手持设备（如 Pad、手机）等终端以无线方式互相连接的技术，连接距离通常可达 100m。Wi-Fi 原本是一个无线网路通信技术的品牌，由 Wi-Fi 联盟所有。Wi-Fi 改善了基于 IEEE802.11 标准的无线网路产品之间的互通性，使得原本用来组建无线局域网的技术进一步扩展为覆盖整个城市的无线传输技术。

对于家庭用户或小区用户来说，通过有线的 ADSL 技术把外网接入进来，然后连接到无线路由器上，无线路由器把有线网络信号转换成无线信号，这样个人电脑、手持设备（如 Pad、手机）通过 Wi-Fi 就可以连接到外网，从而实现无线上网的目的。因为 Wi-Fi 无线信号可以不通过移动或联通的网络上网，因此就省掉了手机上网的流量费。Wi-Fi 无线上网的连接模式如图 6-14 所示。

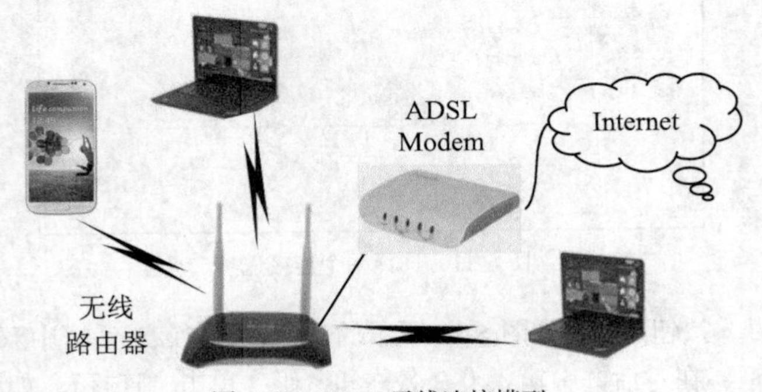

图 6-14 Wi-Fi 无线连接模型

只要计算机或笔记本电脑配置了无线网卡，智能手机具有 Wi-Fi 功能，这些设备就可以通过 Wi-Fi 来连接网络。运行 Windows7 系统的计算机的连接方法如下：首先进入如图 6-12 所示的界面，在“连接到 Internet”中双击“无线”，计算机会搜索出当前区域中可用的无线网络连接（见图 6-15）。选择其中一个可用的无线网络，单击“连接”按钮，之后系统自动进行连接，如图 6-16 所示。

图 6-15　选择无线连接

图 6-16　自动无线连接

2. 蓝牙

蓝牙是一种支持设备短距离通信（一般 10m 内）的无线电技术，能在包括移动电话、便携式计算机、汽车、MP3 播放器、无线耳机等众多设备之间进行无线信息交换。利用“蓝牙”技术，能够有效地简化移动通信终端设备之间的通信，也能够成功地简化设备与因特网 Internet 之间的通信，从而数据传输变得更加迅速高效，为无线通信拓宽道路。蓝牙采用分散式网络结构以及快跳频和短包技术，支持点对点及点对多点通信，工作在全球通用的 2.4GHz ISM（即工业、科学、医学）频段，其数据速率为 1Mbit/s。采用时分双工传输方案实现全双工传输。

与 Wi-Fi 相比，蓝牙技术具有以下特点。

（1）全球可用。

Bluetooth 无线技术规格供全球免费使用。大规模使用蓝牙技术可以减少使用零乱的电线，实现无缝连接、流传输立体声、传输数据或进行语音通信。Bluetooth 技术在 2.4 GHz 波段运行，该波段是一种无需申请许可证的工业、科技、医学（ISM）无线电波段。因此，使用 Bluetooth 技术，除了 GSM 或 CDMA 设备费用外，不需要支付任何额外费用。

（2）设备范围。

Bluetooth 技术得到了空前广泛的应用，集成该技术的产品从手机、汽车到医疗设备，使用该技术的用户从消费者、工业市场到企业等，不一而足。低功耗，小体积以及低成本的芯片解决方案使得 Bluetooth 技术甚至可以应用于极微小的设备中。

（3）易于使用。

Bluetooth 技术是一项即时技术，它不要求固定的基础设施，不需要电缆即可实现连接，易于安装和设置。

3. GPS

GPS（Global Positioning System，全球定位系统）可以提供车辆定位、防盗、反劫、行驶路线监控、呼叫指挥等功能。GPS 是以全球 24 颗定位人造卫星为基础，向全球各地全天候地提供三维位置、三维速度等信息的一种无线电导航定位系统。它由 3 部分构成，一是地面控制部分，由主控站、地面天线、监测站及通讯辅助系统组成；二是空间部分，由 24 颗卫星组成，分布在 6 个轨道平面；三是用户装置部分，由 GPS 接收机和卫星天线组成。GPS 民用的定位精度可达 10m 内。要实现以上所有功能必须具备 GPS 终端、传输网络和监控平台 3 个要素。

4. 3G 通信

随着网络技术的发展，手机通信也进入了 3G 时代。3G（3rd-Generation）是第三代移动通信技术的简称，是指支持高速数据传输的蜂窝移动通讯技术。相对第一代模拟制式手机（1G）和第二代 GSM、CDMA 等数字手机（2G），第三代手机（3G）是指将无线通信与国际互联网等多媒体通信结合的新一代移动通信系统，3G 服务能够同时传送语音（通话）及数据信息（电子邮件、即时通信等），其代表特征是提供高速数据业务。与 2G 相比，3G 在声音和数据的传输速度上有较大的提升，它能够在全球范围内更好地实现无线漫游，并处理图像、音乐、视频流等多种媒体形式，提供包括网页浏览、电话会议、电子商务等多种信息服务，未来的 3G 必将与社区网站进行结合，WAP（Wireless Appcication Protocal,无线应用协议）与 Web 的结合是一种趋势，如时下流行的微博网站就是二者结合的一个范例，已经将此应用加入进来。

6.4 Internet 浏览器与搜索

6.4.1 Web 访问

Internet 中的信息是分布在各大网站中的，其信息查询有两种方式：一是打开网站，通过浏览网站中的网页从而获得想要的信息；二是通过搜索引擎进行搜索从而快速地获得信息。但无论是哪一种方式，都必须使用浏览器来完成查询。

浏览器是用来浏览网页的专用软件。在 Windows 7 中，可使用系统自带的 IE 浏览器（即 Internet Explorer）打开网站。操作时，首先选择“开始→Internet Explorer”菜单命令启动 IE 浏览器；然后在其地址栏中输入网站地址，即可打开网站主页。

其中，网站的地址可以有如下几种形式。

① IP 地址形式。如 61.139.8.11 表示天虎网的网站地址；

② 域名形式。如 www.sina.com.cn 表示新浪网的网站地址；

③ URL 地址形式。如 http://www.cduestc.cn 表示电子科技大学成都学院的主页；

④ 中文形式。如“中央电视台”直接表示中央电视台网站地址。

6.4.2 信息搜索

Internet 对于我们现在的生活是必不可少的，它不仅可以满足人们的精神生活需求，提供实时信息，让人们在网上可以听音乐，看视频；而且人们可以根据自己的需要在网上查找相应的信息和资料，这就要用到我们在下文中介绍的搜索引擎。

1. 什么是搜索引擎

搜索引擎就是在 Internet 上执行信息搜索的专门站点，它们可以对主页进行分类与搜索。如果输入一个特定的搜索关键词，搜索引擎会自动进行索引，将所有与搜索相匹配的条目找出，并显示指向存放相应信息的链接清单。

Internet 上著名的搜索引擎有：百度（Baidu）、谷歌（Google）、雅虎（Yahoo）、新浪（Sina）、搜狗（Sogou）、网易（163）等。它们的共同特点是：覆盖范围广、连接速度快、数据容量大、使用方法简单、完全免费等。

一般来说，搜索引擎提供的搜索方式有两种：分类目录与关键字搜索。但是分类目录搜索在很多搜索引擎中都已经取消，只有搜狗等还保留着。

2. 分类目录搜索、关键字搜索、地图搜索

实例 6-1　通过搜狗的分类目录搜索功能，查找火车旅行所需要的列车时刻查询。

操作方法如下所示。

（1）打开 IE 浏览器，在地址栏中输入网址“http://www.sogou.com”，按<Enter>键，进入搜狗的网址导航，如图 6-17 所示。

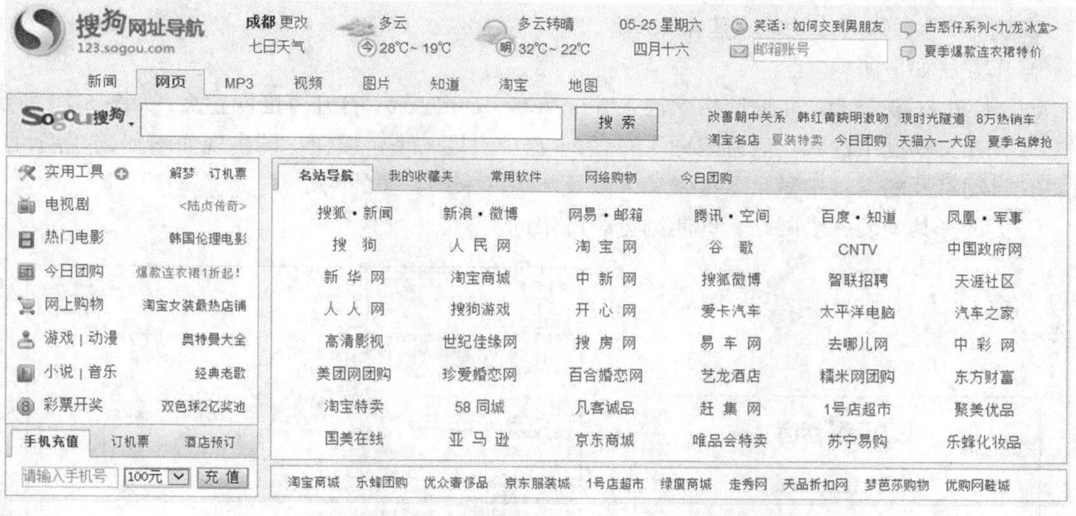

图 6-17　搜狐搜索引擎的分类搜索功能

（2）浏览网页，找到并单击“火车票查询”超链接，打开如图 6-18 所示的网页。

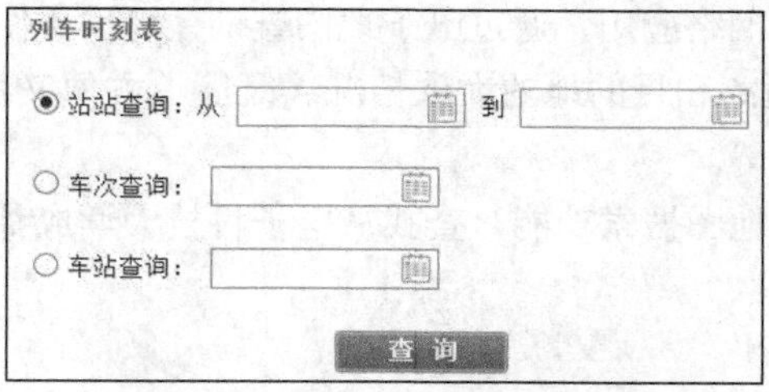

列车时刻表

◉ 站站查询：从　　到

○ 车次查询：

○ 车站查询：

查 询

图 6-18　列车时刻查询

（3）浏览网页，在页面上输入出发地和目的地，最终打开如图 6-19 所示的网页即可完成列车时刻查询。

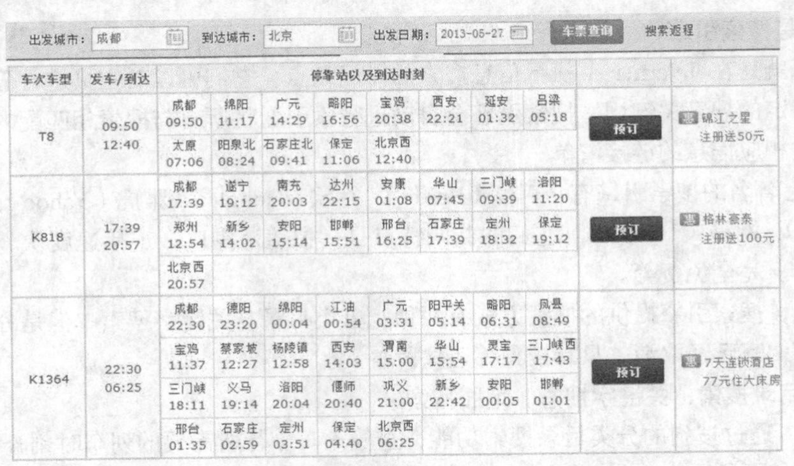

图 6-19 列车时刻查询

使用分类目录搜索信息，搜索操作繁多、搜索速度较慢。当用户对所查找的信息不知道该如何归类时，将无法搜索。使用关键字搜索，搜索速度比较快捷。

实例 6-2 通过百度网搜索唐诗宋词。

操作方法如下所示。

（1）打开 IE 浏览器，在地址栏中输入 http://www.baidu.cn/，打开百度网主页，如图 6-20 所示。

（2）在文本框中输入“唐诗宋词”，然后单击“百度一下”按钮，即出现如图 6-21 所示的网页。在自动打开的网页中显示了搜索结果以及与唐诗宋词有关的网站。

（3）选择其中的一个网站，即能浏览唐诗宋词了。

图 6-20 百度主页

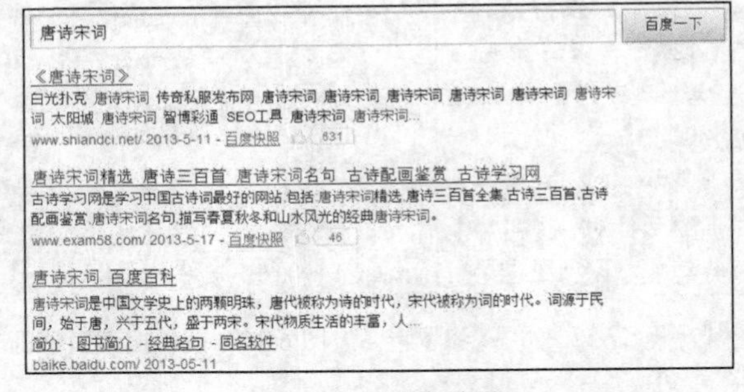

图 6-21 搜索结果

电子地图是目前流行的网络应用，通过电子地图查询，可以方便地确定从出发地到目的地的公交换乘、自驾车路线、距离和目的地的大致情况，既简单方便又快速。比较知名的有 Google 地图，百度地图，搜狗地图等。

实例 6-3 通过搜狗的地图搜索功能，查找从电子科技大学成都学院到电子科技大学沙河校区的公交换乘路线。

操作方法如下所示。

（1）打开 IE，在地址栏中输入网址“http://map.sogou.com/”，按<Enter>键，进入搜狗地图搜索引擎。

（2）在起点文本框中输入“电子科技大学成都学院”，在终点文本框中输入“电子科技大学”然后单击“搜索”按钮，即出现如图 6-22 所示的网页。在自动打开的网页中显示了搜索结果。

图 6-22　搜索结果

6.4.3　知识库搜索

除了上文所介绍的几种信息搜索以外，对于经常需要编写论文的学生而言，下文介绍的知识库搜索是比较实用的方法。

知识库是针对某一（或某些）领域问题求解的需要，采用某种（或若干）知识表示方式在计算机存储器中存储、组织、管理和使用的互相联系的知识点集合。这些知识库包括与领域相关的理论知识、事实数据，由专家经验得到的启发式知识，如某领域内有关的定义、定理和运算法则以及常识性知识等。

知识库使信息和知识有序化，有利于知识共享与交流，所以，当我们想了解某一领域的知识时，就可以搜索相关领域的知识库，这样既能快速找到还能查看到最新的知识，比较著名的知识库有知网、万方等。

对于学生而言，我们可以从图书馆的电子资源知识库中来搜索信息，以电子科技大学图书馆电子资源知识库为例来进行介绍。

实例 6-4　通过电子科技大学图书馆电子资源知识库，查找关于网络入侵检测的知识。

操作方法如下所示。

① 打开 IE 浏览器，在地址栏中输入网址“http://www.lib.uestc.edu.cn/”，按<Enter>键，进入电子科技大学图书馆主页。

② 选择数字资源的中文数据库，打开如图 6-23 所示的界面。

③ 单击“中国知识资源总库”超链接，打开如图 6-24 所示的界面。

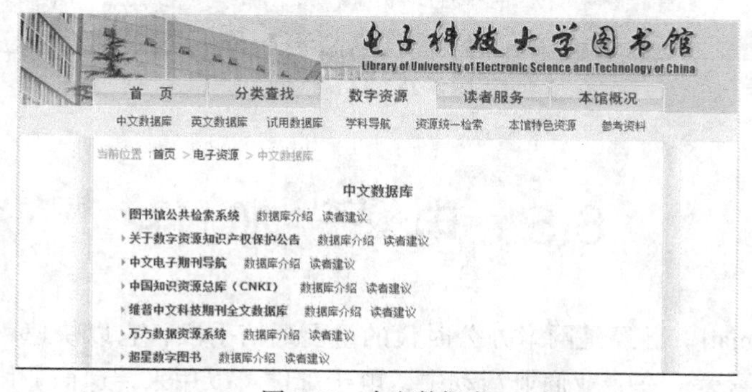

图 6-23　中文数据库

④ 视情况，选择远程访问方式，打开如图 6-25 所示的界面。

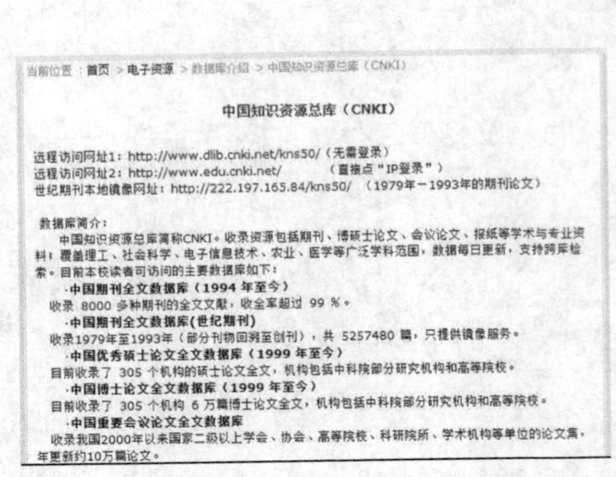

图 6-24 中国知识资源总库

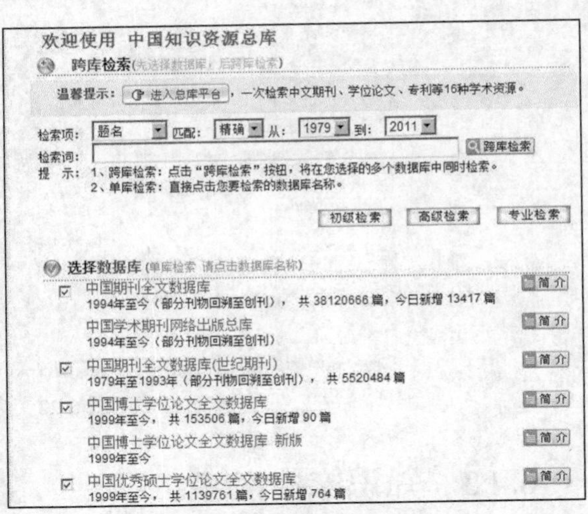

图 6-25 中国知识资源总库主页

⑤ 在检索项中选择"题名"，检索词中输入"入侵检测"，在选择的数据库前打勾，单击"跨库检索"，就得到了想检索的相应资料，如图 6-26 所示。

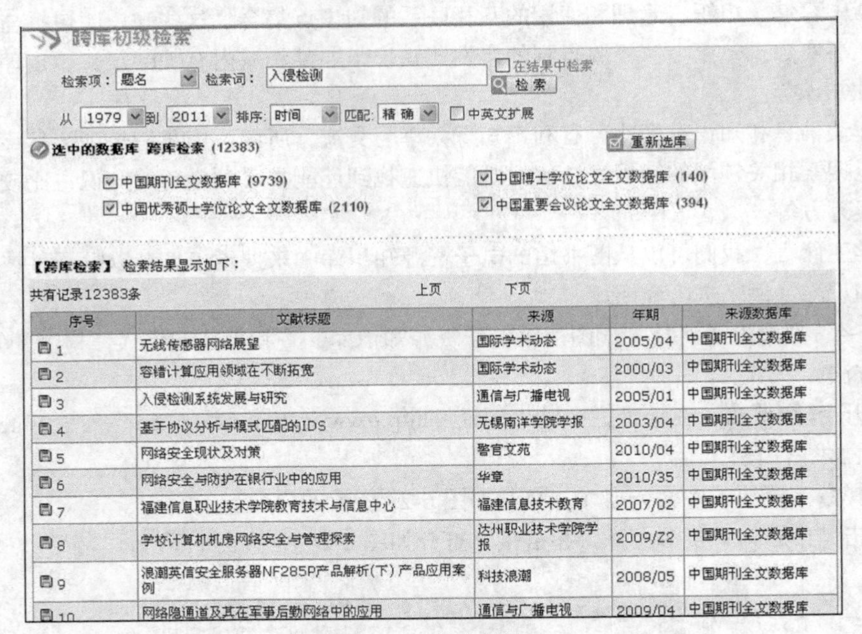

序号	文献标题	来源	年期	来源数据库
1	无线传感器网络展望	国际学术动态	2005/04	中国期刊全文数据库
2	容错计算应用领域在不断拓宽	国际学术动态	2000/03	中国期刊全文数据库
3	入侵检测系统发展与研究	通信与广播电视	2005/01	中国期刊全文数据库
4	基于协议分析与模式匹配的IDS	无锡南洋学院学报	2003/04	中国期刊全文数据库
5	网络安全现状及对策	警官文苑	2010/04	中国期刊全文数据库
6	网络安全与防护在银行业中的应用	华章	2010/35	中国期刊全文数据库
7	福建信息职业技术学院教育技术与信息中心	福建信息技术教育	2007/02	中国期刊全文数据库
8	学校计算机机房网络安全与管理探索	达州职业技术学院学报	2009/Z2	中国期刊全文数据库
9	浪潮英信安全服务器NF285P产品解析(下) 产品应用案例	科技浪潮	2008/05	中国期刊全文数据库
10	网络隐通道及其在军事后勤网络中的应用	通信与广播电视	2009/04	中国期刊全文数据库

图 6-26 搜索结果

6.5 电 子 邮 件

电子邮件（E-mail）已经是网络办公时代的重要通信手段，它以快速、方便、费用低等显著特点深为人们所喜爱。在企业商业活动中，电子邮件可以用来传递商业协议、客户资料等，实现企业间的异地交易。本节将重点展示收发 E-mail 的相关操作技巧。

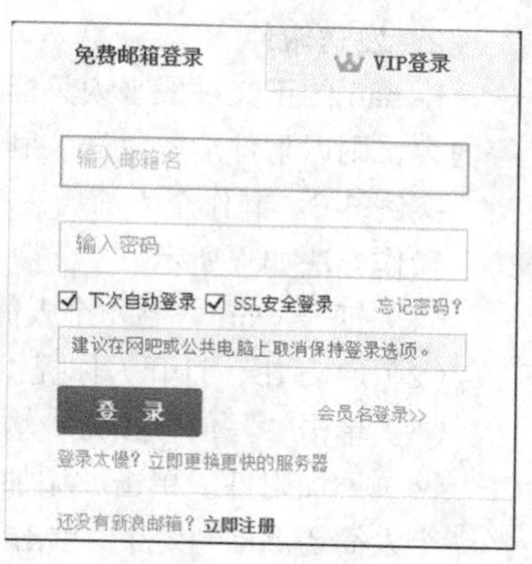

图 6-27　登录邮箱

6.5.1　如何写信与发送

1. 简单邮件的书写与发送

实例 6-5　要求给自己的邮箱发送一封新年祝福的邮件，以测试邮箱收发功能是否正常。

操作方法如下所示。

（1）登录你的邮箱：在 IE 浏览器中打开为你提供 E-mail 服务的网站的邮箱登录页，在"输入邮箱名"文本框中输入邮箱账户名，在"输入密码"文本框中输入密码，单击"登录"按钮，如图 6-27 所示。

如果用户尚未注册免费邮箱，可在新浪首页单击"立即注册"，根据提示注册申请。

（2）书写邮件：登录邮箱后显示包含如图 6-28 所示的网页。单击"写信"按钮，在新打开的网页的"收件人（To）"文本框中输入自己的 E-mail 地址，在"主题"文本框中输入邮件主题→输入邮件正文，如图 6-29 所示。

单击"存草稿"按钮，邮件将保存到草稿夹。当邮件发送失败时，可以从草稿夹中重发邮件。

如果用户有多个收件人，可以将多个收件人的 E-mail 地址都填写在"收件人"框中，只是要注意使用英文逗号间隔。另外，还可以将多个收件人地址填写在"抄送"或"密送"框中，但注意"收件人"文本框不能空缺，至少填写一个收件人。

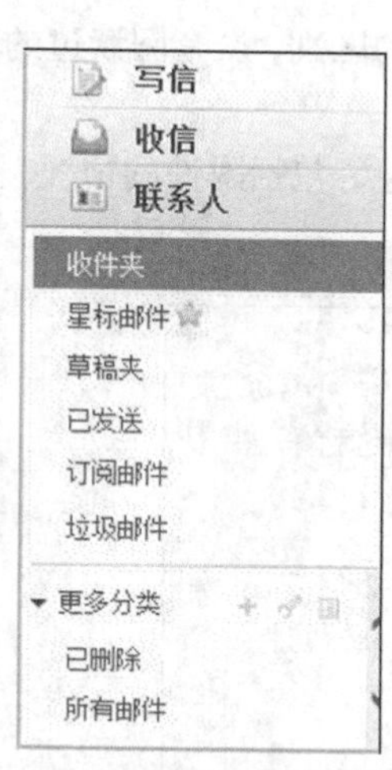

图 6-28　新浪邮箱的操作界面

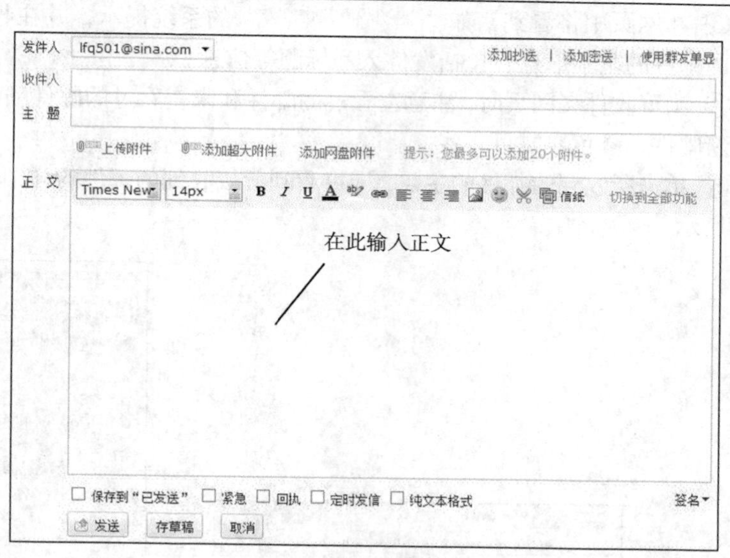

图 6-29　写邮件

（3）发送邮件：书写完邮件后，单击"发送"按钮，将邮件发送出去，之后屏幕显示"邮件已经发送成功"。

2. 发送附件

E-mail 的正文一般来说只能是纯文字的内容。如果用户想发送表格、照片、录音、电影片段等内容，则以附件形式发送。利用附件功能，可以实现文件的远程传输。

实例 6-6 制作个人简历表格，发送到自己的邮箱。

操作方法如下所示。

（1）打开 Word，制作个人简历表格，并保存在自己的文件夹中，文件名为“个人简历.doc”。

（2）启动 IE，打开为你提供 E-mail 服务的网站首页，登录自己的邮箱。

（3）单击“写信”按钮，输入收件人、主题和正文。

（4）添加附件。单击“添加附件”按钮，打开“选择文件”对话框，打开自己的文件夹，选择“个人简历.doc”文件，单击“打开”，返回邮件书写界面。

（5）单击“发送”按钮，即可看见“您的邮件已成功发送”的提示信息。

大多数的网站对用户能够发送的附件个数进行了限制。如果附件超过了限制个数，可以使用工具软件合并，例如使用 WinZip 软件将要发送的文件压缩成一个文件，再以附件形式发送。一次发送的附件不要太大，大多数的网站对单个的附件大小有限制。另外，附件的总字节数也不能超过收件人的邮箱容量，否则无法接收。

6.5.2 如何阅读邮件与回信

在使用 E-mail 邮件时，用户要经常或定期查看邮箱，检查是否收到新邮件。

实例 6-7 检查你的邮箱，阅读新邮件，并回信。

操作方法如下所示。

① 打开为你提供 E-mail 服务的网站首页，登录到你的邮箱。

② 单击“收信”按钮，打开如图 6-30 的网页。

③ 在网页中将看到诸如“您有未读邮件 1封”的系统提示，并在收件夹的表格中，列出了所接收到的邮件的基本信息，包括发件人和标题等信息。

④ 浏览收件夹网页时，注意查看过的邮件和未查看过的邮件颜色的区别，没有阅读过的邮件称为新邮件，颜色要醒目一些。

⑤ 单击所收到的邮件的主题，即可看到所接收到的邮件的详细信息，包括附件的情况，如图 6-31 所示。

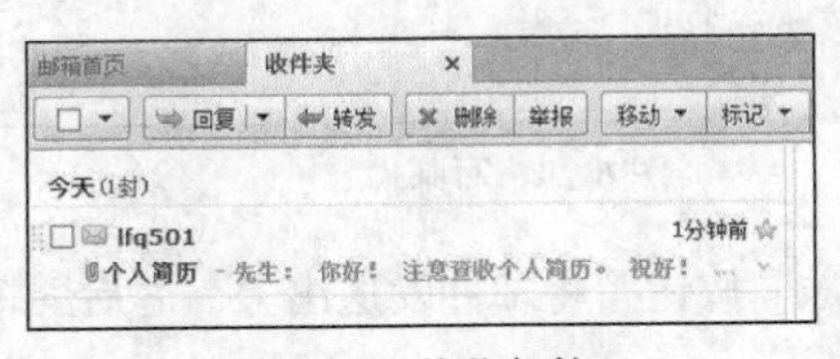

图 6-30　接收邮件

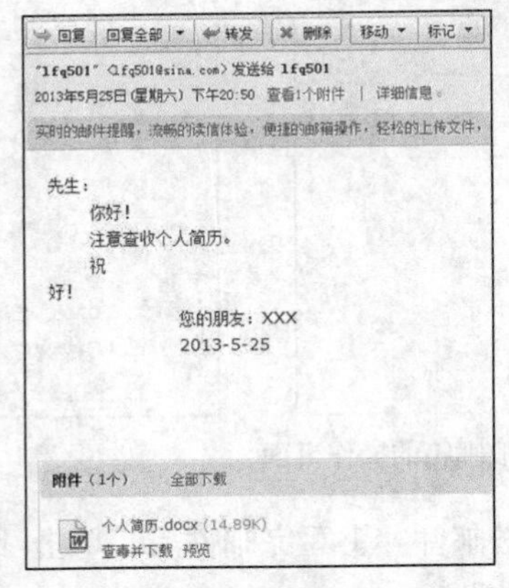

图 6-31　阅读邮件

⑥ 阅读完邮件后，单击“回复”超链接，即可按书写邮件的方式进行回信。

用户若想将所收到的邮件再发送给其他人，可以单击“转发”；若想删除，可以单击“删除”。其中，“删除”表示将所接收到的邮件放入“已删除邮件”中，邮件并没有真正删除，仍然占用了邮箱空间，还可以移动到“收件夹”列表中。在“已删除邮件”列表中选择“彻底删除”，则表示真正删除了邮件，是不能恢复的，如图 6-32 所示。

在线收发邮件结束后，一定要选择“退出”，否则邮箱将长时间处于打开状态，容易遭受攻击，不利于保护个人隐私。

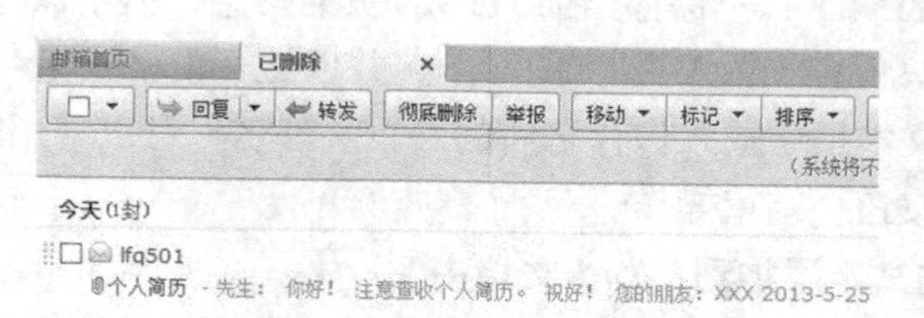

图 6-32　彻底删除邮件

6.6　信息的下载和上传

6.6.1　页面信息提取

1. 如何保存网页

实例 6-8　将新浪网站的一个重要科技新闻保存在自己的文件夹中。

操作方法如下所示。

（1）打开 IE，进入新浪网站，找到一则新闻，如图 6-33 示。

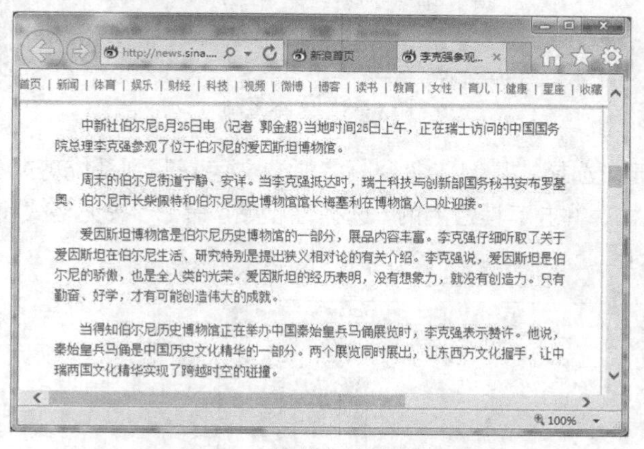

图 6-33　待保存的新浪新闻

（2）选择“文件”菜单中的“另存为”对话框，打开“保存网页”对话框。

（3）在“保存在”下拉列表框中打开自己的文件夹。注意，如果没有该文件夹，则可使用“创建新文件夹”按钮创建。

（4）在“保存类型”下拉列表框中选择“网页，仅 HTML（*.htm;*.html）”。

IE 提供了 4 种保存类型，不同类型的保存效果不同。详细说明如下。

- “Web 页，全部”：保存显示该 Web 页时所需的全部文件，包括图像、框架和样式表，将按原始格式保存所有文件。
- “Web 档案”：把该 Web 页所需的全部信息保存在一个 MIME 编码的文件中，保存当前 Web 页的可视信息。注意：该选项仅在安装了 Outlook Express 5.0 或更高版本后才能使用。
- “Web 页，仅 HTML”：只保存当前 HTML 页的信息，但不保存图像、声音或其他文件。
- “文本文件”：只保存当前 Web 页的文本，并以纯文本格式保存 Web 页的信息。

（5）在“文件名”文本框中输入保存之后的网页文件名，可以采用默认文件名。

（6）单击“保存”按钮，结束操作。

2. 如何将网页中的文本添加到 Word 文档中

通过“文件”菜单中的“另存为”命令可以保存整个网页。虽然如此，但同时存在一个缺点，那就是用户不能选择保存其中的部分内容。有没有办法实现选择保存呢？当然有。

实例 6-9 将如图 6-33 示的有关“爱因斯坦”描述信息添加到 Word 文档中。

操作方法如下所示。

（1）拖动鼠标，按要求选中文本。选中后，该段文字呈反白显示，如图 6-34 所示。

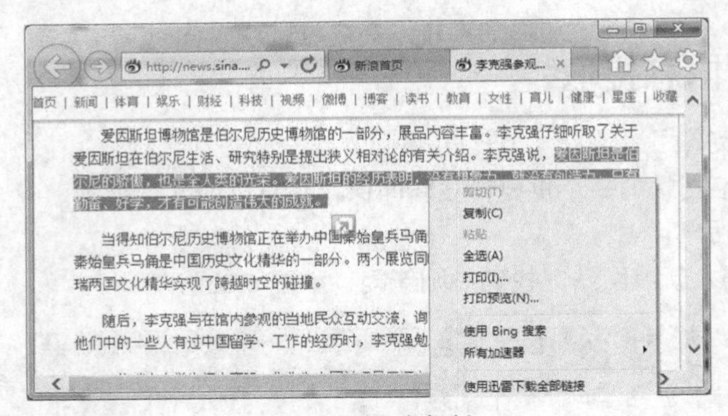

图 6-34 文本复制

（2）单击鼠标右键，选择“复制”命令，将所选文字复制到系统剪贴板中。

（3）打开 Word 文档，单击工具栏上的“选择性粘贴”命令，按无格式将所选文字粘贴到 Word 文档中，如图 6-35 所示。

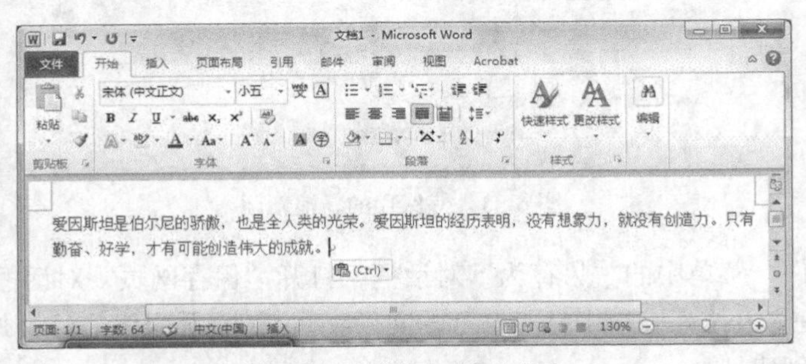

图 6-35 贴贴网页中的文本

（4）保存 Word 文档。

3. 只保存网页中的图片该怎么办

实例 6-10 把新闻图片单独保存到自己的文件夹中。

操作方法如下所示。

（1）鼠标右键单击该图片并选择“图片另存为”（见图 6-36），打开“另存为网页”对话框。

（2）在“保存在”下列表框中打开自己的文件夹。

（3）输入文件名，单击“保存”命令按钮。

这样，所选图片就完成了保存。

4. 如何截取网页中的图片

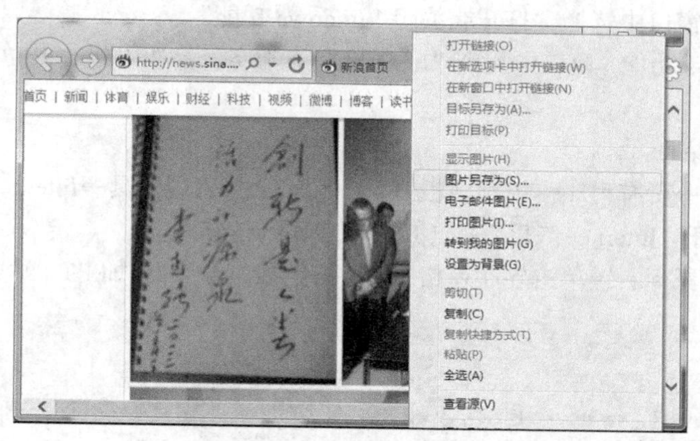

图 6-36 保存网页中的图片

实例 6-11 将图 6-36 中的图片截取并插入到实例 6-9 的文档中。

操作方法如下所示。

（1）鼠标右键单击该图片，选择“复制”快捷菜单命令，将该图存入系统剪贴板。

（2）打开附件中的“截图工具”程序。

（3）在“截图工具”窗口中选择“新建”→“矩形截图”菜单命令。

（4）选取网页中的目标图片。

（5）在“截图工具”窗口中选择“编辑”→“复制”菜单命令或者按<Ctrl>+<C>组合键。

（6）启动 Word 应用程序并打开实例 6-9 中建立的文档。

（7）在已打开的 Word 窗口中选择“编辑”→“粘贴”菜单命令，将截取的图片插入到文档中，如图 6-37 所示。

（8）再次保存文档。

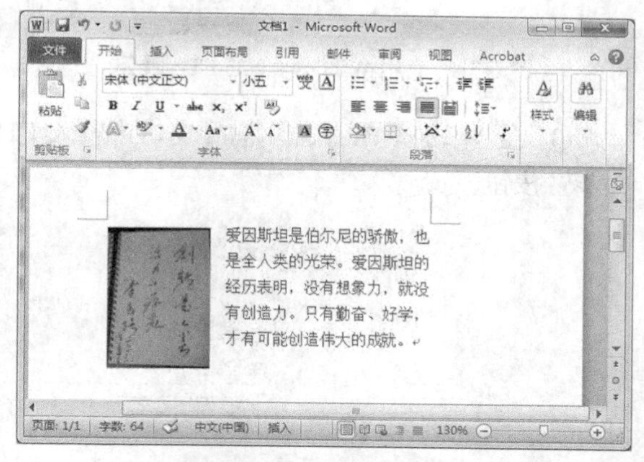

图 6-37 将截取的图片插入到文档中

6.6.2 FTP 的下载和上传

互联网的首要目的就是实现信息共享，文件传输是信息共享非常重要的一个内容。FTP 是 File Transfer Protocol（文件传输协议）的英文简称，用于 Internet 上的控制文件的双向传输。同时，它也是一个应用程序（Application）。用户可以通过它把自己的 PC 与世界各地所有运行 FTP 的服务器相连，访问服务器上的大量程序和信息。FTP 的主要作用，就是让用户连接上一个远程计算机（这些计算机上运行着 FTP 服务器程序）并查看远程计算机有哪些文件，然后把文件从远程计算机上复制到本地计算机，或把本地计算机的文件传送到远程计算机去。

1. 搭建 FTP 服务器

目前，能充当 FTP 服务器的程序或软件比较多，最常用的是 Windows 系统自带的 IIS 和 Linux 系统自带的 vsftpd 等。下面以 Windows 7 的 IIS 为例，说明 FTP 服务器的搭建方法。

（1）启用 Windows 7 的 FTP 服务器功能。

① 选择“开始→所有程序→控制面板→程序”命令，以打开“程序”窗口。

② 在“程序”窗口中选择“打开或关闭 Windows 功能”。

③ 在“Windows 功能”窗口中找到“Internet 信息服务”并选中有关 FTP 服务器的 3 个选项，如图 6-38 所示。

（2）创建 FTP 站点。

① 选择“开始→所有程序→控制面板→系统和安全→管理工具→Internet 信息服务（IIS）管理器”命令，以打开“Internet 信息服务（IIS）管理器” 窗口。

② 在该窗口中鼠标右键单击导航窗格中 IIS 服务器，选择“添加 FTP 站点”，如图 6-39 所示。

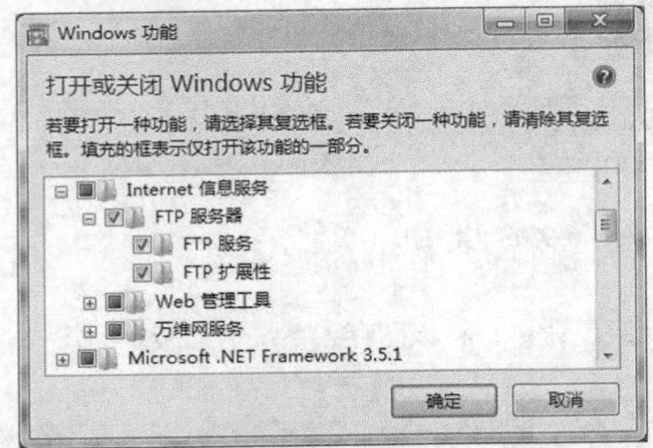

图 6-38 启用 Windows 7 的 FTP 服务

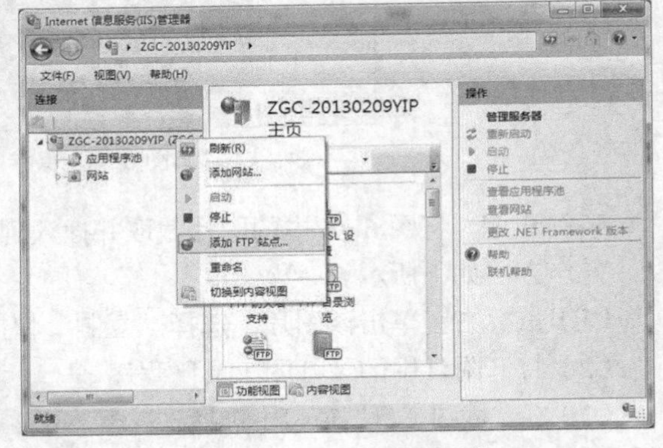

图 6-39 添加 FTP 站点

③ 在“添加 FTP 站点”向导窗口中输入 FTP 站点的名称和物理路径（见图 6-40），单击“下一步”按钮。

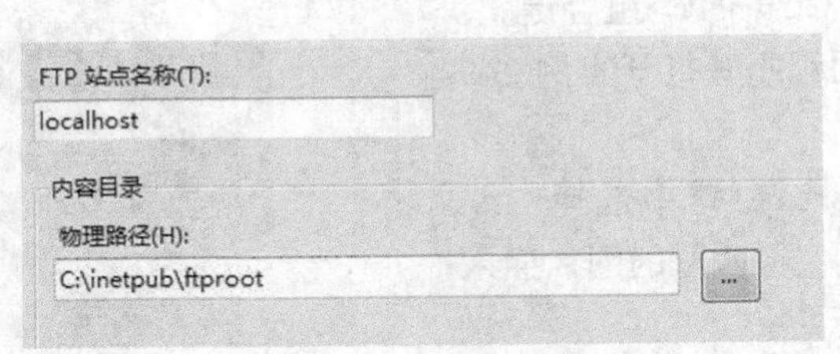

图 6-40 设置 FTP 站点的名称和位置

④ 为 FTP 站点绑定 IP 地址和端口号（注意，默认端口为 21，可不修改），并选中“自动启动 FTP 站点”，如图 6-41 所示。

⑤ 指定身份验证方式为“匿名”，并授予匿名用户具有读、写权限，如图 6-42 所示。

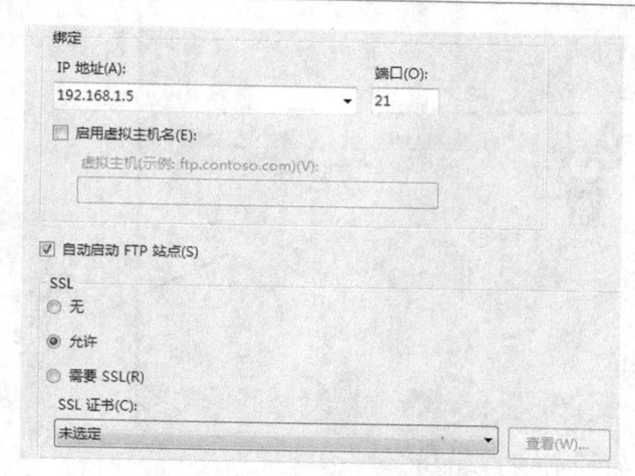

图 6-41　绑定 FTP 站点的 IP 地址

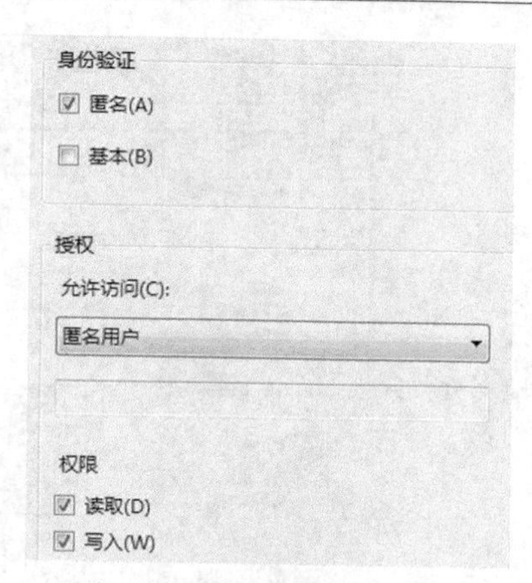

图 6-42　设置身份验证和权限

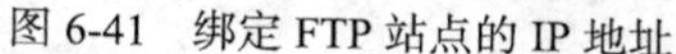

提示　如果希望只有指定用户才能访问一个 FTP 站点，则在图 6-42 中可选择“基本”身份验证，在“授权允许访问”的用户列表中选择“所有用户”。

⑥ 选择“开始→所有程序→控制面板→系统和安全→允许程序通过 Windows 防火墙”，以打开 Windows 防火墙的“允许程序”窗口。

⑦ 在该窗口中选中 FTP 服务器的三个复选框，以开放 FTP 服务器能透过防火墙对外提供 FTP 服务，如图 6-43 所示。

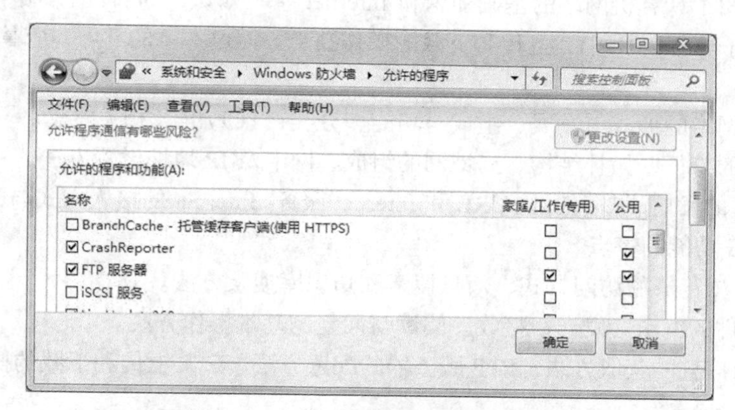

图 6-43　允许 FTP 服务能通过防火墙

2. 下载和上传

在 FTP 服务中，“下载”就是从 FTP 服务器中的 FTP 站点复制文件至自己的计算机上，“上传”就是将文件从自己的计算机中复制到 FTP 服务器中的 FTP 站点。使用客户机程序，用户可实现下载和上传操作， Windows 7 的资源管理器就具备 FTP 下载和上传功能，只需在地址栏中输入 FTP 站点的 URL 即可，例如：ftp://192.168.1.5。用户也可以通过 Internet 下载和安装专用的 FTP 客户机程序。

启动专用的 FTP 客户机程序后，首先输入 FTP 服务器的 IP 地址、用户名、密码和端口号，单击“连接”按钮，在客户机和服务器之间建立起网络连接，然后即可进行下载和上传操作，如图 6-44 所示。上传文件时，只需把本地文件列表中的文件拖放到远程文件列表即可，而下载文件时，只需把远程文件列表中的文件拖放到本地文件列表即可。

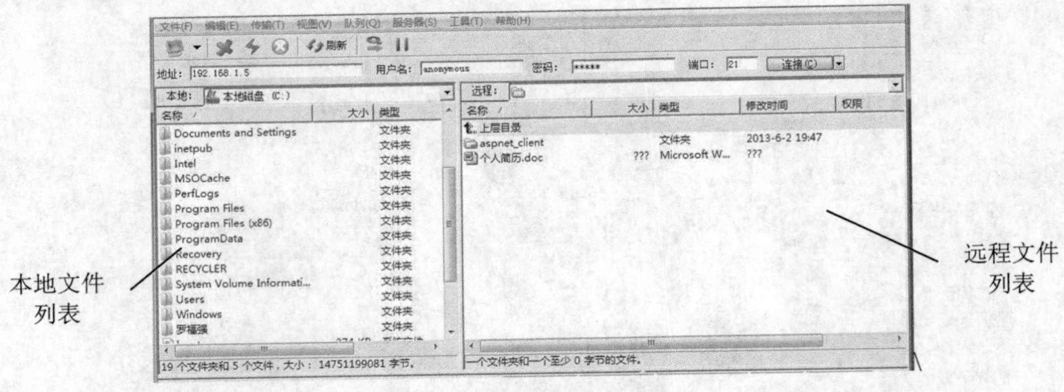

图 6-44 FTP 客户端程序

如果 FTP 站点允许匿名访问，且默认端口为 21，则在图 6-44 中只需输入 FTP 服务器的 IP 地址即可。

本章小结

本章主要介绍了计算机网络的基础知识和 Internet 基本知识，，同时也介绍了 Internet 浏览器的使用方法、电子邮件以及 FTP 上传和下载的操作技巧。通过本章的学习，应掌握下面几方面的内容。

（1）计算机网络的形成与发展、组成与功能、分类，TCP/IP 及相关概念。

（2）局域网的特征、拓扑结构、局域网的组成、网卡及 IP 地址设置方法。

（3）Internet 的发展、域名地址、URL 和 Internet 服务，Internet 的接入方式与配置方法，Wi-Fi、蓝牙、GPS 和 3G 功能的特点。

（4）Internet 浏览器的访问方式、信息搜索和知识库搜索方法。

（5）电子邮件的编辑、发送、接收、阅读与回复的基本操作方法。

（6）Internet 信息的获取方法、FTP 服务器的配置方法、FTP 上传和下载的操作技巧。

第 7 章 信息安全及常用工具软件的使用

7.1 信息安全简介

7.1.1 信息安全的概述

计算机信息安全是对计算机系统和数据处理系统建立和采取的技术和管理方面的安全保护，使得计算机硬件、软件和数据不因偶然的或恶意的原因而遭到破坏、更改和泄露。信息安全的目的是向合法用户提供正确、即时、可靠的信息服务，而对非法用户保持最大限度的信息不透明性、不可获得性、不可接触性、不可干扰性和不可破坏性。

1. 信息安全体系

信息安全包括实体安全和运行安全。其中，前者是保护设备、设施以及其他实体免遭人为或自然破坏以及其他环境事故破坏的措施和过程。后者是指为保障系统功能的安全实现，提供一套安全措施来保护信息处理过程的安全。

信息安全涵盖了以下 6 方面的安全。

（1）计算机系统安全。

计算机系统安全是指计算机系统的软硬件资源能够得到有效的控制，保证正常使用，避免各种运行错误与硬件设备损坏，为进一步的系统构建提供可行的安全平台。

（2）网络安全。

网络安全是指网络系统的软硬件资源和数据资源受到有效保护，不受偶然的或者恶意的原因而遭到破坏、更改和泄露，确保系统连续、可靠、正常地运行，网络服务不中断。

（3）数据库安全。

数据库安全是指对数据库中的数据资源提供有效的保护，以免遭破坏、篡改或盗取。

（4）病毒防范安全。

病毒防范安全是指对计算机病毒进行有效防范，实现单机资源或网络系统资源的有效防护，免遭计算机病毒的恶意破坏。

（5）访问控制安全。

访问控制安全是指保证系统的内外部用户对系统资源的访问以及对敏感信息的访问方式符合设计时的安全策略。

（6）加密安全。

加密安全是为了保证数据的机密性和完整性，通过加密手段完成明文和密文的转换。例如，使用数字签名来确保数据不被篡改，使用虚拟专用网（VPN）技术来加密数据通道，实现数据在传输过程中的保密性和完整性。

2. 安全威胁

造成计算机安全问题的原因，既可能是人为恶意破坏，也可能是无意过失，或是纯粹的自然灾害；而其结果则是对计算机实体以及存储在其中的信息的威胁。计算机信息系统不可避免地存在安全威胁，通常分为以下几类。

（1）信息系统的脆弱性。

计算机信息系统的脆弱性是计算机受到攻击的重要因素。例如，操作系统允许动态链接程序，包括 I/O 驱动程序、系统服务等，这种设计架构就会被攻击者利用，将计算机病毒也动态连接到合法的程序之中，从而造成系统不安全。因此，意识到计算机系统下脆弱性是提高信息系统安全的前提。

（2）网络安全威胁。

网络的开放性和资源共享是安全问题的主要根源。因为网络原因，信息系统面临的安全威胁有如下几方面。

① 来自内部窃密和破坏：俗话说，“家贼难防”，内部人员有意或无意泄密、更改、窃取或破坏数据记录，往往造成防不胜防的安全灾难。

② 非法访问：非法用户访问网络系统，合法用户也可能越权操作。

③ 破坏信息的完整性和系统的可用性：针对信息进行有意或无意的增加、更改或删除都可能破坏信息的完整性；破坏系统的可用性，使合法用户不能正常地访问网络资源。

④ 冒充：通过冒充合法程序、主机、用户甚至超级管理员，套取或修改使用权限和密钥等信息，进而越权使用网络设备和资源，接管合法用户。

⑤ 重演：截收并录制信息，然后在必要时重新生成或发送信息，进而攻击系统。

⑥ 抵赖：事后否认曾经发送或接收过的消息内容。

（3）系统漏洞。

在计算机信息系统中，无论是网络通信协议（如 TCP/IP）、操作系统，还是应用程序，都存在着设计漏洞，这些漏洞都会带来安全威胁。为此，必须正确使用防火墙，将内网和外网隔离，同时过滤或屏蔽来自外部的安全威胁。

（4）安全制度与管理。

大多数信息系统都强调技术上的安全。殊不知，缺乏安全制度和管理，缺乏定期的安全测试与检查，缺乏日常的安全监控，缺乏系统设备的及时维护和维修，都会造成系统在麻痹大意之中遭受灭顶之灾。

3. 互联网安全威胁现状

目前，针对互联网的安全威胁成为了备受各界关注的信息安全焦点问题，随着 Internet 的应用渗透，安全威胁也随之剧增。据 2011 年 4 月 12 日赛门铁克公司在上海发布的《赛门铁克第十六期互联网安全威胁报告》显示，去年新威胁总数激增，超过 2.86 亿个，而且产生了几个新的发展趋势。

（1）以企业为目标的攻击在频率和复杂程度上的戏剧性急剧增长；

（2）社交网站继续成为日渐重要的攻击分布平台；

（3）攻击者们改变了传播策略，越来越多地以 Java 中的漏洞为目标，从而入侵传统的计算机系统；

（4）攻击者们正在明显地把攻击重点转向移动设备。

7.1.2　信息安全技术

计算机安全技术的任务是保证计算机系统的可靠性、安全性和保密性。它研究的主要问题是：如何确保系统的可用性和可维护性，如何保证系统信息本身的安全和人身安全，以及如何保证对信息的占有和存取的合法性。计算机安全技术主要包含以下几个方面。

1. 实体安全技术

实体安全技术主要是指为保证计算机设备、通信线路以及相关设施的安全而采取的技术和方法。主要涉及计算机系统的环境安全技术、计算机故障诊断技术、抗电磁干扰技术、防电磁泄露技术、实体访问控制技术、媒体存放与管理技术等。

2. 数据安全技术

数据安全技术主要是指为保证计算机系统中的数据库或数据文件免遭破坏、修改、窃取而采取的技术方法。主要包括用户识别技术、口令验证技术、存取技术和数据加密技术，以及建立备份、异地存放等技术。

3. 软件安全技术

软件安全技术主要是指为了保证计算机系统中的软件免遭破坏、非法拷贝、非法使用，或避免软件本身缺陷而采取的技术方法。主要包括各种口令的控制与鉴别技术、软件加密技术、软件测试技术、软件安全标准等。

4. 网络安全技术

网络安全技术是指为了保证网络及其节点安全而采用的技术和方法。它主要包括访问控制技术、数据加密技术、数字签名技术、报文鉴别技术、网络监测技术、路由控制和流量分析控制技术、网络防火墙技术等。

5. 安全评价技术

计算机系统的安全性是相对的。系统的安全性与开放性本来就是一对矛盾，所有系统的安全设计都是安全效果与安全开销相平衡的结果。不同的系统、不同的任务对信息系统安全具有不同的要求，因此需要一个安全评价标准作为系统安全检验的依据。

7.1.3　信息安全法规

1. 计算机犯罪

根据公安部计算机管理监察司的定义，计算机犯罪（Computer Crime）就是在信息活动领域中，利用计算机信息系统或计算机信息知识作为手段，或者针对计算机信息系统，对国家、团体或个人造成危害，依据法律规定，应当予以刑罚处罚的行为。

计算机犯罪可分为 3 种类型。

（1）破坏计算机系统犯罪。

破坏计算机系统犯罪是指针对计算机信息系统的功能，非法进行删除、修改、增加和干扰，造成计算机信息系统不能正常运行的行为。破坏计算机系统可能针对软件，也可能针对硬件，因此是最严重、危害也最大的一种犯罪。

（2）非法侵入计算机系统罪。

非法侵入计算机系统罪是指行为人进入明知无权进入的重要计算机系统的犯罪。随着社会信息化的推进，计算机系统对于公众的作用变得非常重要，诸如金融、保险、教育等公共服务系统，已经与人密切相关。这些计算机系统一旦受到非法入侵，往往给系统管理部门和使用者带来不可挽回的损失。此外，当信息已经成为企业生产和经营要素时，因为数据泄密，就可能导致企业破产。因此，针对任何企业或纯粹私人性质的计算机系统的非法侵入也属于犯罪行为。

（3）计算机系统安全事故罪。

计算机安全的法律保障不能只考虑破坏安全的一方，还要考虑维护安全的一方。尤其是那些作为因特网的一部分而存在的计算机系统，其系统安全性也是使用者关心的主要问题。目前，在我国对于提供公共服务的计算机系统缺乏相应的法律规定。一个计算机系统其自身的保护措施达到什么水平才能起到保护系统使用者利益的问题，在法律上并没有解决。但是，正如同提供交通运输或其他服务的机构一样，计算机系统服务的提供者在因安全问题给使用者造成损失时，也应该在法律上承担安全责任。因此，计算机犯罪应该包括计算机系统安全事故罪。

2. 软件知识产权与计算机安全的法律法规

计算机软件系统是一种技术含量较高、开发周期较长和开发成本较高的知识型产品。因其易复制性，造成软件产权保护异常困难。如果不严格执行软件知识产权的保护、制止未经许可的商业化盗用，任凭盗版软件横行，软件开发企业将无法维持生存，也不会有人愿意开发软件，软件产业也不会有大的发展。因此，全社会必须重视软件知识产权保护问题，必须制定和完善相关法律法规，并严格执法；同时还要加大宣传力度，树立人人尊重知识、尊重知识产权的意识。

（1）软件知识产权的概念。

知识产权是指人类通过创造性的智力劳动而获得的一项智力性的财产权，是一种典型的由人的创造性劳动产生的“知识产品”。软件知识产权指的是计算机软件版权。

目前，在我国保护计算机知识产权的法律体系已经基本形成，为激励创新、保护自有知识产权技术成要和产品提供了必要的法律依据。

1991年10月1日，《计算机软件保护条例》开始实施。该条例对计算机软件的定义、软件著作权、软件的登记管理及法律责任作了较详细的描述。2002年1月1日，新条例开始实施，在原有条例的基础之上进行了一些修订和补充。

（2）计算机安全相关的法律法规。

为了依法打击计算机犯罪，加强计算机信息系统的安全保护和国际互联网的安全管理，我国已制定了一系列有关法律法规，经过多年的实践，已形成了比较完整的行政法规和法律体系，了解这些法律和法规，对于每一个公民都是有益而无害的。

现有关于计算机信息安全管理的法律法规主要有以下几种。

① 1994年2月18日出台的《中华人民共和国计算机信息系统安全保护条例》。

② 1996年1月29日公安部制定的《关于对与国际互联网的计算机信息系统进行备案工作的通知》。

③ 1996年2月1日出台的《中华人民共和国计算机信息网络国际互联网管理暂行办法》，并于1997年5月20日作了修订。

④ 1997年12月30日，公安部颁发了经国务院批准的《计算机信息网络国际互联网安全保护管理办法》。

其次，在我国《刑法》第285条~287条，针对计算机犯罪给出了相应的规定和处罚。对于非法入侵计算机信息系统罪，《刑法》第 285 条规定："违反国家规定，侵入国家事务、国防建设、尖端技术领域的计算机信息系统，处三年以下有期徒刑或拘役。"对于破坏计算机信息系统罪，《刑法》第 286 条明确规定了三种罪，包括破坏计算机信息系统功能罪、破坏计算机信息数据和应用程序罪、制作和传播计算机破坏性程序罪。《刑法》第 287 条规定："利用计算机实施金融诈骗、盗窃、贪污、挪用公款、窃取国家秘密或其他犯罪，依照本法有关规定定罪处罚。"

7.2　计算机病毒与木马

7.2.1　计算机病毒的概念

计算机病毒（Computer Viruses）并非可传染疾病给人体的那种病毒，而是一种人为编制的可以制造故障的计算机程序。它隐藏在计算机系统的数据资源或程序中，借助系统运行和共享资源而进行繁殖、传播和生存，扰乱计算机系统的正常运行，篡改或破坏系统和用户的数据资源及程序。计算机病毒不是计算机系统自生的，而是一些别有用心的破坏者利用计算机的某些弱点而设计出来的，并置于计算机存储媒体中使之传播的程序。

7.2.2　计算机病毒的特点

计算机病毒是一种特殊的程序，与其他程序一样可以存储和执行，但它具有其他程序没有的特性。计算机病毒具有以下特性。

1. 传染性

计算机病毒的传染性是指病毒具有把自身复制到其他程序中的特性。病毒可以附着在程序上，通过磁盘、光盘、计算机网络等载体进行传染，被传染的计算机又成为病毒的生存的环境及新传染源。

2. 潜伏性（隐蔽性）

计算机病毒的潜伏性是指计算机病毒具有依附其他媒体而寄生的能力。计算机病毒可能会长时间潜伏在计算机中，病毒的发作是由触发条件来确定的，在触发条件不满足时，系统没有异常症状。

3. 破坏性

计算机系统被计算机病毒感染后，一旦病毒发作条件满足时，就在计算机上表现出一定的症状。其破坏性包括：占用 CPU 时间；占用内存空间；破坏数据和文件；干扰系统的正常运行。病毒破坏的严重程度取决于病毒制造者的目的和技术水平。

计算机病毒一般都具有很强的再生机制，其传播速度非常快。

4. 变种性

某些病毒可以在传播的过程中自动改变自己的形态，从而衍生出另一种不同于原版病毒的新病毒，这种新病毒称为病毒变种。有变形能力的病毒能更好地在传播过程中隐蔽自己，使之不易被反病毒程序发现及清除。有的病毒能产生几十种变种病毒。

5. 可激发性

在一定条件下，病毒程序可以根据设计者的要求，在某个地点、设备或时间激活并发起攻击。

6. 灵活性

计算机病毒都是一些可以直接运行或间接运行的程序，它们小巧灵活，一般占有很少的字节，可以隐藏在可执行程序或数据文件中，不易被人们发现。

7.2.3 计算机病毒的分类

目前，全世界至少已发现了近十万种计算机病毒，而且各种新的计算机病毒还在不断出现。它们种类不一，感染目标和破坏行为也不尽相同。对计算机病毒进行分类时，可以根据病毒的诸多特点来划分，主要有如下几个方面。

1. 攻击对象

（1）攻击 Windows 的病毒。

Windows 操作系统发展一日千里，与 DOS 相比有很大的优越性。从 Windows 95 到 Windows 98，再到 Windows 8，在全球掀起一次次的推广应用热潮。使用 Windows 的人越来越多，使 Windows 成为 PC 机的主流平台。人们在适应新一代 Windows 的环境的同时，病毒悄悄地潜入到了 Windows 系统。攻击 Windows 的病毒主要是宏病毒，有感染 Word 的宏病毒，有感染 Excel 的宏病毒，其中感染 Word 的宏病毒最多。如 Concept 病毒是世界上首例感染 Word 的宏病毒。

（2）攻击网络的病毒。

今天，Internet 在我国发展迅速，上网已成为一种时尚的活动。随着网上用户的增加，网络病毒的传播速度更快、范围更广、病毒造成的危害更大。如今的大部分病毒都是在网络上进行传播的。如 2012 年 5 月发现的“火焰”病毒，该病毒是一种破坏力巨大的、迄今为止世界上最复杂的计算机病毒，该病毒将自动分析使用者的上网规律，记录用户密码，自动截屏并保存一些文件和通讯信息，甚至可以暗中打开麦克风进行秘密录音等，然后再将窃取到的这些资料发送给远程操控该病毒的服务器。

2. 寄生方式

（1）操作系统型病毒。

这类病毒寄生在计算机磁盘的操作系统区，在启动计算机时，能够先运行病毒程序，然后再运行启动程序。这种病毒的破坏力很强，可以使系统瘫痪，无法启动。

（2）入侵型病毒。

入侵型病毒将自己插入到感染的目标程序中，使病毒程序与目标程序成为一体。这类病毒编写起来很难，要求病毒能自动在感染目标程序中寻找恰当的位置，把自身插入，同时还要保证病毒能正常实施攻击、被感染的目标程序还能正常运行。这类病毒的数量不多，但破坏力极大，而且很难检测，有时即使查出病毒并将其杀除，但被感染的程序也被破坏，无法使用了。

（3）外壳型病毒。

与入侵型病毒不同，外壳型病毒寄生于感染目标程序的头部或尾部，对原程序不作改动。这类病毒易于编写，数量也最多。

3. 破坏力

（1）良性病毒。

与生物学中的良性病毒一样，良性的计算机病毒是指那些只表现自己，而不破坏计算机系统的病毒。它们多是出自一些恶作剧者之手，病毒制造者编制病毒的目的不是为了对计算机系统进行破坏，而是为了显示他们在计算机编程方面的技巧和才华，但这种病毒会干扰计算机的正常运行。

（2）恶性病毒。

恶性的计算机病毒就像是计算机系统中的“癌”，它的目的就是破坏系统中的信息资源。

常见的恶性病毒的破坏行为是删除计算机系统内存储的数据和文件；也有一些恶性病毒不删除任何文件，而是对磁盘乱写一气，表面上看不出病毒破坏的痕迹，但文件和数据的内容已被改变；还有一些恶性病毒对整个磁盘的特定的扇区进行格式化，使磁盘上的信息全部消失；还有一种能够破坏计算机硬件的病毒——CIH 病毒，它不仅能够破坏计算机系统内的数据，还能破坏计算机的硬件。

4．感染方式

感染性是计算机病毒的特点之一，也是判断一个计算机程序是否是病毒的重要依据。根据这一特点对计算机病毒分类，有以下几种。

（1）引导型病毒。

引导型病毒也称磁盘引导型病毒。磁盘分为软盘和硬盘，若想在磁盘中存储信息，事先必须对磁盘进行格式化（也称初始化）。计算机在对磁盘进行格式化时，在磁盘的最开始部位建立操作系统的引导程序（也称引导记录），磁盘的这个最开始的部位被称为引导区。计算机启动时，首先自动运行引导区的引导程序，然后由引导程序引导操作系统来启动计算机。引导型病毒就是把自己的病毒程序放到磁盘的引导区，当作正常的引导程序，而将真正的引导程序搬到其他位置，这样计算机启动时，就会把引导区的病毒程序当作正常的引导程序来运行，使寄生在磁盘引导区的静态病毒进入计算机系统，病毒变成激活状态，这时病毒可以随时进行感染和破坏。这种病毒的感染目标都是一样的，即磁盘的引导区，所以比较好防治。

蠕虫病毒便是引导型病毒的典型代表。它是通过分布式网络来扩散传播特定的信息或错误，进而造成网络服务遭到拒绝并发生死锁。这种“蠕虫”程序常驻于一台或多台机器中，并有自动重新定位的能力。如果它检测到网络中的某台机器未被占用，它就把自身的一个拷贝（一个程序段）发送给那台机器。每个程序段都能把自身的拷贝重新定位于另一台机器中，并且能识别它占用的是哪台机器。

“蠕虫”由两部分组成，一个主程序和一个引导程序。主程序一旦在机器上建立就会去收集与当前机器联网的其他机器的信息。它能通过读取公共配置文件并运行显示当前网上联机状态信息的系统实用程序而做到这一点。随后，它尝试利用前面所描述的那些缺陷去在这些远程机器上建立其引导程序。

（2）系统程序型病毒。

计算机要想工作必须有操作系统的支持。操作系统的程序称为系统程序。系统程序型病毒专门感染操作系统程序。一旦计算机用染毒的操作系统启动，这台计算机就成了传播病毒的基地。

（3）一般应用程序型病毒。

这种病毒感染计算机的一般应用程序，如电子表格等。

7.2.4　计算机病毒的传播途径

计算机病毒主要通过以下 3 种途径传染。

1．通过移动存储设备传染

由于使用带病毒的移动存储设备（如 U 盘、盗版光盘等），首先计算机的硬盘和内存感染病毒，并传染给未被感染的“干净”移动存储设备。这些感染病毒的移动存储设备再在别的计算机上使用，造成进一步的传染。因此，大量的移动存储、合法或非法的程序复制等是造成病毒传染并蔓延泛滥的温床。尤其是，随着数码应用的快速普及，移动存储设备范围变得越来越广泛，MP3/MP4 播放器、数码相机、数码摄像机、多功能手机、PDA、GPS，甚至连电视机都具有移动存储功能，从而使病毒传染更加泛滥。

2. 通过机器传染

这实际上是通过硬盘传染。由于带病毒的机器移到其他地方进行使用、维修等操作，将干净的移动存储设备传染并再次扩散。

3. 通过网络传染

这种传染扩散得极快，能在很短时间内使网络上的机器受到感染。特别在 Internet 环境中，病毒一旦开始传播，将迅速掀起网络风暴，造成重大损失。

7.2.5 计算机病毒的防治

计算机病毒及反病毒是两种以软件编程技术为基础的技术，它们的发展是交替进行的，因此，对计算机病毒以预防为主，防止病毒的入侵要比病毒入侵后再去发现和排除要好得多。

1. 采用抗病毒的硬件

目前国内商品化的防病毒卡已有很多种，但是大部分病毒防护卡采用识别病毒特征和监视中断向量的方法，因而不可避免地存在两个缺点：只能防护已知的计算机病毒，面对新出现的病毒无能为力；发现可疑的操作，如修改中断向量时，频频出现突然中止用户程序的正常操作，在屏幕上显示出一些问题让用户回答的情况。这不但破坏了用户程序的正常显示画面，而且由于一般用户不熟悉系统内部操作的细节，这些问题往往很难回答，一旦回答错误，不是放过了计算机病毒就是使自己的程序执行中出现错误。

2. 机房安全措施

实践证明，计算机机房采用严密的机房管理制度可以有效地防止病毒入侵。机房安全措施的目的，主要是切断外来计算机病毒的入侵途径。这些措施主要有以下几种。

（1）定期检查硬盘及所用到的软盘，及时发现病毒，消除病毒。

（2）慎用公用软件和共享软件。

（3）给系统盘加以写保护。

（4）不用外来 U 盘引导机器。

（5）不要在系统盘上存放用户的数据和程序。

（6）保存所有的重要软件的复制件，主要数据要经常备份。

（7）新引进的软件必须确认不带病毒方可使用。

（8）教育机房工作人员严格遵守制度，不准留病毒样品，防止有意或无意扩散病毒。

（9）对于网络上的机器，除上述注意事项外，还要注意尽量限制网络中程序的交换。

3. 社会措施

计算机病毒具有很大的社会危害，它已引起社会各领域及各国政府的注意，为了防止病毒传播，应当成立跨地区、跨行业的计算机病毒防治协会，密切监视病毒疫情，搜集病毒样品，组织人力、物力研制解毒、免疫软件，使防治病毒的方法比病毒传播得更快。为了减少新病毒出现的可能性，国家应当制定有关计算机病毒的法律，认定制造和有意传播计算机病毒为严重犯罪行为。同时，应教育软件人员和计算机爱好者认识到病毒的危害性，加强自身的社会责任感，不从事制造和改造计算机病毒的犯罪行为。

4. 常用杀毒软件

检查和清除病毒的一种有效方法是：使用各种防治病毒的软件。一般来说，无论是国外还是国内的杀毒软件，都能够不同程度地解决一些问题，但任何一种杀毒软件都不可能解决所有问题。国内杀毒软件在处理"国产病毒"或国外病毒的"国产变种"方面具有明显优势。但随着国际互联网的发展，解决病毒国际化的问题也很迫切，所以选择杀毒软件应综合考虑。在我国，反病毒技术已成熟，市场上已出现的世界领先水平的杀毒软件有多种，包括瑞星杀毒软件、金山毒霸、KV 江民杀毒软件以及 360 杀毒软件。如图 7-1 所示，杀毒软件通常都提供了多种查杀病毒的方式，可以快速扫描系统、全盘扫描或自定义扫描方式。

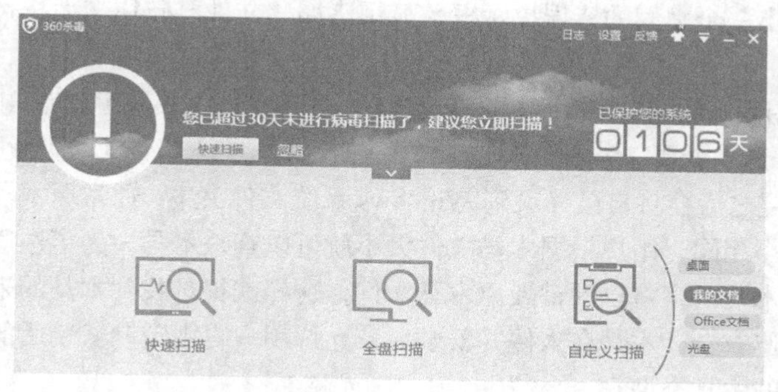

图 7-1 360 杀毒软件

7.2.6 计算机木马

1. 什么是木马

木马即特洛伊木马（Trojan horse）的简称，其名称来自希腊神话的特洛伊木马故事。它是一种基于远程控制的黑客工具，具有隐蔽性和非授权性的特点。所谓隐蔽性是指木马的设计者为了防止木马被发现，会采用多种手段隐藏木马，这样服务端即使发现感染了木马，由于不能确定其具体位置，往往只能望"马"兴叹。所谓非授权性是指一旦控制端与服务端连接后，控制端将享有服务端的大部分操作权限，包括修改文件、修改注册表、控制鼠标、键盘等，而这些权力并不是服务端赋予的，而是通过木马程序窃取的。

一个完整的木马系统由硬件部分、软件部分和具体连接部分组成。其中，硬件部分由木马控制端计算机、受木马控制的服务器以及 Internet 组成。软件部分是实现远程控制所必需的软件程序，包括控制端程序（实现远程控制）、木马程序（能够潜入服务端内部，获取其操作权限）以及木马配置程序（设置木马程序的端口号、触发条件和木马名称等）。具体连接部分通过 Internet 在服务端和控制端之间建立一条木马通道，包括控制端 IP、服务器端 IP、控制端端口和木马端口组成。所谓端口就是控制端和服务端的数据入口，通过这个入口，数据可直达控制端程序或木马程序。

2. 木马的攻击过程

木马攻击过程分为以下 4 大步。

（1）配置木马。

配置木马的目的是实现木马伪装和信息反馈。

（2）传播木马。

木马主要以电子邮件附件或软件下载的形式进行传播，收件人打开附件时就会感染木马，下载安装软件时，捆绑在安装程序上的木马就会自动安装。安装过程一般为：首先将自身拷贝到

Windows 的系统文件夹中（如 C:WINDOWS 或 C:WINDOWS\SYSTEM），然后在注册表的启动组或非启动组中设置木马的触发条件，这样就完成了木马的安装。

（3）伪装潜伏。

为了逃避杀毒软件的杀查，木马将采用多种手段进行伪装，包括修改图标、捆绑文件、出错显示、定制端口、自我销毁、木马更名等。通过修改图标，将木马程序的图标改成.html、.txt、.zip、.jpg 等各种文件的图标，以迷惑用户。有的木马与应用软件的安装程序建立捆绑关系，在用户安装程序时偷偷地进入系统。

为了对付有一定木马知识的人，有的木马程序提供了一个叫做出错显示的功能，当用户打开木马程序时，会弹出一个虚假的错误提示框，显示诸如“文件已破坏，无法打开！”之类的信息，让用户防不胜防。

过去的木马使用固定的端口，很容易杀查，现在的很多新木马具有定制端口的功能，控制用户在 1024 ~ 65535 之间任选一个端口作为木马端口，从而使用木马查杀工具无法判断所感染木马类型。

过去，木马入侵之后会将自己拷贝到 Windows 系统文件夹中，通常原木马文件和系统文件夹中的木马文件的大小相同，用户根据木马文件大小就可以查杀木马。为了逃避查杀，木马的自我销毁功能在安装完木马后，将自动销毁原木马文件，这样就很难找到木马的来源。

同样，为了逃避查杀，木马在入侵并安装后，允许用户自由定制安装后的木马文件名，这样也很难判断所感染的木马类型。

（4）运行木马。

木马只要入侵并完成了安装，在满足触发条件时就可以随时启动。触发条件可能保存在以下任意位置。

注册表：木马的启动程序有时保存在注册表的 HKEY_CLASSES_ROOT 文件类型的 ShellOpenCommand 主键之中，有时保存在 HKEY_LOCAL_MACHINE\Software\Microsoft\Windows\CurrentVersion 下的 Run 和 RunServices 主键之中。

Win.ini 和 System.ini 文件：位于 C:\WINDOWS 文件夹之中。其中，win.ini 文件的[windows]字段中的启动命令“load=”和“un=”通常为空白，木马通常把启动命令保存在该字段之中。system.ini 文件的[386Enh]、[mic]和[drivers32]字段可设置各种启动命令，木马也可能将启动命令保存此处。

Autoexec.bat 和 Config.sys 文件：位于 C 盘根目录中，有时也包含启动木马的命令。

应用程序的启动配置文件*.ini：木马的控制端利用这些文件能启动程序的特点，将制做好的带有木马启动命令的同名文件上传到服务端覆盖这些同名文件，这样就可以达到启动木马的目的。

捆绑文件：在控制端和服务端已通过木马建立连接时，控制端用户用工具软件将木马文件和某一应用程序捆绑在一起，然后上传到服务端覆盖原文件，这样即使木马被删除了，只要运行捆绑了木马的应用程序，木马又会被自动安装。

3. 查杀木马

在查杀木马方面，使用比较多的工具是 360 安全卫士，如图 7-2 所示。该工具提供强大的木马查杀功能，提供多

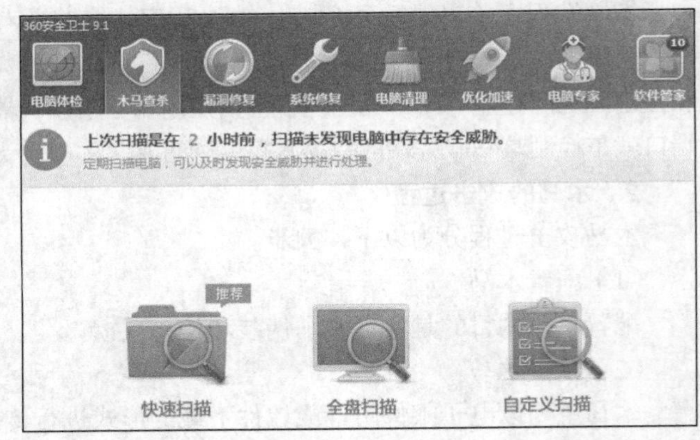

图 7-2 木马查杀

种查杀方式，包括快速扫描、全盘扫描和自定义扫描。用户可根据需要进行有针对性的选择。

7.3　常用工具软件的介绍

7.3.1　防火墙的使用

1. 防火墙的概念

防火墙的概念起源于中世纪的城堡防卫系统。那时人们为了保护城堡的安全，在城堡的周围挖了一条护城河，每个进入城堡的人都要经过一个吊桥，接受城门守卫的检查。在网络中，人们借鉴了这种思想，设计了一种网络安全防护系统（即网络防火墙）。防火墙（Firewall）就是在网络之间执行控制策略的系统，它包括硬件与软件。其主要用来检查通过企业网关的分组，防火墙用来阻止未授权用户通过网络或互联网获得对计算机的访问。

在计算机网络中，一个网络防火墙扮演着防备潜在的恶意活动的屏障的角色，并可通过一个“门”来允许人们在你的安全网络和开放的不安全的网络之间通信。原来，一个防火墙是由一个单独的机器组成的，放置在私有网络和公网之间。近些年来，防火墙机制已发展到不仅仅是“Firewall box”，更多提及的是堡垒主机。它现在涉及整个从内部网络到外部网络的区域，由一系列复杂的机器和程序组成。简单来说，今天防火墙的主要概念就是多个组件的应用。

2. 防火墙的作用

设计防火墙的目的有两个：一是进出企业内部网的所有信息都要通过防火墙；二是只有合法的信息才能通过防火墙。

最初的防火墙主要用于互联网服务控制，但随着研究工作的深入，已经扩展为提供以下 4 种基本服务。

（1）服务控制：防火墙可以控制外部网络与内部网络用户相互访问的互联网服务类型。防火墙可以根据 IP 地址与 TCP 端口过滤信息，确定是否是合法用户，以及能否访问网络服务。

（2）访问控制：处于某种安全考虑，我们可以通过防火墙的设置，来限制允许企业内部网的用户访问外部互联网，而不允许外部互联网用户访问企业内部网，反之亦然。

（3）用户控制：处于某种安全，我们可以确定防火墙的设置，只允许企业内部网的哪些用户访问外部互联网的服务，而其他用户不能访问外部互联网的服务。同样也可以限制外部互联网的特定用户访问企业内部网的服务。

（4）行为控制：通过防火墙的设置，可以控制如何使用某种特定的服务。例如，我们可以通过防火墙将电子邮件中的一些垃圾邮件过滤掉，也可以限制外部网的用户，使他们只能访问企业内部网的 WWW 服务器中的某一部分信息。

3. Windows 7 的防火墙

Windows 防火墙内置在 Windows 7 之中，默认情况下将自动打开，保护计算机免受病毒攻击和其他安全威胁。启用和配置 Windows 防火墙的操作方法如下所示。

（1）选择“开始”→“控制面板”→“Windows 防火墙”图标，打开 Windows 防火墙窗口，如图 7-3 所示。

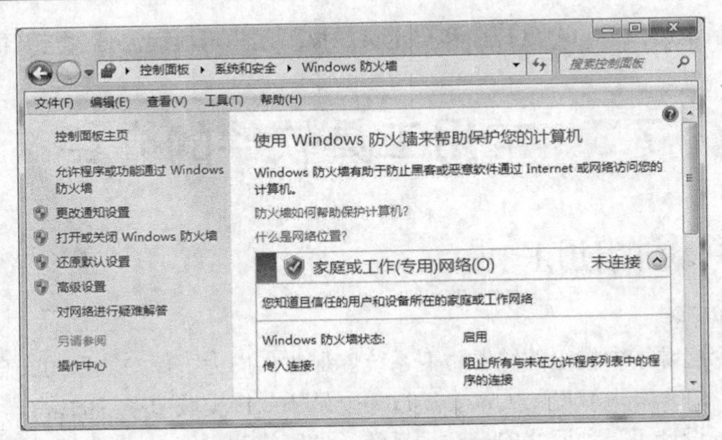

图 7-3　Windows 7 的安全中心

（2）打开或关闭“Windows 防火墙”。在 Windows 防火墙窗口中，单击“打开或关闭 Windows 防火墙”，弹出“自定义设置”对话框，如图 7-4 所示。在该对话框中，即可设置启用或关闭 Windows 防火墙。

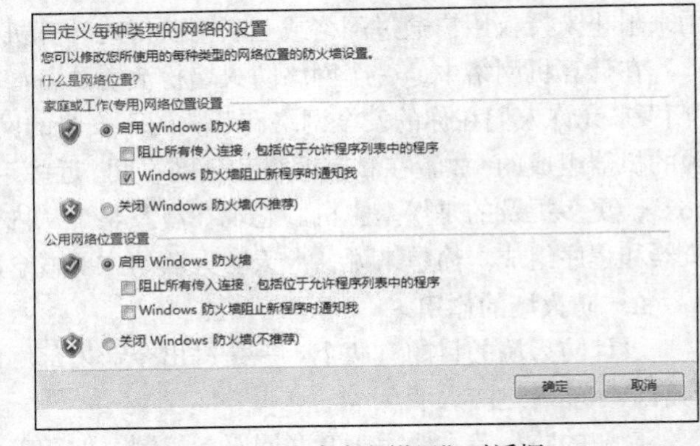

图 7-4　“自定义设置”对话框

（3）还原 Windows 防火墙的默认设置。在 Windows 防火墙窗口中，单击“还原默认设置”，可还原 Windows 防火墙默认的设置。

（4）Windows 防火墙的高级设置。在 Windows 防火墙窗口中，单击“高级设置”，打开如图 7-5 所示的操作界面，可管理入站规则、出站规则和连接安全规则。其中，入站规则允许哪些外部程序或不允许哪些外部程序访问本地资源，出站规则允许本地哪些程序或不允许本地的哪些程序访问外部网络，连接安全规则用来设置本地计算机与外部计算机之间的网站连接方式。

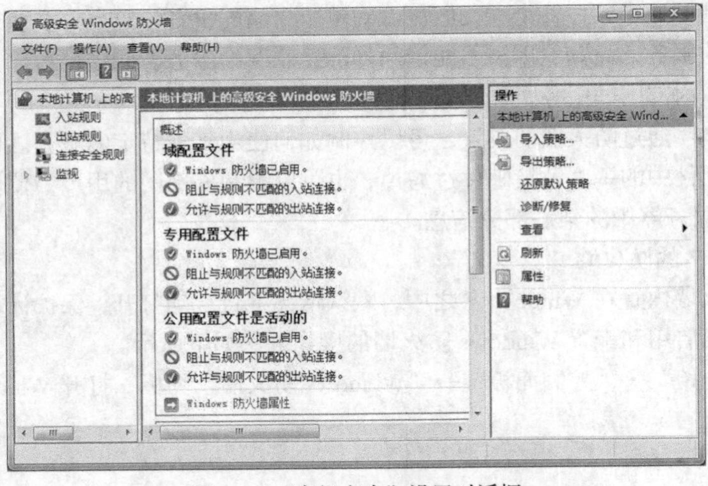

图 7-5　“高级安全”设置对话框

（5）自定义入站规则或出站规则。在“高级安全 Windows 防火墙”窗口中，鼠标右键单击“入站规则”或“出站规则”，选择“新建规则”快捷菜单，打开“新建 × × 规则向导”对话框（如图 7-6 所示），即可自定义特定程序或端口的入站规则、出站规则。

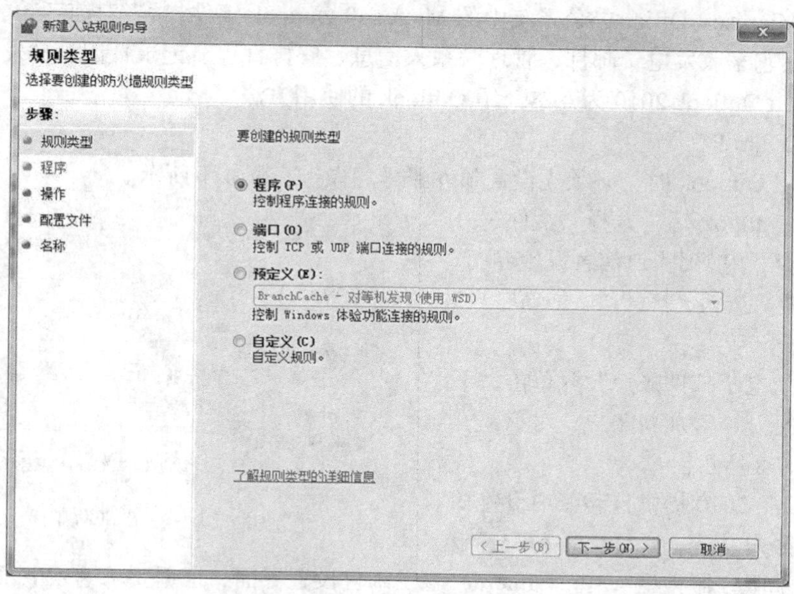

图 7-6　新建入站规则向导

（6）自定义安全连接规则。使用 Windows 安全防火墙，外部计算机与本地计算机通信时，必须经过身份验证，也可以不经过身份验证，就可以直接建立网络连接。当外部计算机通过网关与本地计算机通信时，要求进行身份验证，也可以不进行身份验证。用户可以根据安全需要进行设置。在“高级安全 Windows 防火墙”窗口中，鼠标右键单击“连接安全规则”，选择“新建规则”快捷菜单，打开“新建连接安全规则向导”，即可自定义安全连接规则，如图 7-7 所示。

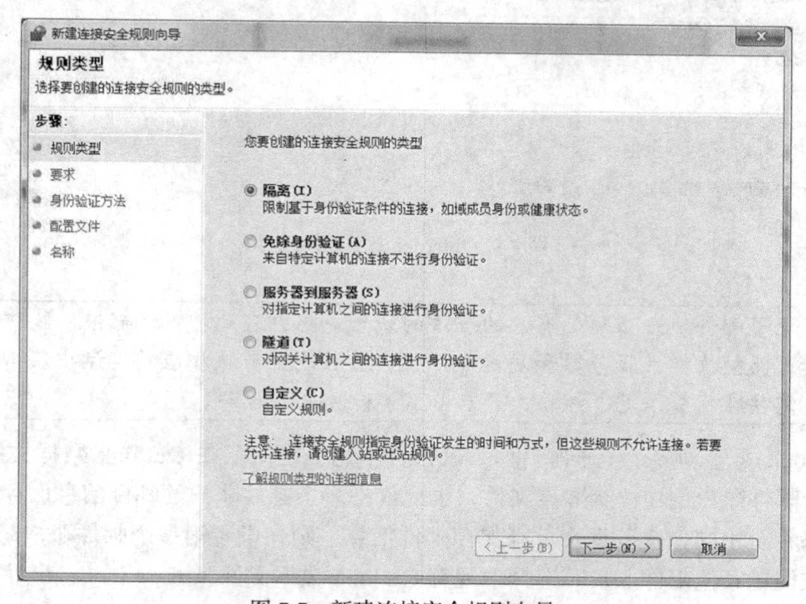

图 7-7　新建连接安全规则向导

7.3.2 Outlook 的使用

Outlook 是一个功能强大的电子邮件管理软件。它有两种，一是 Windows 自带的 Outlook Express，二是 Microsoft Office 办公系统中的 Microsoft Outlook 组件，后者对前者功能进行了扩充。Outlook 可以用它来收发电子邮件、管理联系人信息、安排日程、记录日记、分发工作任务等。下面以 Microsoft Outlook 2010 为蓝本介绍 Outlook 的使用方法。

1. 设置 Outlook

在首次使用 Outlook 时，必须先设置邮件账号。操作步骤如下所示。

（1）启动 Outlook 后，选择"文件"→"信息"菜单命令，切换到账户信息设置界面。单击"添加账户"按钮，打开"添加新账户"对话框。

（2）选择"电子邮件账户"并单击"下一步"按钮，打开"添加新账户"对话框，主要界面如图 7-8 所示。

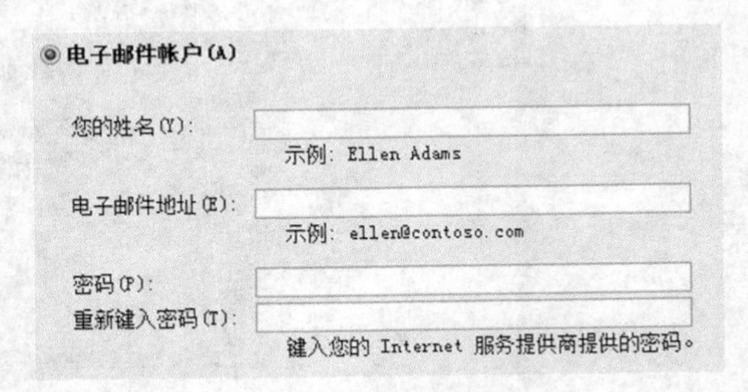

图 7-8 添加新账户

（3）Outlook 2010 提供自动账户设置功能和手动配置账户功能。选择"手动配置服务器设置或其他服务器类型"，打开 Internet 电子邮件设置界面，根据要求输入电子邮件地址、接收邮件服务器和发送邮件服务器的地址以及登录邮箱的用户名和密码，如图 7-9 所示。

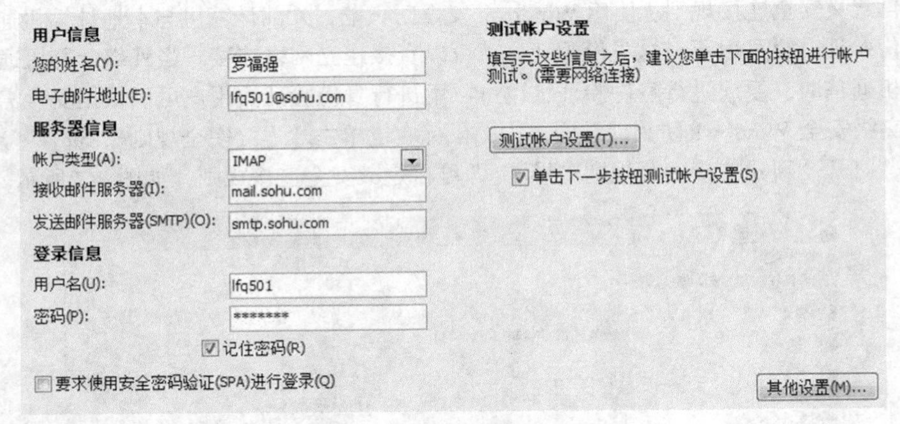

图 7-9 Internet 电子邮件设置

电子邮件地址必须是有效的合法的地址，用户可到搜狐、新浪、腾讯等网站中免费申请；而接收邮件服务器和发送邮件服务器的地址可从相应的网站中获得。对于 QQ 邮箱，需要在线登录 QQ 邮箱，开启 POP3 和 SMTP 服务。

（4）Outlook 可管理多个电子邮件账户，邮件信息最终保存在 Outlook 数据文件中。Outlook 允许为每一个邮件账户创建一个数据文件，也允许把多个邮件账户的邮件信息保存在同一个数据文件中。如果希望用同一个数据文件来保存邮件信息，则在设置第一个邮件账户时新建 Outlook 数据文件，在设置其他邮件账户时选择"现有 Outlook 数据文件"。

（5）在发送邮件时，大多数的电子邮件服务器都要求身份验证。单击"其他设置"，弹出新的对话框后，选择“发送服务器”选项卡，选中“我的发送服务器（SMTP）要求验证”（见图 7-10），单击“确定”按钮。

（6）在图 7-9 中单击“下一步”按钮，完成账户设置。设置账户之后，就可以使用该账户来发送和接收电子邮件了。

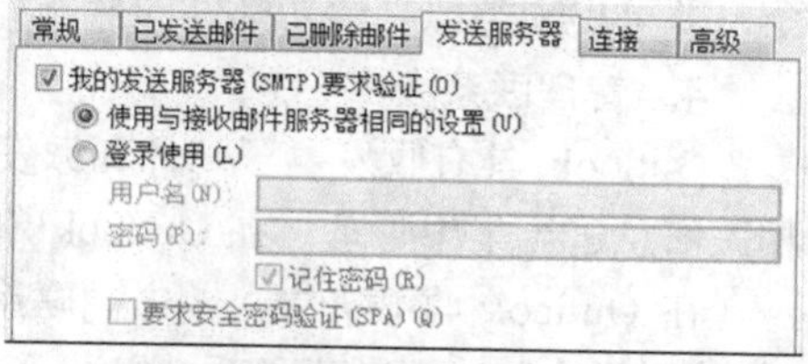

图 7-10　SMTP 服务器要求身份验证

2. 新建和发送电子邮件

在 Outlook 中单击工具栏上的“新建电子邮件”按钮，即可创建电子邮件了。在该窗口中，主要填写收件人、主题、邮件内容，如图 7-11 所示。

其中，收件人通常是邮件地址，如果有多个邮件人，要使用逗号作间隔。如果邮件人的姓名和邮件地址提前已添加到 Outlook 的联系人列表之中，可使用邮件人的姓名来代替邮件地址。

如果还想要发送其他文件或图片信息，可在“插入”选项卡中单击“附加文件”按钮，通过“浏览”方式将文件以附件的形式添加到邮件之中。

撰写完电子邮件后，单击“发送”按钮，Outlook 将自动完成发送邮件的操作。

3. 接收和回复电子邮件

Outlook 在启动时，会自动从 POP3 服务器中接收邮件，也会自动发送尚未成功发送的邮件。之后，每隔一段时间进行自动刷新。另外，在“发送/接收”选项卡中，单击“发送/接收所有文件夹”，可强行让 Outlook 进行接收和发送操作。

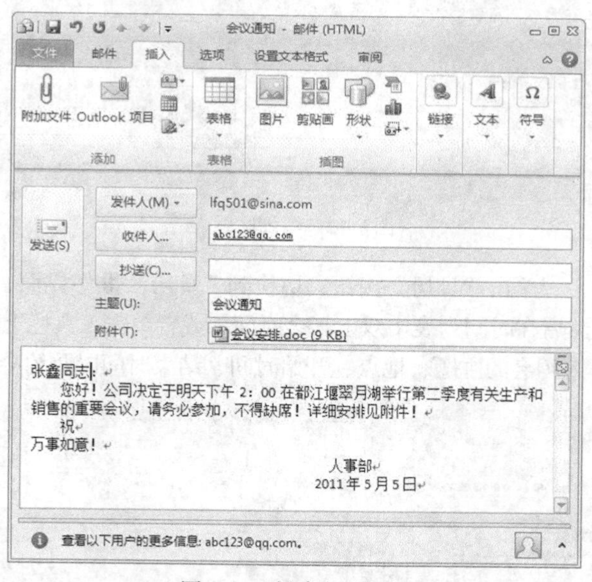

图 7-11　创建电子邮件

Outlook 自动把新接收到的邮件放入“收件箱”文件夹中，在该文件夹中显示了邮件的发送者、邮件标题主要信息，尚未阅读的邮件以粗体、黑体效果显示。打开该文件夹，即可浏览所有邮件，单击某个邮件，即可阅读该邮件。如果邮件有附件，会自动显示在收件人的下方，鼠标右键单击附件可显示“打开”快捷菜单命令，用户可打开附件，如果要另外保存附件，可选择“另存为”快捷菜单命令。

当希望回复发件人时，只需要在收件箱列表中鼠标右键单击邮件，选择“答复”快捷菜单命令，即可出现类似创建新邮件的操作界面，以相同方法完成电子邮件的制作和发送。

4. 管理联系人

Outlook 具有收发电子邮件和派发工作任务的功能。为方便起见，可将发件人或工作伙伴的相关信息进行集中管理。在 Outlook“联系人”选项卡中，可进行相关操作。

在 Outlook 收藏夹中，单击“联系人”按钮，切换到“联系人”操作界面，在工具栏上单击“新建联系人”或“新建联系人组”，可以添加联系人或联系人组，如图 7-12 所示。此时，先录入联系人的姓名、单位、部门、电子邮件、电话号码、住址、照片等信息，之后保存。

要想复制或删除联系人信息，先切换到“联系人”操作界面，在联系人列表中鼠标右键单击联系人对象，在快捷菜单中选择“复制”或“删除”命令即可。

5. 管理日程安排

Outlook 提供强大的日历功能，允许用户把重要会议、重要约会以及其他日程安排记录在日历中，在因为工作繁忙而忘记了这些重要事务时，Outlook 会时时提醒用户。

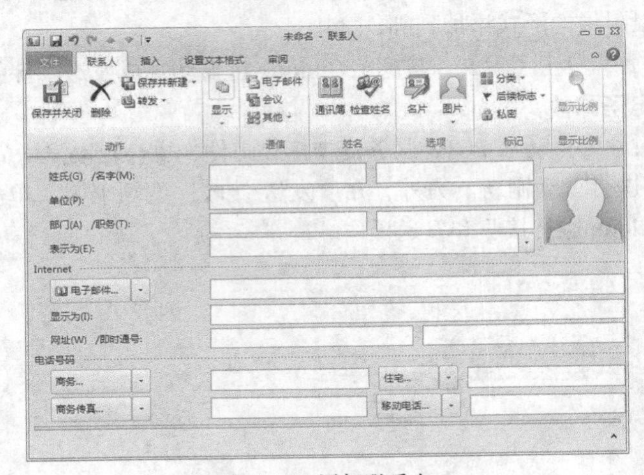

图 7-12　添加联系人

在 Outlook 收藏夹中，单击“日历”按钮，切换到“日历”操作界面，如图 7-13 所示。首先，在日历中选中某一天，然后在时间列表中双击某个时间，或者单击工具栏上的“新建会议”，打开如图 7-14 所示的窗口。输入约会的主题、地点、开始时间、结束时间以及约会主要内容，然后保存。

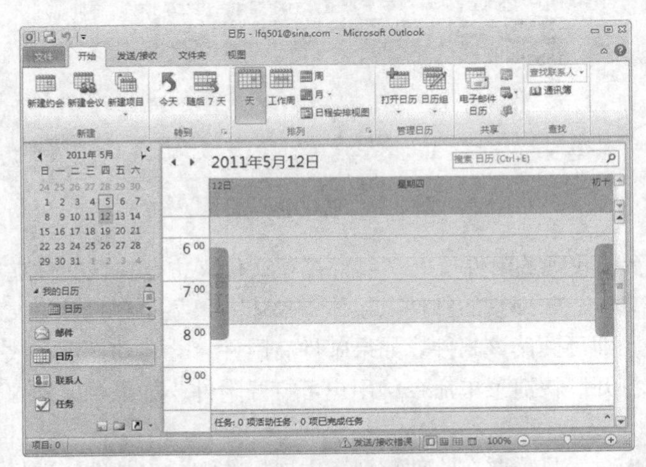

图 7-13　日历管理窗口

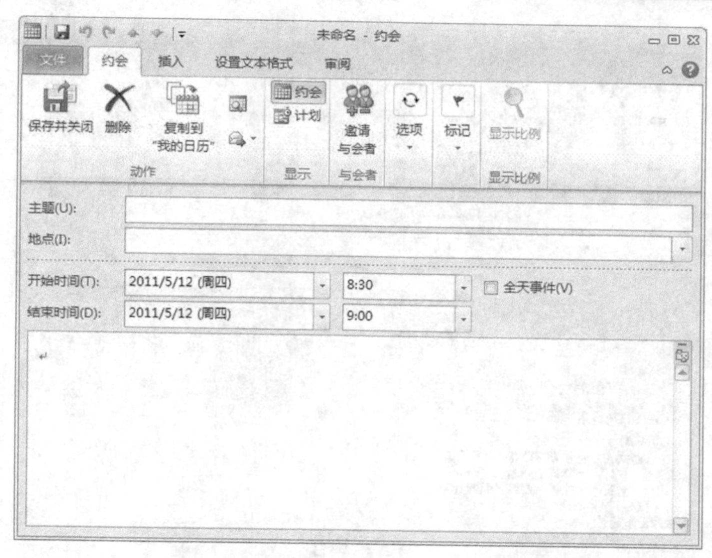

图 7-14　新建约会

在新建约会窗口中，如果单击工具栏上的“计划”按钮，可制作未来工作计划。

如果在日历管理窗口中，选择工具栏上的“新建会议”按钮，Outlook 不仅提供了制订和保存会议安排的操作界面，还允许把会议安排以电子邮件形式发送给相关联系人。

6. 分配任务

为了加强团队管理，实现无纸化办公，Outlook 提供任务管理功能，允许企业的管理人员制订工作计划，并分配给联系人或联系人组。

在 Outlook 收藏夹中，首先单击“任务”按钮，切换到“任务”操作界面，如图 7-15 所示。然后单击工具栏上的“新建任务”按钮，打开新任务制作窗口。之后，单击工具栏上的“分配任务”按钮，出现如图 7-16 所示的操作界面。

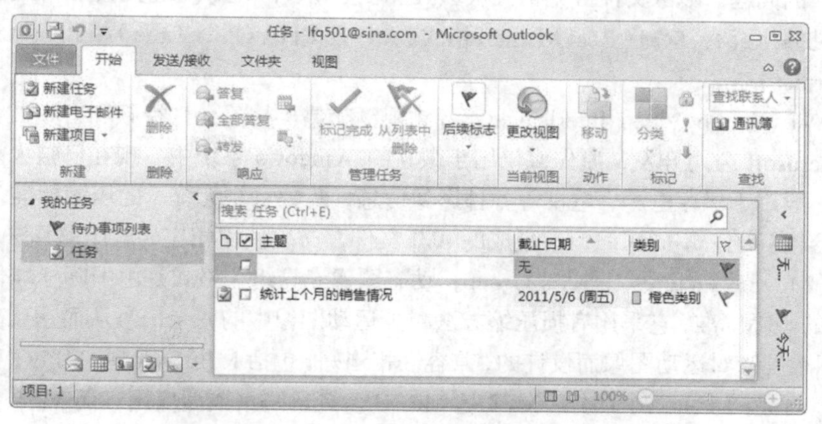

图 7-15　任务管理窗口

在发件人文本框中输入联系人姓名或联系人的邮件地址，设置任务主题、开始日期、截止日期、任务的内容，然后单击“发送”即可完成任务分配。在输入联系人时，可通过“通讯簿”按钮来选择联系人，避免录入错误。如果工作任务是现成的电子文档，可将文档以附件形式插入到任务中。最后保存任务，以便随时阅读。

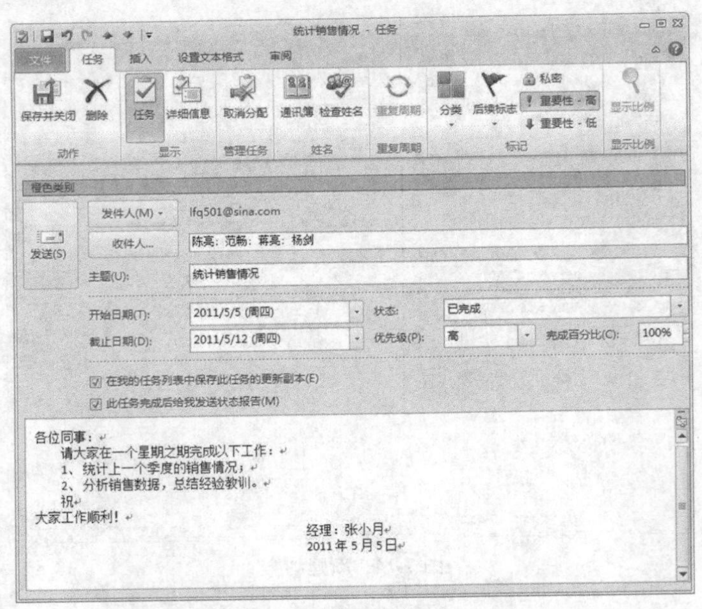

图 7-16　分配任务

7.3.3　视频播放及其工具

1. 视频格式概述

目前，多媒体视频格式繁多，可分为两类：一类是影像文件格式，另一类是流式视频格式文件。前者不仅包含了大量影像信息，同时还容纳大量音频信息，字节量比较大，通常在几百 MB 和几十个 GB 之间。后者支持"边下边播"，即先从服务器上下载一部分视频文件，形成视频流缓冲区后实时播放，同时继续下载，为接下来的播放做好准备。流式视频文件特别适合于 Internet 环境，解决在线播放的问题。影像文件常见格式有 AVI 格式、MOV 格式、MPEG/MPG/DAT 格式；流式视频文件常见的格式有：RM（Real Media）格式、MOV 文件（QuickTime）格式和 ASF（Advanced Streaming Format）格式等。

其中，AVI（Audio Video Interleaved，音频视频交错）格式允许视频和音频交错在一起同步播放，由 Microsoft 公司开发，原先仅仅用于微软的 Windows 系统中，现在已被大多数操作系统直接支持，一般用于保存电影、电视等各种影像信息，其缺点是无统一的压缩标准，造成 AVI 文件格式的兼容性问题，不同压缩标准生成的 AVI 文件，必须使用相应的解压缩算法才能播放。

MPEG（Moving Pictures Experts Group，动态图像专家组）格式是由国际标准化组织 ISO 于 1988 年制定的国际标准，它采用有损压缩方法减少运动图像中的冗余信息从而达到高压缩比的目的，其压缩标准是针对运动图像而设计的，兼容性相当好，包括 MPEG 视频、MPEG 音频和 MPEG 系统（视频、音频同步）三个部分，MP3 是 MPEG 音频的一个典型应用，而 Video CD（VCD）、Super VCD（SVCD）、DVD（Digital Versatile Disk）则是全面采用 MPEG 技术所产生出来的新型消费类电子产品。

RM 格式是 Real Networks 公司开发的一种新型流式视频文件格式，包括 RealAudio、RealVideo 和 RealFlash。RealAudio 用来传输接近 CD 音质的音频数据，RealVideo 用来传输连续视频数据，而 RealFlash 是一种高压缩比的动画格式。RM 格式的 RealPlayer 播放器以插件的形式，集成于浏览器中，实现了在低速率的 Internet 上进行影像数据的实时传送和实时播放，支持"边下边播"。

RM 格式的缺点是视频清晰度低。

MOV 格式是 Apple 公司开发的一种音频、视频文件格式，也称 QuickTime 格式，用于保存音频和视频信息，因具有跨平台、存储空间要求小等技术特点，得到业界的广泛认可。MOV 也可以作为一种流文件格式。QuickTime 能够通过 Internet 提供实时的数字化信息流、工作流与文件回放功能，以插件形式整合到浏览器中，实现“边下边播”，并提供实时回放功能。此外，QuickTime 还提供了自动速率选择功能，支持一种称为 QuickTime VR 的虚拟现实（Virtual Reality，VR）技术，用户只需通过鼠标或键盘，就可以观察某一地点周围 360 度的景象，或者从空间任何角度观察某一物体。因此，QuickTime 已经成为数字媒体软件技术领域的事实上的工业标准。

ASF（Advanced Streaming Format，高级流格式）格式是 Microsoft 公司推出的，也是一个在 Internet 上实时传播多媒体的技术标准。其主要优点包括：本地或网络回放、可扩充的媒体类型、部件下载以及扩展性等。ASF 应用的主要部件是 NetShow 服务器和 NetShow 播放器。有独立的编码器将媒体信息编译成 ASF 流，然后发送到 NetShow 服务器，再由 NetShow 服务器将 ASF 流发送给网络上的所有 NetShow 播放器，从而实现单路广播或多路广播。Microsoft 希望 ASF 格式能替代 MOV 格式。

2. 视频播放工具

目前，视频播放工具分为两大类，一类是独立运行的播放软件，如 Media Player、暴风影音、Realplayer、QvodPlayer 快播、PPTV 等；另一类就是集成于浏览器的在线播放插件，如 Media Player 插件、Adobe Flash Player 插件、QvodPlayer 插件等。前者通常提供本地视频和远程视频的播放功能，后者提供 Internet 在线播放功能。

因为视频播放工具太多，全部安装在本地计算机器将消耗太多的本地资源，因此用户通常选择功能全面、支持多种视频格式的播放软件。暴风影音就是一款由暴风网际公司推出的兼容大多数的视频和音频格式的视频播放器，因为其性能卓越而被称为万能播放器，现在已经成为安装必备软件。

下面以暴风影音为例，介绍视频播放工具的使用方法。

（1）播放视频。

暴风影音既能播放本地视频文件，也能播放 Internet 中的在线视频。启动暴风影音之后，出现如图 7-17 所示的主窗口界面。单击“打开文件”按钮旁边的▼按钮，显示播放选择列表。此时，如果选择“打开文件”可打开本地视频文件；选择“打开 URL”，可打开 Internet 中的在线视频。

图 7-17　暴风影音的主窗口

如果选择“打开文件”命令，则系统会弹出“打开”对话框，在“文件类型”列表框中列出了暴风影音能播放的所有多媒体文件类型，如图 7-18 所示。

常见媒体格式
Windows Media 视频(*.avi;*wmv;*wmp;*wm;*asf)
Windows Media 音频(*.wma;*wav;*aif;*aifc;*aiff;*mid;*midi;*rmi)
Real(*.rm;*ram;*rmvb;*rpm;*ra;*rt;*rp;*smi;*smil;*.scm)
MPEG 视频(*.mpg;*mpeg;*mpe;*m1v;*m2v;*mpv2;*mp2v;*dat;*mp4;*m4v;*m4p;*m4b;*ts;*tp;*tpr;*pva;*pss;*.wv;)
MPEG 音频(*.mpa;*mp2;*m1a;*m2a;*m4a;*aac;*.m2ts;*.evo)
DVD(*.vob;*ifo;*ac3;*dts)
MP3(*.mp3)
CD 音轨(*.cda)
Quicktime(*.mov;*qt;*mr;*3gp;*3gpp;*3g2;*3gp2)
Flash 文件(*.flv;*.f4v;*swf)
播放列表(*.smpl;*.asx;*m3u;*pls;*wvx;*wax;*wmx;*mpcpl)
字幕文件(*.srt;*.ass;*.ssa)
其他(*.ivf;*au;*snd;*ogm;*ogg;*fli;*flc;*flic;*d2v;*mkv;*pmp;*mka;*smk;*bik;*ratdvd;*roq;*drc;*dsm;*dsv;*dsa;*dss;*mpc;*divx;*vp6;*.ape;*.flac;*.tta;*.csf)
所有文件(*.*)

图 7-18　暴风影音能播放的文件类型

（2）暴风影音的高级设置。

鼠标右键单击“暴风影音”窗口，选择“高级选项”快捷菜单命令，可打开“高级选项”对话框，如图 7-19 所示。在该对话框中，用户可更改暴风影音的默认设置，包括播放列表、文件关联、扬声器、屏幕、截图设置等。

在设置播放列表时，如果用户不喜欢在线视频，可将显示方式设置为“总是显示播放列表”，或者关闭在线视频列表功能。当然，用户如果喜欢在线视频，则进行打开相应功能。默认情况下，暴风影音自动记忆曾经播放过的视频，如果希望在播放完视频之后让暴风影音自动清除相关视频信息，可选择清除播放器痕迹的相关设置。

暴风影音能播放目前已知的所有音频和视频格式文件，包括 Windows Media 媒体文件（如.asf、.wmv、.wma 等文件）、Real 媒体文件（如.rm、.rmvb、.ra 等文件）、VCD/DVD 视频（如.dat、.vob、.evo 等文件）、QuickTime 媒体文件（如.mov、.aif、.3gp 等文件）、动画文件（如.swf、.flv 等文件）、其他音视频文件（如.avi、.mpg、.divx、.mp3、.wma、.mid、.cda 等文件）。默认情况下，暴风影音与各种音视频文件建立关联。当用户打开这些音视频文件时，系统自动启动暴风影音并播放这些文件。如果用户不希望由暴风影音来自动播放，可修改文件关联设置。在“高级选项”对话框中，单击“文件关联”按钮，在文件关联列表（如图 7-20 所示）中，找到那些不希望由暴风影音来自动播放的音视频文件，然后去除选中状态，即可修改文件关联设置。

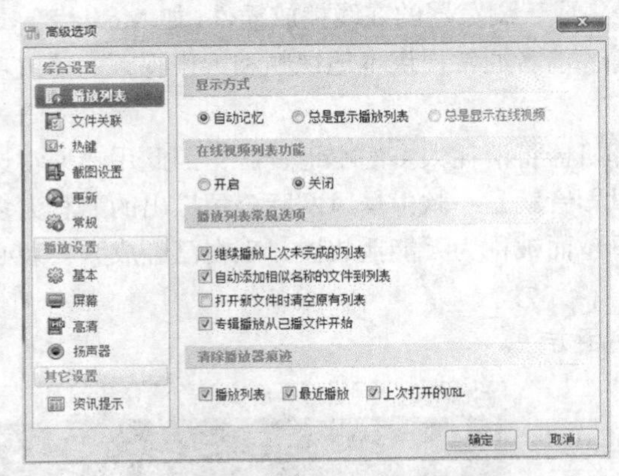

图 7-19 有关播放列表的设置

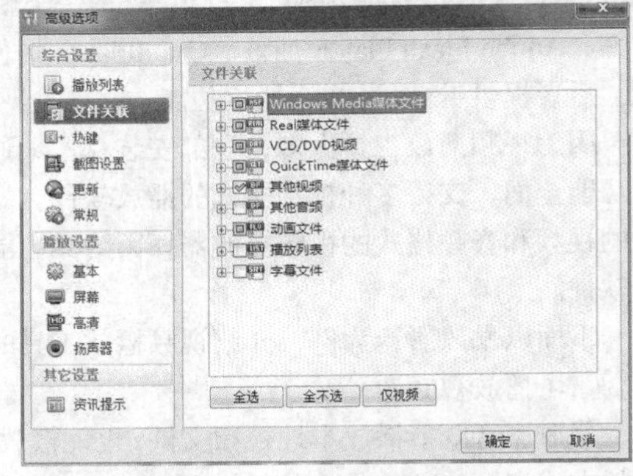

图 7-20 文件关联设置

7.3.4 文件备份和还原

计算机中的数据对于用户来说是至关重要的。为了减少用户误操作（如意外的修改、删除、磁盘格式化等）、供电中断、病毒破坏、系统崩溃以及存储设备突然损坏给用户带来的损失，必须采取相应的防范措施，保障数据的安全。这些措施包括：选用优秀的防病毒软件和系统维护工具软件、提高用户操作水平和安全意识、建立严格规范的信息管理制度等。

但是实际上还是无法完全避免数据被破坏的情况发生。为了防患于未然，确保数据的完全，应定期对计算机中的数据进行备份。备份就是把硬盘中的文件复制到其他磁盘上保存。在万一发生数据被破坏时可及时恢复，从而减少损失。在网络系统中，用户的数据备份工作一般都通过网络进行，可采用以下几种方法进行备份。

① 直接将数据复制到备份存储设备上，如软盘、可擦写光盘。这种方法简单，但数据不能压缩，存储文件的大小和数据有限，不能进行定期的自动备份。

② 使用压缩软件（如 WinZip）压缩到备份存储设备上。这种方法节约备份成本，提供分卷压缩功能，可将备份文件压缩到多张存储设备上，但也不能进行定期的自动备份。

③ 选择系统提供的备份工具进行备份。这种方法方便、快捷。例如，Windows XP 提供的数据备份工具就有如下特点：可指定备份和还原硬盘文件和文件夹、可创建紧急修复盘、可备份系统状态数据（包括系统文件、注册表等）、可通过制订备份计划定期自动备份等。

1. 设置备份

Windows 7 的备份工具提供了强大的向导功能，用户可利用它快速完成系统的备份及还原任务。

实例 7-1　利用备份向导将“我的文档”（包括全部下属文件）备份到 D:盘中，备份文件名为 mydoc。

【操作】

（1）单击“开始→所有程序→维护→备份和还原”菜单命令，打开“备份和还原”窗口→单击“设置备份”按钮，如图 7-21 所示。

（2）根据要求选择保存备份的位置，如图 7-22 所示，单击“下一步”按钮。

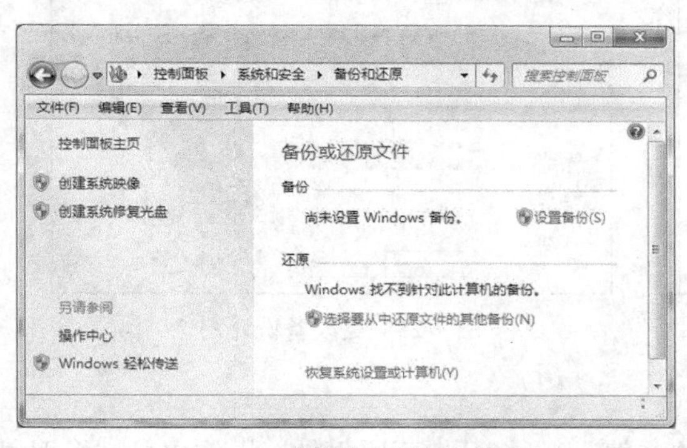

图 7-21　“备份和还原”窗口

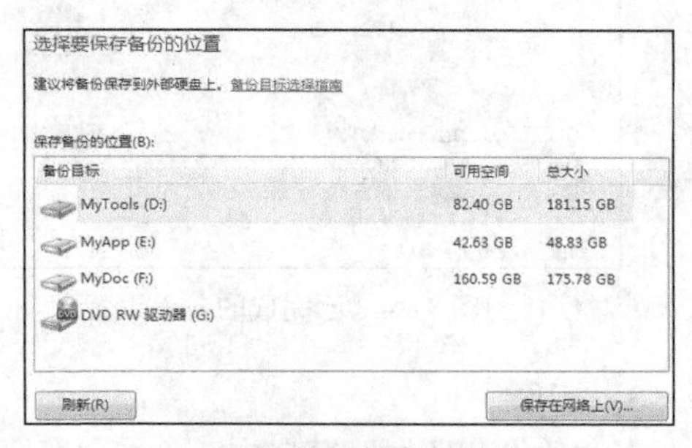

图 7-22　选择要保存备份的位置

如果备份的目标是防止因为硬盘损坏或主机损坏而无法还原备份，则建议将备份保存到其他硬盘或保存在网络中的某个主机之中。

（3）选中“让我选择”，单击“下一步”按钮，出现“您希望备份哪些内容”的复选框列表。此时有 2 种选择：“系统数据”、“计算机”。根据要求，选中指定账户的“文档库”，以备份我的文档，如图 7-23 所示。单击“下一步”按钮。

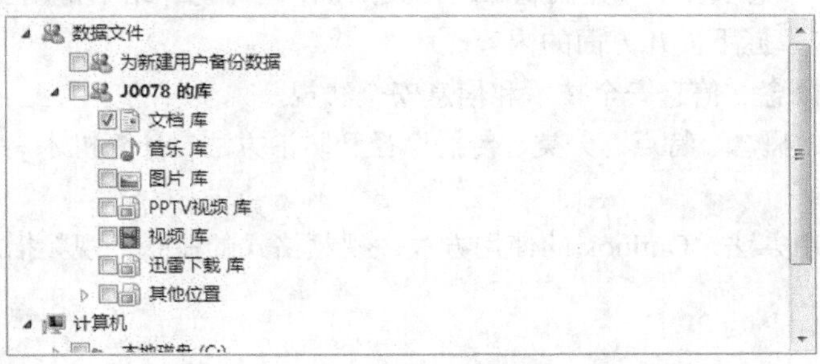

图 7-23　选择备份项目

（4）完成上述设置之后，系统显示备份摘要。此时，单击“保存设置并运行备份”，结束并返回“备份和还原”窗口，最终的备份设置效果如图 7-24 所示。

2. 制订备份计划

默认的备份通常是每周的星期日的 19:00 进行。Windows 7 允许用户定制备份计划。

实验 7-2 修改实例 7-1 的备份设置，定制备份计划为每天的 18：00 开始自动备份。

操作方法如下所示。

（1）在“备份和还原”窗口中，单击指定备份项目的“更改设置”，根据备份设置向导修改备份设置。

（2）当系统出现“查看备份设置”时，单击“更改计划”，根据要求指定备份计划的频率和时间，如图 7-25 所示。

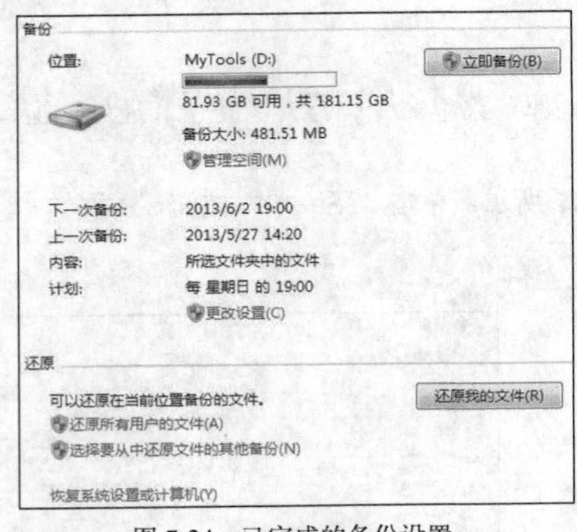

图 7-24 已完成的备份设置

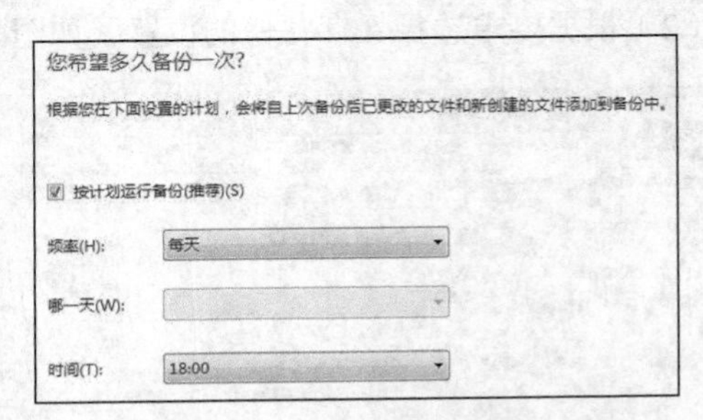

图 7-25 更改备份计划

3. 还原

在“备份和还原”窗口中，单击“还原我的文件”，可打开“还原文件”操作向导，根据提示即可还原文件。也可以单击“选择要从中还原文件的其他备份”，打开“还原文件（高级）”向导，根据提示同样可还原文件。

本章小结

本章主要介绍了信息安全、计算机病毒的相关知识，同时也介绍了常用工具软件的使用方法。通过本章的学习，应掌握下面几方面的内容。

1. 信息安全的概念、信息安全技术和信息安全法规。

2. 计算机病毒的概念、特点、分类、传播途径和防治方法，计算机木马的概念、攻击过程和防治方法。

3. 防火墙的使用方法，Outlook 的使用方法，视频格式的概念，视频播放工具的使用方法，文件备份和还原方法。